U0210203

中国科学院战略性先导科技专项
热带西太平洋海洋系统物质能量交换及其影响

西太平洋海山巨型底栖动物分类图鉴

徐奎栋 等 著

（中国科学院海洋研究所）

科 学 出 版 社
北 京

内 容 简 介

本书是作者团队基于西太平洋典型海山生态系统科学调查开展巨型底栖动物形态分类学和系统学研究的成果。全书涉及多孔动物、刺胞动物、环节动物、软体动物、节肢动物和棘皮动物六大类群，共计 272 种（含未定种和相似种），包括近年来发表的 6 新属和 69 新种。书中描述了所涉物种的分类系统以及鉴别特征、形态特征、地理分布和生态习性等信息，部分物种针对其分类鉴定进行了讨论，书中同时展示了多姿多彩的海山动物及其栖息地的原位照片和标本形态特征图片。

本书可供深海生物分类学、深海生物多样性研究与保护，以及深海生物资源利用等领域的科研、教学及管理人员阅读参考。

审图号：GS 京 (2023) 1185 号

图书在版编目（CIP）数据

西太平洋海山巨型底栖动物分类图鉴／徐奎栋等著．－－北京：科学出版社，2025.3
ISBN 978-7-03-077609-9

Ⅰ．①西…　Ⅱ．①徐…　Ⅲ．①西太平洋–海洋底栖生物–底栖动物–分类–图集　Ⅳ．①Q178.535-64

中国国家版本馆CIP数据核字（2024）第017676号

责任编辑：王海光　王　好／责任校对：刘　芳
责任印制：肖　兴／封面设计：无极书装

科学出版社出版

北京东黄城根北街16号
邮政编码：100717
http://www.sciencep.com
北京科信印刷有限公司印刷
科学出版社发行　各地新华书店经销

*

2025年3月第 一 版　开本：889×1194　1/16
2025年3月第一次印刷　印张：21 1/2
字数：697 000

定价：298.00元

（如有印装质量问题，我社负责调换）

《西太平洋海山巨型底栖动物分类图鉴》
著者名单

徐奎栋　徐　雨　李　阳　董　栋　龚　琳

肖　宁　张树乾　吴旭文　蒋　维　张均龙

吕　婷　唐荣叶　寇　琦　王艳荣　孙邵娥

詹子锋　孙梦岩　肖云路　郑婉瑞　许蓉蓉

梅子杰　唐　艳

序

  海洋一直处于变化之中，人们对变化中的海洋知之甚少，这其中一个非常重要的原因就是缺乏对海洋的长期观测数据。目前，大数据已越来越受到各方面的重视，海洋大数据由于关系到海洋安全、海洋资源开发利用和海洋环境保护等各个领域，更是推动海洋科学发展的关键，而海洋大数据的核心就是海洋观测数据，没有对海洋的实际观测就不可能真正了解海洋、保护海洋、利用海洋。

  海洋观测成本高昂，观测设备繁多、复杂，加之海上作业环境异常艰辛，且各项目、各单位获取的第一手资料短时间内并不对外开放，这些原因导致海洋观测数据的获取非常难，建立海洋大数据具有很大的挑战性。

  中国科学院战略性先导科技专项（A 类）"热带西太平洋海洋系统物质能量交换及其影响"于2013 年启动，项目部署了大量海洋观测工作，观测范围从渤海、黄东海、长江口及其邻近海域、黑潮流经海域一直到西太平洋暖池区域，观测内容涉及物理、化学、生物、生态、地质等各个学科，力求在这条大断面上进行长期、综合、立体观测，实现浮标、潜标长期观测与基于科学考察船的综合观测相结合。项目历时 5 年，获取了大量海洋地质地貌、海洋动力环境、海洋化学要素、海洋物理要素和海洋生态要素的数据资料，将成为海洋大数据的重要组成部分。

  项目获取的观测资料有些已用于相关研究，并取得了一批有影响力的科研成果，但大部分数据还有待在未来的工作中加以分析利用。鉴于此，我们将获得的深海地形、深海生物、海水各理化生态要素的观测结果编制成图集、图谱、图鉴出版，以展示深海的高分辨率地形图、高清海山生物原位形态和生境照片，以及海水各理化生态要素的时间、空间变化趋势，供海洋科学的研究人员，相关部门的管理人员，以及关注海洋、热爱海洋的大众阅读参考。

  希望这些著作的出版能够对认知、开发利用和保护海洋有所贡献。

中国科学院战略性先导科技专项

"热带西太平洋海洋系统物质能量交换及其影响"首席科学家

2019 年 6 月

前　言

　　海山通常是指海面下高度超过 1000 m 的海底隆起，海山以其相对独特的生物群落、丰富的生物多样性和较高的资源价值，成为深海研究的热点。随着全球对国家管辖范围以外区域海洋生物多样性（Biodiversity Beyond National Jurisdiction，BBNJ）保护的高度关注，科学认识海山的生物多样性及其分布成为亟待解决的问题，也是保护和开发利用海山这一深海特殊生态系统的关键。

　　西太平洋是全球海山分布最密集、数量最多的区域之一，亦是全球海山研究最为不足的区域之一。海山生物涉及门类众多，物种多样性也极为丰富，但因地形复杂，对海山探测研究，尤其是获取海山生物，较一般深海更难。目前，已开展生物取样的海山仅约占全球海山总数的 1%。2014 ～ 2019 年，中国科学院海洋研究所基于 5 个海山专项调查航次，系统开展了热带西太平洋雅浦海沟 - 马里亚纳海沟 - 卡罗琳洋脊交联区，以及麦哲伦海山链共 9 座海山的多学科综合考察，利用"发现"号无人遥控潜水器（remotely operated vehicle，ROV）获得了近 1800 号巨型底栖动物标本及相关环境的影像资料，并通过分类学研究鉴定了海山巨型底栖动物 1 新亚科、6 新属和 69 新种。

　　本书展示了在雅浦海山、马里亚纳海山和卡罗琳海山考察获取的样品及鉴定研究成果，涉及多孔动物、刺胞动物、环节动物、软体动物、节肢动物和棘皮动物六大类共 272 种（含未定种和相似种）海山巨型底栖动物。部分样品已基于获取的生物标本经分类学研究鉴定到种，其中包括已发表的 69 新种，但仍有大量物种有待进一步的分类鉴定。未来随着样品的积累和研究的深入，这些物种的鉴定有望得到进一步完善和修订。

　　本书是由中国科学院海洋研究所海洋生物分类与系统演化实验室的多位分类学家联合完成的。总论由徐奎栋撰写；各论部分，多孔动物由龚琳撰写，刺胞动物由徐雨、李阳、吕婷、唐荣叶、孙梦岩及詹子锋撰写，环节动物由吴旭文撰写，软体动物由张树乾、张均龙和唐艳撰写，节肢动物由董栋、蒋维、寇琦和王艳荣撰写，棘皮动物由肖宁、孙邵娥、肖云路、郑婉瑞、许蓉蓉和梅子杰撰写。徐奎栋对全文进行了图文统稿和校改。任先秋、王永良、沙忠利、李新正等分类专家对本书甲壳类物种的鉴定提供了帮助，中国科学院海洋生物标本馆王少青参与了部分标本的采集和拍照。在此，我们向所有提供帮助和支持的专家表示衷心的感谢。

　　本书的出版得到中国科学院战略性先导科技专项（XDA11030201、XDB42000000）、国家自然科学基金重点项目（41930533）和科技基础资源调查专项（2017FY100800）等项目的资助。在此感谢"科学"号科考船船员和"发现"号 ROV 操控团队，以及参加 ROV 生物样品和影像采集的科考队队员。

　　因样品和资料收集不足以及作者水平有限，书中许多物种未能鉴定到种，已鉴定的种也可能存在误识，敬请同行和读者批评指正。

徐奎栋

2024 年 3 月于青岛

目　　录

总　　论

一、海山分类与资源特征

（一）海山分类特征

海山（seamount）又称海底山，狭义海山通常是指海面下高度超过周边洋壳 1000 m 的海底隆起，呈圆锥形或椭圆形，坡度相对陡峭，山顶面积相对较小。据此定义的海山高度一般在 1000 ～ 4000 m。广义海山还包括海底隆起高度在 500 ～ 1000 m 的海丘（seaknoll），以及数量众多但高度不足 500 m 的深海丘陵（abyssal hill）。海山无论大小都在海底生态系统中发挥着重要作用。因此，在海山生态学研究中，通常将海丘和丘陵也包括在内（Pitcher et al.，2007；Clark et al.，2010）。

海山几乎遍及全球各大洋，主要是由火山活动形成的死火山。板块构造运动使海山呈链状分布或细长形集群，形成海山群或海底山脉。一些海山为孤立的或杂乱散布，但更多的是成群或成列展布。深海大洋中分布众多且相对离散的海山，为生物的扩散和拓殖提供了依托，成为深海生命扩布和演化的"踏脚石"。因其具有一定高度，海山通常位于深海中，与海丘及其生物群落形成了深海大洋中的重要生态系统景观。

由于海底大部分地区地形未经实测调查，海山的真实数量和分布位置尚不明确。基于广义的海山定义以及相对粗糙的水深数据估算，海山的数量可能高达 10 万～ 20 万座（Wessel，2001；Clark et al.，2010）。Yesson 等（2011）使用 30 弧秒分辨率的全球测深数据估算出，全球有 33 452 座海山和 138 412 个海丘，海山占全球海底面积的约 4.7%，总面积比欧洲还大，而海丘约占 16.3%。此外，全球 60% 以上的海山分布于太平洋，其中西太平洋是全球海山分布最为集中的海域（图 1）。

从形态来看，海山既有尖顶的，也有平顶的。在地质活动过程中，一些海山从未露出水面，因此保持了其锥形形态；一些海山在火山喷发后形成，山顶曾超出海平面，随着波浪的不断侵蚀，其顶部逐渐变得较为平坦，然后随着地质演化过程慢慢下沉至海平面之下，最终形成平顶海山。平顶海山广泛分布于除北冰洋以外的世界各大洋，在西太平洋尤为常见。此外，这一区域也是富钴结壳高度发育的地带。热带西太平洋的许多平顶海山从山顶向下常可见大量的生物礁灰岩。这是由于平顶海山形成初期，其顶部位于海面之上，水下部分有珊瑚礁发育，随着海山逐渐下沉，珊瑚礁不断上长，经过从岸礁到环礁几个阶段，最终可形成逾千米高的礁体。

从地理位置划分，海山可分为板内海山和板块边界海山，多集中于地幔柱、洋中脊以及岛弧附近的洋壳。板内海山位于深海平原上，如太平洋中的麦哲伦海山链、夏威夷 - 皇帝海山链等。对于板内海山的形成机制有两种观点：地幔柱（热点）成因和非地幔柱（构造）成因。板块边界，如洋中脊和俯冲带，处于不同板块的结合部位，这些地带有持续活动的火山带和地震带。板块边界海山，又称岛弧海山，通常由火山活动形成，且其形成又常与板块俯冲相关联，如雅浦海沟和马里亚纳海沟边缘的海山。

从地质年代来看，海山普遍都比较古老，但其地质年龄一般不超过白垩纪。据 Clouard 和 Bonneville（2005）的统计，太平洋马绍尔群岛的卢克海山（Look Seamount）是已知最古老的海山，形成于

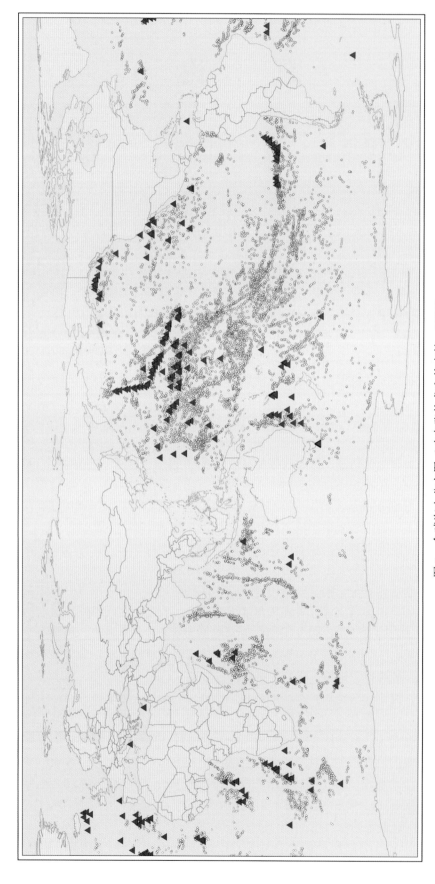

图1　全球海山分布图（改自张均龙和徐奎栋，2013）
○为高于1000 m的海山；▲为采样过的海山

1.38 亿年前的早白垩世。在大西洋，邻近美国东岸的新英格兰海山链中的熊海山（Bear Seamount）形成于约 1 亿年前，向东南方向的海山越来越年轻，纳什维尔海山（Nashville Seamount）约有 8300 万年，再往东邻近非洲西岸的大流星海山（Great Meteor Seamount）形成于 1000 万～ 2000 万年前，该海山是以 1938 年发现它的德国考察船 METEOR 命名的。在太平洋，夏威夷 - 皇帝海山链西北端的明治海山（Meiji Seamount）是该海山链最古老的海山，有逾 8100 万年；该海山链东南端，位于夏威夷群岛东南的罗希海山（Loihi Seamount），至今仍不时喷发岩浆，是一座海底活火山。

海山可以按照山顶距离海平面的深度划分为浅海山、中深海山和深海山等（图 2）。Genin（2004）将山顶在 200 m 以浅，即处于真光层的海山界定为浅海山，将山顶在真光层以下至水深约 400 m 的界定为中深海山，将山顶水深在 400 ～ 1500 m 的界定为深海山，山顶水深超过 1500 m 的海山因数据过少而未予界定。学界对浅海山的界定基本一致，其顶部处于浮游植物光合作用区，叶绿素和生源要素变化显著，有时出现明显的海山效应，然而对于中深海山和深海山的界定则不一致。例如，Mohn 等（2009）认为山顶在真光层以下，而最大深度到达永久性温跃层的海山应属中深海山，将 3 个顶峰处于水深 780 ～ 1000 m 的一座北大西洋海山界定为中深海山。

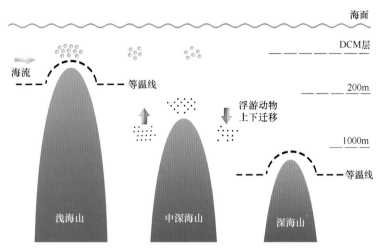

图 2　不同深度的海山促进有机物质通量示意图

海山可造成等温线隆升和营养物质涌升，浅海山可直接提升初级生产力，海山还通过滞留浮游动物提高生物量；

DCM. deep chlorophyll maximum，深层叶绿素最大值

海山的地理位置、大小、水文动力条件和化学环境等都可能影响对海山深度的划分，因此很难形成一个统一的标准。对于热带西太平洋海山的深度划分可能更契合 Mohn 等（2009）的界定，其中，中深海山的深度以 200 ～ 1000 m 为宜，这个区域处于最小含氧带中，有中深层水团和环流，存在永久性温跃层，且深海散射层也基本处于 200 ～ 1000 m 水深；深海山则为山顶水深超过 1000 m 的海山，由于环境变化程度逐渐变小，无须再行划分。

（二）海山矿产资源

海山之所以备受瞩目，一个重要因素是其蕴藏着极为丰富的矿产资源。其中，富钴结壳是一种产于海山、岛屿斜坡及海底高原的海底矿产资源，钴是当前制造锂电池等高效电池不可或缺的稀有金属；除富含钴外，结壳中还含有钛、镍、锌、铅、铂及稀土等多种金属元素。据美国地质调查局的统计，全球已探明陆地钴资源量约 2500 万吨，而储量仅 720 万吨，相比之下，海洋中钴的总量约 23 亿吨，

是陆地钴总量的近百倍，资源潜力巨大。

富钴结壳主要生长在海山山顶边缘和斜坡上，尤以水深 800～2500 m 最为密集。海山等海底高地的存在是富钴结壳形成的基本条件，其为富钴结壳成矿提供了一个长期稳定的容矿空间。富钴结壳的成矿作用主要发生在最小含氧带附近、水深 500～1000 m 的海山上。最小含氧带是制约富钴结壳成矿的限制性地球化学条件。在海山区，生物富集和分解为富钴结壳提供物质来源。富氧、富铁的深层和底层海水在海山周边的涡旋和上升流等动力过程的带动下被提升到最小含氧带，其中的成矿金属离子被氧化，进而发生胶体凝聚沉淀，经长期生物、化学和地质的相互作用，在海山及周边形成高浓度的多金属结核或结壳。

富钴结壳生长很慢，每百万年才能长 1～10 mm。通常，海山的形成年代决定了富钴结壳的厚度，目前已知的最厚富钴结壳出现在白垩纪海山水深 1500～2500 m 处，平均厚度 20～40 mm。麦哲伦海山链最老的海山形成于约 1.2 亿年前的白垩纪（Smith et al.，1989），富钴结壳资源丰富，这与其形成年代久远有关（图 3）。富钴结壳是海水中的元素在胶体化学作用下逐渐沉淀形成的沉积产物，它记录了长时间尺度的古海洋信息，科学家们据此可反演古海洋环境（Wang et al.，2021）。

图 3　西太平洋麦哲伦海山链海山的富钴结壳资源

全球 60% 以上的海山分布于太平洋，多金属结核或结壳等干结壳资源量初步估算可能有 500 亿～1000 亿吨，资源量远超大西洋和印度洋。西北太平洋是全球海山分布最密集、富钴结壳资源最密集的区域。自 1997 年起，我国对西太平洋 5 个海山区的 28 座海山开展了富钴结壳资源调查。2014 年，中国大洋矿产资源研究开发协会（简称中国大洋协会）与国际海底管理局（International Seabed Authority，ISA）签订了为期 15 年的国际海底富钴结壳勘探合同。中国大洋协会在西太平洋麦哲伦海山链的采薇海山和维嘉海山的面积达 3000 km² 的区域，拥有合同专属勘探权和优先开采权。

2020 年，日本在其专属经济区成功实施了全球首次富钴结壳采矿试验，然而，商业规模的采矿还没有开展。深海矿产资源开发是一项庞大且高度复杂的系统工程，不仅包括深海复杂地形下的资源勘探、采矿作业及矿物预处理所需的装备研发，还涉及采矿全过程的环境保护与恢复。目前，人类对海山生态系统的调查研究仍然不足，特别是对于海山生物多样性保护中极具指标意义的巨型底栖动物多样性、特异性和连通性等方面的认知还十分欠缺；同时，对于环境基线数据的变化，科学家们还难以区分哪些是自然变化引起，哪些是人类活动影响所致。这些问题都亟待解决。

（三）海山生物资源及潜在价值

海山以其独特的生境，支撑了高生物量和高多样性的生物资源。海山为具有经济价值的鱼类提供了适宜的生活环境。海山等地的深海珊瑚常聚集形成珊瑚林，这些珊瑚林不仅是幼鱼的孵育场，还为不同物种提供了重要的安全场所，与热带浅水珊瑚礁类似。海山也影响着个体数量或生物量高的大洋捕食者，如金枪鱼、旗鱼、鲨鱼、鲸类、海鸟等。鲸类等大洋迁徙性哺乳动物，以及鲨鱼等顶级捕食者，在迁徙过程中依赖海山进行觅食、繁衍和栖息。因此，海山被认为是这些大洋迁徙动物的"加油站"，甚至可能是其在大洋中航行的路标。

此外，相较周边深海，海山具有更高的生物量和生产力，使鱼类更容易获取食物，从而吸引其在此聚集、产卵和觅食，因此，海山成为全球许多大洋渔场的重要产区，特别是在中纬度（30°～60°）海域。海山区的大型鱼类生物量可达相邻陆坡的 4 倍，年渔获量在 200 万～250 万吨。海山区有记录的鱼类约 800 种，其中经济鱼类有 80 多种。20 世纪 60～80 年代，在夏威夷 - 皇帝海山链出现了大规模的渔业捕捞，仅拟五棘鲷的捕获量就有约 80 万吨，十指金眼鲷也有 8 万吨；同时，在西南太平洋也有较大的渔获量。海山鱼类资源最丰富的水层是海洋中层（200～1000 m），捕获的鱼类包括大西洋胸棘鲷、细条天竺鲷、长尾鳕、圆吻突吻鳕、斑点拟短棘海魴和黑异海魴等仙海魴科鱼类、小鳞犬牙南极鱼等。此外，海山区的海洋上层水体（0～200 m）中有金枪鱼，海洋近底层有马鲛，以及黑等鳍叉尾带鱼等。

海山中许多经济鱼类分布广泛，但也有些分布范围受限，如生活于南半球的大西洋胸棘鲷也出现在北大西洋，但在北太平洋却难觅其踪。尽管海山区绝大部分鱼类也出现在近海陆架和陆坡，但与近海陆架区相比，海山深层鱼类的生产力较低，且更易受过度捕捞的影响。

海山中的海绵和珊瑚，以其丰富的生物量和多样性，构成了深海中重要的药源生物资源库。从海山获得的海绵和珊瑚样品，以及培养的微生物中，筛选出许多有药用价值的活性成分，这些成分可用于抗癌、抗心血管疾病等药物的研发。海绵和珊瑚在海洋中生活了数亿年，虽然无法移动，却凭借长期的进化适应，在捕食者、病害以及数次大灭绝等极端环境压力中幸存下来。海绵和珊瑚可通过分泌化学物质保护自己，阻止其他生物细胞的分裂和入侵，从而有效保护其领地，这一过程与药物阻止癌细胞扩散颇为相似。例如，从美国佛罗里达海岸附近获得的一种深水海绵，含有一种天然产物，这种化合物能够以极低浓度抑制癌细胞的生长和分裂，可诱导胰腺癌细胞的程序性细胞死亡，并抑制其他癌细胞的生长。此外，在墨西哥湾的一些海绵中，还发现了具有抑制乳腺癌的化学成分。海绵携带的细菌、真菌等产生的一些次生代谢产物，也展现了抗真菌、抗病毒、抗菌及抗癌的潜力。特别是一种深海海绵中分离出的细菌，其产生的抗生素类化合物具有抗菌性，为解决超级耐药菌问题提供了潜在突破点。

深海珊瑚中也发现了类似潜力。软珊瑚含有数千种类药化合物，这些化合物可用作抗炎药、抗生素和其他药物研发。例如，一些软珊瑚还展现出潜在的抗癌和抗病毒特性，一种特定的海鳃中含有强大的抗炎物质。保护这些生物资源，可为未来的开发利用提供巨大潜能。

海山中常见的玻璃海绵，具有硅质骨针形成的架构，可极大地减少被捕食的风险，目前已知仅玳瑁海龟等少数生物可以捕食这些海绵。对海绵的骨骼进行研究，有望为种植移植骨和种植牙开发新材料，同时，竹柳珊瑚的骨片结构也对于骨移植技术有重要启示。深海的阿氏偕老同穴 *Euplectella aspergillum* 具有对角加固的方形网格骨架，其比用于建造建筑物和桥梁的传统格网设计有更高的强度重量比，为建筑设计带来了新灵感。

（四）海山地形数据及应用价值

全球海洋中高度超过 1000 m 的海山和 500～1000 m 的海丘超过 17 万座，占全球海底面积的约 21%（Yesson et al.，2011），相当于地球陆地总面积的一半。那些隐藏在洋面下不为人知的海山，尤其是离水面较近的浅海山，是水面船只和水下舰艇及潜航器航行的重大安全威胁。印度洋的莫里菲尔德海山就是以 1973 年撞到此海山的船名命名的。2005 年 1 月 8 日，美海军"旧金山"号核潜艇在关岛以南约 560 km 处，以超过 30 n mile/h（1 n mile=1852 m）的速度，与一不明物体迎头相撞，造成艇上 1 人死 98 人受伤，潜艇头部受损严重，所幸核反应堆没有受到损伤，未发生核泄漏，得以安全返航。后来调查发现，该潜艇撞上了一座距海面约 30 m、高约 1980 m 的海山。

若缺乏相关海域海山的可靠资料，水下舰艇及潜航器的航行安全将面临巨大挑战。当洋流遇到地形复杂的海山时，会产生多变的海流，加之海山区内波、中尺度涡旋、锋面等中小尺度海洋过程异常丰富，复杂多变的动力环境会对水下舰艇及潜航器的安全航行造成隐患。大型海山还可干扰惯性导航系统，水深及海底的地形地貌对声信号传播的影响很大。海底火山活动的频发更是加剧了航行的危机，而海山两侧的崩塌亦可引发海啸。

当前，全球海底共享地形（或水深）数据大多依赖卫星重力测高和反演技术，通过差值法获得，但因缺乏实测数据校正，与实测值存在不同程度偏差。高精度地形数据须经船载多波束测深技术实测获得，但目前仅少数海域被精确探测过。2022 年 10 月发布的全球多分辨率地形图 GMRT v4.1 整合了 1387 个航次的船载多波束测深获得的不同分辨率的精细数据，覆盖全球约 10.6% 的海底面积。获取更多准确的测深数据，不仅有助于预测海底地震和海啸等自然灾害，还能更深入地理解海洋地质和物理过程，揭示复杂地形下的海洋动力机制，以及生物和物理过程的耦合，从而加深对海洋生物多样性形成、扩布和演化的认识，促进海洋生物多样性的保护。

海山区高分辨率地形数据的获取是水下无人和载人深潜器（human occupied vehicle，HOV）作业的前提，也是划设调查断面和站位的重要依据。鉴于我国大洋深海高精度地形资料的不足，在选择拟调查海山时，通常先依据国际共享地形数据，然后前往靶区设线开展多波束测量。然而，多次调查发现，共享数据常与实测数据存在较大差异。以雅浦 - 马里亚纳海沟洋脊交联区的海山为例，通过海图和共享数据选择要调查的一座山顶在水下 560 m 的海山，经实测后发现其山顶实际在水下 1978 m。在麦哲伦海山链，共享数据显示存在多座浅海山，但经多波束测深技术实测发现这些海山的山顶都在 1200 m 以深。全球 3 万多座海山中，仅 600 多座有实测数据。因此，加强大洋海底测绘，构建海底地形数据库，对于支撑深海科研、保障大洋航行安全都十分重要。

二、海山生物群落与生态系统

（一）海山底栖生物划分

海山为各类生物提供了多样化的生活环境和基质，在此栖息着几乎所有门类的海洋生物，从最原始的微生物到最高等的哺乳动物都有。海山不同的栖息地往往孕育着不同的动物群落，包括经济和生态上具有重要意义的生物，造就了深海大洋中相对独特的生物多样性。海山区水体中，尽管生物数量更为丰富，但其物种组成通常与海山周边并无显著差异。海山底栖生态系统是承载海山生物多样性最主要的系统。因此，对于海山生物群落的研究大多聚焦于生活在岩石、沉积物中或其上的底栖生物。

底栖生物可按粒径大小，分为大型底栖生物、小型底栖生物和微型底栖生物。在近海底栖生物研究中，一般用网筛将获取的沉积物进行生物筛选，不能通过 500 μm（早期研究用 1 mm）孔径网筛的生物称为大型底栖生物（macrobenthos）；但在深海研究中，通常使用 250 μm 孔径的网筛。小型底栖生物（meiobenthos）是指分选时能通过 500 μm 孔径网筛，而被 42 μm 网筛所阻留的底栖生物。微型底栖生物（microbenthos）一般是指生活于沉积物表面和底内的，且被 0.22 μm 滤膜存留的所有单细胞原核和真核微型生物。微型底栖生物的许多类群个体微小且柔软易碎，无法按大型和小型底栖生物使用的网筛筛选，通常直接采用微孔滤膜收集。

早期深海研究中，将个体体长 0.5 ~ 1 cm 或以上，并可凭海底摄影照片即可辨别所属类群的大型动物称之为巨型动物（megafauna），底栖类群则称之为巨型底栖动物（benthic megafauna 或megabenthos）（Grassle et al.，1975；Rex，1981）。在视频或水下高光谱成像数据中，可以看到很多生物，但个体小于 2 cm 的通常很难被清楚地分辨出来，无法精确鉴定（Dumke et al.，2018）。因此，目前在深海研究中，一般将个体大小在 2 cm 以上，肉眼可以直接分辨的生物称之为巨型动物。深海巨型底栖动物就是个体较大的大型底栖动物，包括生活在岩石等硬底上或软底沉积物中及其上的较大型的无脊椎动物及底栖鱼类。

巨型动物是海洋生物多样性保护的指示生物，甚至常作为旗舰生物（如鲸、海龟等）。巨型动物的界定，可根据研究或保护的具体需求而有所差异。Estes 等（2016）则根据动物的体重来界定巨型动物，他们将已有报道的最大重量在 45 kg 以上的动物定义为巨型动物，其中包括硬骨鱼、软骨鱼（鲨、鳐）、哺乳动物（鲸、海豹、海象、北极熊）、爬行动物（海龟）、帝企鹅、大型贝类（砗磲、乌贼、章鱼）等，但将群体生活的六放珊瑚和八放珊瑚等刺胞动物排除在外。在基于深海原位影像的深海底栖动物研究中，为确保鉴定分析准确性，通常会将个体超过 3 cm 甚至 5 cm 的动物划分为巨型动物。

巨型底栖无脊椎动物是海山底栖生物研究与保护中最受关注的类群（图4）。早期，研究人员主要通过底拖网进行取样，但这种方法在海山等复杂地形中的效率较低，目前更广泛地使用无人或载人深潜器来取样。在某些寡营养海域中，深海沉积物中通常生物个体数量少且难以获取，因此，利用海底图像进行识别的方法在深海巨型底栖动物研究中得到广泛应用。

图 4　海山常见巨型底栖无脊椎动物类群

对于海山微小型底栖生物多样性和分布研究，目前大多采用 DNA 高通量测序技术。其中，纤毛虫（Zhao et al.，2017，2021）和有孔虫（Shi et al.，2020，2021；Sun et al.，2021）是研究较多的真核微生物类群，且在海山检测到高比例的稀有和未知的可操作分类单元（operational taxonomic unit，OTU），显示较高的遗传多样性。此外，海山还起到了聚集周边深海区域有孔虫物种的作用。尽管海山的沉积物中还分布有线虫、桡足类、动吻类、铠甲动物等小型底栖生物，但总体研究仍显不足。

（二）海山巨型底栖动物群落

海山多为岩石底质，巨型底栖动物群落以附着或固着生活的珊瑚和海绵为代表。例如，黑珊瑚、柳珊瑚和海绵等多生于岩石等硬底上，有时还可形成生物量较大的海绵场及珊瑚林（图5）。它们大多为悬浮食性，靠滤食水体中的微小生物及有机质为生。珊瑚和海绵不仅自身有很高的多样性，其立体结构还可为蛇尾、海星、海百合、螺类、铠甲虾等虾蟹类以及鱼类等生物提供栖息地和庇护所，成为海山生态系统的建群生物，显著提高了局部区域的物种丰富度。在软底沉积中或其上面，海葵、海鳃、海参、海胆、海星等巨型底栖动物更为常见，但个体数量通常较少。

图5 卡罗琳海山的珊瑚林

海绵是海山上常见且数量占优势的动物类群，其中，以六放海绵纲（也称玻璃海绵）的类群最为常见，如与俪虾共生的偕老同穴海绵、勾棘海绵、围线海绵等（图4）；寻常海绵则较少。海绵大部分为滤食性，靠过滤水中的食物生活，仅少数为肉食性。在海山上，海绵大多通过身体底部直接固着在硬底上生长，有些海绵则依靠挺立的柄扎根于软底沉积中，以避免被浊流及泥沙侵扰。深海海绵大多呈亮白色，仅少数为黄色，这主要是由于一些共生发光细菌所致。海绵个体大小差异显著，小的可能仅几厘米，而在西太平洋海山上发现的一株长茎海绵则高达4.5 m。

刺胞动物珊瑚等是海山中常见且数量占优势的类群。其中，六放珊瑚以黑珊瑚、海葵、群体海葵、单体石珊瑚等最为常见，但数量并不占优势；八放珊瑚的多样性最高且数量最占优势，主要生活在200 m以深的硬底海底或海山上，是冷水珊瑚的主要构成。八放珊瑚还是蔓蛇尾、筐蛇尾及铠甲虾等多类群生物栖居的场所，是海山生物群落的建群种（constructive species）或基础物种（foundation species）（图5，图6）。八放珊瑚大多呈扇形的平面结构，其珊瑚虫通常朝向海流方向，以便收集随海流而来的食物，这一特征是由其固着和滤食的生活方式决定的。在夏威夷群岛西北海域，于水深1366 m发现的一株巨旋虹柳珊瑚 *Iridogorgia magnispiralis* Watling, 2007长度达5.7 m，是迄今记录的最长的一株珊瑚。此外，在热带西太平洋海山上，偶尔也能见到高约3 m的八放珊瑚。

环节动物多毛类大多生活在泥沙等软底沉积中，而海山主要由岩石构成，这对大多数多毛类来说并非理想的栖息地，因此有关海山多毛类的报道较少。叶须虫目是多毛类中种类最多的目之一，也是多毛类中的游走类中种类最多的目之一，其中鳞沙蚕科的镖毛鳞虫属、多鳞虫科等少数类群可生活在

图 6　深海丑柳珊瑚与筐蛇尾（左）、棘柳珊瑚与蔓蛇尾（右）

海山岩石或砾石等硬底上。此外，海山中的海绵、海葵及八放珊瑚也经常有多毛类共生或附生，如矶沙蚕目的一些种类。

海山软体动物以腹足类为主，尤以附着于软珊瑚上的马蹄螺目种类等最具多样性且常见，偶见翁戎螺、三歧海牛（俗称海蛞蝓）等物种。其中，三歧海牛属的种类生活在潮间带至上千米的深海，主要以珊瑚为食。例如，在热带西太平洋海山 970～1262 m 水深的海底发现的海洋所三歧海牛，就以扇珊瑚科种类为食。海山中双壳类相对较少，偶见有拟日月贝属、小拟日月贝属等扇贝目物种。八腕目烟灰蛸科的烟灰蛸（俗称小飞象）无疑是深海中的代表性头足类物种，尽管其出现频率相对较低。

海山甲壳动物中，虾、螯虾、蟹类等十足目类群较为常见且种类多样。其中，附生于软珊瑚上的铠甲虾的物种多样性最高，这可能与其附生的珊瑚物种多样性高有关。此外，铠茗荷目、端足目等也是常见类群。甲壳动物大多运动能力较强，利用无人遥控潜水器（ROV）捕获不易，而海山复杂的地形又难以采用底拖网获取，因此目前对其物种多样性的认识还比较欠缺。

棘皮动物是海山常见的优势类群，以蛇尾、海星、海参、海胆、海百合等较为常见。蛇尾类中的蔓蛇尾主要通过缠绕附生于八放珊瑚上（图6），而真蛇尾则附于海山硬底或软底沉积上。西太平洋海山的角海星科的几种海星是深海珊瑚的捕食者，捕食对象包括角柳珊瑚和其他重要的生态物种（图7）。这些海星体盘大，反口面的骨板平滑或呈小柱体状，有时裸露，有时覆盖有颗粒甚至有短而强壮的棘。尽管目前还不清楚这些棘的功能，但推测其可能有助于海星抵御其他捕食者的攻击。海胆在硬底和软底上均比较常见，其中软海胆、袋海胆等多见于硬底，平海胆则两种生境都有。平足目和辛那参目海参主要生活在有沉积物的软底上，偶尔也出现在沉积物覆盖的结壳上。

图 7　卡罗琳洋脊海山的 2 种角海星附着在角柳珊瑚（左）和丑柳珊瑚（右）上

　　海山中常见的底栖性及底游性动物有异鳞海蜥鱼、深海狗母鱼，以及鲃鳒目、鼬鳚目和鳗鲡目的多种鱼类（图8）。软骨鱼类中，银鲛比较常见，顶级捕食者——鲨鱼也是海山的常客。深海底栖性和底游性动物的一个特点是巡游时速度缓慢，甚至大部分时间处于相对静止状态，采取"坐等"的生活策略，这种策略旨在节省能量，等待食物到来，是对深海环境食物短缺的一种适应机制。

图8　海山常见底栖性鱼类

（三）海山环境驱动的生物分布

　　海山因其独特的地形和水文特征，不仅引发上升流，还能通过改变上方流场形成泰勒柱（Taylor column）等环状流，这一过程将营养物质从深水层涌升至真光层，促进了浮游植物以及浮游动物的生长（马骏等，2018；Ma et al.，2021a）。上升流等动力过程还增大了悬浮有机物的通量，促进了悬浮食性的底栖生物生长并提高其个体数量，使得海山底栖生物群落较周边深海平原更为丰富。此外，浮游动物昼夜垂直迁移的特性与海山地形的相互作用，可形成"地形诱捕"效应，从而在该区域形成高生物量浮游动物聚集地（图2）。这一现象进而吸引了大量小型鱼类前来觅食，而这些小型鱼类又成为众多大洋捕食者的目标，其中不乏食物链顶端的物种，如金枪鱼、旗鱼、鲨鱼等。

　　海山生物在地理和空间上的扩散主要受水文动力控制。对于移动能力较弱或固着生活的巨型和大型底栖动物而言，其迁移和扩布主要是通过海流和洋流输运其幼体实现的。洋流可将来自不同海区的幼虫输送到其他地方，一旦遇到海山，底栖动物幼体就有很大的概率驻留下来。许多可移动的动物也依赖海流生存，流经海山的海流可为生活于此的动物带来源源不断的食物。深海的不同层深往往有流向各异的海流，不同来源的海流亦会影响物种多样性及其数量分布。Henry等（2014）在对一座大西洋深海海山的研究中推测，物种多样性的峰值分布可能与海流交汇有关。因此，海流很可能是导致不同海山生物分布趋异的重要因素。全球大多数海山的山顶位于200 m以深，且以山顶水深超过于1000

m 的占多数。然而，目前我们对深层流的研究相对较少，而对于海山中小尺度海流结构和动力过程的了解更是微乎其微。

海山的底质主要是硬底，基岩以玄武岩、碳酸盐岩等为主，在平顶海山的顶部或海山的平缓处，可见到软泥、碎砂等沉积物。相比于底质环境相对单一的深海平原，海山复杂多样的地形和地貌极大地增加了海底栖息地的复杂性，进而提高了生物多样性。海山的硬底环境为悬浮食性的固着生物提供了稳定的附着基。同时，岩石陡峭的区域往往海流较大，能够带来更多的食物颗粒，从而支撑更大的生物量。与陆地山脉不同，海山生物通常在硬底区更为繁盛，而在软底区则生物数量相对较少，但有时类群的多样性在软底区反而更高。在热带寡营养海域的海山的平缓处，由浮游有孔虫的遗壳堆积而成的有孔虫砂最为常见，有时也有珊瑚等生物遗壳或碎片形成的软底沉积。底质类型是除水深外，影响海山生物垂直分布的最重要因素，决定了生长于其上的生物类群及其生活型。

不同水深梯度及其相关联的环境，造就了多样化的生境。海山生物群落的垂直分布，受底质类型、水体有机颗粒沉降，以及与水深关联的水温、压力、溶解氧等环境条件的影响，在深度上呈现分层分布。海山水体溶解氧含量在塑造生物成带分布上起了重要作用，坦普尔大学研究团队对哥斯达黎加海域 7 座海山调查发现，海山生物群落的分带与溶解氧分布存在一致性。Thresher 等（2014）对澳大利亚海域的深海山研究显示，物种多样性和数量分布可能与外源物质运输及溶解氧有关。在热带西太平洋海山最小含氧带的溶解氧浓度可低至 2.2 mg/L，这一水平接近缺氧状态（< 2 mg/L），对许多动物的分布造成了显著影响（Deutsch et al.，2011）。这一现象很可能是造成最小含氧带大型底栖生物多样性和个体数量低的原因。此外，海山山顶和上坡处于较浅的水域，具有较高的文石饱和度，是冷水石珊瑚应对海洋酸化的避难所（Tittensor et al.，2010）。

食物可得性同样是影响海山生物数量分布及多样性水平的重要因素。深海底栖生物大多依赖上层水体生产的有机物质向下输运，其中，有机物碎屑形成的"海洋雪"为底栖生物提供了重要食源。随着水深的增加，由于生物的分解作用，食物的可得性通常逐渐降低。食物稀缺是深海底栖生物的常态，难以维系大的种群，导致大型动物分布稀疏。海山相较周边深海具有更高的生物量和生产力，食物丰富，可支撑更多的生物，吸引更多种类的物种来此栖息，因此呈现更高的物种多样性。

海山生态系统中，以滤食性生物占主导地位。海山的地形可导致底层湍流扩散增强，使得海山上的"海洋雪"生物量较周边深海平原高 3 倍之多，从而促进了海山生物的数量分布。因此，水体中颗粒有机碳（particulate organic carbon，POC）和颗粒有机氮（particulate organic nitrogen，PON）含量可作为衡量食物可得性的重要指标。例如，在热带西太平洋，最小含氧带内，POC 和 PON 含量较低（Ma et al.，2021b）。因此，除溶解氧低以外，食物短缺也可能是导致最小含氧带内生物个体数量少和多样性低的重要原因之一。

（四）海山生态系统

海山是一个多要素相互作用明显、生物群落特征独特的深海生态系统，因此极具生态价值。相较周边深海，海山具有高生产力、高生物量和高生物多样性等特点。海山不仅引发上升流，还通过改变上方的流场，如形成泰勒柱，对其生态系统产生影响（图 9）。这些影响控制着其周边区域物质和能量的输运和时空分布，形成特有的海山生态系统（Lavelle and Baker，2003）。海山的地理位置、深度、大小、形态、地形地貌和水文动力条件不同，可造成生境、生物地理特征及群落组成发生改变，形成不同的海山生态系统（Rowden et al.，2005）。

地理位置，尤其是纬度梯度是影响海山生态系统的重要因素，尽管鲜有研究。在中高纬度海域，

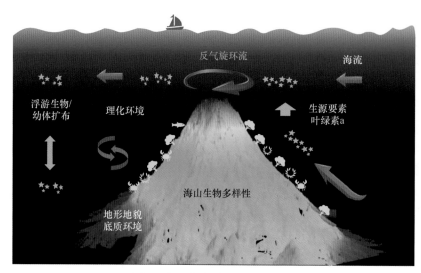

图 9　海山生态系统要素示意图

海水的分层不明显，深层海水中的营养盐可通过对流混合被表层生物利用，从而提升生产力。而在低纬度海域，海水层化明显，热带西太平洋的温度跃层一般出现在 100 ～ 200 m 水层，该区域表层海水中的营养盐被生物大量消耗而浓度较低，深层海水中丰富的营养盐又因海水层化而难以到达真光层，导致初级生产力较低，生态系统的结构不同于中高纬度海域。

海山具有异质性的物理环境，不同海山区具有各自的水文动力条件，洋流在复杂地形下的水文动力结构会产生较大变异，并影响物质和能量的运输。洋流流速，以及海山所处的地理位置、深度、大小、地形和海山间距等诸多因素，在局部到全球尺度上相互作用，造成了海山区海流的复杂性和多样性。因此，全球海山几乎不可能以相同方式影响周边深海的生态系统和生物地球化学通量。

海山大型生物扩布主要靠幼体通过海流输运实现，其中，物理屏障可能是限制扩布的一个重要机制。海山的水文动力条件，如拦截波、潮汐整流或泰勒柱等，可能会将底栖生物的幼虫滞留在海山（Rogers，1994）。其中，泰勒柱对幼体的滞留和扩布限制最为显著。泰勒柱是洋流遇到海山引起的山顶周围的反气旋环流结构（Genin，2004），但其仅在少数浅水海山被观测到，且通常是短暂的，持续时间仅 2 天至 6 周（McClain，2004）。即便如此，水文条件确实在某些海山起到了扩散障碍的作用，但这可能不是一个普遍现象。海山在分布上是不连续的，一些底栖生物的扩布能力有限，分布于局部范围内，形成本地种，而某些生物扩布能力强，可分布于数百甚至数千千米的海山间。

山顶深度是影响海山生态系统结构的重要因素之一。浅海山的山顶位于真光层，叶绿素和生源要素变化显著，可出现泰勒柱等引发的海山效应，形成与深海山不同的海山生态系统。浅海山和深海山的生态系统功能差异一直是许多研究的重点（Wishner et al.，1990；Clark et al.，2010）。低纬度海域存在永久性温跃层，在山顶水深超过 1000 m 的深海山，深层海水中丰富的营养盐很难涌升到真光层而被浮游植物利用，从而造成同一海域不同深度的海山生态系统结构不同。

高生产力常被认为是海山的一个显著特征。水文动力条件，如上升流和泰勒柱等可引起营养物质涌升，进而提高初级生产力，并通过食物链传递，增加了高营养级生物的生物量。但在深海山，上升流难以穿过真光层，对浮游植物的生长影响并不显著。有观点认为，海山区的高生物量可能并非源自当地的高生产力，而是由海流与海山地形作用带来的悬浮有机物、浮游动物及其捕食者等外来输入引起的。海山在滞留垂直移动的浮游动物方面发挥着重要的作用。当深层的浮游动物在夜间迁移到浅层时，部分会被海流带到海山上方，而当浮游动物在黎明时开始向下迁移时，会因地形诱捕效应被鱼类等捕食者捕获（图2）。这一机制也许是维持海山浮游生物和底栖生物高生物量的重要途径（Pitcher et al.，2007）。迄今为止，对于生物与物理的耦合、水文动力条件和地形作用对海山生产力及营养结构的影响机制仍不明确（Shank，2010）。

海山硬底区的底栖生物群落以悬浮食性为主，但这并不意味着底栖食物链短且结构简单。少量研究显示，海山底栖食物网有多种营养结构，其食物链长度与其他海区相当，而且大型肉食性鱼类可能使这一食物链更长（Pitcher et al.，2007）。浮游动物在海山食物网能量传递中起枢纽作用，中层小型鱼类是浮游动物的主要捕食者，它们再将能量传递到头足类、肉食性鱼类、海鸟及哺乳动物等高级捕食者。海山的独特的地形和水文动力特点使海山生物的类群组成和生活方式多样，进而形成复杂的营养结构。

Kvile 等（2014）通过文献收集，整理了大西洋、太平洋等区域的597座海山的地质、海洋和生态数据，并将其整合到海山生态系统评估框架（Seamount Ecosystem Evaluation Framework，SEEF）在线数据库中。SEEF 提供了一个平台，不仅能识别知识差距，还能描述单个海山的特性。数据显示，大部分海山仍未被探测，仅有 0.4% ～ 4% 的海山种群被直接取样研究，其中，研究相对较全面的海山基本处于北大西洋、东太平洋及西南太平洋等区域，而且热带海域的海山探测研究明显不足。

对于海山生态系统来说，底栖 - 浮游生态系统的耦合机制、底栖生物量构成与生物生产机制以及底栖食物链营养传递过程等都有待深入研究。随着海洋升温、酸化和缺氧问题的加剧，以及人类活动（如捕捞、采矿）的干扰，深海大洋中的海山生态系统将受到明显影响。因此，海山的现状、变化及其响应机制也是未来研究的重要方向。

三、海山生物多样性及保护

（一）海山高生物多样性成因

深海中有深海平原、海山、陆坡、峡谷、深渊、热液、冷泉、鲸落等多种生境。其中，海山以其特有的立体分布的地形地貌、底质类型、水文动力条件和化学环境，造就了深海中生物多样性最高的生态系统，栖息着几乎所有门类的动物（Morato et al.，2010）。海山在促进深海物种形成方面也很重要（Pitcher et al.，2007）。海山不仅生物多样性高，还存在许多特有物种，被视为深海生物多样性的热点区域。海山之所以生物多样性高，主要有以下几方面的原因。

首先，海山的高生物多样性得益于具有水深梯度这样一个立体的地形结构。海洋生物大多具有按水深梯度分布的特点，每种生物分布于特定水层，海山的立体结构使其可以容纳不同层深的生物，这种生境特点是海山独有的。海山的高度通常在 1000 ～ 4000 m，浅海山离海面可能不足 20 m，而深海山的山顶距离海面则可能超过 3500 m。海山的水深梯度及其相关联的水温、压力、溶解氧、酸碱度及食物等形成的环境梯度，为海洋生物提供了适宜的栖息环境。

其次，海山的高生物多样性还受益于其特殊的水文动力条件和多样化的底栖生境。复杂地形下的水文动力条件可能是生物幼体扩布的屏障，造成生物隔离和分化。海山有硬底和软底沉积等多种底质类型，以及山脊、沟壑、平地等丰富的地形地貌，与周围生境梯度单一的深海平原软底环境形成对比。这种复杂的地貌特征可能对深海生物多样性的形成和维持非常重要，如海山陡峭岩壁上随处可见的冷水珊瑚就是一个典型例子。这些珊瑚难以被拖网捕捞，受人类干扰的影响较小。海山的地形地貌和底质条件还与随水深变化的环境梯度相关联，塑造了不同的生物群落。因此，海山主要通过增加环境梯度多样性来维持高生物多样性。在 1 km 的高度范围内，海山生物群落的物种多样性变化几乎相当于水平尺度 1000 km 的变化，这反映了随深度和底质类型变化而出现的动物群更替。

最后，海山上珊瑚和海绵等生物的立体结构也是其高生物多样性的重要原因。附生于海山硬底上的软珊瑚、黑珊瑚、海绵等不仅物种多样性高，而且作为重要的建群生物，还为铠甲虾、蛇尾、海百合等其他生物提供附着基，进一步提高了物种丰富度。但关于建群生物如何影响海山物种多样性，目前尚未见报道。

截至目前，全球海山已发现 2000 余种生物，但这很可能仅是海山生物多样性的一小部分。这个数量看似不多，但相较于深海热液记录的 540 种大型底栖动物（Desbruyères et al.，2006）（目前可能超过 700 种），冷泉记载的约 600 种生物（German et al.，2011），以及鲸落中发现的约 407 种生物（Smith and Baco，2003）都要高。过去数十年中，许多海山调查所获的样品尚未开展可靠的分类学研究，而且随着调查和研究的开展，海山新物种不断被发现和报道，因此海山实际的物种数可能要远高于目前的记录。

（二）海山生物多样性假说

早期的海山生物多样性研究发现海山有许多特有物种，其生物群落不同于周边的软底沉积及一般深海生境。对于海山，曾持有一种广泛的观点，即海山是深海非常独特的生境，拥有独特的底栖生物群落和物种。而且，海山之间的生物群落构成差异显著，物种重叠度较低，这使海山类似于生物地理学上的岛屿，某种程度上类似陆地山脉，海山群或海山链被认为具有类似"岛屿群"或"岛链"的作用，导致高度本地化的物种形成和分布。

在海山生物多样性的研究中，孤岛假说和绿洲假说是探讨最多的两个观点（McClain，2007）。其中，孤岛假说最早被提出，认为海山类似深海平原上的孤岛，通过隔离形成的物种可导致高水平的特有种（Hubbs，1959；Rogers，1994）。过去几十年，海山生物多样性研究的一个重要发现是发现了大量特有种，且比例较高（Richer de Forges et al.，2000）。高特有种比例是孤岛假说的主要依据，已调查的海山中特有种占比在 5% ～ 35%，但这一比例远低于热泉中高达 75% 的特有种比例（Tunnicliffe et al.，1998），而且与陆生岛屿的生物特有种比例相比也是较低的（O'Hara，2007；Whittaker and Fernández-Palacios，2007）。

有观点认为，某些海山高特有种比例的现象可能是调查不足所致，实际上海山的特有种比例并不高（Samadi et al.，2006；Hall-Spencer et al.，2007），甚至有些海山比大陆坡的特有种都少（O'Hara，2007）。例如，大西洋东部海山中，仅有 5.6% ～ 6% 的多毛类是海山特有的（Gillet and Dauvin，2000，2003）；大西洋海山中，腹足类特有比例也不高（Ávila and Malaquias，2003；Oliverio and Gofas，2006）；西南太平洋新西兰周边海山特有种比例为 5.5% ～ 15%（Rowden et al.，2002，2003）。随着调查深入，许多海山的特有种比例会逐渐降低，调查充分的海山特有种比例大多低于 20%，不支持该假说以及由此衍生的特有种假说（McClain，2007）。

依据麦克阿瑟和威尔逊的岛屿生物地理学理论，岛屿的隔离可导致种群间基因交流受阻。这种隔离通常是由生物扩散的屏障、适宜生境间的距离以及生物的扩散能力决定的。不同生物的扩散能力各异，海山的泰勒柱等环流结构可能限制了某些生物扩散，但这并非一个普遍现象。相似生境或水深之间的地理距离也可能成为一种潜在的隔离机制（Rogers，1994）。根据这一假设，每个海山都存在一定程度上的生境隔离，这取决于其到相似生境或深度的距离。然而，某些相距较远的海山间的生物群落也可能很相似，而距离较近的却差异较大，这可能是多环境因素综合作用的结果。

海山相较周边深海拥有独特的生境，一些深海生物对这些栖息地表现出关联性，但这些栖息地并非海山特有，也可能出现在陆坡上。只有在那些远离大陆边缘的海山，且其与合适栖息地相距较远时，距离才可能成为它们之间的一种隔离机制，此时海山产生大洋岛屿生物地理现象，起到深海生命扩布与进化的踏脚石作用（Richer de Forges et al.，2000）。然而，岛屿尤其是远离大陆的孤岛，通常具有独特但较低的生物多样性，而海山则通常具有高生物多样性，因此孤岛假说难以真正解释海山的高生物多样性。

海山的绿洲假说认为，在相对贫瘠的深海大洋中，海山如同沙漠中的绿洲，海山区高营养物质和有机质的输入，形成高生产力和高生物量的生态系统，进而构成高生物多样性（Genin et al.，1986；Rogers，1994；Samadi et al.，2006）。就生物量而言，海山相较周边深海更高，包括更丰富的渔业资源及海底生物量，这都支持该假说。但是，海山绿洲的生物多样性并不高，且物种组成与周边环境也不具有特异性，这与海山上存在相当比例的特有种相矛盾。海山绿洲假说可能仅适用于解释海山底栖生物量的特征。对浮游生物量而言，太平洋和大西洋的一些海山并不明显高于周边深海，海山底高生物量的成因还有待进一步研究。综合分析生物量和生物多样性会发现，相对于深海绿洲，海山生物多样性更类似于深海中的"热带雨林"。

总体而言，目前尚没有假说能够解释海山生物多样性的分布。不同海山生境条件各异，生物群落组成差异较大。全球 3 万多座海山中，仅约 1% 的海山进行了生物取样，其中调查比较充分的只有 50 多座。此外，早期研究大多基于底栖拖网采集生物，真正通过深潜器和摄像机等进行样品和影像采集的海山很少。采样和研究的不足是造成目前种种不明假说的主要原因。为了准确认识海山生物群落特性及分布格局，需要进行持续而深入的调查和研究。

截至目前，全球海山生物多样性的空间分布格局及其驱动因素仍不明确，不同海山间的生物连通性和扩布机制也亟待探索。一些研究发现海山和邻近的陆坡在生物构成上有着较高的相似性，也有观点认为，深海平原是深海生物多样性的一个重要储藏库，与海山存在物种源汇关系。因此，深海平原和陆坡到底是海山生物多样性的源还是汇，这一问题至今仍未得到解答。这些都是当前深海科学研究亟待解决的关键问题。

（三）海山脆弱生态系统及生物多样性保护

1. 海山脆弱生态系统

海山为一些特定类群（如海百合、海绵、腕足动物）提供了避难所，充当了类似孤岛的栖息地，成为一些因地质历史变迁而几乎灭绝，仅残存于局限区域内的"残遗"动物群的避难所（Hubbs，1959）。某些早期被认为已在中生代灭绝的物种在海山上被重新发现。例如，串管海绵是一类广泛分布于二叠纪至三叠纪浅海的钙质海绵，长期以来被认为已灭绝，1992 年在南太平洋新喀里多尼亚（法属）的海山上被重新发现。

冷水珊瑚是海山生态系统中多样性最高且数量最占优势的巨型底栖动物类群之一，主要生活在 200 m 以深的海底。这些冷水珊瑚，每株就像一棵树，可为许多生物提供了附着生境，是海山生态系统的关键物种，也是海山作为脆弱海洋生态系统（vulnerable marine ecosystem，VME）的指示生物。其中，价值昂贵的红珊瑚由于过度采捕，已经导致其资源的严重破坏。

海山珊瑚及其共生生物，如黑珊瑚、群体海葵和柳珊瑚等，生长缓慢、生命周期长、繁殖能力弱。自夏威夷海域 400 ～ 500 m 水深获得的一种金色的群体海葵目生物 *Gerardia* sp.（现隶属 *Savalia* 属）和一种平黑珊瑚 *Leiopathes* sp.，经放射性碳测年显示，它们的直径每年仅增加 4 ～ 35 μm。这两种生物主要生长在海山等硬底生境上，其中金色的群体海葵已经有 2742 岁，而平黑珊瑚有 4265 岁，可能是目前已知最老的动物之一（Roark et al.，2009）。自卡罗琳海山 1249 m 水深获取的一株丑柳珊瑚 *Primnoa* sp.，已有 700 多岁，它记录了过去 7 个世纪以来不同珊瑚生长层中有毒微量金属汞的浓度数据（Qu et al.，2021）。在马里亚纳海沟北侧的马里亚纳海山 160 m 水深（水温 16℃）采集的一株网状小尖柳珊瑚 *Muricella reticulata* (Nutting, 1910)，经测年分析，显示已有 1200 岁（图 10）。这些高龄生物一旦遭到破坏，极难恢复。

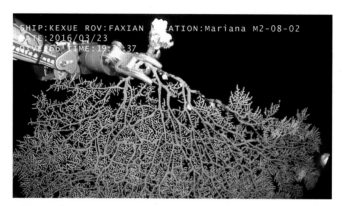

图 10 自马里亚纳海沟北侧海山采集的一株网状小尖柳珊瑚

海山既有独特的生物多样性又有高价值的商业资源，如红珊瑚等，这使其特别容易受到人为活动，尤其是过度捕捞的影响。海山渔业曾经发展迅速，全球海山最大的底拖网作业出现在太平洋，但渔获量几乎在十年内就因过度捕捞而急剧下降了。大西洋胸棘鲷 *Hoplostethus atlanticus* 的渔获量从 20 世纪 90 年代的 9 万吨骤降至 1 万吨左右。这种鱼类生长非常缓慢，20 ～ 30 岁才能达到性成熟，且产卵量少，市售的年龄大多在 30 ～ 100 岁，自塔斯马尼亚海域捕获的一条估计已达 250 岁。在一些经由拖网作业的大西洋及西南太平洋海区，不仅渔业资源量大幅减少，海山生境也受到严重破坏，生态系统十年后都没有恢复。

海山巨型底栖动物多样性还与富钴结壳的分布呈一定的相关性，在硬底及结壳较多的区域往往物种多样性更高。无论当前的底拖网渔业，还是未来可能开展的海底采矿，都可对海底环境和生物多样性产生巨大影响。若开采活动不受管制，将对海山生境造成破坏，并导致资源过度开发，进而导致严重的负面生态效应和经济损失。因此，自 21 世纪初，海山等深海特殊生态系统的保护受到极大的关注。

2. 海山生物多样性保护

海山生物多样性相对独特，又比较脆弱，极易受捕捞和采矿等人类活动的影响。公海约占全球海洋面积的约 64%，而海山大多分布于国家管辖范围以外区域（Areas Beyond National Jurisdiction，ABNJ），即公海。据统计，全球共有 33 452 座海山，其中 55% 位于公海，仅有 506 座被纳入海洋保护区内；在公海的海山中，有 18 421 座海山位于海洋保护区之外；在被纳入海洋保护区的海山中，仅有两座在公海，约 9/10 被纳入海洋保护区的海山分布于太平洋（Yesson et al.，2011）。

2003 年，联合国大会审议了"国家管辖范围以外：海山"可持续利用和脆弱海洋生态系统养护问题。2004 年 2 月，在吉隆坡召开的《生物多样性公约》（Convention on Biological Diversity，CBD）缔约方大会第 7 次会议，海山、热液喷口、冷水珊瑚和其他脆弱海洋生态系统被纳入讨论议题。联合国已启动了多轮关于国家管辖范围以外区域海洋生物多样性（Biodiversity Beyond National Jurisdiction，

BBNJ）养护与可持续利用的谈判，这一议题受到国际社会的高度关注，议题包括公海基因资源获取和分享、公海保护区与生物多样性保护、环境影响评价等。BBNJ 协议的谈判是当前国际海洋法领域最引人瞩目的事件之一，其出台将填补全球性国家管辖海域外生物多样性保护规范的空白。2023 年 2 月 20 日，在纽约联合国总部重启了 BBNJ 国际协定谈判，在 2023 年 6 月各参与方历史性达成一份《〈联合国海洋法公约〉下国家管辖范围以外区域海洋生物多样性的养护和可持续利用协定》草案。

2006 年，联合国第 A/RES/61/105 号决议要求区域渔业管理组织在管理国家管辖范围以外区域的海山渔业时，需考虑脆弱海洋生态系统，强调了与海山、热液喷口、海沟和海底峡谷以及洋脊有关的底栖生态系统，第 A/RES/61/105 号决议第 83（c）明确规定，脆弱海洋生态系统包括海山和冷水珊瑚。2007 年，联合国关于可持续渔业特别提到需要保护海山，呼吁各国立即单独或通过区域渔业管理组织采取行动，可持续地管理鱼类种群并保护脆弱海洋生态系统，包括海山、热液喷口和冷水珊瑚，防止其受到破坏性捕捞的影响。

联合国粮食及农业组织（Food and Agriculture Organization of the United Nations，FAO）提出了脆弱海洋生态系统标准和渔业管理措施，以降低海山等生态系统受渔业底拖网作业的影响。国际海事组织（International Maritime Organization，IMO）也设立了众多特别敏感海域（particularly sensitive sea area，PSSA）以进行特殊保护。国际海底管理局针对海山采矿问题，提出了区域海山环境管理计划，如在西北太平洋海山矿产区、大西洋洋中脊矿产区开展了环境基线调查，相应的环境管理计划在制订中。北太平洋海洋科学组织（North Pacific Marine Science Organization，PICES）于 2023 年成立了海山生态学工作组（Working Group 47 on Ecology of Seamounts），以整合来自 PICES 成员方的数据，评估海山生物多样性的分布，确定监测变化的指标，更好地了解影响海山生物多样性分布和趋势的因素。

《生物多样性公约》提出保护具有重要生态和生物意义的海洋区域（ecologically or biologically significant marine area，EBSA），EBSA 的选择标准包括：①独特性或稀有性；②对物种生活史阶段特别重要；③对受威胁、濒危或衰退物种和 / 或栖息地的重要性；④脆弱性、敏感性或恢复缓慢；⑤生物生产力；⑥生物多样性；⑦自然性。这些标准同样适用于被纳入脆弱海洋生态系统的海山及冷水珊瑚。Clark 等（2011）尝试用具有"生物学意义"的变量来对全球海山进行分类，提出了 4 个关键环境变量，包括群落的潜在物种丰富度和丰度、深度、含氧量以及海山与大陆的邻近关系。这些变量有助于科学地划分海山的保护优先级。

建立海洋保护区（marine protected area，MPA）被认为是一种有效保护海山的重要手段。然而，目前全球海洋保护区仅约占海洋总面积的 8.16%。《生物多样性公约》提出到 2020 年海洋保护区的面积要达到 10%，但这一目标仍未实现。《2030 年联合国可持续发展目标》和《2020 年后全球生物多样性框架》草案提出，到 2030 年要保护全球至少 30% 的陆地和海洋，特别是对生物多样性及对人类贡献特别重要的地区。

国家管辖范围内的海山管理相对容易，大多数国家已制定相关法律来实施 MPA 的管理。澳大利亚、新西兰、挪威和美国是最早在国家管辖范围内保护海山的国家。在国家管辖范围以外区域，还没有明确的法律机制来划设保护区，但相关调查在陆续开展。《保护东北大西洋海洋环境公约》（Convention for the Protection of the Marine Environment of the North-East Atlantic，OSPAR）组织和葡萄牙政府合作，为约瑟芬海山、亚速尔群岛以北的大西洋中脊、阿尔泰海山和安蒂塔尔海山海洋保护区制定了共同管理战略。

法律和地缘政治的影响使得保护海山和 ABNJ 的其他栖息地面临很多挑战，这需要各国之间开展高度的跨学科合作和协调。ABNJ 划区管理工具会在一定程度上影响沿海国家及社区群体的利益。由于各个国家发展水平参差不齐，对海洋生物资源的依赖和诉求也不一样，因此，以何种制度平衡沿海国权益和其他国家权益，对于在 ABNJ 中建立划区管理工具以保护特定海洋物种至关重要。西太平洋是全球海山分布最密集的洋区之一，也是全球海洋生物多样性的中心地带。该区域大多是一些发展中国家，数百万人严重依赖海洋和沿海资源为生，这对于 ABNJ 划区管理工具的实施带来极大的挑战。

保护海山的生物多样性，有效的方法可能包括：①建立全球公认的海洋保护区机制；②制定一套明确的规则来分享和使用来自 ABNJ 的遗传资源，促进透明度和所有国家的参与；③构建开放共享的海山生物多样性数据资源库；④促进并资助对 ABNJ 的海山生物多样性探测研究，加强区域及国际合作交流；⑤加强对 ABNJ 的海山渔业管理，防止过度捕捞；⑥推动海山生物多样性知识的传播，提升公众保护意识（王琳等，2022）。

公海保护区保护机制和规则的形成与有效管理，离不开科学数据支撑。深海特定区域生物的特异性或独特性是保护区划设的重要依据，如果生物特异性强，无法从其他区域获得种群补充，则保护价值极大。对于公海保护区的选划，除开展目标区生物多样性实地调查，获取本底资料，确定生物多样性、特异性及脆弱性，从大尺度上认识海山生物多样性的分布格局，还需通过种群遗传结构分析，认识在生态学和生物学上具有重要意义的生物种群和基因的连通性。开展海山的多学科综合探测与研究，获取生物多样性与环境的本底数据，通过多学科交叉融合和技术突破，推动关键科学问题的解决，切实认识海山生物的分布与连通性状况，可为制定科学合理的公海保护区提供知识储备和科学依据。

四、海山生物多样性探测研究

（一）海山巨型底栖动物探测装备与技术

传统上，对深海大型底栖动物的评估，一般通过直接、侵入性的物理采样，如利用箱式采泥器、底栖拖网或无人遥控潜水器（ROV）及载人深潜器（HOV）获取样品进行研究；或者通过安装在拖曳平台（towed platform）或自主水下航行器（autonomous underwater vehicle，AUV）上的摄像机或照相机对海底及生物进行远程成像，获取影像资料进行分析。

"下得去、看得见、取上来"是海山生物多样性研究的主要技术难点。海山地形复杂多变，除了平缓的山间地带，还有沟壑、峡谷及隆起，甚至有高达百米的峭壁，因此在肉眼不可见的情况下，设备投放及采样风险极大。此外，数量和多样性占优势的珊瑚和海绵等生物为固着生活，传统生物取样方式效率极低。作者在热带西太平洋海山开展底栖拖网作业时，因生物数量少，尽管对某些站位进行了多次底栖生物拖网作业，但仍所获甚少，获得的样品也大多因碎石的挤压而破碎，且极易造成网具丢失或损毁。新西兰研究者研发了一种用于海山大型生物采样的底栖橇网。这种橇网一旦遇阻，可从另一端拉起，以减少设备损失，但在山石林立的海山进行拖网作业，仍然难以避免设备的损失。

ROV 和 HOV 等深潜器对海山的生物采样就凸显出其技术优势。它们可在受控条件下，穿梭于峭壁林立的海山间，定点获取生物、岩石和沉积物样品，同时获得近海底的高质量影像资料。这不仅提高了采样效率，还避免了底栖拖网作业对海底生境的破坏，从而将对生态系统的干扰降至最低。

2012 年，我国自主建造的具有国际先进水平的海洋科学综合考察船"科学"号正式交付使用，标志着我国从技术装备上具备了进入深海的能力。随后，以"发现"号 ROV 和"蛟龙"号、"奋斗者"号 HOV 为代表的水下机器人的下水使用，更是推动了深海探测从基本环要素的调查向精细化原位探测和实验研究的转变，深海探测能力不断提升，逐步实现了将实验室搬到深海底的梦想。

深海探测研究具有明显的多学科交叉特点，并受到探测技术能力和经费的限制。在复杂海况下安全高效地完成深海科考任务，不仅需要保证设备的安全运行，还需具备深海探测经验和应对突发事件的能力，以便及时做出正确判断和调整。例如，在何种海况下可以进行设备投放，何种情况下不能开展作业，如何应对突发状况，以及如何统筹兼顾各个科考项目提升航次效率等。

深海探测技术平台的构建是完善的装备与支撑团队相结合形成的体系。这要求探测团队除了胜任探测设备操作并掌握维护技术，还要具备针对科学需求进行二次研发的能力。以"发现"号 ROV 为例，原先的采样箱体积小且需要手动操作，采样效率低，且无法采集较大的生物样品，易造成一些活动能力强的生物逃逸。为此，ROV 团队研发了可自动开闭的大型箱体，显著提升了采样效率和采集样品的多样性，增强了海山生物多样性探测的取样能力。针对高质量生物样品的需求，团队还研发了保温采样装置，成功获取了一些活的深海生物，为后续深入研究提供样品基础。

获取样品是研究深海生物多样性的常规方法，但是存在取样成本高、难度大的问题。作为一种替代方法，环境 DNA（environmental DNA，eDNA）技术正迅速成为评估和监测海洋生物多样性、检测入侵物种、支持基础生态学研究的重要工具。其技术原理是对遗存于环境样品（水样或沉积物）中具有鉴定信息的基因片段进行扩增，采用高通量测序技术获取这些序列，随后与 DNA 条形码数据库中的序列进行比对，从而实现物种的鉴定。与传统调查技术相比，eDNA 技术的优势是：高效、低成本、无须分类学基础、非侵入性采样，可直接从环境中大批量识别物种。将 eDNA 技术用于深海生物多样性检测，有助于解决深海采样不足、成本高昂的问题。

过去十年，光学方法已经发展成为鉴定和表征生物的重要手段。这些方法基于高光谱成像，获取集成了数百个连续色带（波长）的图像，这样每个图像像素包含一个完整的光谱，通常光谱分辨率为 1 nm。这些图像像素光谱描述了样品对每个波长反射光的百分比，反射光谱即代表特定样品的光学"指纹"。每种样品都有其独特的光学"指纹"，通过这些"指纹"，我们可以识别并分析样品的成分和状态。

水下高光谱成像仪（underwater hyperspectral imager，UHI）可用于原位识别。UHI 提供了比标准 RGB 图像更高的光谱分辨率，使得基于特定光学指纹的海洋生物识别成为可能。Dumke 等（2018）建立了一套已鉴定生物的参考光谱，据此实现了对巨型底栖动物的半自主识别。UHI 技术不仅提高了在标准 RGB 图像中难以分辨的巨型底栖动物的检出率，还能探测到具有明显光谱特征的海底异常。因此，水下高光谱成像在海底测绘和生物监测方面应用前景广阔。然而，这些技术目前仅限于对原位影像的获取和初步识别，而要精确认识其物种多样性，还需要获取样品开展分类学研究。

（二）海山生物多样性国际科学计划

海山因其特殊的生态系统、高生产力、高生物多样性和特异性，以及其蕴含的丰富的渔业和矿产资源，而广受科学、渔业、工业和海山生态保护的高度重视。与此同时，过度捕捞和拖网捕鱼等人类活动对海山生态系统的潜在威胁也越来越受人们关注。21 世纪以来，人们开展了很多涉及海山探测研究的大科学计划（王琳等，2022）。

2002 ～ 2005 年，欧盟发起了北大西洋海山的综合研究（Oceanic Seamounts: an Integrated Study，OASIS）项目。OASIS 以两个案例为基础，采取系统的研究方法，旨在揭示海山生态系统的特征过程，并为决策者和利益攸关方提供科学依据和管理方案，以期保护和可持续利用这些深海中的生物多样性"热点"。

2005 ～ 2010 年，国际海洋生物普查计划（Census of Marine Life，CoML）启动了由新西兰科学家 Malcolm Clark 领衔的全球海山生物普查计划（Global Census of Marine Life on Seamounts，CenSeam）。该计划致力于通过对海山生态系统的研究，确定海山在生物地理、生物多样性、生产力和海洋生物进化中的作用，并深入探究：①影响海山生物群落组成和多样性的因素，包括海山和其他栖息地类型之间的差异；②人类活动对海山生物群落结构和功能的影响。该计划结束后，建立了 CenSeam 网站，但遗憾的是，目前该网站已停止运营。

2009 ~ 2013 年，世界自然保护联盟（International Union for Conservation of Nature，IUCN）在联合国开发计划署（United Nations Development Programme，UNDP）的资助下，主导了一系列针对南印度洋海山的项目，重点探索在国家管辖范围以外区域制定基于生态系统的渔业管理办法。这一系列项目的目标是解决公海可持续渔业管理和海洋生物多样性养护的三大障碍：一是海山生态系统及其与渔业资源关系的科学认知不足；二是缺乏全面且有效的海洋生物多样性治理框架；三是管理（监测和控制）近海鱼类资源所面临的困难。作为项目的后续，法国全球环境基金（French Facility for Global Environment，FFEM）与 IUCN 合作发起了针对西南印度洋（South West Indian Ocean，SWIO）国家管辖范围以外区域的 FFEM-SWIO 项目（2014 ~ 2017），先后开展了 MAD-Ridge（2016）和 Walters Shoal（2017）两次海山调查，旨在提升对海山的科学认知，深入了解西南印度洋地区海山与渔业资源之间的潜在联系，改善治理状况，并为 ABNJ 开发综合管理工具，以更有效地保护海山和热液的生物多样性。

2013 年，欧盟委员会通过了执行期为 2013 ~ 2020 年的"大西洋行动计划"（Atlantic Action Plan），其中的一个重要方向就是海洋资源的可持续管理，包括探索海底并评估海山生物多样性，研究大西洋矿产开采的可行性和环境影响。欧盟委员会于 2020 年 5 月 20 日通过了新的欧盟 2030 年生物多样性战略，旨在保护自然和扭转生态系统退化，海山生态系统的研究与保护也是其中的重要部分。

2014 ~ 2020 年，欧盟"地平线 2020"计划（Horizon 2020，H2020）资助开展了 ATLAS（A Trans-Atlantic Assessment and Deep-water Ecosystem-based Spatial Management Plan for Europe）项目，聚焦于大西洋深海海绵、冷水珊瑚、海山和大洋中脊生态系统。项目组织了 40 多次科学考察，发现了 30 多个底栖群落（包括冷水珊瑚礁和海绵场）和 35 个新种。这些发现加深了对北大西洋深海生物多样性的认识，对国家和国际层面的政策制定产生了直接影响。

2019 ~ 2023 年，欧盟"地平线 2020"计划资助了 iAtlantic（Integrated Assessment of Atlantic Marine Ecosystems in Space and Time）项目。该项目研究重点包括海山生态系统和生物多样性，旨在确定深海和大洋生态系统不可逆转的变化阈值（即临界点），明确推动生态系统走向这些临界点的驱动因素，以及影响和支持生态系统对环境变化适应能力的因素。

自 2011 年起，美国国家海洋和大气管理局（National Oceanic and Atmospheric Administration，NOAA）依托于 2010 年正式下水的"海洋探索"号（Okeanos Explorer）科考船，每年组织开展一系列海山及冷水珊瑚调查。NOAA 海洋勘探与研究办公室组织开展了 7 次科考，收集了北大西洋布莱克海底高原未探测深水区域和 20 多个海山的关键信息，包括新英格兰海山（New England Seamounts）和角海隆海山（Corner Rise Seamounts）。2021 年开展的海山科学考察，不仅发现了新的深海珊瑚和海绵群落以及很多新物种，还在 9 个下潜点观察到了高密度的生物群落，并在北大西洋阿勒格尼海山（Allegheny Seamount）水深 3447 m 处发现了高生物多样性。

2022 年，NOAA 对墨西哥湾和佛罗里达海峡展了 ROV 作业和海底测绘，完成对波多黎各周边深海的生物多样性调查和海底测绘，并对夏威夷群岛西北的 Liliuokalani Ridge 古海山（包括帕帕哈瑙莫夸基亚国家海洋保护区的海山）进行了探测，旨在收集有关海山矿产资源潜力、动物和微生物基线信息，为该地区的管理和保护提供科学依据。此外，在北大西洋公海开展了一系列针对大西洋中脊、亚速尔海底高原和查理 - 吉布斯断裂带的探索，包括针对发散的板块边界、火山活动和热液喷口的地质学和海山生物多样性研究。

2023 年，NOAA 的"海洋探索"号海上作业时间超过 160 天，主要探索了美国西海岸和阿拉斯加附近的海域。3 月下旬完成海底测绘后，该船从 3 月底到 4 月在美国西海岸进行测绘和 ROV 作业，然后在阿拉斯加海域和整个阿留申群岛进行长时间的野外调查。10 月，该船返回加利福尼亚州，继续进行测绘和自动水下潜航（AUV）作业。

美国的非营利性机构全球海洋（Global Oceans）提出全球海山计划（The Global Seamounts Project，GSP），计划在 2019～2023 年对大西洋、太平洋和印度洋的 18 个代表性海山生态系统进行标准化调查，开展海山生态系统建模分析，通过分类学研究认识海山生物多样性，并评估海山及其生物多样性对资源节约和政策制定的影响。该计划旨在加速海山科学研究的发展，推动其从过去的描述性方法向理解复杂的生态系统功能和对环境压力响应的转变，探索气候变化、资源开采、污染等多因素引发的反馈机制、协同效应、恢复力和潜在临界点。

加拉帕戈斯群岛海洋保护区海山研究项目（Seamounts of the Galapagos Marine Reserve）是由国际非营利组织加拉巴哥群岛查尔斯·达尔文基金会（Charles Darwin Foundation，CDF）发起。加拉帕戈斯群岛保护区分布有数百座海山，海底隆起的高度在 100～3000 m 或以上。CDF 与加拉帕戈斯国家公园管理局合作，发起了一项多机构合作的海山研究项目，以深入探索这些深海生态系统的生物多样性、生态学特征和自然环境。2015～2016 年，该项目开展了三次国际性海洋科考，通过 ROV 和 HOV 在水深 100～3200 m 进行了海山探测，采集了 300 多个深海生物样品。该项目致力于大规模表征海山底栖生境和生物多样性，从而向管理人员提供有关海山生态系统的基线数据，以支持基于科学的决策，从而保护和管理这些未被充分研究的生态系统（王琳等，2022）。

（三）海山生物多样性研究的总体进展

早在 19 世纪，科学家就已开始对海山进行采样，但受限于当时技术装备的不足，对海山的深入研究几乎停滞。随着技术装备的不断发展，人们对海山的了解逐步深化。Wilson 和 Kaufmann（1987）首次统计了自 59 座海山调查获得的 596 种生物。Stocks（2004）整合全球 171 座海山的调查结果，统计有 1971 种无脊椎动物。SeamountsOnline 曾收录 246 座海山调查所获的 17 283 条生物记录，涉及近 2000 个有效种。尽管如此，海山存在的物种数可能要远超目前的记录。事实上，几乎所有已调查的海山中，都发现了新种。

即使采用了最新的科研手段，全球 3 万多座海山中，仅约 1% 的海山进行了生物取样，其中取样较全面的仅约 50 座，且大多数都集中在山顶水深在 500 m 以内的海山。总体而言，海山是"人类最不了解的生物栖息地"之一，特别是对印度洋、热带西太平洋和南大西洋的海山调查明显不足，是未来海山探测研究的优先区（Clark et al.，2010）。

目前，海山研究受调查区域、取样设备、采样及分类研究程度等多重因素制约，导致研究成果代表性不强、可比性差等问题。从物种记录来看，目前全球已知的约 72% 的海山物种记录仅来源于 5 座海山（Richer de Forges et al.，2000）。在调查区域方面，已调查的大多是靠近陆架的海山或集中在海山上部，而对海山底部的研究较少，而这些区域的生物群落与海山上部存在明显差异。从生物粒级来看，迄今大部分研究基于单一巨型动物类群，个体较小的海山底栖生物涉及较少。从生物门类来看，对海山鱼类、甲壳类和珊瑚的报道居多，对具热液口海山的微生物也有报道。

尽管已从海山获得了相当数量的样品，但海山生物的分类学研究仍显不足。大量样品仍处于粗略鉴定阶段，特别是对于个体较小或稀有的生物，仅鉴定到较高的分类阶元。截至目前，大部分海山生物的种类鉴定仅依据形态特征，缺乏基因序列的佐证，导致许多海山生物的鉴定存疑，系统地位不明。以珊瑚为例，在不同生活史阶段，珊瑚的个体大小和外形的差异较大，而早期基于单个甚至残破标本的分类研究很可能对表型变化大或形态难以区分的物种造成误鉴定。

通过对 Web of Science 数据库检索分析，我们发现近十年来海山研究主要集中在三大领域：海山生物性及分类学研究、海山生态系统研究及管理，以及海山过程及矿产资源形成与演化。在 2011～2020 年发表的海山生物多样性研究论文中，前 10 个关键词为：海山、深海、分类、新物种、生物多样性、生物地理学、热液喷口、海洋保护区、小型底栖生物和亚速尔群岛，热点研究区域包括：亚速尔群岛、新西兰、南海、太平洋、南极和大西洋等（王琳等，2022）。

目前，对海山生物的研究主要局限于物种多样性，对整个群落结构变化及功能的研究相对较少，特别是缺乏海山巨型底栖动物群落垂直分布的研究。此外，相邻海山的低物种重叠率及连通性依然是个谜，同时，驱动海山生物多样性空间格局的主要因素也尚不清楚。总体上看，海山生物研究仍主要停留在调查层面，缺乏时间序列的观测数据和系统性研究，对于海山生物多样性的分布格局也缺乏清晰的认知。

（四）我国海山生物多样性探测研究

自 1986 年起，我国开展了以矿产资源勘探为主的西太平洋海山调查。1997 年开始，中国大洋协会组织开展了中、西太平洋海山区富钴结壳资源调查研究，在麦哲伦海山链获得两块富钴结壳资源专属勘探矿区。2016 年，《中华人民共和国深海海底区域资源勘探开发法》（简称《深海法》）正式颁布实施，中国大洋协会启动了西北太平洋海山区生态系统监测与保护等五项深海环境科学研究计划。2017 年，中国大洋协会提出在西北太平洋富钴结壳海山区和印度洋中脊区域开展"区域环境管理计划"（Regional Environmental Management Plan，REMP）的倡议，并开展了生物多样性等环境基线调查。

自 2013 年以来，随着"发现"号 ROV、"蛟龙"号 HOV 和"深海勇士"号 HOV 等无人和载人深潜器的相继投入使用，我国海山底栖生物取样已从早期使用底栖拖网的"盲采"，进入水下机器人精准定点采样作业。这一转变不仅让我们获得了数量可观的样品、原位影像和实测数据，还通过研究取得了众多新发现，极大地提升了对海山生物多样性的认识。

2013～2017 年，在中国学院战略性先导科技专项（A 类）"热带西太平洋海洋系统物质能量交换及其影响"支持下，我们对西太平洋雅浦 - 马里亚纳岛弧和卡罗琳洋脊 3 座海山（Y3、M2 和 M4）展开了多学科探测研究，获取了海山地形地貌、水文、化学、生态和生物多样性的第一手资料。

2017～2021 年，在国家科技基础资源调查专项"西太平洋典型海山生态系统科学调查"支持下，我们对西太平洋麦哲伦海山链的 Kocebu 海山（由 2 座相邻海山组成）和卡罗琳洋脊的 M5～M8 海山（共 4 座）开展了海山生态系统科学考察，获得 6 座海山的地形地貌和海山生态系统主要参数。

2020 年，国家自然科学基金重点项目"西太平洋海沟洋脊交联区海山的生物多样性格局与连通性及驱动因素"（2020～2024）启动。该项目旨在利用海山调查所获的丰富样品和数据，通过生物样品与影像资料的定量与定性综合分析，多学科交叉融合，揭示海山生物的水平和垂直分布格局与变异特点以及种群连通性，并深入探讨影响海山生物多样性空间格局和相邻海山种群连通性的主要因素。

2022 年，在中国学院战略性先导科技专项（B 类）"印太交汇区海洋物质能量中心形成演化过程与机制"和国家自然科学基金重点项目"西太平洋海沟洋脊交联区海山的生物多样性格局与连通性及驱动因素"联合支持下，我们开展了南海珍贝海山的多学科探测，获取了高质量的生物样品和多学科数据。

上述 10 座海山的生物探测取样均是依托"科学"号科考船及其搭载的"发现"号 ROV 完成的。

在 6 个海山专项航次的科考中，"发现"号 ROV 下潜了 80 个潜次（水下工作总时长约 560 h），采集了 2688 号巨型底栖动物样品（图 11），这些样品涉及 700 余种生物，并获取了约 7 T 的海底超高清影像资料。这是目前我国海山生物物种和样品数量最为丰富的探测取样，显著提高了对西太平洋海山生物多样性和生态系统的本底认识。

基于这些丰富的海山生物样品，我们运用形态分类学与 DNA 条形码序列相结合的手段，发现了

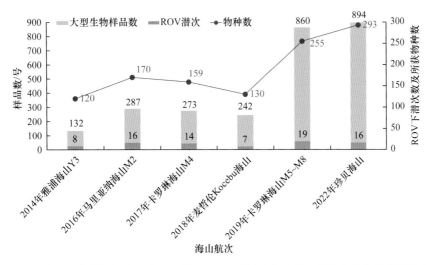

图 11　基于"科学"号科考船和"发现"号 ROV 开展的西太平洋 6 个海山航次所获样品和物种数

约 120 个新物种，目前已发表海山巨型底栖动物 1 新亚科 6 新属 69 新物种。通过对这些样品的测序分析，我们获得了 4415 条 DNA 条形码序列。王琳等（2022）对 Web of Science 数据库的检索分析显示，近十年海山生物多样性论文发表数量总体呈增长态势，发文量排在前三位的国家是美国、中国和日本，中国海山生物多样性研究论文产出增速较快，2020 年发文量首次排名第一（图 12）。2011～2020 年，我国在海山新物种研究的发文量亦跃居全球首位（图 13）。

研究发现，热带西太平洋海山生物具有高多样性、高特异性及低连通性的特点，在全球深海生物

图 12　2011～2020 年美国、中国和日本海山生物多样性研究发文量的年度变化（改自王琳等，2022）

多样性中具有显著地位，有很高的研究和保护价值。以紫柳珊瑚为例，之前仅报道紫柳珊瑚属 1 属 6 种，除 1 种发现于大西洋外，其他均分布于太平洋。Li 等（2020）在西太平洋马里亚纳海沟与卡罗琳洋脊交联区的 4 座相邻海山检获 4 种，包括 3 个新种，而且每座海山仅分布一种，显示很高的物种特异性。

总体而言，我国对海山的研究报道以矿产资源勘探、地质和地球物理、地球化学及环境影响评价

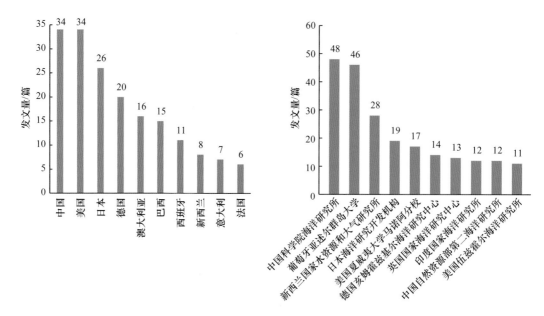

图 13　2011～2020 年海山新物种研究发文量前 10 位的国家及机构（改自王琳等，2022）

为主，研究区域以热带西太平洋为主，中太平洋、南海和印度洋为辅（张均龙和徐奎栋，2013；郭琳等，2016；王琳等，2022）。前期的研究工作侧重于自然本底数据收集，近年来，尽管海山生物多样性研究明显增多，但仍以新物种报道为主，缺乏海山生物多样性分布格局和连通性研究。而这些研究的开展对于界定海山的保护价值，以及公海保护区的划设又至关重要。此外，海山生物样品的获取还远远不够，尤缺可用于多组学研究的高质量冷冻样品及原位固定样品。

海山研究不易，获取的数据十分宝贵。尽管我国已开展了许多规模不等的海山调查，获取了大量样品，但这些样品还有待开展深入研究，获取的数据亦呈封闭化、碎片化状态。未来，在持续开展海山调查的同时，应加大对海山生物分类、多样性和连通性的研究。同时，积累并集成数据资料，结合大数据和人工智能技术，开展数据挖掘，获得新的科学认知，为公海保护区划设提供科学依据。

五、本书相关研究简介

（一）探测研究区域

本书是基于 5 个海山专项航次的探测研究结果，研究区域包括热带西太平洋的雅浦海沟 - 马里亚纳海沟交联区岛弧海山、卡罗琳洋脊海山及麦哲伦海山链的海山，涉及 9 座海山（图 14）。

雅浦海沟 - 马里亚纳海沟交联区岛弧涉及了两座海山 Y3 和 M2（图 14，图 15）。其中，雅浦海山（Y3 海山）于 2014 年开展调查，属尖顶海山，山顶最浅水深约 246 m，海山的东侧是雅浦海沟，水深达 8700 m，沉积物以有孔虫砂为主。

马里亚纳海山（M2 海山）于 2016 年开展调查，是一座平顶海山（图 15），山顶最浅水深约 20 m，500 m 以浅几乎全部被碳酸盐岩覆盖，其中 100 m 以浅生长大量珊瑚礁及海藻。海山基底以玄武岩为主，沉积物以珊瑚砂、贝壳砂等生物碎屑为主。

卡罗琳洋脊是一个火山活动形成的洋底高原，洋脊北部的西北段水深达 2500 m，南侧达 2200 m，

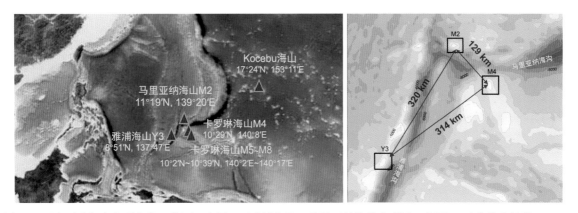

图 14　西太平洋海山专项航次工作区（左图）及雅浦海沟 - 马里亚纳海沟交联区（右图）（改自徐奎栋等，2020）

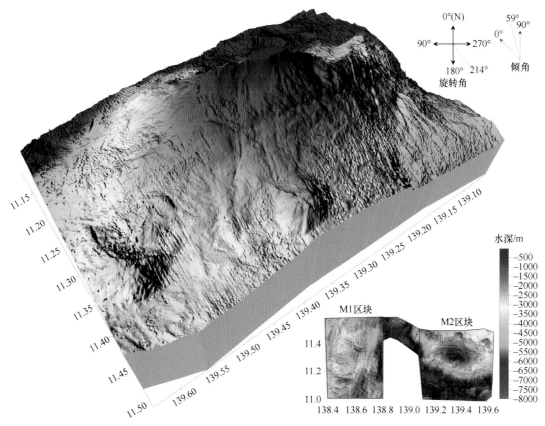

图 15　西太平洋马里亚纳海山（M2）三维地形图（引自栾振东和董冬冬，2019）

沉积物以有孔虫砂为主。卡罗琳海山（M4）于 2017 年开展调查，形成于新生代，是一座典型的平顶浅海山，最浅水深约 28 m，高约 3000 m，北部为马里亚纳海沟（图 16）。M4 海山顶部南北长约 12.3 km，东西宽 4.5 km，山顶边缘水深约 40 m，中间水深约 100 m，类似浅凹槽。在热带西太平洋寡营养海域，M4 海山首次被发现有"珊瑚林"。

　　卡罗琳洋脊海山 M5 ～ M8 于 2019 年开展调查，均为平顶海山 / 海丘（图 17）。其中，地处纬度最高的为 M8 海山，是一座高度约 788 m 的海丘，山顶离海面逾 1000 m。M5 海山高 1400 m，山顶离海面 797 m，为中深海山。M6 为海丘，高 900 m，山顶离海面 766 m。M7 海山高约 1000 m，山顶离海面 1040 m，为深海山。2019 年，在卡罗琳洋脊的 M5 海山和 M6 海丘水深 750 ～ 1000 m 处，发现

图 16　西太平洋卡罗琳海山（M4）三维地形图（徐奎栋等，2020）

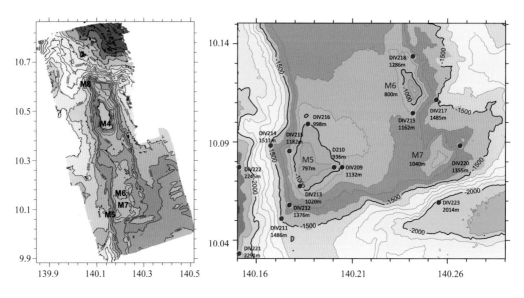

图 17　西太平洋卡罗琳洋脊开展调查的 5 座海山地形图（左图 M4 ～ M8）
与 M5 ～ M7 海山及周边的 ROV 下潜点（右图红点）

了多片五彩斑斓的"珊瑚林"。

　　西北太平洋是全球富钴结壳资源最为密集的区域，也是相关调查和研究最关注的区域之一。2018年 5 月，中国大洋协会与国际海底管理局在青岛联合召开了"西太平洋三角区富钴结壳区域环境管理计划"国际研讨会，就区域环境管理计划的设计及工作框架初步设想形成共识，提议了国际合作计划。该三角区主要包括麦哲伦海山链和马库斯 - 内克海岭（Marcus-Necker Ridge），其中的麦哲伦海山链是由十多座相对独立的平顶海山组成，是热点成因海山，呈北西向展布，长近 1200 km，我国在其中的采薇海山和维嘉海山区拥有合同专属勘探权和优先开采权（图 18）。

　　麦哲伦海山链的 Kocebu 海山分为东西两座海山，顶部呈不规则多边形，较为平坦（图 19）。东侧海山的最大水深 5400 m，山顶水深约 1150 m，海山高于基底约 4300 m，东北和东南方向各有一个延伸较大的海岭，西南方向有一个陡峭崖壁。西侧海山的最大水深 5600 m，山顶水深约 1340 m，山顶面积（按 1350 m 等深线计算）约 188 km^2，海山高于基底约 4200 m。海山顶及缓坡上覆盖有孔虫砂，2000 m 以浅覆盖铁锰结壳。测年分析推测该海山年龄略大于 95 Ma。Kocebu 海山的富钴结壳主要为结核状产出，直径 5 ～ 20 cm。

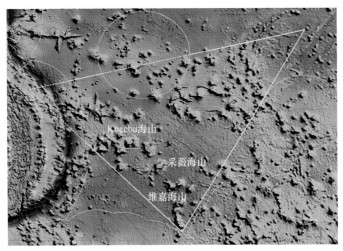

图 18　"西太平洋三角区富钴结壳区域环境管理计划"倡议区域（李正刚提供）

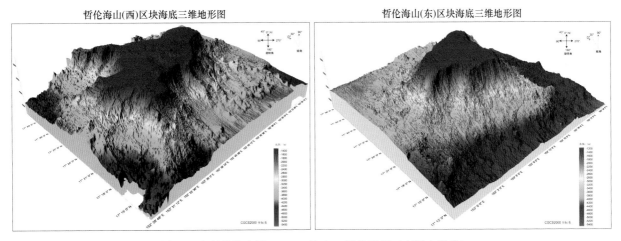

图 19　麦哲伦海山链 Kocebu 海山三维地形图（栾振东提供）

左 . 西区海山；右 . 东区海山

（二）主要探测技术装备及探测方式

上述 9 座海山的生物探测取样，均是利用"科学"号科考船及其搭载的"发现"号 ROV 实现的。"科学"号于 2012 年完成建造并下水，总吨位 4711 吨，续航力 15 000 n mile，定员 80 人。该船配备的探测与调查设备包括：水体探测系统、大气探测系统、海底探测系统、深海极端环境探测系统、遥感信息现场印证系统、船载实验与网络等系统。可搭载的"发现"号 ROV 最大工作深度为 4500 m，配备了水下定位系统、摄像系统，搭载 CTD、pH、浊度、溶解氧、叶绿素等多种探测传感器，还携带沉积物柱状取样器、水体取样器和大容量生物采样箱（图 20，图 21）。

在"发现"号 ROV 下潜前，为了确保其在水下作业安全，需要事先获取目标海山相对精细的地形地貌数据，同时根据目标海山的地形和海流来确定海山的调查断面。海山一般都很大，以卡罗琳海山 M4 为例，它是一座高约 3000 m 的平顶海山，山顶面积约 50 km²，底座面积约 880 km²，比大部分城市的城区面积都大。如此大的海山，必须要设计代表性调查断面，以便在有限的时间内尽可能地充分探索和认识该海山。通常的做法是在海山的迎流面和背流面各设计一条调查断面，然后在其两侧各设计一条调查断面，形成十字交叉的布局。调查过程中，深潜器会从海山底部往上爬坡，以便获得影

图 20 "发现"号 ROV 及其操控室（王少青摄）

图 21 "发现"号 ROV 的大容量生物采样箱及采获的生物和岩石样品（王少青摄）

像资料并采集生物。此外，海山的山脊和峭壁往往是生物繁盛的区域，也是调查的重点。

（三）生物样品采集和分析

1. 样品采集和保存

海山生物通常颜色丰富。然而，当这些生物被采集到甲板上后，大多数已死亡，颜色和体态也都发生较大的变化，即便经过固色处理，颜色还会进一步变化。因此，在进行生物采集前，首先要在原位进行生物的拍照、录像和测量，以确保后续处理时能将采集的生物一一对应（图22）。完成生物采集后，还需记录样品的采集时间、经纬度、水深、温度、盐度、溶解氧、底质状况等信息，以及与采集生物共存的其他生物状况。

生物在采集到甲板后，迅速收集样品并放置到冷藏室，尽快对样品进行现场粗略鉴定，并按类群逐一拍照后，对样品的采集号、站号、下潜编号、经纬度、水深、底质、采样时间、取样方式、采集人等信息进行登记。

需要做定量分析的样品，拍照后进行称量和计数。随后，依据不同生物样品的特性，选择不同的固定保存方式，包括乙醇（95% 乙醇溶液、85% 乙醇溶液）、福尔马林以及 –20℃、–80℃冰箱或液氮中冷冻保存，根据研究需求可在冷冻保存前加注 RNAlater 保存，防止组织冷冻过程中出现 RNA 降解，还可根据需求冷冻保存样品的部分或全部，以满足后续分析的需求。对于获取的单个样品，一般需要用无菌剪刀剪取部分新鲜组织直接冷冻处理，剩余部分进行固定（表 1）。

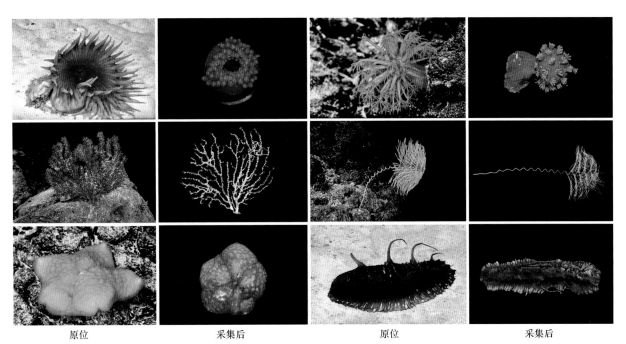

|原位|采集后|原位|采集后|

图 22　生物原位活体和采集到甲板后的对应照片

表 1　常见巨型 / 大型底栖生物类群的固定与保存

类群	麻醉	组织取样	固定	长期保存	注意事项
海绵动物	无	避免其他附着生物	80%～95%乙醇溶液浸泡	乙醇溶液	记录体内外颜色、质地、体表触感、气味、黏液等
刺胞动物	薄荷脑、氯化镁	触手最佳	80%～95%乙醇溶液 / 福尔马林浸泡	乙醇溶液 / 福尔马林	软珊瑚、黑珊瑚、海葵、水母需分别处理
环节动物	氯化镁	取体中部分	福尔马林浸泡	乙醇溶液	组织样品尽量避免消化道内容物
甲壳动物	冷冻、氯化镁或丁香酚	附肢	80%～95%乙醇溶液浸泡	乙醇溶液	避免快速固定（附肢可能脱落）
软体动物	薄荷脑、氯化镁	足部	福尔马林或布氏液浸泡	乙醇溶液	对头足类和后鳃类等较软个体采用福尔马林固定并拍照
海参	氯丁醇	纵向体壁肌肉最佳活性腺	80%～95%乙醇溶液注射和浸泡	乙醇溶液	乙醇溶液在生物体内将稀释至 70%～80%

2. 形态分类与鉴定

标本带回实验室后，按大小放置于不同标本瓶内，更换固定试剂和标签，每瓶样品单独编号。如发现某号样品中出现两种以上，应分开并另编新号，并填写相应的记录表。然后，对样品进行解剖、分类观察和鉴定，具体步骤如下。

（1）通过体视显微镜或肉眼观察标本整体形态结构，进行标本拍照或绘图；

（2）选取组织或整体，利用体视显微镜观察具有鉴定特征的细微结构，如海绵动物骨针、海葵刺细胞和肌肉组织、多毛类刚毛等，进行拍照或绘图；

（3）通过扫描电子显微镜对标本超微结构进行观察和拍照，包括海绵的骨针、软珊瑚骨片、软体动物齿舌、棘皮动物骨片等；

（4）对观察的分类特征进行记录，与相关文献记录进行比较，判定该标本的系统归属，尽可能将标本鉴定到物种水平，并投放鉴定标签。

3. 分子系统学研究

取冷冻的组织或乙醇固定样品，进行 DNA 提取，扩增相关 DNA 条形码基因以及其他相对较保守的基因序列，如线粒体基因 *COI*、*12S rRNA*、*16S rRNA*、*mtMutS* 等，以及核基因 *18S rRNA*、*28S rRNA*、*ITS1-5.8S* 等。对关键物种可开展线粒体等基因组测序分析。

通过快速比对分析这些序列，可以辅助物种的分类鉴定。在 GenBank 数据库下载相关属种的序列，利用相关软件进行建树分析，结合形态分类学研究结果，解析目标类群的系统发育关系。此外，还可利用超保守原件（ultraconserved element，UCE）等相关技术，在更高分辨率的基础上，解析某些高阶元（目和科）以及属种水平的系统发育关系（McFadden et al.，2022）。

4. 物种组成和丰度研究

标本鉴定完毕后，参照分类系统，列出调查海山区巨型 / 大型底栖生物的种名录，绘制各类群的种类分布图。巨型底栖生物丰度由现场记录员对 ROV 实时传输视频中的生物初步分类鉴定后，逐一输入 OFOP（Ocean Floor Observation Protocol）软件，计算所涉海底的面积后，统计各类群及物种的密度。

样品分类鉴定完毕后，还可利用 OFOP 软件，对 ROV 获取的视频进行再分析，解析不同海山生物的科、属及物种的多样性构成异同，以及生物在海山垂直分布上的异同。为了更直观展示海山生物多样性的分布特征，将不同水深的生物与海山地形图嵌合，进行海山生物多样性制图，绘制主要生物类群在海山水平和垂直尺度上的分布图。

（四）本书涉及的海山生物

本书著者团队在《西太平洋海沟洋脊交联区海山动物原色图谱》（徐奎栋等，2020）的基础上，对西太平洋海山的巨型底栖动物样品开展了较深入的形态分类学和分子系统学研究，取得了一系列新发现。

本书收录多孔动物（海绵）、刺胞动物、环节动物、软体动物、节肢动物和棘皮动物六大无脊椎动物类群共计 272 种（含未定种和相似种），包括近年来发表的 6 新属和 69 新种。其中，多孔动物含 4 目 7 科 14 属 20 种，刺胞动物 6 目 24 科 55 属 131 种，环节动物 3 目 15 科 13 属 20 种，软体动物 7 目 13 科 18 属 22 种，节肢动物 4 目 21 科 30 属 48 种，棘皮动物 15 目 18 科 25 属 31 种。本书主要参照 WoRMS（World Register of Marine Species）的分类系统，描述了每个物种及其所隶属的主要分类阶元的鉴别特征、形态特征、地理分布及生态习性，并就物种的分类鉴定做了相近种比较分析。

本书是有关热带西太平洋海山巨型底栖动物的第一本分类图鉴，力求图文并茂，展示多姿多彩的海山动物栖息地及形态特征。希冀其能为海山生物的野外调查取样和鉴定提供参考，为深海及海山的生物多样性研究与保护提供切实依据。书中仍有大量物种有待深入地系统分类学研究，未来，随着样品的不断丰富和研究的深入，这些物种的鉴定将会得到进一步完善。

主要参考文献

郭琳, 冯志纲, 张均龙, 等. 2016. 基于SCI-E的国际海山生物多样性研究现状及研究热点解析. 海洋科学, 40(4): 116-125.

栾振东, 董冬冬. 2019. 西太平洋典型海域地球物理调查图集. 北京: 科学出版社.

马骏, 宋金明, 李学刚, 等. 2018. 大洋海山及其生态环境特征研究进展. 海洋科学, 42(6): 150-160.

王琳, 张均龙, 徐奎栋. 2022. 海山生物多样性研究近十年国际发展态势与热点. 海洋科学, 46(5): 143-153.

徐奎栋, 等. 2020. 西太平洋海沟洋脊交联区海山动物原色图谱. 北京: 科学出版社.

张均龙, 徐奎栋. 2013. 海山生物多样性研究进展与展望. 地球科学进展, 28(11): 1209-1216.

Ávila SP, Malaquias MAE. 2003. Biogeographical relationships of the molluscan fauna of the Ormonde Seamount (Gorringe Bank, Northeast Atlantic Ocean). Journal of Molluscan Studies, 69(2): 145-150.

Clark MR, Rowden AA, Schlacher T, et al. 2010. The ecology of seamounts: Structure, function, and human impacts. Annual Review of Marine Science, 2: 253-278.

Clark MR, Watling L, Rowden AA, et al. 2011. A global seamount classification to aid the scientific design of marine protected area networks. Ocean and Coastal Management, 54(1): 19-36.

Clouard V, Bonneville A. 2005. Ages of seamounts, islands and plateaus on the Pacific Plate // Foulger GR, Natland JH, Presnall D, et al. Plates, plumes and paradigms (Special paper), Vol. 338. Geological Society of America, Boulder, CO: 71-90.

Desbruyères D, Segonzac M, Bright M. 2006. Handbook of Deep-Sea Hydrothermal Vent Fauna. Denisia, 18: 1-544.

Deutsch C, Brix H, Ito T, et al. 2011. Climate-forced variability of ocean hypoxia. Science, 333: 336-339.

Dumke I, Purser A, Marcon Y, et al. 2018. Underwater hyperspectral imaging as an in situ taxonomic tool for deep-sea megafauna. Scientific Reports, 8: 12860.

Estes JA, Heithaus M, McCauley DJ, et al. 2016. Megafaunal impacts on structure and function of ocean ecosystems. Annual Review of Environment and Resources, 41(1): 83-116.

Genin A. 2004. Bio-physical coupling in the formation of zooplankton and fish aggregations over abrupt topographies. Journal of Marine Systems, 50: 3-20.

Genin A, Dayton PK, Lonsdale PF, et al. 1986. Corals on seamount peaks provide evidence of current acceleration over deep-sea topography. Nature, 322: 59-61.

German C, Ramirez-Llodra E, Baker MC, et al. 2011. Deep-water chemosynthetic ecosystem research during the Census of Marine Life decade and beyond: A proposed deep-ocean road map. PLoS ONE, 6: e23259.

Gillet P, Dauvin JC. 2000. Polychaetes from the Atlantic seamounts of the southern Azores: Biogeographical distribution and reproductive patterns. Journal of the Marine Biological Association of the United Kingdom, 80(6): 1019-1029.

Gillet P, Dauvin JC. 2003. Polychaetes from the Irving, Meteor and Plato seamounts, North Atlantic Ocean: Origin and geographical relationships. Journal of the Marine Biological Association of the UK, 83(1): 49-53.

Grassle JF, Sanders HL, Hessler RR, et al. 1975. Pattern and zonation: A study of the bathyal megafauna using the research submersible Alvin. Deep Sea Research and Oceanographic Abstracts, 22(7): 457-462.

Hall-Spencer J, Rogers A, Davies J, et al. 2007. Deep-sea coral distribution on seamounts, oceanic islands, and continental slopes in the Northeast Atlantic. Bulletin of Marine Science, 81(Suppl. 1): 135-146.

Henry LA, Vad J, Findlay HS, et al. 2014. Environmental variability and biodiversity of megabenthos on the Hebrides Terrace Seamount (Northeast Atlantic). Scientific Reports, 4: 5589.

Hubbs CL. 1959. Initial discoveries of fish fauna on seamounts and offshore banks in the Eastern Pacific. Pacific Science, 13: 311-316.

Kvile KØ, Taranto GH, Pitcher TJ, et al. 2014. A global assessment of seamount ecosystems knowledge using an ecosystem evaluation framework. Biological Conservation, 173: 108-120.

Lavelle JW, Baker ET. 2003. Ocean currents at Axial Volcano, a northeastern Pacific seamount. Journal of Geophysical Research, 108(C2): 3020.

Li Y, Zhan Z, Xu K. 2020. Morphology and molecular phylogenetic analysis of deep-sea purple gorgonians (Octocorallia: Victorgorgiidae) from seamounts in the tropical Western Pacific, with description of three new species. Frontiers in Marine Science, 7: 701.

Ma J, Song J, Li X, et al. 2021a. Multidisciplinary indicators for confirming the existence and ecological effects of a Taylor column in the Tropical Western Pacific Ocean. Ecological Indicators, 127: 107777.

Ma J, Song J, Li X, et al. 2021b. The OMZ and its influence on POC in the Tropical Western Pacific Ocean: Based on the survey in March 2018. Frontiers in Earth Science, 9: 632229.

McClain CR. 2004. Connecting species richness, abundance and body size in deep-sea gastropods. Global Ecology and Biogeography, 13: 327-334.

McClain CR. 2007. Seamounts: identity crisis or split personality? Journal of Biogeography, 34(12): 2001-2008.

McFadden CS, van Ofwegen LP, Quattrini AM. 2022. Revisionary systematics of Octocorallia (Cnidaria: Anthozoa) guided by phylogenomics. Bulletin of the Society of Systematic Biologists, 1(3): 8735.

Mohn C, White M, Bashmachnikov I, et al. 2009. Dynamics at an elongated, intermediate depth seamount in the North Atlantic (Sedlo Seamount, 40°20′N, 26°40′W). Deep Sea Research Part II: Topical Studies in Oceanography, 56(25): 2582-2592.

Morato T, Hoyle SD, Allain V, et al. 2010. Seamounts are hotspots of pelagic biodiversity in the open ocean. Proceedings of the National Academy of Sciences of the United States of America, 107(21): 9707-9711.

O'Hara TD. 2007. Seamounts: centres of endemism or species richness for ophiuroids? Global Ecology and Biogeography, 16(6): 720-732.

Oliverio M, Gofas S. 2006. Coralliophiline diversity at mid-Atlantic seamounts (Neogastropoda, Muricidae, Coralliophilinae). Bulletin of Marine Science, 79(1): 205-230.

Pitcher TJ, Morato T, Hart PJB, et al. 2007. Seamounts: Ecology, Fisheries, and Conservation. Fish and Aquatic Resources Series 12. Oxford: Blackwell Publishing.

Qu Y, Xu K, Li T, et al. 2021. Deep-sea coral evidence for dissolved mercury evolution in the deep North Pacific Ocean over the last 700 years. Journal of Oceanology and Limnology, 39(5): 1622-1633.

Rex MA. 1981. Community structure in the deep-sea benthos. Annual Review of Ecology, Evolution, and Systematics, 12: 331-353.

Richer de Forges B, Koslow J, Poore G. 2000. Diversity and endemism of the benthic seamount fauna in the southwest Pacific. Nature, 405: 944-947.

Roark EB, Guilderson TP, Dunbar RB, et al. 2009. Extreme longevity in proteinaceous deep-sea corals. Proceedings of the National Academy of Sciences of the United States of America, 106(13): 5204-5208.

Rogers AD. 1994. The biology of seamounts. Advances in Marine Biology, 30: 305-350.

Rowden AA, Clark M, O'Shea S, et al. 2003. Benthic biodiversity of seamounts on the southern Kermadec volcanic arc. Wellington: Marine Biodiversity Biosecurity Report No. 3: 23.

Rowden AA, Clark MR, Wright IC. 2005. Physical characterisation and a biologically focused classification of 'seamounts' in the New Zealand region. New Zealand Journal of Marine and Freshwater Research, 39: 1039-1059.

Rowden AA, O'Shea S, Clark MR. 2002. Benthic biodiversity of seamounts on the northwest Chatham Rise. Wellington Marine Biodiversity Biosecurity Report No. 2: 21.

Samadi S, Bottan L, Macpherson E, et al. 2006. Seamount endemism questioned by the geographic distribution and population genetic structure of marine invertebrates. Marine Biology, 149(6): 1463-1475.

Shank TM. 2010. Seamounts: Deep-ocean laboratories of faunal connectivity, evolution, and endemism. Oceanography, 23: 108-122.

Shi J, Lei Y, Li H, et al. 2021. NGS-metabarcoding revealing novel foraminiferal diversity in the Western Pacific Magellan Seamount sediments. Journal of Oceanology and Limnology, 39(5): 1718-1729.

Shi J, Lei Y, Li Q, et al. 2020. Molecular diversity and spatial distribution of benthic foraminifera of the seamounts and adjacent abyssal plains in the tropical Western Pacific Ocean. Marine Micropaleontology, 156: 101850.

Smith CR, Baco AR. 2003. Ecology of whale falls at the deep-sea floor. Oceanography and Marine Biology, 41: 311-354.

Smith WHF, Staudigel H, Watts AB, et al. 1989. The Magellan seamounts: Early Cretaceous record of the South Pacific isotopic and thermal anomaly. Journal of Geophysical Research: Solid Earth, 94(B8): 10501-10523.

Stocks K. 2004. Seamount invertebrates: composition and vulnerability to fishing // Morato T, Pauly D. Seamounts: Biodiversity and Fisheries. University of British Columbia, Canada: Fisheries Centre Research Reports, 12(5): 17-24.

Stocks KI, Clark MR, Rowden AA, et al. 2012. CenSeam, an international program on seamounts within the Census of Marine Life: Achievements and lessons learned. PLoS ONE, 7(2): e32031.

Thresher R, Althaus F, Adkins J, et al. 2014. Strong depth-related zonation of megabenthos on a rocky continental margin (∼700-4000 m) off southern Tasmania, Australia. PLoS ONE, 9(1): e85872.

Tittensor DP, Baco AR, Hall-Spencer JM, et al. 2010. Seamounts as refugia from ocean acidification for cold-water stony corals. Marine Ecology, 31(Suppl. 1): 212-225.

Tunnicliffe V, McArthur AG, McHugh D. 1998. A biogeographical perspective of the deep-sea hydrothermal vent fauna. Advances in Marine Biology, 34: 353-442.

Wang Q, Wang Z, Liu K, et al. 2021. Geochemical characteristics and geological implication of ferromanganese crust from CM6 Seamount of the Caroline Ridge in the Western Pacific. Journal of Oceanology and Limnology, 39(5): 1605-1621.

Wessel P. 2001. Global distribution of seamounts inferred from gridded Geosat/ERS-1 altimetry. Journal of Geophysical Research, 106(B9): 19431-19441.

Whittaker RJ, Fernández-Palacios JM. 2007. Island Biogeography: Ecology, Evolution, and Conservation. 2nd ed. Oxford: Oxford University Press.

Wilson RRJ, Kaufmann RS. 1987. Seamount biota and biogeography // Keating BH. Seamounts, Islands, and Atolls, Geophysical Monograph Series. Washington: American Geophysical Union: 355-377.

Wishner K, Levin L, Gowing M, et al. 1990. Involvement of the oxygen minimum in benthic zonation on a deep seamount. Nature, 346: 57-59.

Xu K. 2021. Seamount ecosystem and biodiversity in the tropical Western Pacific Ocean. Journal of Oceanology and Limnology, 39(5): 1585-1853.

Yesson C, Clark MR, Taylor ML, et al. 2011. The global distribution of seamounts based on 30 arc seconds bathymetry data. Deep Sea Research Part I: Oceanographic Research Papers, 58(4): 442-453.

Zhao F, Filker S, Stoeck T, et al. 2017. Ciliate diversity and distribution patterns in the sediments of a seamount and adjacent deep-sea plains in the tropical Western Pacific Ocean. BMC Microbiology, 17: 192-204.

Zhao F, Filker S, Wang C, et al. 2021. Bathymetric gradient shapes the community composition rather than the species richness of deep-sea benthic ciliates. Science of the Total Environment, 755: 142623.

撰稿人：徐奎栋

各　论

第一部分　多孔动物门 Porifera Grant, 1836

多孔动物又称海绵动物，下辖 4 个纲：六放海绵纲 Hexactinellida、寻常海绵纲 Demospongiae、同骨海绵纲 Homoscleromorpha 和钙质海绵纲 Calcarea。六放海绵的骨针为硅质，具三轴骨针且多为六辐骨针，骨针分散或连接成网状结构，主要生活在深海的软泥和硬底上。寻常海绵具硅质骨针和 / 或海绵质纤维，从沿岸浅海到深海均有分布，物种数量占海绵物种总数的 83%。同骨海绵具硅质骨针，只含小骨针，栖息水深大多不超过 100 m。钙质海绵具钙质骨骼，单体或群体生活，仅占海绵物种总数的 8%。

寻常海绵纲 Demospongiae Sollas, 1885

寻常海绵外形呈块状、叶状、管状、枝状、扇形、杯状等。骨骼由海绵蛋白纤维组成或同硅质骨针一起组成。大骨针常为单轴或四轴骨针。小骨针种类较多，有多轴或单轴。有些种类缺乏骨针结构，只含纤维骨骼。细胞游离，不形成合胞体。除了根枝海绵科 Cladorhizidae 不含水沟系外，其他寻常海绵的水沟系为复沟型。幼体多为中实幼体，有的为环形幼体。有性繁殖为卵生或胎生（Hooper and van Soest，2002）。

寻常海绵纲现有近 7600 种，绝大多数为海水种，少数为淡水种。

四放海绵目 Tetractinellida Marshall, 1876

鉴别特征　四放海绵常含有放射状的骨骼，有些属为石质海绵。大骨针为单轴或四轴骨针。小骨针为卷轴骨针、星形骨针，有时为小棒状骨针、小二尖骨针和发状骨针。有些种含有骨片（Morrow and Cárdenas，2015）。

四放海绵目现有约 22 科 97 属 1100 余种。

星骨海绵亚目 Astrophorina Sollas, 1887

鉴别特征　星骨海绵质地粗糙。骨骼含硅质骨针，有时含海绵硬蛋白。小骨针由一种或多种星状骨针、小二尖骨针、小杆骨针等组成。大骨针为四轴骨针，常伴随着二尖骨针。四轴骨针为三叉骨针、棘状骨针、具短轴的三叉骨针等（Hooper and van Soest，2002）。

星骨海绵亚目现有约 15 科 67 属 900 余种，分布范围广且不同的水深都有（Hooper and van Soest，2002）。

麦克海绵科 Macandrewiidae Schrammen, 1924

鉴别特征　海绵外形变化较大。皮层骨针为盘形三叉骨针或片叉骨针。领细胞层骨骼由骨片接合而成。小骨针为二尖骨针，常分布于外皮层（Hooper and van Soest，2002）。

麦克海绵科现有 1 属 10 种，绝大多数生活在水深 200～1500 m。

麦克海绵属 *Macandrewia* Gray, 1859

鉴别特征　海绵外形多变。皮层骨针为盘形三叉骨针或片叉骨针。领细胞层骨骼由光滑的骨片以末端接合的方式融合在一起。小骨针仅含小二尖骨针，覆盖在外皮层的表面，形成薄薄的一层（Hooper and van Soest，2002）。

麦克海绵属现有 10 种，分布于大西洋和太平洋，水深 95～1500 m。

（1）**雅浦麦克海绵** *Macandrewia yapensis* Gong, Lim, Yang & Li, 2021（图 1-1～图 1-3）

形态特征　海绵呈褶皱的片状，上表面有许多肉眼可见的小突起，下表面光滑，布满小孔；黄灰色，质地坚硬，不易压缩。外皮层骨骼由片叉骨针和小二尖骨针组成。领细胞层骨骼由四枝骨片组成的网状结构构成，骨片表面有瘤状突起，以末端接合方式融合在一起。小骨针为小棒状骨针，中间略膨大，两端略弯曲。

地理分布　仅发现于雅浦海山。

生态习性　栖息于水深 255～311 m，固着在群体石珊瑚上。

讨论　本种褶皱的片状，且骨片上的突起呈瘤状，这两个特征可将其与麦克海绵属的其他物种区分开。

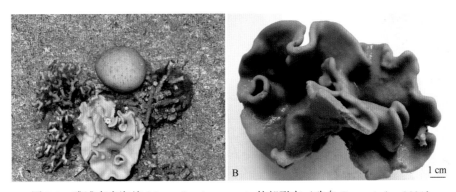

图 1-1　雅浦麦克海绵 *Macandrewia yapensis* 外部形态（改自 Gong et al.，2021）
A. 原位活体；B. 采集后的标本

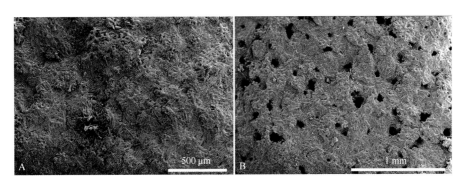

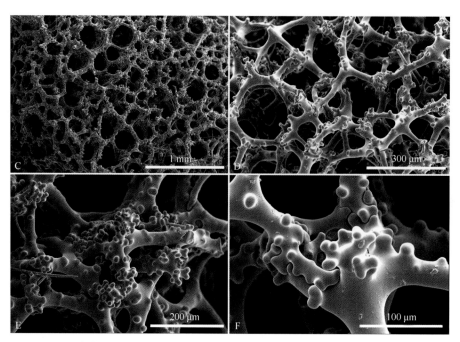

图 1-2　雅浦麦克海绵 *Macandrewia yapensis* 骨骼形态电镜图（改自 Gong et al.，2021）
A. 海绵上表面的骨骼；B. 海绵下表面的骨骼；C ～ F. 海绵领细胞层网状骨骼

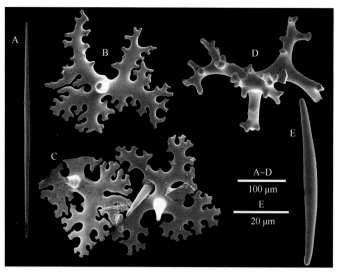

图 1-3　雅浦麦克海绵 *Macandrewia yapensis* 骨针形态（改自 Gong et al.，2021）
A. 二尖骨针；B，C. 片叉骨针；D. 四枝骨片；E. 小棒状骨针

钵海绵科 Geodiidae Gray, 1867

鉴别特征　海绵外形呈块状、壳状体、球形等。通常具有发达的皮质层，皮质层可分为较容易辨认的两层：外层为肉质和胶原层，含有多种类型的小骨针，内层为月星骨针层。领细胞层可能含有真星骨针和小棒状骨针。大骨针常为具长轴的三叉骨针和二尖骨针（Hooper and van Soest，2002）。

钵海绵科现有 8 属约 300 种。

（2）钵海绵科未定种 Geodiidae sp.（图 1-4）

形态特征　海绵圆球形，白色，外表面有一硬的外壳皮质包被，固着在珊瑚的骨骼上。海绵的外壳皮质较硬，壳内包裹的海绵组织较软。外壳上有出水口和入水孔；出水口的开口较大，多分布于球形体的顶端；入水孔相对较小，均匀分布于外壳的表面。海绵外壳由月星骨针紧密排列形成，月星骨针呈椭球形，表面含光滑的似蝴蝶状的突起；外壳还含小棒状骨针。外壳和壳内组织之间有棘状骨针，棘状骨针表面光滑。壳内组织还含有棒状骨针、双头骨针和小杆骨针。

地理分布　雅浦海山。

生态习性　栖息于水深 255～381 m，固着在微丑柳珊瑚 *Microprimnoa* sp. 上。

讨论　本未定种呈球形，有一个厚的皮质外壳，含月星骨针、棘状骨针等，这些特征符合钵海绵科的特征。钵海绵科下有 8 个属，本未定种出水口和入水孔都是单孔，含小棒状骨针，符合 *Erylus* 属的特征，分子结果显示本未定种与 *Penares* 属的亲缘关系更近，但要确定其属于哪个属，还需更多的数据支撑。

图 1-4　钵海绵科未定种 Geodiidae sp. 外部形态
A. 原位活体；B. 采集后的标本

六放海绵纲 Hexactinellida Schmidt, 1870

六放海绵外形多样，呈管状、杯状、漏斗状、棍棒状、叶片状等，含或不含侧囊室，底部直接固着或通过基网板、须网板固着在基质上。硅质骨针单独或融合形成骨骼。骨针根据大小和功能分为大骨针和小骨针。大骨针常为六辐骨针，有时为少一个辐的五辐骨针或少多个辐的骨针（如四辐骨针、三辐骨针、二辐骨针和单辐骨针）等。单辐骨针为锚状骨针、节杖骨针、杖状骨针等（Hooper and van Soest，2002）。

六放海绵纲现有 5 目 17 科 118 属约 700 种。

双盘海绵目 Amphidiscosida Schrammen, 1924

鉴别特征　双盘海绵为实心或中空的卵圆形、圆柱形、漏斗状、杯状等，含有双盘骨针，由须网板固着在基质上，骨骼由松散的骨针构成。皮层面和内腔面骨针多为羽辐状五辐骨针，很少为羽辐状六辐骨针。下向皮层骨针和下向内腔骨针为尖端逐渐变细的五辐骨针。基须多为单轴骨针，在底端具一个或多个齿。小骨针为 3 种类型的双盘骨针和尖端逐渐变细的六辐骨针（Hooper and van Soest，

2002）。

双盘海绵目有 3 个科：拂子介科 Hyalonematidae、单根海绵科 Monorhaphididae、围线海绵科 Pheronematidae，170 余种。

拂子介科 Hyalonematidae Gray, 1857

鉴别特征 海绵卵圆形、杯状、纺锤形（由上下两个反向椎体组成）等，含或不含中央腔。基须在海绵底部聚集成一束，单个基须骨针含多个齿，常 4～8 个。表须骨针多为二辐骨针，骨针末端呈羽辐状。领细胞层骨骼主要由二辐骨针组成，皮层面和内腔面骨针为羽辐状五辐骨针，很少含六辐骨针。下向皮层骨针和下向内腔骨针由五辐骨针组成。双盘骨针有 3 种类型，小六辐骨针和小五辐骨针的数量通常较多（Hooper and van Soest，2002）。

拂子介科现有 5 属。

拂子介属 *Hyalonema* Gray, 1832

鉴别特征 海绵卵圆形或钟形，内腔面外翻。基须相互缠绕，聚集成一束，将海绵的身体托出海底，基须骨针末端多呈具齿的锚状结构（Hooper and van Soest，2002）。

拂子介属现有 12 亚属 100 多种。

（3）拂子介属未定种 *Hyalonema* sp.（图 1-5）

形态特征 海绵钟形，像一朵玫瑰花，呈白色，以一束缠绕在一起的基须固着在有孔虫泥的海底。基须的表面是群体生活的海葵。海绵具筛板，筛板的网眼分布较均匀。皮层面网眼清晰，通常比筛板网眼小。领细胞层骨针主要为二辐骨针，还有少量的五辐骨针。皮层面、内腔面和管沟骨针为羽辐状五辐骨针。基须骨针在采集时末端多数断裂，无法判断其末端结构，仅有少数的为具 2 个齿的锚状骨针。本未定种还含有羽辐状二辐骨针、小五辐骨针和双盘骨针。双盘骨针分为大双盘骨针、中双盘骨针和小双盘骨针。

地理分布 雅浦海山。

生态习性 栖息于水深 1106 m 的有孔虫砂质底。

讨论 本未定种钟形，基须相互缠绕，聚集成一束，筛板网眼大小较一致，与拂子介属的特征吻合。

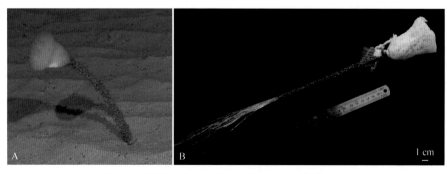

图 1-5 拂子介属未定种 *Hyalonema* sp. 外部形态
A. 原位活体；B. 采集后的标本

围线海绵科 Pheronematidae Gray, 1870

鉴别特征　海绵杯状、圆锥形等，两侧对称，由须网板固着在基底上。内腔区域有时会被隔开成几个小区域。基须骨针多为具 2 个齿的锚状二辐骨针。表须骨针常为杖状骨针。领细胞层的骨骼常为五辐骨针和勾棘骨针（2 ～ 3 种类型）。皮层骨针和内腔面骨针为羽辐状五辐骨针，很少为六辐骨针。下向皮层和下向内腔的五辐骨针与领细胞层的五辐骨针外形一致。通常含 3 种类型的双盘骨针和数量较多的小六辐骨针（Hooper and van Soest，2002）。

拟围线海绵属 *Pheronemoides* Gong & Li, 2017

鉴别特征　海绵片状，常具一定的弧度，呈球形或半球形。内腔面和皮层面位于海绵表面上相反的位置。整个基须由许多小束聚集成一大束，基须并不布满身体的正下方或位于正中央，而通常偏向身体的一侧。海绵的缘区（marginal）将内腔面和皮层面隔开。缘区有许多突出体表的缘须，多位于上下表面的分界处。领细胞层的骨针主要为五辐骨针和勾棘骨针。皮层面和内腔面的骨针为羽辐状五辐骨针和勾棘骨针。勾棘骨针常分为大勾棘骨针、中勾棘骨针和小勾棘骨针 3 种类型。基须骨针为具 2 个齿的锚状骨针。小骨针为双盘骨针和小勾棘骨针，很少为小六辐骨针（Gong and Li，2017）。

（4）壳形拟围线海绵 *Pheronemoides crustiformis* Gong, Li & Lee, 2020（图 1-6，图 1-7）

形态特征　在海底生活时，海绵同基须形成一空腔，使其呈上翘姿态，形似贝壳；出水后从上表面观察，呈半球形。皮层面上仅少部分区域有基须分布，使基须和皮层面之间形成一空腔。基须由许多小束骨针聚集成宽阔的一大束，杂乱地分布于底部。领细胞层骨针为五辐骨针，各辐的表面光滑。皮层羽辐状五辐骨针和内腔羽辐状五辐骨针外形较相似。勾棘骨针有 3 种类型：大勾棘骨针、中勾棘骨针和小勾棘骨针。基须骨针为具 2 个齿的锚状骨针，其杆部具有较大的棘刺。小骨针为小双盘骨针，轴表面有棘突。

地理分布　卡罗琳洋脊海山。

生态习性　栖息于水深 1429 m 的岩石底质上。

讨论　本种片状的海绵体有一定的弧度，呈球形或半球形，基须偏向身体的一侧，符合拟围线海绵属的特征。

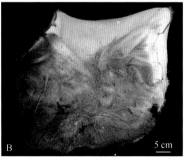

图 1-6　壳形拟围线海绵 *Pheronemoides crustiformis* 外部形态（改自 Gong et al.，2020）

A. 原位活体；B. 采集后的标本

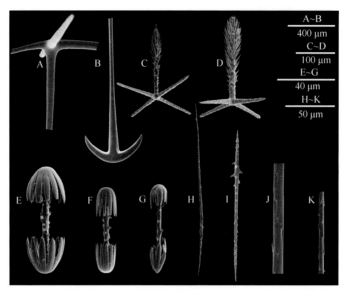

图 1-7　壳形拟围线海绵 *Pheronemoides crustiformis* 骨针形态（改自 Gong et al.，2020）
A. 领细胞层五辐骨针；B. 基须锚状骨针；C. 内腔羽辐状五辐骨针；D. 皮层羽辐状五辐骨针；
E ～ G. 小双盘骨针；H，I. 小勾棘骨针；J. 大勾棘骨针的杆部；K. 中勾棘骨针的杆部

（5）蘑菇拟围线海绵 *Pheronemoides fungosus* Gong & Li，2017（图 1-8，图 1-9）

形态特征　海绵白色，从上表面观察，呈半球形。内腔面位于海绵的上表面，皮层面位于海绵的下表面。内腔面和皮层面之间有一圈缘区。皮层面呈拱形，位于缘区和基须之间。从一侧面观察，海绵呈球形，似蘑菇状；从另一侧面观察，海绵呈中空的半球形。基须位于海绵的底部，偏向身体的一侧，由许多小束骨针聚集成宽阔的一大束。领细胞层骨针为羽辐状五辐骨针和羽辐状六辐骨针。皮层面和内腔面的骨针为羽辐状五辐骨针。内腔羽辐状五辐骨针与皮层羽辐状五辐骨针外形一致，长度更小。勾棘骨针有 3 种类型：大勾棘骨针、中勾棘骨针和小勾棘骨针。基须骨针为具 2 个齿的锚状骨针。缘须骨针主要为二辐骨针，表面光滑或具极微小的刺。小骨针由小双盘骨针和小勾棘骨针组成。

地理分布　雅浦海山，卡罗琳洋脊海山。

生态习性　栖息于水深 906 ～ 958 m 的岩石底质上。

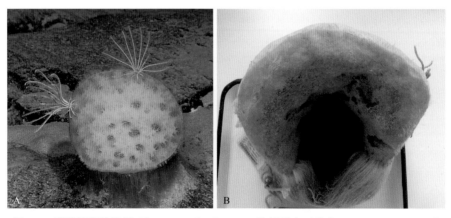

图 1-8　蘑菇拟围线海绵 *Pheronemoides fungosus* 外部形态（改自 Gong and Li，2017）
A. 原位活体；B. 采集后的标本

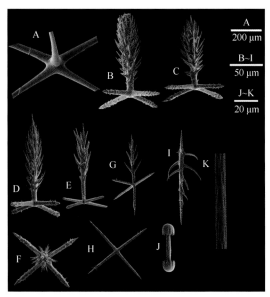

图 1-9　蘑菇拟围线海绵 *Pheronemoides fungosus* 骨针形态（改自 Gong and Li，2017）
A. 领细胞层五辐骨针的中央部分；B，C. 皮层羽辐状五辐骨针；D. 内腔羽辐状五辐骨针；E，F. 领细胞层羽辐状五辐骨针；
G. 羽辐状六辐骨针；H. 四辐骨针；I. 小勾棘骨针；J. 小双盘骨针；K. 中勾棘骨针的轴的中央部

讨论　本种海绵两侧对称状，基须偏向身体的一侧，且在皮层面和内腔面之间含一圈宽约 3.5 mm 的缘区，使本种与围线海绵科内其他属的已知种较容易区分开。

白须海绵属 *Poliopogon* Thomson, 1877

鉴别特征　海绵呈扇形或长柱形，扇形身体凹陷的一面为内腔面，柱形身体具有一个含清晰网状结构的顶面或顶端含内凹的内腔。基须较分散地聚集在身体最下部。领细胞层，下向皮层骨针和下向内腔层骨针为五辐骨针，很少为四辐骨针和三辐骨针。通常只含一种类型的勾棘骨针。表须骨针为节杖骨针，基须骨针为单轴骨针或具 2 个齿的锚状骨针。皮层骨针和内腔层骨针为羽辐状五辐骨针，很少含六辐骨针。小骨针为双盘骨针（含 1 ～ 3 种不同类型）、小六辐骨针和五辐骨针，有的种还含四辐骨针、二辐骨针、单辐骨针和球形骨针等（Hooper and van Soest，2002）。

白须海绵属现有 9 种。

（6）扭形白须海绵 *Poliopogon distortus* Gong & Li, 2018（图 1-10，图 1-11）

形态特征　海绵呈白色，近长柱状，用基须固着在岩石的表面。皮层面凸出，内腔面凹陷。体上部最宽，近底部最窄，底部为基须。海绵顶端呈不对称的"U"形弯曲，该部分组织较其他部分组织薄。皮层面和内腔面的网眼结构明显，呈三角形或四边形。领细胞层骨针为五辐骨针，4 个切向辐不等长，主辐较短。皮层面和内腔面为羽辐状五辐骨针。基须骨针为具 2 个齿的锚状骨针，数量较多。棒状骨针含一个膨大的头部和布满棘状突起的轴。勾棘骨针按大小分为两种：大勾棘骨针和小勾棘骨针。节杖骨针的一端尖，另一端分叉，中间光滑，两端有棘刺。小骨针为 3 种不同大小的双盘骨针（大双盘骨针、中双盘骨针和小双盘骨针）和小五辐骨针。

地理分布　雅浦海山，卡罗琳洋脊海山。

生态习性　栖息于水深 775 ～ 932 m 的岩石底质上。

讨论　本种叶片状，含有棒状骨针，使其很容易与其他种区分开。

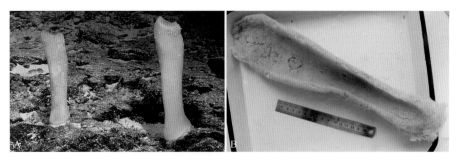

图1-10　扭形白须海绵 *Poliopogon distortus* 外部形态（改自 Gong and Li，2018）
A. 原位活体；B. 采集后的标本

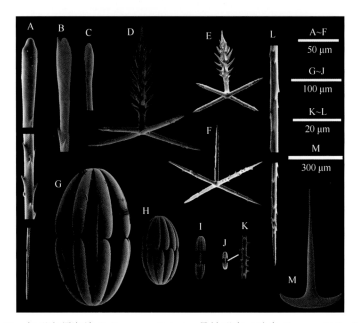

图1-11　扭形白须海绵 *Poliopogon distortus* 骨针形态（改自 Gong and Li，2018）
A～C. 单轴棒状骨针；D. 皮层面羽辐状五辐骨针；E. 内腔面羽辐状五辐骨针；F. 小五辐骨针；G，H. 大双盘骨针；
I. 中双盘骨针；J. 小双盘骨针；K. 小双盘骨针中间轴放大图；L. 小勾棘骨针；M. 基须锚状骨针

（7）白须海绵属未定种1 *Poliopogon* sp. 1（图1-12）

形态特征　海绵呈长柱形；最下部合为一体，呈圆柱形；其余部分皮层面和内腔面交错出现，且两两相对，内腔面向内凹陷，皮层面向外突出；总体呈现出两个凸面和两个凹面。基须较短。皮层面和内腔面网眼结构明显，呈三角形或四边形。领细胞层骨针为五辐骨针。皮层面和内腔面骨针为羽辐状五辐骨针，二者形状和大小较接近。节仗骨针一端含棘刺，另一端表面光滑。勾棘骨针有3种：大勾棘骨针、中勾棘骨针和小勾棘骨针。小骨针为大双盘骨针、中双盘骨针、小双盘骨针和小六辐骨针。

地理分布　马里亚纳海山。

生态习性　栖息于水深2009 m的岩石底质上。

讨论　本标本与沟白须海绵 *Poliopogon canaliculatus* Wang, Wang, Zhang & Liu, 2016 在骨针形态上非常相近，二者的分子序列相似度也较高，但外部形态差别很大：沟白须海绵只含有一个凸面一个凹面，而本标本含两个凹面和两个凸面（Wang et al.，2016）。因此，本标本可能是一个新种，故此处只鉴定到属。

图 1-12 白须海绵属未定种 1 *Poliopogon* sp. 1 外部形态

A. 原位活体；B. 采集后的标本

（8）白须海绵属未定种 2 *Poliopogon* sp. 2（图 1-13）

形态特征 海绵略呈长圆柱形，含多个侧面和 1 个顶面，皮层面和内腔面交替出现，身体侧面的内腔面面积较小，同顶面的内腔面连在一起，成一个不规则的拱形。身体内部中空，使海绵个体较轻。领细胞层骨针为五辐骨针，骨针表面光滑。管沟骨针为羽辐状五辐骨针和羽辐状六辐骨针。皮层面和内腔面骨针为羽辐状五辐骨针，二者形态接近。大勾棘骨针较长，容易断裂。小勾棘骨针两端尖，中间膨大。节仗骨针一端含棘刺，另一端表面光滑。小骨针为大双盘骨针、中双盘骨针、小双盘骨针和小六辐骨针。

地理分布 马里亚纳海山，麦哲伦海山链 Kocebu 海山。

生态习性 栖息于水深 1391～1360 m 的岩石底质上。

讨论 本未定种内腔面和皮层面交替出现，外部形态类似于棍棒海绵属 *Semperella*，但本未定种含顶面的内腔面，且双盘骨针的形态也不同于棍棒海绵属已知的 12 个种，故认为本未定种与棍棒海绵属下各种均不相同。分子数据显示其和白须海绵属的亲缘关系较近，考虑到其基须骨针的类型，将其归为白须海绵属。

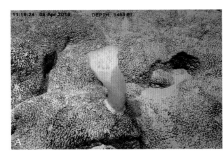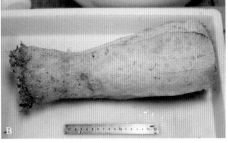

图 1-13 白须海绵属未定种 2 *Poliopogon* sp. 2 外部形态

A. 原位活体；B. 采集后的标本

舒仄海绵属 *Schulzeviella* Tabachnick, 1990

鉴别特征 海绵呈圆锥形，有的含一个被包裹的空腔。皮层面和内腔面骨针为羽辐状五辐骨针，同时含有羽辐状六辐骨针。领细胞层、下向皮层和下向内腔骨针为五辐骨针。勾棘骨针多为大勾棘骨针和小勾棘骨针。基须含棍棒状单轴骨针和具 2 个齿的锚状骨针；侧须为节仗骨针。小骨针为双盘骨针和小六辐骨针，较少含有小五辐骨针和小四辐骨针（Hooper and van Soest，2002）。

（9）舒仄海绵属未定种 *Schulzeviella* sp.（图 1-14）

形态特征 海绵略呈圆锥形，基须较短，杂乱分布于海绵基部。皮层面位于海绵体的两个侧面。内腔面位于海绵体的底面。海绵体表面有许多大小不一的孔，孔的上方有网眼结构覆盖。领细胞层大骨针为五辐骨针。内腔面和皮层面的骨针形状和大小类似，为羽辐状五辐骨针和羽辐状六辐骨针。节仗骨针较细长，一端含棘刺，另一端表面光滑。大勾棘骨针较长，容易断裂。小勾棘骨针外形与大勾棘骨针相近。小骨针含中双盘骨针、小双盘骨针、小六辐骨针和小五辐骨针。

地理分布 马里亚纳海山。

生态习性 栖息于水深 2023 m 的岩石底质上。

讨论 舒仄海绵属仅含 *Schulzeviella gigas* (Schulze, 1886) 1 种。本未定种与 *S. gigas* 的身体都呈圆锥形，且骨针类型也相近，都包含羽辐状六辐骨针、两种类型的双盘骨针以及形状较不规则的小五辐和小六辐骨针。与 *S. gigas* 不同的是，本未定种身体不含一个被包裹的内腔。

图 1-14 舒仄海绵属未定种 *Schulzeviella* sp. 外部形态
A. 原位活体；B. 采集后的标本

棍棒海绵属 *Semperella* Gray, 1868

鉴别特征 海绵长柱形，外翻的内腔面由皮层面隔离成多个单独的小单位，顶端不含较完整的类似筛板的顶面。领细胞层、下向皮层和下向内腔骨针为五辐骨针。勾棘骨针有 3 种：大勾棘骨针、中勾棘骨针和小勾棘骨针。表须骨针为杖状骨针，基须骨针为有 2 ～ 4 个齿的锚状骨针。皮层面和内腔面骨针为羽辐状五辐骨针，有时还含有少量的六辐骨针。小骨针为 1 ～ 3 种类型的双盘骨针和小六辐骨针，有时还含有小五辐骨针、小四辐骨针、小单辐骨针和小二辐骨针等（Hooper and van Soest，2002）。

（10）蛟龙棍棒海绵 *Semperella jiaolongae* Gong, Li & Qiu, 2015（图 1-15）

形态特征 海绵呈柱状，白色，下部侧表面有侧须，内腔面和皮层面交替出现。上皮层区的网眼由两部分组成：大网眼形成主要的网状结构，小网眼将大网眼分成许多小的单位。海绵的基须由许多小束的骨针组成。领细胞层的骨针为五辐骨针。皮层面羽辐状五辐骨针含 2 种类型：一种羽辐尖端较细，切向辐较直；另一种羽辐较短，切向辐弯曲。内腔羽辐状五辐骨针同皮层五辐骨针外形相似。基须骨针的轴表面具较大的刺，一末端为具 2 个齿的锚状结构。勾棘骨针数量很少，表面含小的棘刺。表须为杖状骨针。小骨针由小双盘骨针、小六辐骨针、小五辐骨针和小四辐骨针组成。

　　地理分布　马里亚纳海山，中国南海海山。

　　生态习性　栖息于水深 779 m 的岩石底质上。

　　讨论　本种正模发现于南海海山，身体一侧同时包含皮层面和内腔面，且内腔面斜向上升随机排列，另一侧只含皮层面。图 1-15 中的海绵两侧内腔面和皮层面均交替出现，但其与正模骨针差别不大，且分子结果相近，故将其鉴定为蛟龙棍棒海绵。

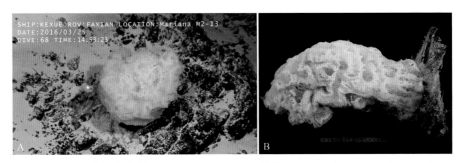

图 1-15　蛟龙棍棒海绵 *Semperella jiaolongae* 外部形态（改自 Gong et al.，2015）

A. 原位活体；B. 采集后的标本

（11）逆棘棍棒海绵 *Semperella retrospinella* Wang, Wang, Zhang & Liu, 2016（图 1-16）

　　形态特征　海绵圆柱形。皮层面被内腔面分隔成多个小的区域。内腔面向内凹陷，散落在皮层面上。基须较稀疏。领细胞层骨针为五辐骨针，辐的表面光滑。皮层面羽辐状五辐骨针的羽辐通常比内腔面羽辐状五辐骨针的羽辐长。勾棘骨针有 3 种类型：大勾棘骨针、中勾棘骨针和小勾棘骨针。基须骨针为具 2 个齿的锚状骨针，其杆部具较大的棘刺。小骨针为中双盘骨针、小双盘骨针和小五辐骨针。

　　地理分布　马里亚纳海山。

　　生态习性　栖息于水深 1676 ～ 2741 m 的碎石上。

　　讨论　本研究检视的 2 个标本的外部形态与逆棘棍棒海绵一致，但二者骨针有一定的差别：本研究的 2 个标本不含有较短的具垂直或具逆向棘刺的羽辐状五辐骨针，小五辐骨针的辐不弯曲（Wang et al.，2016）。检视的 2 个标本同逆棘棍棒海绵的序列相似度很高，故将这 2 个标本鉴定为逆棘棍棒海绵。

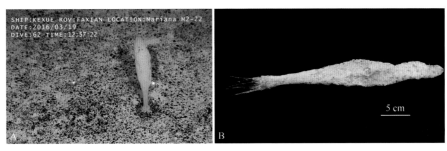

图 1-16　逆棘棍棒海绵 *Semperella retrospinella* 外部形态

A. 原位活体；B. 采集后的标本

艾氏海绵属 *Ijimalophus* van Soest & Hooper, 2020

鉴别特征 海绵呈勺状，缘区向后弯曲覆盖住一部分皮层面。基须骨针相互缠绕，在海绵底部呈长长的一束，将海绵体托出海底。领细胞层、下向皮层和下向内腔骨针为五辐骨针。勾棘骨针有 3 种：大勾棘骨针、中勾棘骨针和小勾棘骨针。表须骨针为杖状骨针。基须骨针为钩状骨针和锚状骨针（1 个齿、2 个齿或多个齿）。皮层面和内腔面骨针为羽辐状五辐骨针，较少为六辐骨针。小骨针为 1 ～ 2 种类型的双盘骨针和小六辐骨针，较少含有小五辐骨针和小四辐骨针（Hooper and van Soest，2002）。

（12）艾氏海绵属未定种 *Ijimalophus* sp.（图 1-17）

形态特征 海绵呈鞋状，最下部有一束较长的基须，缘区向后弯折覆盖一部分皮层面。海绵内腔面有很多大小不一的出水口。领细胞层骨针为五辐骨针，表面光滑。皮层面骨针为羽辐状五辐骨针。内腔面羽辐状五辐骨针与皮层面羽辐状五辐骨针外形相似，辐长通常会更长。勾棘骨针由大勾棘骨针、中勾棘骨针和小勾棘骨针组成。基须骨针为含 2 ～ 4 个齿的锚状骨针，还含有一种钩状骨针，杆部弯曲，一端膨大。小骨针为小双盘骨针、小六辐骨针和小五辐骨针。

地理分布 雅浦海山，马里亚纳海山，卡罗琳洋脊海山。

生态习性 栖息于水深 805 ～ 1414 m 的有孔虫砂质底。

讨论 本未定种与 *Ijimalophus hawaiicus* (Tabachnick & Lévi, 2000) 分子序列相近。但 *I. hawaiicus* 的皮层面和内腔面羽辐状五辐骨针长度大小相近，小勾棘骨针表面带棘，小六辐骨针的辐较细，因此本未定种可能为一个新种。

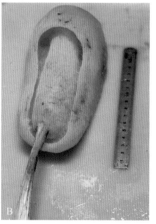

图 1-17 艾氏海绵属未定种 *Ijimalophus* sp. 外部形态
A. 原位活体；B. 采集后的标本

铲海绵属 *Platylistrum* Schulze, 1904

鉴别特征 海绵匙状，内腔面内凹。领细胞层、下向皮层和下向内腔骨针为五辐骨针。勾棘骨针有 3 种：大勾棘骨针、中勾棘骨针和小勾棘骨针。表须骨针为杖状骨针。基须骨针为单轴锚状骨针。皮层面和内腔面骨针为羽辐状五辐骨针，有时还含六辐骨针。小骨针为双盘骨针、小六辐骨针、小五辐骨针和小四辐骨针等（Hooper and van Soest，2002）。

（13）淡绿铲海绵 *Platylistrum subviridum* Wang, Wang, Zhang & Liu, 2016（图 1-18）

形态特征　海绵淡绿色，呈匙状。内腔面向内卷，在靠下的部位形成一个深沟状。内腔面内凹，皮层面外凸。基须较杂乱地分布于海绵最底部。领细胞层、下向皮层和下向内腔骨针为五辐骨针。皮层骨针和内腔骨针为羽辐状五辐骨针，二者形状和大小基本一致。基须骨针为具 2 个齿的锚状骨针。勾棘骨针为小勾棘骨针。小骨针为大双盘骨针、中双盘骨针、小五辐骨针和小四辐骨针。

地理分布　马里亚纳海山。

生态习性　栖息于水深 1627 ～ 1750 m 的岩石底质上。

讨论　本标本外表呈淡绿色，乙醇浸泡很长一段时间后淡绿色也未完全消退，且骨针类型与淡绿铲海绵一致，故鉴定为淡绿铲海绵（Wang et al.，2016）。

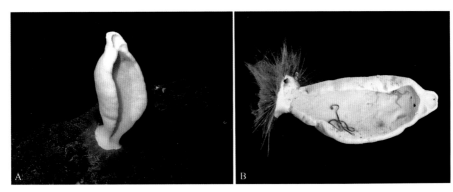

图 1-18　淡绿铲海绵 *Platylistrum subviridum* 外部形态
A. 原位活体；B. 采集后的标本

松骨海绵目 Lyssacinosida Zittel, 1877

鉴别特征　海绵卵圆形、杯形、管状等，具一个大的出水口和较深的内腔。以基网板、须网板或者由身体底部直接固着在基质上。体壁较薄种类的出水口上方通常具有筛板且体壁上具有不规则排列的小出水口。体壁较厚的种类常形成分枝，具一个或多个囊室，每个囊室的末端均有出水口。领细胞层骨针主要为六辐骨针，有时含有四辐骨针、三辐骨针和二辐骨针，有的种类主要为二辐骨针。皮层面骨针主要为五辐骨针和 / 或六辐骨针。内腔面骨针主要为六辐骨针和 / 或五辐骨针和 / 或四辐骨针。小骨针种类单一或由多种骨针组合形成，常见的小骨针有：星状骨针、盘六星骨针、盘八星骨针、盘六辐骨针、花丝骨针、羽丝骨针、松球羽丝骨针、卷发骨针、尖端逐渐变细的六星骨针和六辐骨针等（Hooper and van Soest，2002）。

偕老同穴科 Euplectellidae Gray, 1867

鉴别特征　海绵管状、杯状、蘑菇状等。有的种类底部含一个长茎梗，由须网板或基网板固着在基质上。主出水口上方可能具筛板。领细胞层骨针为四辐骨针、三辐骨针和二辐骨针，有时也含少量的五辐骨针和六辐骨针，且通常个体较大，形成海绵骨骼的基础框架。皮层面骨针多为六辐骨针，有一些属为五辐骨针或者二者都有。内腔面骨针为五辐骨针或六辐骨针或二者都有。小骨针形态变化较大，类型较多（Hooper and van Soest，2002）。

茎球海绵亚科 Bolosominae Tabachnick, 2002

鉴别特征 海绵呈杯状、球形、蕈状等。身体底部有一个长管状茎梗，由底部的基网板固着在基质上。海绵侧壁上有时会有球形或指状的突起，突起的顶端通常具有一个出水口。该亚科的物种体壁比偕老同穴科的厚。领细胞层骨针主要为二辐骨针，有时也含有六辐骨针。管状的茎梗常由有序排列的二辐骨针融合形成合隔桁。通常海绵的身体较柔软、易压缩。皮层骨针和内腔骨针为六辐骨针。小骨针种类较多，含特化的羽丝骨针、镰毛骨针、线丝骨针等（Hooper and van Soest，2002）。

囊萼海绵属 *Saccocalyx* Schulze, 1896

鉴别特征 海绵呈杯状，含一个很大的内腔，体壁较薄。身体底部有一个长茎梗以基网板的方式固着。较大个体侧壁含指状突起，每个突起顶端具一侧出水口。领细胞层骨针为二辐骨针和六辐骨针。皮层面和内腔面骨针为羽辐状六辐骨针。小骨针为齿状旋盘六星骨针、羽丝骨针、镰毛骨针、锚状盘六星骨针、卷发骨针等（Hooper and van Soest，2002）。

（14）囊萼海绵属未定种 *Saccocalyx* sp.（图 1-19）

形态特征 海绵球形，呈白色，侧壁有许多指状突起。生活状态时，海绵像一朵白色的莲花，底部有一个长管状茎梗。中央内腔较大，在主出水口周围含多个次出水口。海绵侧壁有很多指状突起，每个指状突起的顶端都含有一个侧出水口。领细胞层骨骼排列紧密，主要为二辐骨针和六辐骨针。皮层面和内腔面骨针为羽辐状六辐骨针，其大小和形状相近。海绵茎梗部的骨骼融合形成合隔桁。小骨针由旋盘六星骨针、镰毛骨针、羽丝骨针和小六辐骨针组成。

地理分布 卡罗琳洋脊海山。

生态习性 栖息于水深 907 m 的岩石底质上。

讨论 本未定种底部生有一个长茎梗，含一个大中央内腔，侧壁有许多指状突起，每个指状突起的顶端都含有一个侧出水口，从外部形态上来看，具有典型的囊萼海绵属的特征。目前，囊萼海绵属已描述 4 种：*S. pedunculatus* Schulze, 1896、*S. careyi* (Reiswig, 1999)、*S. microhexactin* Gong, Li & Qiu, 2015 和 *S. tetractinus* Reiswig & Kelly, 2018。本未定种从形态上与 *S. microhexactin* 最相近，但分子数据显示它们具有一定的差异，故仍需进一步鉴定。

图 1-19 囊萼海绵属未定种 *Saccocalyx* sp. 原位活体形态

舟体海绵亚科 Corbitellinae Gray, 1872

鉴别特征 海绵管状，由底部的基网板固着在基质上。绝大多数种类含侧出水口，较小的出水口通常呈圆形，较大的出水口形状常不规则；有些种类的侧出水口数量很少。很多种类的海绵顶端含筛板。不同属的海绵领细胞层骨针不同，常含四辐骨针、三辐骨针、二辐骨针，有时还含六辐骨针和五辐骨针等。皮层面和内腔面骨针常为六辐骨针，有时也为五辐骨针。小骨针种类较多（Hooper and van Soest，2002）。

网管海绵属 *Dictyaulus* Schulze, 1896

鉴别特征 海绵管状，具无数的侧出水口，含穿孔的筛板。领细胞层骨骼主要为四辐骨针和"T"形三辐骨针，有时含二辐骨针。筛板的骨针主要为六辐骨针及其衍生骨针。皮层面骨针主要为六辐骨针。内腔面骨针主要为五辐骨针。小骨针为棘状五辐骨针、六辐骨针、齿状的盘六星骨针、盘星骨针、爪六星骨针、花丝骨针、镰毛骨针、卷发骨针等（Hooper and van Soest，2002）。

（15）科学网管海绵 *Dictyaulus kexueae* Gong & Li, 2020（图 1-20，图 1-21）

形态特征 海绵管状，基部固定在岩石上，侧体壁有许多侧出水口相对较均匀地分布。筛板像漏勺，表面布满小孔，覆盖在主出水口上。有许多侧须突出海绵体表面几厘米。领细胞层的骨针多为五辐骨针，含少量的四辐骨针。皮层面骨针为六辐骨针。内腔面骨针为六辐骨针，含少量的五辐骨针。筛板的骨针多为二辐骨针，含少量的六辐骨针，有时也含三辐骨针和四辐骨针。二辐骨针按大小分为两种：较小的一种表面光滑，中间膨大，形成突起或是瘤状突，两端尖；较大的一种，中间膨大，表面光滑，两端呈椭圆形，表面具小的棘突。六辐骨针的数量较少。小骨针种类较多，包含盘六辐骨针、小六辐骨针、花丝骨针、半针六星骨针、锚状盘六星骨针、镰毛骨针和盘星骨针等。

地理分布 雅浦海山，马里亚纳海山，卡罗琳洋脊海山。

生态习性 栖息于水深 889～1372 m 的岩石底质上。

讨论 本种外形呈典型的"维纳斯花篮"状，含有多种类型的小骨针，与网管海绵属特征一致。网管海绵属有 8 个种，本种含有盘六辐骨针和镰毛骨针，使其较容易与其他种区分开。

图 1-20 科学网管海绵 *Dictyaulus kexueae* 外部形态（改自 Gong and Li，2020）
A. 原位活体；B. 采集后的标本

图1-21 科学网管海绵 *Dictyaulus kexueae* 骨针形态（改自 Gong and Li，2020）

A，B. 皮层面六辐骨针；C. 内腔面六辐骨针；D. 内腔面五辐骨针；E. 筛板六辐骨针；F. 筛板二辐骨针；G. 半针六星骨针；H. 盘六辐骨针；I. 小六辐骨针；J. 花丝骨针；K. 镰毛骨针；L. 锚状盘六星骨针；M. 盘星骨针；N. 盘六辐骨针的辐末端；O. 花丝骨针的勺状瓣；P. 镰毛骨针次辐的末端结构；Q. 筛板二辐骨针的中间瘤；R. 锚状盘六星骨针的锚状盘；S. 锚状盘六星骨针中间辐

舟体海绵属 *Corbitella* Gray, 1867

鉴别特征 海绵管状，侧壁含大量不规则排列的出水口，筛板布满小的网眼，似漏勺状。有些种类身体外表面含有突出体表的侧须。领细胞层骨骼主要为二辐骨针，有时含六辐骨针、"T"形三辐骨针、二辐骨针等。筛板的骨针主要为六辐骨针，有时也含二辐骨针、三辐骨针、四辐骨针等。皮层面骨针主要为六辐骨针。内腔面骨针主要为五辐骨针。小骨针含盘六辐骨针、半针六星骨针、盘六星骨针、小六辐骨针、花丝骨针、线丝骨针、盘星骨针等（Hooper and van Soest，2002）。

（16）多棘舟体海绵 *Corbitella polyacantha* Kou, Gong & Li, 2018（图1-22，图1-23）

形态特征 海绵"维纳斯花篮"状。出水口上方覆盖有漏勺状的筛板。入水孔不规则地分布于海绵侧体壁上。有大的刺状骨针突出海绵体表使海绵看起来全身布满棘刺。领细胞层骨针为四辐骨针，各辐的长度基本相等。皮层面骨针为六辐骨针。内腔面骨针为五辐骨针。筛板的骨针多为二辐骨针，有时也含"T"形三辐骨针、六辐骨针和四辐骨针。二辐骨针按大小分为两种。小骨针种类较多，由

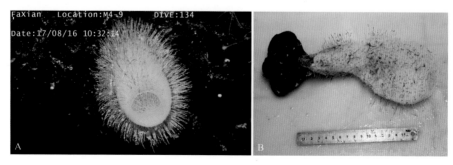

图1-22 多棘舟体海绵 *Corbitella polyacantha* 外部形态（改自 Kou et al.，2018）

A. 原位活体；B. 采集后的标本

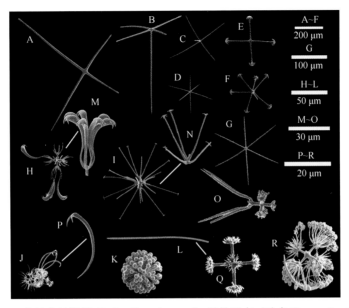

图 1-23　多棘舟体海绵 *Corbitella polyacantha* 骨针形态（改自 Kou et al.，2018）

A. 领细胞层四辐骨针；B，C. 内腔面五辐骨针；D. 皮层面六辐骨针；E. 盘四辐骨针；F. 半针六星骨针；G. 小六辐骨针；H. 花丝骨针 I；I. 爪六星骨针；J. 花丝骨针 II；K. 盘星骨针；L. 线丝骨针的辐；M. 花丝骨针的勺状瓣；N. 爪六星骨针的次级结构；O. 规则六星骨针；P. 花丝骨针 II 的末端的齿状结构；Q. 线丝骨针

盘四辐骨针、半针六星骨针、盘星骨针、锚状的盘六星骨针、花丝骨针、爪六星骨针、规则六星骨针、线丝骨针和小六辐骨针组成。

地理分布　马里亚纳海山，卡罗琳洋脊海山。

生态习性　栖息于水深 808 m 的岩石底质上。

讨论　本种具有大的刺状骨针突出于海绵体表，同时，本种领细胞层骨针为四辐骨针，含有锚状的盘六星骨针、爪六星骨针和规则六星骨针等，使其很容易与舟体海绵属的其他种区分开。

瓦尔特海绵属 *Walteria* Schulze, 1886

鉴别特征　海绵囊状或管状，以基网板的方式固着生长。体壁较薄，具大量的侧出水口。领细胞层骨骼形成合隔桁，主要含二辐骨针，基本不含三辐骨针、"T"形三辐骨针、六辐骨针等。侧须含六辐骨针和五辐骨针。皮层面骨针主要为六辐骨针。内腔面骨针为五辐骨针。小骨针含小六辐骨针、线丝骨针、盘六星骨针、花丝骨针、爪星骨针等（Hooper and van Soest，2002）。

（17）德墨忒尔瓦尔特海绵 *Walteria demeterae* Shen, Cheng, Zhang, Lu & Wang, 2021（图 1-24）

形态特征　海绵管状，以基网板的方式固着生长，从下往上腔体逐渐变大，顶部区域急剧变细，体壁较薄，侧面布满不规则分布的出水口，通体具有毛状刺突。领细胞层主要由二辐骨针融合成合隔桁，上面偶尔附着生长着四辐骨针、五辐骨针、六辐骨针等。海绵体表的毛状刺突也由二辐骨针融合而成。皮层面大骨针为六辐骨针。内腔面骨针为五辐骨针。小骨针种类较多，含尖六辐骨针、线丝骨针、盘六星骨针、爪六星骨针和少量的花丝骨针。

地理分布　苏达海山，维嘉海山，麦哲伦海山链 Kocebu 海山等。

生态习性　栖息于水深 1271～1703 m 的岩石底质上。

讨论　瓦尔特海绵属现有 3 种，本种的领细胞层骨针不含三辐骨针和尖六星骨针，使其很容易与

图 1-24　德墨忒尔瓦尔特海绵 *Walteria demeterae* 外部形态
A. 原位活体；B. 采集后的标本

其他 2 种区分开来（Shen et al.，2021）。

（18）瓦尔特海绵属未定种 *Walteria* sp.（图 1-25）

形态特征　海绵"维纳斯花篮"状，侧体壁上有不规则地分布于出水口。有大的刺状骨针突出海绵体表使海绵看起来全身布满棘刺，不含明显的筛板区域。领细胞层大骨针为二辐骨针，有时也含三辐骨针和四辐骨针。海绵体表的毛状刺突由六辐骨针或五辐骨针组成。皮层面大骨针为六辐骨针，含少量的五辐骨针和四辐骨针。内腔面大骨针为五辐骨针。由于体壁较薄，有时很难区分内腔面的五辐骨针和皮层面的五辐骨针。小骨针含球形盘六星骨针、盘星骨针、线丝骨针和小六辐骨针、爪六星骨针和花丝骨针。

地理分布　卡罗琳洋脊海山。

生态习性　栖息于水深 1288 m 的岩石底质上。

讨论　本未定种与 *W. flemmingii* Schulze, 1886 最相近，但其海绵体顶端较圆，不呈细长状，且骨针也有细微差别，仍需进一步鉴定。

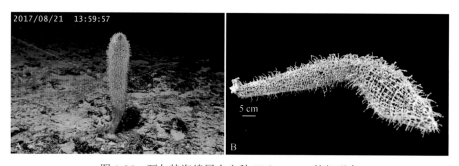

图 1-25　瓦尔特海绵属未定种 *Walteria* sp. 外部形态
A. 原位活体；B. 采集后的标本

花骨海绵科 Rossellidae Schulze, 1885

鉴别特征　海绵常为杯状，以基网板或须网板的方式固着。有些种类底部含一个长茎梗，通常形似蘑菇。当含侧须时，多为二辐骨针，或是由下向皮层五辐骨针突出体表形成。领细胞层骨针为二辐骨针，有时含少量的六辐骨针，下向皮层骨针为五辐骨针，常突出体表成为侧须。皮层面骨针可能含五辐骨针、四辐骨针、二辐骨针和六辐骨针中的一种或多种。内腔面骨针为五辐骨针，有时为六辐骨针。小骨针种类较多，常含盘状末端或尖末端，有时呈花丝状、卷轴状等（Hooper and van Soest, 2002）。

长茎海绵属 *Caulophacus* Schulze, 1886

鉴别特征　海绵蘑菇状或杯状，具一个长茎秆，以基网板的方式固着在基质上。领细胞层骨针为二辐骨针和六辐骨针。皮层面骨针为羽辐状五辐骨针，有时还含五辐骨针。内腔面骨针多为羽辐状五辐骨针，有时为六辐骨针，或同时含有两种骨针。下向皮层骨针和下向内腔骨针为五辐骨针。小骨针的末端呈盘状或爪状（Hooper and van Soest，2002）。

（19）海洋所长茎海绵 *Caulophacus iocasicus* Gong & Li, 2023（图 1-26，图 1-27）

形态特征　海绵像一棵枝繁叶茂的小树长在海底，具一个主茎秆，有多个分枝，每个分枝末端有一个蘑菇头状的球形海绵体。皮层面大骨针为羽辐状六辐骨针。内腔面大骨针为羽辐状六辐骨针，较皮层羽辐状六辐骨针小。下向皮层和下向内腔大骨针为五辐骨针，骨针表面光滑。领细胞层骨针为二辐骨针和六辐骨针。小骨针含盘六辐骨针、爪六辐骨针、半星六辐骨针和小六辐骨针。

地理分布　卡罗琳洋脊海山，马里亚纳海山。

生态习性　栖息于水深 884 ～ 1055 m 的岩石底质上。

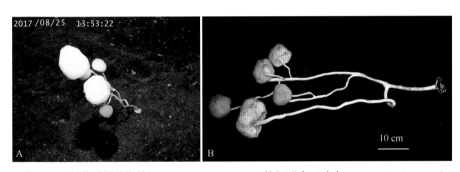

图 1-26　海洋所长茎海绵 *Caulophacus iocasicus* 外部形态（改自 Gong and Li，2023）
A. 原位活体；B. 采集后的标本

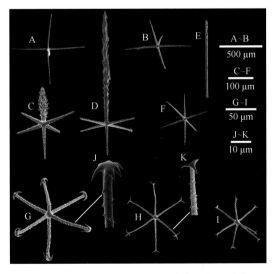

图 1-27　海洋所长茎海绵 *Caulophacus iocasicus* 骨针形态（改自 Gong and Li，2023）
A. 下向皮层面五辐骨针；B. 下向内腔面五辐骨针；C. 内腔面羽辐状六辐骨针；D. 皮层面羽辐状六辐骨针；E. 领细胞层二辐骨针的末端细节图；
F. 小六辐骨针；G. 盘六辐骨针；H. 爪六辐骨针；I. 半星六辐骨针；J. 盘六辐骨针的末端细节图；K. 爪六辐骨针的末端细节图

讨论 长茎海绵属含 4 亚属。本种与 *Caulodiscus* 亚属的种最接近，均含有盘状或爪状末端，但本种具有分枝状的外部形态，且有小六辐骨针，而 *Caulodiscus* 亚属的种只含有一个蘑菇状的海绵体，无小六辐骨针，使其很容易与 *Caulophacus* 亚属的其他种区分开。

六放海绵目 Hexactinosida Schrammen, 1903

鉴别特征 海绵呈枝状、管状、杯状、漏斗状、片状等，含或不含侧囊室。大多数海绵的体壁沟渠化，含简单的外卷沟，含或不含内卷沟、连孔、全卷沟等。六放海绵目具规则的网状结构，常为真网状或绢网状结构。海绵通常易碎。皮层面和内腔面骨针常为五辐骨针，绝大多数种类含节杖骨针，有的还含帚状骨针、�状骨针、球棒骨针等。勾棘骨针可能较粗，含较多的棘刺，或者较细小，没有较明显的棘刺，有的种不含勾棘骨针。小骨针含规则的或不规则的六辐骨针、六星骨针或半六星骨针，这些骨针的末端通常逐渐变细或呈盘状（Hooper and van Soest，2002）。

勾棘海绵科 Uncinateridae Reiswig, 2002

鉴别特征 海绵杯状、扇形等，体壁扁平。体壁孔道为全卷沟或同时含内卷沟和外卷沟。皮层面骨针为大的五辐骨针或六辐骨针。内腔面大骨针缺失或含六辐骨针和五辐骨针。领细胞层骨针为五辐骨针和六辐骨针。含勾棘骨针，有时含帚状骨针。游离的小骨针为呈球形或星形的盘六星骨针和尖六辐骨针（Hooper and van Soest，2002）。

孔肋海绵属 *Tretopleura* Ijima, 1927

鉴别特征 海绵刀片状，体壁薄。初级体壁含外卷沟，次级体壁含内卷沟。皮层面大骨针为五辐骨针。内腔面大骨针可能为五辐骨针。内腔面和皮层面都含帚状骨针。同时还含有勾棘骨针和盘六星骨针（Hooper and van Soest，2002）。

（20）孔肋海绵属未定种 *Tretopleura* sp.（图 1-28）

形态特征 海绵刀片状，体壁薄。在身体顶端形成分枝，每个分枝的片状身体边缘向内腔面卷曲。海绵体表布满肉眼可见的小孔。海绵体壁含三层网状结构。中间层不含孔道，皮层面含外卷沟，内腔面含内卷沟。外皮面骨骼和内腔面骨骼由六辐骨针融合成三角形或多边形的网状结构。外卷沟的孔道比内卷沟的孔道长。松散的皮层面和内腔面大骨针主要为六辐骨针和五辐骨针。中间层骨骼纵向含多条平行的纵穿线性骨针，两纵向的骨针之间由多条不等距的横向骨针在其上连接，呈梯子状，或由横向骨针交错倾斜连接成网状。勾棘骨针分为两种。帚状骨针表面布满棘刺。小骨针为星形盘六星骨针。
地理分布 卡罗琳洋脊海山。
生态习性 栖息于水深 1022 m 的岩石底质上。
讨论 孔肋海绵属含 3 种。本未定种与 *T. weijica* Shen, Zhang, Lu & Wang, 2020 外部形态最接近，但不含基须，同时本未定种含两种大小的棘状骨针，与 *T. weijica* 骨针差别较大。本未定种的分子序列与尚未鉴定到种的海绵 *Tretopleura* sp. HURL P5-701-sp4 序列十分接近，故在此只鉴定到属。

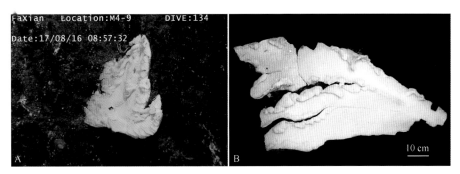

图 1-28　孔肋海绵属未定种 *Tretopleura* sp. 外部形态
A. 原位活体；B. 采集后的标本

主要参考文献

Gong L, Li X. 2017. A new genus and species of Pheronematidae (Porifera: Hexactinellida: Amphidiscosida) from the western Pacific Ocean. Zootaxa, 4337 (1): 132-140.

Gong L, Li X. 2018. A new species of Pheronematidae (Porifera: Hexactinellida: Amphidiscosida) from the Northwest Pacific Ocean. Acta Oceanologica Sinica, 37(10): 175-179.

Gong L, Li X. 2020. A new species of Euplectellidae (Porifera: Hexactinellida: Lyssacinosida) from the northwestern Pacific Ocean. Bulletin of Marine Science, 96(1): 181-191.

Gong L, Li X, Lee KS. 2020. Phylogeny of two new pheronematid sponges from the Caroline Seamount and South China Sea. Contributions to Zoology, 89: 175-187.

Gong L, Li X, Qiu J. 2015. Two new species of Hexactinellida (Porifera) from the South China Sea. Zootaxa, 4034(1): 182-192.

Gong L, Lim SC, Yang M, et al. 2021. A new species of *Macandrewia* (Demospongiae, Tetractinellida, Macandrewiidae) from a seamount in the Western Pacific Ocean. Journal of Oceanology and Limnology, 39: 1730-1739.

Hooper JNA, van Soest RWM. 2002. Systema Porifera: A Guide to the Classification of Sponges. New York: Kluwer Academic/ Plenum Publishers.

Kou Q, Gong L, Li X. 2018. A new species of the deep-sea spongicolid genus *Spongicoloides* (Crustacea, Decapoda, Stenopodidea) and a new species of the glass sponge genus *Corbitella* (Hexactinellida, Lyssacinosida, Euplectellidae) from a seamount near the Mariana Trench, with a novel commensal relationship between the two genera. Deep Sea Research Part I: Oceanographic Research Papers, 135: 88-107.

Morrow C, Cárdenas P. 2015. Proposal for a revised classification of the Demospongiae (Porifera). Frontiers in Zoology, 12: 7.

Shen C, Cheng H, Zhang D, et al. 2021. A new species of the glass sponge genus *Walteria* (Hexactinellida: Lyssacinosida: Euplectellidae) from northwestern Pacific seamounts, providing a biogenic microhabitat in the deep sea. Acta Oceanologica Sinica, 40: 39-49.

Wang D, Wang C, Zhang Y, et al. 2016. Three new species of glass sponges Pheronematidae (Porifera: Hexactinellida) from the deep-sea of the northwestern Pacific Ocean. Zootaxa, 4171(3): 562-574.

撰稿人：龚　琳

第二部分　刺胞动物门 Cnidaria Hatschek, 1888

刺胞动物门曾被称为腔肠动物门 Coelenterata，以体内拥有动物界中独有的刺细胞而得名，是一类具有辐射对称、两胚层、组织分化、原始消化腔（腔肠）和原始神经系统（神经网）等特征的低等后生动物。刺胞动物起源于 6 亿多年前的前寒武纪，甚至更早，是真后生动物演化的起点。除桃花水母和水螅等少数物种栖息于淡水外，绝大多数生活在海洋，从海水表层到海底、从潮间带到深海均有分布。

刺胞动物现存约 13 000 种，主要隶属珊瑚亚门 Anthozoa 和水母亚门 Medusozoa。其中，珊瑚亚门包含六放珊瑚纲 Hexacorallia（据 WoRMS 统计约 3481 种）和八放珊瑚纲 Octocorallia（约 3567 种）；水母亚门包含水螅纲 Hydrozoa（约 3500 种）、钵水母纲 Scyphozoa（约 220 种）、十字水母纲 Staurozoa（约 50 种）和方水母纲 Cubozoa（约 30 种）。此外，寄生性的粘体纲 Myxozoa（约 2200 种）和鲟卵螅纲 Polypodiozoa（仅 1 种）也被认为是刺胞动物门的两个纲，隶属内刺胞亚门 Endocnidozoa。

珊瑚亚门 Anthozoa Ehrenberg, 1834

珊瑚亚门动物只有水螅体而无水母体，群体或单体，有或无骨骼，骨骼为钙质或蛋白质。咽、口道沟和隔膜是其 3 个共有衍征（Daly et al.，2007）。形态学与分子数据都支持其为单系群。McFadden 等（2022）利用 739 个超保守元件序列数据，重建了 185 个八放珊瑚类群（代表了目前公认的 63 科中的 55 科）的系统发育树，并补充了另外 107 个分类单元的线粒体 *mtMutS* 基因树。据此，将六放珊瑚亚纲和八放珊瑚亚纲分别提升为六放珊瑚纲 Hexacorallia 和八放珊瑚纲 Octocorallia，并为八放珊瑚建立了柔软珊瑚目 Malacalcyonacea 和硬软珊瑚目 Scleralcyonacea 两个目，取代原来的 3 个目（苍珊瑚目、软珊瑚目和海鳃目）。本书采用这一最新分类系统。

珊瑚亚门现有约 9 目 189 科 954 属 7000 余种，是海山巨型底栖动物中多样性最高的类群。

六放珊瑚纲 Hexacorallia Haeckel, 1866

群体或单体，有或无骨骼，骨骼为钙质或蛋白质，大多数具 6 倍数的触手与隔膜（少数种类为 8 或 10 的倍数），具有一定程度的辐射对称性。所有物种都具螺旋胞（Mariscal et al.，1977）。

六放珊瑚纲包含海葵目 Actiniaria、群体海葵目 Zoantharia、珊瑚葵目 Corallimorpharia、石珊瑚目 Scleractinia、黑珊瑚目 Antipatharia 和角海葵目 Cerantharia，共约 3481 种。

海葵目 Actiniaria Hertwig, 1882

鉴别特征　单体，无骨骼。身体反口端圆形，足节状或形成发育良好的扁平足盘，基部肌无或有。柱体光滑或具疣突、刺突、囊泡、边缘球、假边缘球或其他特化结构，经常分成不同的区，有时具螺旋囊（spirocyst），极少具外胚层肌肉。柱体边缘明显或不明显，有时通过多少发育的领窝与触手分离。

触手可收缩或不收缩，通常按 6 的倍数交替排列成轮，但有时排成放射列（至少在与内腔对应的触手中）；触手通常简单，极少在尖部打结、分叉或具乳突结构，个别情况无触手。柱体边缘括约肌无或有，内胚层到中胶层性。口盘通常圆形，但有时向外分出不同形状的叶。咽短或长，通常具 2 个口道沟，但有时为一个或多个。口道沟通常与指向隔膜相连，但在很少情况下，单一的口道沟不同程度地与咽分离（Rodríguez et al.，2014）。

隔膜对通常按 6 的倍数成轮次排列，完全隔膜数不等。自首轮 6 对隔膜出现后，其他隔膜或从基部向上生长，或从口盘向下生长，或几乎同时从翼部和柱体边缘处生长。隔膜收缩肌外形多样，从弥散形到环形。壁底肌强弱不同，在延长型个体中通常形成分化良好的腔壁肌肉和隔膜纵肌的腔壁部分。隔膜丝纤毛叶通常存在。枪丝有或无。生殖组织与隔膜丝位置平行，分布多样，偶尔仅存在于有时缺少隔膜丝的最末轮隔膜。

刺囊组包括：螺旋囊、无刺囊（atrich）、基刺囊（basitrich）、全刺囊（holotrich）、短杆 *b*- 型管刺囊（microbasic *b*-mastigophore）、短杆 *p*- 型管刺囊（microbasic *p*-mastigophore）、短杆 *p*- 型无管刺囊（microbasic *p*-amastigophore）、长杆 *p*- 型管刺囊（macrobasic *p*-mastigophore）和长杆 *p*- 型无管刺囊（macrobasic *p*-amastigophore），这些刺囊不同时存在于单一个体中，其中常见的有 6 种（图 2-1）。*p*- 型杆刺囊（*p*-rhabdoid）之外的刺丝囊具顶瓣结构（apical flap）（Carlgren，1949；Rodríguez et al.，2014）。

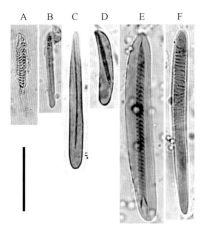

图 2-1　海葵目常见的 6 种刺囊类型
A. 螺旋囊；B. 基刺囊；C. 短杆 *b*- 型管刺囊；D. 短杆 *p*- 型管刺囊；E. 短杆 *p*- 型无管刺囊；F. 全刺囊

简言之，海葵目物种为单体结构，身体柔软无骨骼，大多圆柱状或蠕虫状，触手非羽状，着生在边缘和 / 或口盘处（李阳，2013；Daly et al.，2007）。

海葵目现有 3 亚目：奇海葵亚目 Anenthemonae Rodríguez & Daly in Rodríguez et al., 2014、本海葵亚目 Enthemonae Rodríguez & Daly in Rodríguez et al., 2014 和海伦海葵亚目 Helenmonae Daly & Rodríguez in Xiao et al., 2019，约 50 科 400 属 1100 余种（Rodríguez et al.，2014；Fautin，2016）。

奇海葵亚目 Anenthemonae Rodríguez & Daly in Rodríguez et al., 2014

鉴别特征　柱体光滑，具边缘球、表皮或刺突（tenaculi）；分区或不分区，无外皮层纵肌。基部圆形，足节状，或具发育良好的足盘；无基部肌。口盘常为圆形，有时分叶。咽具 1 个或 2 个口道沟。触手简单，收缩或不收缩，通常按 6 的倍数交替或成轮次排列。边缘括约肌常无，若有则为弱的中胶层性。隔膜对排列典型：仅具 8 个大隔膜和至少 4 个小隔膜，或最早的 12 个隔膜（6 组）发育后，所有后续隔膜对出现在两侧的内腔，其纵肌朝向与指向隔膜相同。隔膜收缩肌形状多变，从弥散形到环形。壁底肌强。隔膜丝具纤毛叶。无枪丝。刺囊组包括：螺旋囊、基刺囊、全刺囊、短杆 b- 型管刺囊、短杆 p-型管刺囊（Rodríguez et al.，2014）。

奇海葵亚目包含从海葵总科 Actinernoidea Stephenson, 1922 和爱氏海葵总科 Edwardsioidea Andres, 1881（Rodríguez et al.，2014）。

从海葵总科 Actinernoidea Stephenson, 1922

鉴别特征 柱体光滑，或具边缘球，几乎总具螺旋囊。足盘发育良好，但无基部肌。口盘边缘着生触手。无柱体边缘括约肌。触手数不固定，常在反口侧加厚，或交替排成两轮，或由于隔膜的奇特排列导致以不同寻常的方式排列，但通常都有一定的轮次。触手纵肌与口盘放射肌外胚层性，具轻微的中胶层性倾向。口盘有的分叶。口道沟 1 个或 2 个。除指向隔膜外，常有其他隔膜与口道沟相连接。隔膜排列方式奇特：最早的 12 个隔膜（6 组）发育后，所有后续隔膜对出现在两侧的内腔，其纵肌朝向与指向隔膜相同。刺囊组：螺旋囊、基刺囊、全刺囊和短杆 p- 型管刺囊（Carlgren，1949；Rodríguez et al.，2014）。

从海葵总科与其他海葵的区别为其隔膜的奇特排列方式，即最早的 12 个隔膜发育后，所有后续隔膜对出现在两侧的内腔，其纵肌朝向与指向隔膜相同。

从海葵总科现有 2 科 6 属 17 种，栖息于水深 100 ～ 4000 m 的海底。

从海葵科 Actinernidae Stephenson, 1922

鉴别特征 体壁厚，通常上端扩展，向外伸出 4 个或 8 个分叶。柱体外胚层有时具小的边缘球。触手数多，结构简单或在其反口侧加厚。口道沟 2 个。隔膜数多，不分大小，很多为完全隔膜。后来发育的隔膜对按轮次排列或两侧排列，一对隔膜中的两个隔膜的大小可能相等，也可能不等。收缩肌弱。所有较强隔膜可育（Carlgren，1949）。

从海葵科现有 4 属 7 种，分布于太平洋、北大西洋和南极，水深 70 ～ 4700 m 的海底。

从海葵属 *Actinernus* Verrill, 1879

鉴别特征 体壁厚，口盘伸展，常形成 8 个分叶。无边缘括约肌。口盘放射肌外胚层性。口道沟 2 个，发育良好。除末轮和个别内轮触手外，其他触手具不同程度的反口端增厚，增厚可达触手末端。触手通常排成 2 轮，最大触手位于分叶顶部；触手纵肌外胚层性，弱。完全隔膜数多；最早的 10 对之后（首轮和第二轮），隔膜出现在 8 个两侧内腔的中间。隔膜收缩肌和壁底肌弱。刺囊组包括：螺旋囊、基刺囊、短杆 b- 型管刺囊和短杆 p- 型管刺囊（Gusmão and Rodríguez，2021）。

从海葵属现有 6 种，为典型的深水种。

（1）强壮从海葵 *Actinernus robustus* (Hertwig, 1882)（图 2-2）

形态特征 柱体光滑，乳白色。柱体近圆柱形，高 80 ～ 90 mm，足盘直径 40 ～ 60 mm，柱体下部直径 60 ～ 70 mm，柱体中部直径 55 ～ 70 mm。中胶层厚。口盘分成 4 个大叶，直径 80 ～ 100 mm。口道沟 2 个，对称，发育良好，分别连接一对指向隔膜。触手边位，光滑，削尖，长达 50 mm，反口端具中胶层增厚；共 75 ～ 84 个交替排成两轮，内轮触手大于外轮触手，最大触手位于分叶顶部；触手纵肌外胚层性。隔膜不分大小，边缘处隔膜多于柱体下部；所有或大部分隔膜可育；隔膜收缩肌弱，弥散形。边缘括约肌为中胶层性。

地理分布　日本南部海域，马里亚纳海山，麦哲伦海山链 Kocebu 海山。

生态习性　栖息于水深 1309 ～ 1635 m 的岩石底质上。

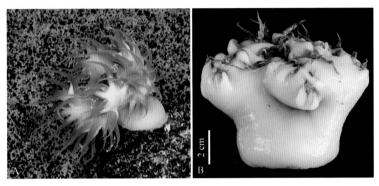

图 2-2　强壮丛海葵 *Actinernus robustus* 外部形态
A. 原位活体（改自徐奎栋等，2020）；B. 固定标本的侧面观

本海葵亚目 Enthemonae Rodríguez & Daly in Rodríguez et al., 2014

鉴别特征　柱体光滑，或具某种附属结构，极少具（尤其是在柱体最上部）外胚层肌肉。基部圆形或扁平，基部肌有或无。边缘括约肌无或有，内胚层或中胶层性。触手简单或复杂，通常按轮次排列，有时为放射列。口道沟通常连接指向隔膜，很少情况下，无指向隔膜时，连接非指向隔膜。次级隔膜总是着生在外腔。非指向隔膜对包括两个隔膜，其收缩肌相向而对，很少有不成对的隔膜发生。隔膜丝有或无纤毛叶。全刺囊仅在个别情况存在，且从不出现在内胚层。刺囊组包括：螺旋囊、基刺囊、全刺囊、长杆 *p*- 型管刺囊、长杆 *p*- 型无管刺囊、短杆 *b*- 型管刺囊、短杆 *p*- 型管刺囊和短杆 *p*- 型无管刺囊（Carlgren，1949；Rodríguez et al.，2014）。

本海葵亚目包含 3 个总科：海葵总科 Actinioidea Rafinesque, 1815、甲胄海葵总科 Actinostoloidea Carlgren, 1932 和细指海葵总科 Metridioidea Carlgren, 1893。

海葵总科 Actinioidea Rafinesque, 1815

鉴别特征　柱体形态多样，有时分区，常具疣突、边缘球或假边缘球。通常具基部肌和内胚层性或无边缘括约肌。基部扁平，常具黏附性，与柱体区分明显。触手和隔膜通常较多，触手成轮次或放射性排列。隔膜极少分大小；收缩肌弱或强，少数环形。无枪丝。刺囊组：纤细螺旋囊、基刺囊、全刺囊、短杆 *b*- 型管刺囊、短杆 *p*- 型管刺囊和长杆 *p*- 型管刺囊（Rodríguez et al.，2014）。

海葵总科现有 19 科。

海葵科 Actiniidae Rafinesque, 1815

鉴别特征　柱体光滑或具疣突、边缘球、假边缘球和囊泡等突起结构。边缘括约肌无或内胚层性弥散形至环形。触手简单，按轮次排列。每个内腔或外腔对应触手数不多于一个。隔膜不分大小。完全隔膜通常多于 6 对，极少为 6 对（Carlgren，1949）。

海葵科是海葵目中最大的一科，约 57 属 328 种（Crowther et al.，2011）。

掷海葵属 *Bolocera* Gosse, 1860

鉴别特征 柱体延长，光滑，无边缘球或疣突。边缘括约肌弥散形。足盘发育良好。触手长，按 6 的倍数排列，仅占据口盘外面一半，触手根部具一个内胚层性括约肌，括约肌收缩可将触手切断；触手纵肌外胚层性。口道沟发育良好。完全隔膜对数较多，2 对为直接隔膜。收缩肌弥散形。生殖组织分布多变。柱体上部隔膜数不多于下部。刺囊组包括：螺旋囊、基刺囊和短杆 *p-* 型管刺囊（Carlgren，1949）。

掷海葵属现有 9 种。

（2）掷海葵属未定种 1 *Bolocera* sp. 1（图 2-3）

形态特征 标本口盘暗红色，柱体浅棕色或白色。柱体表面褶皱明显，由上到下逐渐变细。柱体具疣突，最顶端具一轮假边缘球，约 48 个。体壁较厚，隔膜插入痕不可见。口道沟 2 个，对称分布。触手可自切，30 余个，成轮排列，完全模式下应为 48 个；内轮触手大于外轮触手。隔膜不分大小，24 对，排成 3 轮。隔膜收缩肌弱，弥散形；首轮隔膜完全，可育。刺囊组包括：螺旋囊、基刺囊和短杆 *p-* 型管刺囊。

地理分布 雅浦海山，马里亚纳海山，卡罗琳洋脊 M4 海山。

生态习性 栖息于水深 879 ～ 1115 m 的有孔虫砂质底。

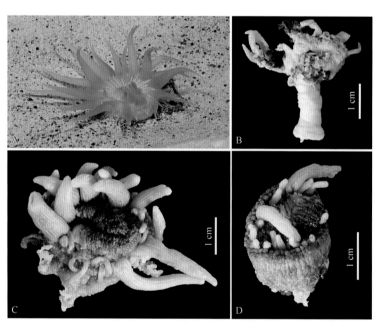

图 2-3 掷海葵属未定种 1 *Bolocera* sp. 1 外部形态
A. 原位活体（改自徐奎栋等，2020）；B ～ D. 乙醇固定后的标本

（3）掷海葵属未定种 2 *Bolocera* sp. 2（图 2-4）

形态特征 原位活体通过足盘附着于岩石底，海葵体红棕色，高达 70 cm，触手冠直径达 80 cm，触手长达 30 cm。保存标本柱体光滑，柔软，近圆柱形，直径 10 ～ 20 cm。口盘扁平，垂唇凸出。口

道沟 2 个，对称。触手达 171 个，成轮排列，可自切，许多在采集过程中断裂遗失，内轮触手大于外轮触手。隔膜 96 对，排成 5 轮；收缩肌弱，弥散形。生殖组织大而明显。刺囊组包括：螺旋囊、基刺囊和短杆 *p-* 型管刺囊。

地理分布　马里亚纳海山，卡罗琳洋脊 M4 海山，麦哲伦海山链 Kocebu 海山。

生态习性　栖息于水深 906 ～ 1302 m 的岩石底质上。

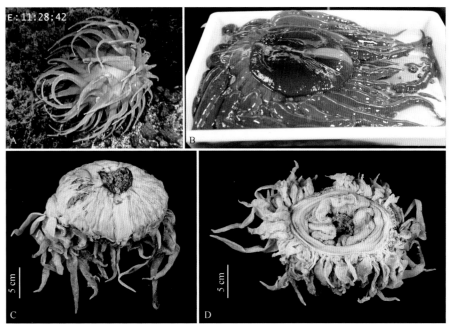

图 2-4　掷海葵属未定种 2 *Bolocera* sp. 2 外部形态
A. 原位活体；B. 采集后的标本；C. 乙醇固定后的标本口盘面；D. 乙醇固定后的标本足盘面

柱行海葵属 *Stylobates* Dall, 1903

鉴别特征　足盘宽，分泌几丁质，借以包裹寄居蟹栖居的螺壳。柱体光滑，体壁薄。边缘括约肌内胚层性，环形，掌状或羽状。口盘放射肌和触手纵肌外胚层性。触手按 6 的倍数排列，少于基部的隔膜数。隔膜 5 轮或 6 轮，首轮完全，不育；末轮不完全，可育；收缩肌弱，弥散形；壁底肌和基部肌明显（Crowther et al.，2011）。刺囊组包括：螺旋囊、基刺囊和短杆 *p-* 型管刺囊。

柱行海葵属现有 5 种，栖息于水深 200 m 以下（Crowther et al.，2011；Yoshikawa et al.，2022）。

（4）铜色柱行海葵 *Stylobates aeneus* Dall, 1903（图 2-5）

形态特征　原位活体通过足盘分泌几丁质包裹寄居蟹栖居的螺壳（螺壳或被逐渐降解），口盘朝向海底，由寄居蟹背着其运动，二者互利共生。柱体光滑，体壁薄，可见明显的隔膜插入痕，呈螺形，长约 20 mm。触手中等大小，数目多，按 6 的倍数成轮排列，少于基部的隔膜数，内轮触手稍大于外轮触手。触手纵肌和口盘放射肌外胚层性。隔膜首轮完全，不育；末轮不完全，可育；边缘括约肌内胚层性，环形，掌状；收缩肌弱，弥散形；壁底肌和基部肌明显。刺囊组包括：螺旋囊、基刺囊和短杆 *p-* 型管刺囊。

地理分布　夏威夷群岛，关岛，雅浦海山，马里亚纳海山，卡罗琳洋脊 M4 海山。

生态习性　栖息于水深 255 ～ 797 m，与寄居蟹共生，标本共生的寄居蟹或为杜氏合寄居蟹 *Sympa-*

图 2-5 铜色柱行海葵 *Stylobates aeneus* 外部形态
A. 原位活体；B. 采集后的标本；C. 乙醇固定标本口盘面；D. 乙醇固定标本侧面

gurus dofleini (Balss, 1912)。

细指海葵总科 Metridioidea Carlgren, 1893

鉴别特征 通常具基部肌、中胶层边缘括约肌和枪丝或类枪丝结构；少数情况下，这些特征可能不存在或被高度修饰。刺囊组包括：粗大螺旋囊、纤细螺旋囊、基刺囊、全刺囊、短杆 *b-* 型管刺囊、短杆 *p-* 型管刺囊、短杆 *p-* 型无管刺囊和长杆 *p-* 型无管刺囊（Rodríguez et al.，2014）。

捕蝇草海葵科 Actinoscyphiidae Stephenson, 1920

鉴别特征 具基部肌、中胶层边缘括约肌。柱体光滑，通常具厚的中胶层；壁孔无。足盘通常宽大，有的较小，经常抓握海绵基须等外来物。口盘有时分叶。触手常位于宽阔口盘的边缘，其反口端有时增厚；触手纵肌外胚层性。隔膜不分大小，至少 6 对，完全且可育；隔膜收缩肌弱，弥散形。无枪丝。刺囊组包括：粗大螺旋囊、纤细螺旋囊、基刺囊、全刺囊和短杆 *p-* 型管刺囊（Rodríguez et al.，2012）。

捕蝇草海葵科现有 2 个属：*Actinoscyphia* Stephenson, 1920 和 *Epiparactis* Carlgren, 1921。

捕蝇草海葵属 *Actinoscyphia* Stephenson, 1920

鉴别特征 柱体厚，光滑。足盘明显，有时较小，经常包裹海绵骨针束或多毛栖管。口盘宽大，典型的二分叶。口道沟 2 个，发育良好。触手位于口盘边缘，极具特色地交替排成 2 轮，反口端增厚或不增厚；触手纵肌外胚层性。边缘括约肌中胶层性，相对身体大小较弱。完全隔膜 6 对，不育；隔膜收缩肌弥散形，弱；隔膜自下端向上生长。无枪丝。刺囊组包括：粗大螺旋囊、纤细螺旋囊、基刺囊、全刺囊和短杆 *p-* 型管刺囊（Stephenson，1920；Carlgren，1949）。

捕蝇草海葵属是典型的深海海葵，现有 5 种。其中，*Actinoscyphia aurelia* (Stephenson, 1918)、

A. saginata (Verrill, 1882) 和 *A. verrilli* (Gravier, 1918) 采自大西洋（水深分别为 710 ～ 2110 m、710 ～ 2110 m 和 2165 m）；*A. groendyki* Eash-Loucks & Fautin, 2012 采自东北太平洋（水深 606 ～ 3642 m）；*A. plebeia* (McMurrich, 1893) 采自东南太平洋（水深 606 ～ 3876 m）。然而，*A. groendyki* 和 *A. plebeia* 在物种确认与地理分布上仍存在争议（Rodríguez and López-González，2013）。

（5）捕蝇草海葵属未定种 *Actinoscyphia* sp.（图 2-6）

形态特征　原位活体的柱体与口盘呈红色，口盘沿口道沟面二分叶，触手伸展，形似捕蝇草。足盘常伸长，通过其分泌几丁质包裹海绵基须、珊瑚分枝等附着物或附着于礁石等硬底。柱体光滑，外胚层薄，大部分脱落；中胶层白色至半透明，厚。口道沟 2 个，对称，发育良好，每个连接一对指向隔膜；指向隔膜面大致垂直于足盘长轴。触手位于口盘边缘，光滑，削尖，反口端增厚；交替排成 2 轮，内轮略大于外轮，数目达 180 余个。隔膜不分大小，达 6 轮；所有隔膜薄，具隔膜丝，自下端着生。首轮隔膜完全，不育；次轮隔膜极少可育；第 3 到第 5 轮隔膜皆可育，第 5 轮隔膜不同时发育；与较老隔膜相邻的本轮隔膜对首先在靠近更老隔膜的地方发育；部分大个体长有极少数目的第 6 轮隔膜。雌雄异体。口盘放射肌和触手纵肌外胚层性。括约肌弱，长；隔膜收缩肌弥散形，弱，壁底肌弱。刺囊组：粗大螺旋囊、纤细螺旋囊、基刺囊、全刺囊和短杆 *p*- 型管刺囊。

地理分布　西太平洋。

生态习性　栖息于水深 911 ～ 2848 m。有的捕蝇草海葵与唐氏拟石栖海葵 *Paraphelliactis tangi* Li & Xu, 2016 共同附着在同一海绵基须束，有的个体足盘空隙处栖居有多毛动物，有的个体体腔内发现被部分消化的多毛类。

讨论　McMurrich（1893）基于采自智利南部海域的一个标本描述了 *Actinoscyphia plebeia*。Fautin（1984）将南极海域的标本鉴定为 *A. plebeia*。Eash-Loucks 和 Fautin（2012）重新检查了南极标本，认为

图 2-6　捕蝇草海葵属未定种 *Actinoscyphia* sp. 外部形态

A. 伸展的原位活体，激光点测距为 33 cm（改自徐奎栋等，2020）；B. 收缩的活体；C. 标本口盘面；D. 标本足盘面

它们与 *A. plebeia* 的模式标本不同，并为南极标本与东北太平洋标本建立了新种 *A. groendyki*。Rodríguez 和 López-González（2013）结合地理分布仍将南极及附近海域的捕蝇草海葵定为 *A. plebeia*，认为 *A. groendyki* 仅分布于东北太平洋。我们采自热带西太平洋海山的物种与报道于南极与东北太平洋的物种都很相似。然而，对于上述物种如何区分需要更多的证据支持。

链索海葵科 Hormathiidae Carlgren, 1932

鉴别特征 具基部肌和中胶层性边缘括约肌。隔膜不分大小，通常有 6 对完全隔膜，有时更多，但不会很多；完全隔膜常不育，极少可育。枪丝仅含基刺囊。刺囊组：螺旋囊、基刺囊和短杆 *p*- 型管刺囊（Rodríguez et al., 2012）。

链索海葵科现有约 20 属 130 种，是最常见的深水海葵类群之一（Crowther et al., 2011; Li and Xu, 2016）。

拟石栖海葵属 *Paraphelliactis* Carlgren, 1928

鉴别特征 柱体分成躯干和肩部，前者突起明显，且具一层较厚的表皮。边缘括约肌中胶层性，肺泡状。足盘发育良好。口盘放射肌外胚层性或一定程度的中胶层性。咽 2 个，发育良好。触手 5 轮以上，多于或与基部隔膜数相近，反口端增厚或不增厚；触手纵肌外胚层性。隔膜以 6 的倍数排成 5 轮，通常首轮 6 对完全，不育，末轮隔膜全或不全；隔膜收缩肌弥散形，弱；壁底肌弱。枪丝发育良好。壁孔无。刺囊组包括：粗大螺旋囊、纤细螺旋囊、基刺囊和短杆 *p*- 型管刺囊（Li and Xu, 2016）。

拟石栖海葵属现有 4 种，其中，唐氏拟石栖海葵 *Paraphelliactis tangi* Li & Xu, 2016 是该属唯一分布于热带西太平洋的物种。

（6）唐氏拟石栖海葵 *Paraphelliactis tangi* Li & Xu, 2016（图 2-7）

形态特征 原位活体足盘附着于石块上或抓握海绵骨针束；柱体覆盖一层灰褐色到黄棕色的表皮，下部颜色深于上部。保存标本的柱体近圆柱形，高达 70 mm，足盘直径达 89 mm，柱体下部直径达 55 mm，柱体上部直径达 74 mm。柱体分成躯干和肩部，前者具一层表皮和较大的突起；后者短，无表皮，具纵向沟痕，突起较小。突起坚实，由中胶层组成，锥形或圆形，根部直径达 7 mm，高达 9 mm，主要分布于柱体上部，不规则地排成纵列。柱体中胶层厚，突起之间厚度达 3 mm，在整个柱体中厚度均匀。

口盘粉红色，椭圆形。咽发育良好，约为柱体长的 1/3。触手位于边缘，可收缩，光滑，削尖，根部反口端不增厚。生活状态时触手长达约 30 mm，保存标本长达 10 mm，直径达 3 mm。触手按 6 的倍数排成 6 轮，内触手稍大于外触手。完全模式下的触手数目为 192 个（6+6+12+24+48+96）。口道沟 2 个，对称，发育良好，每个连接一对指向隔膜。隔膜不分大小。柱体上下端隔膜数相等。大个体 96 对隔膜规则排成 5 轮，通常首轮完全但不育，中间轮次可育，末轮不育。卵细胞直径超过 250 μm。壁孔无。较大隔膜下端着生枪丝。边缘括约肌中胶层性，肺泡状，中等强度。触手纵肌外胚层性。口盘放射肌中胶层性至外胚层性，对应于较强内腔部分较外腔部分厚得多。壁底肌弱。隔膜收缩肌弱，弥散形。

刺囊组：粗大螺旋囊、纤细螺旋囊、基刺囊和短杆 *p*- 型管刺囊。

地理分布 雅浦海山。

生态习性 栖息于水深 1928～1980 m 的有孔虫砂质底，海葵体通过足盘包裹在海绵骨针束上或

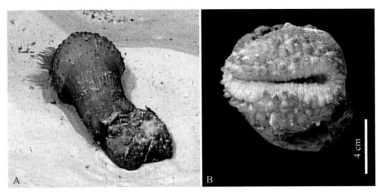

图 2-7　唐氏拟石栖海葵 *Paraphelliactis tangi* 外部形态

A. 原位活体；B. 采集后的标本（引自 Li and Xu, 2016）

附着在石块上，副模附着于海绵基须上。

石栖海葵属 *Phelliactis* Simon, 1892

鉴别特征　身体常不对称。柱体分成躯干和肩部，前者具弱或强的表皮和很多排列不规则、大小不一的突起。边缘括约肌中胶层性。足盘发育良好。口盘宽大，有时形成 2 个分叶。口盘放射肌外胚层性或中胶层性至外胚层性，在外腔处强于较老的内腔处。口道沟 2 个，发育良好。触手多于 100 个，少于柱体下端隔膜数，排成数轮，反口端具强的中胶层增厚；触手纵肌外胚层性。完全隔膜 6 ～ 8 对，不育；若具 6 对以上完全隔膜，6 对以外的隔膜通常由一个完全隔膜与一个不完全隔膜配对；末轮隔膜邻近首轮与次轮时比邻近第 3 轮时发育早；隔膜收缩肌弥散形，较弱；壁底肌明显，但弱。枪丝发育良好。刺囊组包括：螺旋囊、基刺囊和短杆 *p*- 型管刺囊（Carlgren，1949）。

石栖海葵属是典型的深海类群，现有 21 种，雅浦石栖海葵 *Phelliactis yapensis* Li & Xu, 2016 是本属第 4 个已知的分布于西太平洋的种。

（7）雅浦石栖海葵 *Phelliactis yapensis* Li & Xu, 2016（图 2-8）

形态特征　原位活体足盘通常抓握或附着于海绵。固定后标本的柱体近圆柱形，高达 104 mm，足盘长轴达 98 mm，柱体直径达 78 mm，口盘直径达 50 mm。柱体分成躯干和肩部。躯干具突起和一层薄的表皮，突起位于柱体上部，不规则排列。突起半球形，基部直径达 6 mm。肩部无表皮，但拥有较小的突起，大小和形状各异，排列不规则。柱体外胚层薄，大多数脱落；中胶层厚，大个体柱体上部突起之间厚约 1.5 mm，边缘处和柱体下部厚约 2.5 mm。

口盘红色，分叶 2 个，不对称。口卵圆形，凸起于口盘中央，颜色与口盘相同。咽发育良好，约为柱体长度的 1/3。触手位于口盘边缘，光滑，削尖，根部反口端具中胶层增厚。触手达 165 个交替排成 2 轮，内外触手近等。咽 2 个，延长，对称，每个咽连接一对指向隔膜。隔膜不分大小，排成 5 轮。柱体上端隔膜少于下端。首轮隔膜完全，不育；次轮隔膜极少可育；第 3 轮与第 4 轮可育；第 5 轮发育不全，部分可育。卵细胞直径达 180 μm。隔膜收缩肌弥散形，弱。壁孔无。枪丝发育良好，不卷曲，通常每个较大隔膜下端着生一个枪丝。边缘括约肌弥散形，肺泡状，中等强度。触手纵肌与口盘放射肌外胚层性。壁底肌弱。

刺囊组：粗大螺旋囊、纤细螺旋囊、大基刺囊、小基刺囊和短杆 *p*- 型管刺囊。

地理分布　雅浦海山。

生态习性　栖息于水深 855 ～ 879 m，通过足盘抓握或附着于海绵上。

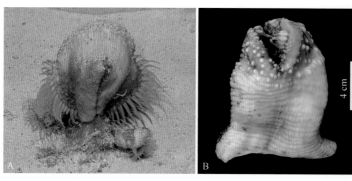

图 2-8　雅浦石栖海葵 *Phelliactis yapensis* 外部形态（改自 Li and Xu，2016）

A. 原位活体；B. 采集后的标本

群体海葵目 Zoantharia Gray, 1832

鉴别特征　多数为群体。身体通常柔软，表面覆盖沙砾，具独特的隔膜排列。珊瑚虫具 2 轮边缘触手（Low et al.，2016）。

群体海葵目通常被分成 2 亚目：长膜亚目 Macrocnemina 和短膜亚目 Brachycnemina，二者隔膜排列不同。群体海葵目现有 9 科，但由于属种阶元分类混乱，各科属物种多样性尚不明确。

长膜亚目 Macrocnemina Haddon & Shackleton, 1891

鉴别特征　从背侧指向隔膜开始数的第 5 个隔膜完全，而短膜群体海葵亚目的该隔膜不完全（Low et al.，2016）。

长膜亚目现有 5 科，世界广布，从浅海到深海都有分布，许多物种为表生生活，栖居于海绵、黑珊瑚、螺壳、甲壳动物等其他海洋无脊椎动物上。

鞘群海葵科 Epizoanthidae Delage & Hérouard, 1901

鉴别特征　具简单中胶层性肌肉的全膜群体海葵（Low et al.，2016）。

鞘群海葵科现有 2 属：*Thoracactis* Gravier, 1918 仅 1 种；鞘群海葵属 *Epizoanthus* Gray, 1867 有约 90 种。

鞘群海葵属 *Epizoanthus* Gray, 1867

鉴别特征　具简单的中胶层性肌肉与不育小隔膜的鞘群海葵。

鞘群海葵属物种体表常覆盖沙砾，栖居于硬底或软底生境，常与寄居蟹共生（Low et al.，2016）。

（8）柱状鞘群海葵 *Epizoanthus stellaris* Hertwig, 1888（图 2-9）

形态特征　群体。体表覆盖细沙。珊瑚虫小，数目多，通常固着于海绵基须上。珊瑚虫在原位生活状态时伸展，近圆柱状；采集后收缩，小球状。珊瑚虫橙色到灰色。

地理分布　雅浦海山，马里亚纳海山，卡罗琳洋脊 M4 海山，麦哲伦海山链 Kocebu 海山。

生态习性　栖息于水深 520 ～ 1472 m 的砂质海底。

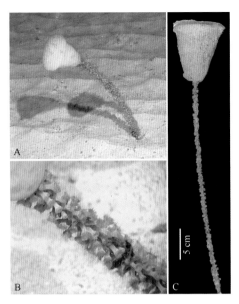

图 2-9　柱状鞘群海葵 *Epizoanthus stellaris* 外部形态
A，B. 原位活体（改自徐奎栋等，2020）；C. 采集后的标本

（9）鞘群海葵属未定种 *Epizoanthus* sp.（图 2-10）

　　形态特征　群体褐色，圆盘状，直径约 10 cm。体表光滑，覆盖一层较厚但易脱落的表皮，腹部形成寄居蟹栖居的空腔结构，背部隆起。通常具 8～12 个大的珊瑚虫，群体背部和腹部空腔口处各有一个，其余位于群体边缘，原位活体横贴海底，触手向外伸展，乙醇固定后触手收缩。珊瑚虫圆柱状，长 2～3 cm，柱体直径约 1 cm。

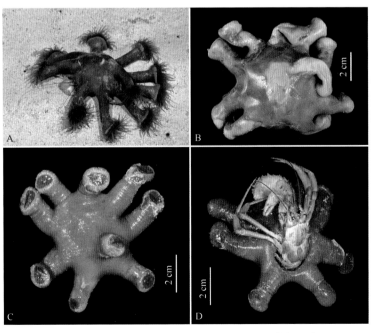

图 2-10　鞘群海葵属未定种 *Epizoanthus* sp. 外部形态
A. 原位活体（改自徐奎栋等，2020）；B～D. 采集后的标本

地理分布 马里亚纳海山，卡罗琳洋脊 M4 海山。

生态习性 栖息于水深 1015 ～ 1570 m，与寄居蟹共栖，常见于砂质底或岩石底。

石珊瑚目 Scleractinia Bourne, 1900

鉴别特征 单体或群体，固着或自由生活。具钙质的珊瑚骼（corallum），珊瑚杯（calice）被隔片（septum）分割，数目常为 6 的倍数。

石珊瑚目名称源自目内物种坚硬的钙质骨骼。珊瑚杯由珊瑚虫基部（base）的表皮细胞（epidermal cell）分泌，被隔片分割。目前，石珊瑚目共 1300 余种，在生态上被分成造礁石珊瑚和非造礁石珊瑚，各有近 700 种，前者主要分布于热带清澈的浅水区；后者发现于各种海域，从浅海到 6000 多米的深海（Cairns，1999）。最古老的石珊瑚化石发现于约 2.4 亿年前的三叠纪，同现在的石珊瑚相似。当前被广泛使用的分类系统为 Wells（1956）依据化石和现生种的形态特征创立。

扇形珊瑚科 Flabellidae Bourne, 1905

鉴别特征 非造礁珊瑚（Cairns，1994）。单体，固着或自由生活。体壁具外鞘（theca），有时会增厚。外鞘通常光滑，无珊瑚肋（costa）。隔片无孔。无合隔桁。围栅瓣仅存于一属。轴柱（columella）通常原始或无。

扇形珊瑚科全部为单体种，约 10 属 100 种；世界广布，栖息于从浅海到水深 3200 m 的深海（Cairns，1989）。

盘车珊瑚属 *Placotrochides* Alcock, 1902

鉴别特征 珊瑚骼扁柱状。珊瑚杯边缘光滑，具横裂现象，在基部形成几乎与珊瑚杯直径同等大小的疤痕。无鞘棘。隔片 3 轮至 4 轮，不突出。轴柱发育良好，具小梁（trabecular）（Cairns，1994）。

盘车珊瑚属现有 5 种：*Placotrochides cylindrica* Cairns, 2004（澳大利亚，水深 1117 ～ 1402 m）、*P. frustum* Cairns, 1979（大西洋两岸，水深 497 ～ 1378 m）、*P. minuta* Cairns, 2004（澳大利亚，水深 282 ～ 458 m）、*P. scaphula* Alcock, 1902（印度洋 - 西太平洋，水深 80 ～ 1628 m）和雅浦盘车珊瑚 *P. yapensis* Li, Cheng & Xu, 2017（热带西太平洋，水深 2700 ～ 2734 m）。

（10）雅浦盘车珊瑚 *Placotrochides yapensis* Li, Cheng & Xu, 2017（图 2-11）

形态特征 单体，非固着生活。珊瑚骼扁柱状，上端略粗。具基部疤痕。无边棘（edge spine）。轴柱良好。珊瑚杯略椭圆形，对称，长宽直径最长分别达 15.7 mm 和 13.9 mm。高达 17.1 mm。珊瑚杯边缘角（edge angle）20° ～ 25°。珊瑚杯边缘采集时被破坏，圆齿状，每个尖顶对应一个隔片。隔片 48 个，排成 4 轮：S_{1-2}（第 1 和第 2 轮隔片）＞ S_3（第 3 轮隔片）＞ S_4（第 4 轮隔片）。S_{1-2} 宽度约为珊瑚杯短轴的 1/3，稍突出，边缘稍弯曲，在珊瑚窝下部与轴柱融合。S_3 约为 S_{1-2} 宽度的 1/2 ～ 3/4。S_4 小，但个数全，约为 S_{1-2} 宽度的 1/5。所有隔膜薄，S_{1-2} 厚约 0.5 mm，S_3 约 0.25 mm，S_4 约 0.2 mm，相邻隔膜间距 0.4 ～ 0.5 mm，侧面覆盖小刺。珊瑚窝中等深度，延长型，内具一个由小梁融合而成的轴柱。乙醇保存珊瑚骼与珊瑚虫为棕色至白色。

地理分布 雅浦海山。

生态习性　栖息于水深 2700 ～ 2734 m 的有孔虫砂质底。

讨论　本种以更大的珊瑚骼侧面夹角（20° ～ 25°）区别于该属其他种（0° ～ 5°）。本种与 *Placotrochides scaphula* 在珊瑚骼大小、隔片排列与数目方面最相近，但珊瑚骼较扁，即具有更大的珊瑚杯长轴与短轴比和基部疤痕长轴与短轴比。

图 2-11　雅浦盘车珊瑚 *Placotrochides yapensis* 的外部形态（改自 Li et al.，2017）

A. 正模侧面观；B. 正模珊瑚杯面观；C. 正模基部疤痕；D. 副模侧面观

爪哇珊瑚属 *Javania* Duncan, 1876

鉴别特征　单体，固着生活。珊瑚骼角状（ceratoid）到滑车状（trochoid）。外鞘、基座和柄部为坚实组织（stereome）增强。珊瑚杯无横裂；边缘突出；无围栅瓣和鳞板（dissepiment）；轴柱原始，融合而成（Cairns，2000）。

爪哇珊瑚属现有 13 种。

（11）棕色爪哇珊瑚 *Javania fusca* (Vaughan, 1907)（图 2-12）

形态特征　单体，固着生活。珊瑚骼小，较细，角状，侧面夹角 15° ～ 30°。珊瑚杯长宽直径最长分别达 10.0 mm 和 9.0 mm，高达 22.2 mm。珊瑚杯椭圆形，对称。珊瑚杯长轴与珊瑚杯短轴之比为 1.11 ～ 1.19。珊瑚杯边缘锯齿状，为前三轮隔片伸出形成。外鞘坚实，具纵向排列的颗粒，有时条带状，对应于前两轮隔片。隔片 48 个，按 6 的倍数排成 4 轮：$S_{1-2} > S_3 \gg S_4$。S_{1-2} 突出，宽约为珊瑚杯短轴的 1/3 ～ 2/5；S_3 宽 1.0 mm，约为 S_{1-2} 宽的 3/4；S_4 不突出，位于珊瑚窝深部，不出现在珊瑚杯边缘。所有隔膜较薄，边缘轻微弯曲。珊瑚窝深。无轴柱。

地理分布　雅浦海山，卡罗琳洋脊的 M4、M5 海山；中西太平洋。

生态习性　栖息于水深 271 ～ 1045 m 的岩石上。

图 2-12　棕色爪哇珊瑚 *Javania fusca* 外部形态
A. 珊瑚杯正面观；B. 珊瑚杯侧面观

多根珊瑚属 *Polymyces* Cairns, 1979

鉴别特征　单体，固着生活。珊瑚骼角状到滑车状；体壁根部被 6 个规则排列的小根（rootlet）增厚，不与珊瑚骼分离。小根通过位于第二轮隔片附近的 12 个小孔与珊瑚虫连通。无围栅瓣。轴柱发育原始，由低轮次隔片的内缘融合而成（Cairns，1979）。

多根珊瑚属现有 3 种：*Polymyces fragilis* (Pourtalès, 1868)、*P. montereyensis* (Durham, 1947) 和韦氏多根珊瑚 *P. wellsi* Cairns, 1991，分别分布于加勒比海、东太平洋和太平洋。

（12）韦氏多根珊瑚 *Polymyces wellsi* Cairns, 1991（图 2-13）

形态特征　单体，固着生活。珊瑚骼喇叭形，稍微弯曲，侧面夹角 45° ～ 50°，基部增厚。珊瑚骼红棕色，珊瑚虫触手浅棕色。珊瑚杯略椭圆，长宽直径最长分别达 55.2 mm 和 49.2 mm，高达 62.8 mm。

图 2-13　韦氏多根珊瑚 *Polymyces wellsi* 外部形态
A. 原位活体；B. 珊瑚杯上面观；C. 珊瑚杯侧面观；D. 珊瑚杯底面观

珊瑚杯边缘高度锯齿状，尖顶高且突出，呈三角形，每个大尖顶对应一个前两轮隔片，较小尖顶对应一个第 3 轮隔片，最小尖顶对应第 4 轮隔片。外鞘具珊瑚肋，为沟槽分开。隔片 48 个，按 6 的倍数排成 4 轮：$S_{1-2} \gg S_3 > S_4$。S_{1-2} 特别突出，宽约 9.0 mm，为珊瑚杯长轴的 1/3 ～ 2/5；S_3 较不突出，宽约 5.0 mm，约为 S_{1-2} 的 3/4；S_4 小，但个数全，宽度约为 S_3 的 3/4。所有隔片薄，内缘稍弯曲，侧面覆盖小颗粒，相邻隔膜间距 2.0 ～ 4.0 mm。珊瑚窝深，无轴柱。

地理分布　太平洋广布，主要分布于卡罗琳洋脊 M4 ～ M8 海山和麦哲伦海山链 Kocebu 海山等。

生态习性　栖息于水深 564 ～ 1366 m 的岩石底质上。

菌杯珊瑚科 Fungiacyathidae Chevalier & Beauvais, 1987

鉴别特征　单体，自由生活。珊瑚虫完全包围珊瑚骼。珊瑚骼钟形。外鞘水平到凹陷，常易碎。隔片与珊瑚肋直接相连，分别为 48 个或 96 个。隔片不穿孔，为间隔较大的复合小梁组成的单个扇状整体，小梁常终止于高的隔片刺处；隔片面常为龙骨状。相邻隔片由"T"形或"Y"形合隔桁（synapticulae）连接，合隔桁生于外鞘基部。珊瑚肋常细薄，锯齿状，或为圆形、颗粒状。围栅瓣有时存在。轴柱海绵状。无鳞板（Cairns，1989）。

菌杯珊瑚科为非造礁种类，现有 1 属 24 种，栖息于水深 99 ～ 6328 m，是分布最深的石珊瑚。

菌杯瑚瑚属 *Fungiacyathus* Sars, 1872

鉴别特征　同科的鉴别特征。

（13）王冠菌杯珊瑚 *Fungiacyathus stephanus* (Alcock, 1893)（图 2-14）

形态特征　珊瑚骼圆形，底部凹陷，脆弱，采集时易损坏。乙醇保存标本珊瑚虫暗红色，珊瑚骼白色。测量标本珊瑚杯直径 26 mm，高 6 mm，二者之比为 4.33。珊瑚肋常细薄，锯齿状，直或稍弯曲。隔片薄，侧面波纹状，按 6 的倍数排成五轮：$S_1 > S_2 > S_3 > S_4 > S_5$。轴柱由低的圆形小梁团构成，直径 4 mm。

地理分布　中国东海、南海，雅浦海山，卡罗琳洋脊 M5 海山（唐质灿，2008；Cairns and Kitahara，2012）。

生态习性　栖息于水深 90 ～ 2000 m 的软底。

图 2-14　王冠菌杯瑚瑚 *Fungiacyathus stephanus* 外部形态
A. 口面（珊瑚杯面）观；B. 反口面观

黑珊瑚目 Antipatharia Milne-Edwards & Haime, 1857

鉴别特征 群体珊瑚。珊瑚虫有 6 个触手。角质骨骼黑色或棕黑色，其上覆盖有小刺（Daly et al.，2007）。

黑珊瑚目现有 8 科 51 属 302 种（Horowitz et al.，2023；Horowitz et al.，2024）。

裂黑珊瑚科 Schizopathidae Brook, 1889

鉴别特征 珊瑚群体有羽枝。珊瑚虫横向延长，横径超过 2 mm，有 6 个初级隔膜和 4 个次级隔膜（Opresko，2005）。

裂黑珊瑚科现有 13 属 57 种，栖息于水深 100 ～ 8900 m（Brugler et al.，2013；Molodtsova et al.，2023）。

深海黑珊瑚属 *Bathypathes* Brook, 1889

鉴别特征 珊瑚群体单轴，通过基盘附着在坚硬的基质上，不分枝，有羽枝。羽枝对生或互生排列，最长的羽枝位于有羽枝轴的中间部位。羽枝上的刺表面光滑，锥形，顶端很少分叉。珊瑚虫横径 2 ～ 17 mm（Opresko and Molodtsova，2021）。

深海黑珊瑚属现有 15 种，分布于太平洋、印度洋、大西洋，水深 100 ～ 5500 m（Molodtsova，2006）。

（14）伪交替深海黑珊瑚 *Bathypathes pseudoalternata* Molodtsova, Opresko & Wagner, 2022（图 2-15）

形态特征 珊瑚群体单轴，不分枝。下端没有羽枝的轴较短，不超过 7 cm。羽枝互生排列，长 1.5 ～ 11.5 cm，大部分羽枝近等长，同一侧羽枝间距 8 ～ 14 mm。羽枝上的刺表面光滑，锥形，顶端钝；刺高 0.023 ～ 0.034 mm，宽 0.09 ～ 0.13 mm；从侧面观，刺纵向排列成 6 ～ 8 排，同一排相邻刺的间距 0.17 ～ 0.66 mm，每排具刺 2 ～ 4 个 /mm。珊瑚虫横径 4 ～ 6 mm。

地理分布 新几内亚，新西兰附近海域，澳大利亚大澳大利亚湾及东南部的塔斯马尼亚海山

图 2-15 伪交替深海黑珊瑚 *Bathypathes pseudoalternata* 外部形态及刺
A. 原位活体，激光点测距为 33 cm；B. 采集后的标本；C. 羽枝上的刺；标尺：10 cm（B）、0.5 mm（C）

（Tasmanian Seamounts）；北大西洋，热带西太平洋，北太平洋。

生态习性　栖息于水深 331 ～ 4152 m 的岩石底质上。

讨论　本种的主要鉴别特征为：羽枝互生排列，大部分羽枝近等长。我们在热带西太平洋采集的标本形态与原始描述吻合。深海黑珊瑚属中的羽枝排列方式有对生和互生两种，除 *B. platycaulus*、*B. pseudoalternata* 和 *B. thermophila* 之外，其他 12 个种的羽枝均为对生。*B. pseudoalternata* 与 *B. platycaulus* 的区别为：羽枝的密度（前者 10 ～ 15 个 / 5 cm，后者 25 ～ 30 个 / 5 cm），珊瑚虫横径大小（前者 4 ～ 6 mm，后者 2 ～ 3 mm）；与 *B. thermophila* 的区别为：羽枝的密度（前者 6 ～ 9 个 / 3 cm，后者 12 ～ 20 个 / 3 cm），同一排中刺的排列密度（前者 2 ～ 4 个 / mm，后者 5 ～ 8 个 / mm），珊瑚虫横径大小（前者 4 ～ 6 mm，后者 1.5 ～ 2.5 mm），以及珊瑚虫的密度（前者 3 ～ 6 个 / 3 cm，后者 10 ～ 15 个 / 3 cm）（Chimienti et al.，2022；Molodtsova et al.，2022）。

（15）展深海黑珊瑚 *Bathypathes patula* Brook, 1889（图 2-16）

形态特征　珊瑚群体单轴，不分枝，珊瑚通过基盘附着在坚硬的基质上。羽枝对生排列，共 19 对，羽枝长 2.4 ～ 13.0 cm，最长的羽枝位于有羽枝轴的中间部位；同一侧羽枝间距 9 ～ 13 mm。羽枝上的刺表面光滑，锥形，顶端钝；刺高 0.023 ～ 0.061 mm，宽 0.045 ～ 0.200 mm；从侧面观，刺纵向排列成 5 ～ 6 排，同一排相邻刺的间距 0.09 ～ 0.63 mm，每排具刺 2 ～ 5 个 /mm。珊瑚虫横径 4 ～ 6 mm。

地理分布　世界广布。

生态习性　栖息于水深 100 ～ 5500 m 的岩石底质上。

讨论　本种由 Brook 于 1889 年根据北太平洋中部采集到的标本首次描述，在全球海洋广泛分布。我们采集的标本与原始描述基本吻合，基于对生排列的羽枝、形态和大小接近的骨刺，将标本鉴定为展深海黑珊瑚。

图 2-16　展深海黑珊瑚 *Bathypathes patula* 外部形态及刺
A. 原位活体，激光点测距为 33 cm；B. 采集后的标本；C. 羽枝上的刺；标尺：10 cm（B）、0.5 mm（C）

（16）阿拉斯加深海黑珊瑚 *Bathypathes alaskensis* Opresko & Molodtsova, 2021（图 2-17）

形态特征　珊瑚群体单轴，不分枝，珊瑚通过基盘附着在坚硬的基质上。羽枝对生排列，共 23 对，羽枝长 6.0 ～ 22.8 cm；同一侧羽枝间距 7 ～ 12 mm。羽枝上的刺表面光滑，锥形，顶端钝；刺高 0.07 ～ 0.17 mm，宽 0.23 ～ 0.54 mm；从侧面观，刺纵向排列成 4 ～ 6 排，同一排相邻刺的间距 0.32 ～ 0.91 mm，每排具刺 1 ～ 2 个 /mm。珊瑚虫横径 5 ～ 7 mm。

地理分布　阿拉斯加湾，卡罗琳海山。

生态习性　栖息于水深 272 ～ 1831 m 的岩石底质上。

讨论　热带西太平洋的标本特征与采自东北太平洋的模式标本基本吻合，如都具有对生的羽枝、形状大小相近的刺和珊瑚虫等。本种与展深海黑珊瑚 *B. patula* 形态较为相似，主要区别为刺的大小不同（前者刺高 0.07 ~ 0.17 mm，后者刺高 0.04 ~ 0.07 mm）（Opresko and Molodtsova，2021）。

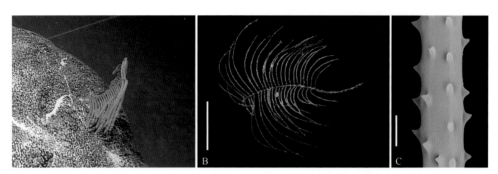

图 2-17　阿拉斯加深海黑珊瑚 *Bathypathes alaskensis* 外部形态及刺
A. 原位活体；B. 采集后的标本；C. 羽枝上的刺；标尺：10 cm（B）、0.5 mm（C）

（17）多叉深海黑珊瑚 *Bathypathes multifurcata* Lü, Zhan & Xu, 2025（图 2-18）

形态特征　珊瑚群体单轴，不分枝，珊瑚通过基盘附着在坚硬的基质上。珊瑚的最大宽度几乎是其高度的 2 倍。羽枝对生排列，共 7 对，最长的羽枝处于有羽枝轴的中间部位；同侧羽枝间距 6 ~ 9 mm。羽枝上的刺表面光滑，锥形与分叉状有规律排布；刺高 0.07 ~ 0.17 mm，宽 0.20 ~ 0.41 mm；从侧面观，刺纵向排列成 4 ~ 6 排，同一排相邻刺的间距 0.24 ~ 0.76 mm，每排具刺 2 ~ 3 个 /mm。珊瑚虫横径 4.0 ~ 7.0 mm。

地理分布　卡罗琳洋脊海山。

生态习性　栖息于水深 1392 m 的岩石底质上。

讨论　本种与属内其他种的主要区别为：具有对生的羽枝及分叉状刺。本种与 *Bathypathes bayeri* Opresko, 2001 形态最为相似，主要区别为：本种的分叉状刺有规律地排布，而后者的刺仅在顶端有分叉，而且刺较大（前者刺高 0.07 ~ 0.17 mm，后者刺高 0.10 ~ 0.32 mm）；羽枝间距较大（前者 6 ~ 9 mm，后者 4 ~ 5 mm）（Opresko，2001；Lü et al.，2025）。

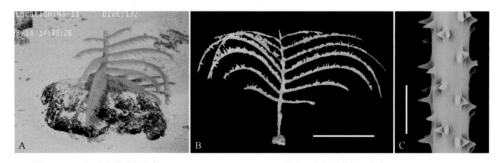

图 2-18　多叉深海黑珊瑚 *Bathypathes multifurcata* 外部形态及刺（改自 Lü et al.，2025）
A. 原位活体；B. 采集后的标本；C. 羽枝上的刺；标尺：5 cm（B）、0.5 mm（C）

（18）长茎深海黑珊瑚 *Bathypathes longicaulis* Lü, Zhan, Li & Xu, 2024（图 2-19）

形态特征　珊瑚群体单轴，不分枝，珊瑚通过基盘附着在坚硬的基质上。羽枝互生排列，羽枝长 3 ~ 8 cm；同侧羽枝间距 5.5 ~ 14.0 mm（大多数为 7 mm）。羽枝上的刺表面光滑，锥形，顶端钝；刺高 0.023 ~ 0.045 mm，宽 0.038 ~ 0.090 mm；从侧面观，刺纵向排列成 3 ~ 4 排，同一排相邻刺的间距 0.16 ～ 0.63 mm，每排具刺 3 ～ 4 个 /mm。珊瑚虫保存状况较差，横径无法测量。

地理分布　卡罗琳洋脊海山。

生态习性　栖息于水深 998 ～ 1088 m 的岩石底质上。

讨论　本种与飞镖黑珊瑚属 *Telopathes* 的外形较接近，其中与大飞镖黑珊瑚 *Telopathes magna* 的主要区别为：侧面观刺纵向排列的数量不同（前者 3 ～ 4 排，后者 6 ～ 9 排），与塔斯马尼亚飞镖黑珊瑚 *T. tasmaniensis* 的主要区别为：羽枝的排列方式（前者互生，后者对生）不同，以及侧面观刺纵向排列的数量不同（前者 3 ～ 4 排，后者 6 ～ 7 排）（MacIsaac et al.，2013；Opresko，2019；Lü et al.，2024）。

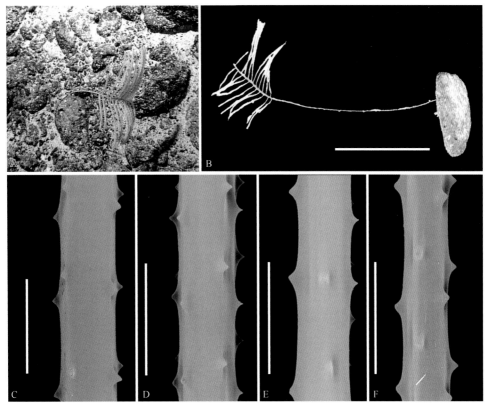

图 2-19　长茎深海黑珊瑚 *Bathypathes longicaulis* 外部形态及刺（改自 Lü et al.，2024）

A. 原位活体，激光点测距为 33 cm；B. 采集后的标本；C ～ F. 羽枝上的刺；标尺：10 cm（B）、0.05 mm（C ～ F）

（19）深海黑珊瑚属未定种 1 *Bathypathes* sp. 1（图 2-20）

形态特征　珊瑚群体单轴，不分枝，珊瑚通过基盘附着在坚硬的基质上。羽枝对生排列，共 23 对，羽枝长 4.3 ～ 22.0 cm，最长的羽枝大约在有羽枝轴的中间部位；同一侧羽枝间距 5 ～ 8 mm。羽枝上的刺表面光滑，锥形与分叉状混合排布；刺高 0.07 ～ 0.15 mm，宽 0.17 ～ 0.38 mm；从侧面观，刺纵向排列成 4 ～ 5 排，每排具刺 2 ～ 3 个 /mm。珊瑚虫横径 6 ～ 10 mm。

地理分布　卡罗琳洋脊海山。

生态习性　栖息于水深 1313 m 的岩石底质上。

讨论　深海黑珊瑚属中仅 *B. platycaulus*、*B. pseudoalternata* 和 *B. thermophila* 的羽枝为互生排列，其他 12 种的羽枝均为对生排列。本未定种与属内其他种的主要区别为：对生的羽枝以及不规则分叉

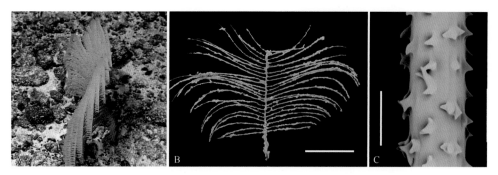

图 2-20　深海黑珊瑚属未定种 1 *Bathypathes* sp. 1 外部形态及刺
A. 原位活体；B. 采集后的标本；C. 羽枝上的刺；标尺：10 cm（B）、0.5 mm（C）

状刺。本未定种与 *B. galatheae* Pasternak, 1977 形态相似，主要区别为：前者的刺有分叉状和锥形两种，而后者仅有锥形刺。*Bathypathes bayeri* Opresko, 2001 的刺顶端有分叉，但明显不同于本未定种的不规则分叉状刺；二者羽枝的间距（前者 4 ～ 5 mm，后者 5 ～ 8 mm）也不同（Opresko，2001；Lima et al.，2019）。

（20）深海黑珊瑚属未定种 2 *Bathypathes* sp. 2（图 2-21）

形态特征　珊瑚群体单轴，不分枝，通过基盘附着在坚硬的基质上。羽枝互生排列，羽枝长 2.2 ～ 8.8 cm，最长的羽枝出现大约在有羽枝轴的中间位置；同一侧羽枝间距 10 ～ 19 mm。羽枝上的刺表面光滑，锥形，顶端钝；刺高 0.019 ～ 0.050 mm，宽 0.10 ～ 0.17 mm；从侧视面观，刺纵向排列成 3 ～ 4 排，同一排相邻刺的间距 0.10 ～ 0.50 mm，每排具刺 3 ～ 5 个 /mm。珊瑚虫横径 2 ～ 3 mm。

地理分布　卡罗琳洋脊海山。

生态习性　栖息于水深 1598 ～ 1631 m 的岩石底质上。

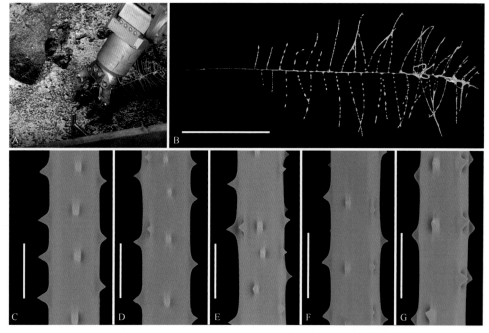

图 2-21　深海黑珊瑚属未定种 2 *Bathypathes* sp. 2 外部形态及刺
A. 原位活体；B. 采集后的标本；C ～ G. 羽枝上的刺；标尺：10 cm（B）、0.2 mm（C ～ G）

讨论　本未定种羽枝为互生排列，与属内 *B. platycaulus* 和 *B. pseudoalternata* 形态相似。本未定种与 *B. platycaulus* 的主要区别为：前者轴直径由底部到顶端逐渐减小，而后者轴直径在中间位置最宽；羽枝排列密度（前者 3 个 / 2 cm，后者 9 ～ 12 个 / 2 cm）也不同（Chimienti et al.，2022）。本未定种与 *B. pseudoalternata* 的主要区别为：后者大部分羽枝近等长，此外，羽枝排列密度（前者 4 ～ 5 个 /3 cm，后者 8 ～ 10 个 /3 cm）、侧面观刺纵向排列数量（前者 3 ～ 4 排，后者 5 ～ 6 排）以及珊瑚虫大小（前者 2 ～ 3 mm，后者 3.5 ～ 4.5 mm）也都不同（Molodtsova et al.，2022）。

十字黑珊瑚属 *Stauropathes* Opresko, 2002

鉴别特征　珊瑚群体分枝，通过基盘附着在坚硬的基质上。轴和主要分枝在同一平面。羽枝对生排列。刺表面光滑，锥形。珊瑚虫横径 3 ～ 6 mm（Opresko，2002）。

十字黑珊瑚属现有 4 种，均为深海种，分别为：*S. staurocrada* Opresko, 2002（太平洋，水深 402 ～ 1700 m）、*S. arctica* (Lütken, 1872)（北冰洋，水深 461 ～ 1700 m）、点状十字黑珊瑚 *S. punctata* (Roule, 1905)（大西洋，水深 1300 ～ 2000 m）和 *S. stellata* Opresko, 2019（太平洋，水深 2207 ～ 2308 m）。

（21）点状十字黑珊瑚 *Stauropathes punctata* (Roule, 1905)（图 2-22）

形态特征　珊瑚群体单轴，分枝，通过基盘附着在坚硬的基质上。羽枝和羽状分枝对生排列，共 12 对，长 2 ～ 19 cm，间距 8 ～ 12 mm；小羽枝长 0.5 ～ 1.5 cm，间距 6 ～ 11 mm；羽枝间距从底端向顶端递减。轴和主要分枝在同一平面；羽枝和轴的夹角为 65° ～ 90°，羽枝之间夹角为 100° ～ 140°。羽枝上的刺表面光滑，锥形，位于同一侧刺的大小几乎相等；刺高 0.023 ～ 0.038 mm，宽 0.035 ～ 0.065 mm；从侧面观，刺纵向排列成 4 ～ 6 排，同一排相邻刺的间距 0.12 ～ 0.45 mm，每排具刺 3 ～ 5 个 /mm。

地理分布　圣克鲁斯岛，葡萄牙亚速尔群岛，佛得角群岛，里奥格兰德海隆，卡罗琳洋脊海山。

生态习性　栖息于水深 942 ～ 1600 m 的岩石底质上。

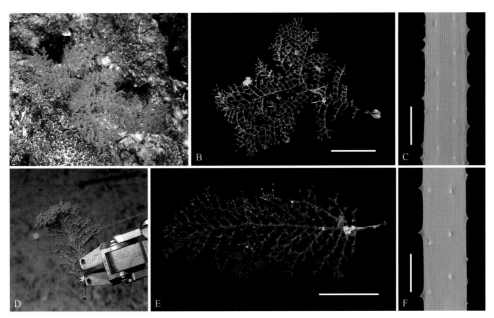

图 2-22　点状十字黑珊瑚 *Stauropathes punctata* 外部形态及刺

A，D. 原位活体，激光点测距为 33 cm；B，E. 采集后的标本（改自 Lü et al.，2021）；C，F. 羽枝上的刺；

标尺：10 cm（B）、5 cm（E）、0.2 mm（C，F）

讨论 本种最初是基于北大西洋中部采到的标本碎片首次描述的。Lima（2019）基于西南大西洋采集的 3 个标本碎片对其进行了重新描述，但由于珊瑚虫保存不完整而未予详细描述。本研究自热带西太平洋获得的标本与原始描述及 Lima（2019）的描述基本吻合，具体表现为：珊瑚均为单轴，轴和主要分枝处在同一平面，羽枝对生排列方式等，同时骨刺的形状大小也吻合。基于这些相似性，具体表现为：将其鉴定为点状十字黑珊瑚（Lü et al.，2021）。

飞镖黑珊瑚属 *Telopathes* MacIsaac & Best, 2013

鉴别特征 珊瑚群体稀疏分枝到两级，分枝不在同一平面。羽枝对生或互生排列，羽枝长达 30 cm。刺表面光滑，锥形。珊瑚虫横径 4 ～ 7 mm（MacIsaac et al.，2013）。

飞镖黑珊瑚属现有 2 种，均为深海种，包括大飞镖黑珊瑚 *T. magna* MacIsaac & Best, 2013（大西洋，水深 1073 ～ 1983 m）和塔斯马尼亚飞镖黑珊瑚 *T. tasmaniensis* Opresko, 2019（太平洋，水深 1083 m）。

（22）大飞镖黑珊瑚 *Telopathes magna* MacIsaac & Best, 2013（图 2-23）

形态特征 珊瑚群体单轴，不分枝，有羽枝，通过基盘附着在坚硬的基质上。羽枝对生排列，羽枝长 2.0 ～ 8.2 cm；最长的羽枝大约出现在有羽枝轴的中间部位，珊瑚顶端的羽枝最短；同侧羽枝间距 8 ～ 12 mm（大多为 8 mm），从底部到顶端间距逐渐减小。羽枝上的刺表面光滑，锥形，位于同一侧刺的大小几乎相等；刺高 0.030 ～ 0.053 mm，宽 0.030 ～ 0.078 mm；从侧面观，刺纵向排列成 5 ～ 8 排，同一排相邻刺的间距 0.11 ～ 0.30 mm，每行具刺 5 ～ 7 个 /mm。珊瑚虫横径 4 ～ 6 mm。

地理分布 卡罗琳洋脊，加拿大新斯科舍大陆坡，新英格兰海山，角海隆海山。

生态习性 栖息于水深 937 ～ 1016 m 的岩石底质上。

讨论 本种由 MacIsaac 等（2013）根据西北大西洋的标本首次描述。本研究采集的热带西太平洋标本与原始描述吻合较好，如都具有相对较长且双侧排列的羽枝、锥形刺和较大的珊瑚虫。二者的主要区别为：热带西太平洋标本个体较小且没有分枝，此外，羽枝排列方式（前者对生，后者对生和互生）以及珊瑚活体的颜色（前者褐色，后者亮橘色）也不同。但是，MacIsaac 等（2013）也提出，

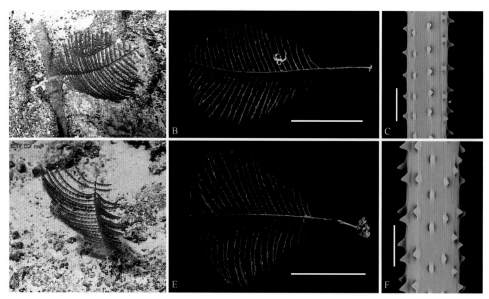

图 2-23 大飞镖黑珊瑚 *Telopathes magna* 外部形态及刺

A，D. 原位活体；B，E. 采集后的标本；C，F. 羽枝上的刺；标尺：10 cm（B，E）、0.2 mm（C，F）

年幼的大飞镖黑珊瑚珊瑚体可能没有分枝。热带西太平洋标本和大飞镖黑珊瑚的年幼个体形态相似，因此我们将其鉴定为大飞镖黑珊瑚（Lü et al.，2021）。

伞黑珊瑚属 *Umbellapathes* Opresko, 2005

鉴别特征　珊瑚群体单轴，没有羽枝的轴比有羽枝的轴长。初级羽枝互生排列，最下端的初级羽枝发育成羽状分枝。次级羽枝存在时，单侧排列。刺表面光滑，锥形，顶端很少分叉。珊瑚虫横径 3.0 ～ 4.5 mm（Opresko and Wagner，2020）。

伞黑珊瑚属现有 3 种，均分布于太平洋深海，包括 *U. helioanthes* Opresko, 2005（水深 1205 ～ 1383 m）、*U. litocrada* Opresko & Wagner, 2020（水深 1504 ～ 2413 m）和小刺伞黑珊瑚 *U. parva* Lü, Zhan & Xu, 2021（水深 1488 ～ 1766 m）。

（23）小刺伞黑珊瑚 *Umbellapathes parva* Lü, Zhan & Xu, 2021（图 2-24）

形态特征　珊瑚群体单轴，分枝，珊瑚通过基盘附着在坚硬的基质上。下端没有羽枝的轴很长。轴的上方有 2 分枝，随着羽枝的生长，初级羽枝会逐渐发育成羽状分枝，侧面观整个珊瑚呈伞状。初级羽枝互生排列，同侧羽枝间距 5 ～ 7 mm；初级羽枝与羽状分枝的夹角为 60° ～ 70°，两排初级羽枝形成的夹角为 110° ～ 130°。次级羽枝在初级羽枝上单侧排列，间距 5 ～ 8 mm，次级羽枝与初级羽枝的夹角为 30° ～ 60°。羽枝上的刺锥形，表面光滑，顶端钝，几乎不分叉；刺高 0.017 ～ 0.050 mm，宽 0.053 ～ 0.120 mm；从侧面观，刺纵向排列成 3 ～ 5 排，同一排相邻刺的间距 0.17 ～ 0.61 mm，每排具刺 2 ～ 5 个 /cm。珊瑚虫横径 2.8 ～ 3.4 mm。

地理分布　卡罗琳洋脊海山。

生态习性　栖息于水深 1488 ～ 1766 m 的岩石底质上。

讨论　本种与 *U. helioanthes* 的形态最为相似，但刺的大小（前者 0.017 ～ 0.050 mm，后者 0.05 ～ 0.10 mm）不同（Opresko，2005）；与 *U. litocrada* 的主要区别为：次级羽枝的存在与否以及刺的形状差异（前者锥形，后者锥形和半球形）（Opresko and Wagner，2020）。本种是热带西太平洋海域报道的首个伞黑珊瑚属物种（Lü et al.，2021）。

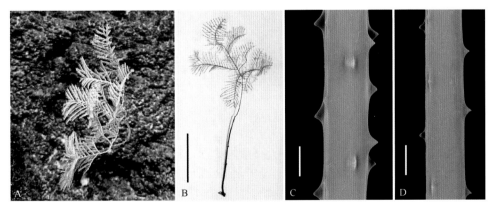

图 2-24　小刺伞黑珊瑚 *Umbellapathes parva* 外部形态及刺（改自 Lü et al.，2021）
A. 原位活体；B. 采集后的标本；C. 初级羽枝上的刺；D. 次级羽枝上的刺；标尺：10 cm（B）、0.1 mm（C，D）

交替黑珊瑚属 *Alternatipathes* Molodtsova & Opresko, 2017

鉴别特征　珊瑚群体单轴，不分枝或很少分枝，茎上最下端的羽枝发育成羽状分枝。羽枝简单，无次级羽枝,两排互生排列。羽枝长度由底端向顶端减小形成三角形轮廓。刺表面光滑,锥形,很少分叉,顶端钝或尖锐。珊瑚虫横径 2.0 ～ 7.0 mm(Opresko and Wagner,2020)。

交替黑珊瑚属现有 5 种,均为深海种,分别为交替黑珊瑚 *A. alternata* (Brook, 1889)(太平洋和印度洋,水深 2670 ～ 5089 m)、多羽交替黑珊瑚 *A. bipinnata* Opresko, 2005(太平洋,水深 2057 ～ 2075 m)、奇妙交替黑珊瑚 *A. mirabilis* Opresko & Molodtsova, 2021(太平洋,水深 4685 m)、美丽交替黑珊瑚 *A. venusta* Opresko & Wagner, 2020(太平洋水深,2638 ～ 2821 m)以及长刺交替黑珊瑚 *A. longispina* Lü, Zhan, Li & Xu, 2024(太平洋,水深 1336 m)。

(24)长刺交替黑珊瑚 *Alternatipathes longispina* Lü, Zhan, Li & Xu, 2024(图 2-25)

形态特征 珊瑚群体单轴,不分枝,珊瑚通过盘状基盘附着在坚硬的基质上。珊瑚最大宽度约为高度的两倍。下端没有羽枝的轴较短。羽枝互生排列,羽枝长度由底部向上逐渐减小;同侧羽枝间距 4 ～ 6 mm,由底部向上间距逐渐增大。羽枝上的刺锥形,表面光滑,顶端钝;刺高 0.29 ～ 0.58 mm,宽 0.27 ～ 0.86 mm;从侧面观,刺纵向排列成 4 ～ 5 排,同一排相邻刺的间距 0.61 ～ 1.81 mm,每排具刺 2 ～ 3 个 /2 mm。珊瑚虫横径 4 ～ 6 mm。

地理分布 麦哲伦海山链 Kocebu 海山。

生态习性 栖息于水深 1336 m 的岩石底质上。

讨论 本种与多羽交替黑珊瑚 *A. bipinnata* 的主要区别为:珊瑚不分枝(后者分枝)以及珊瑚虫刺的明显长(前者 0.29 ～ 0.58 mm,后者 0.22 ～ 0.30 mm)(Opresko,2005)。本种与美丽交替黑珊瑚 *A. venusta* 和奇妙交替黑珊瑚 *A. mirabilis* 的主要区别为:刺明显长(前者 0.29 ～ 0.58 mm,后两者分别为 0.11 ～ 0.22 mm 和 0.04 ～ 0.06 mm)(Opresko and Wagner,2020;Opresko and Molodtsova,2021;Lü et al.,2024);此外,与美丽交替黑珊瑚 *A. venusta* 的区别还有同排刺之间的间距的较大(前者 0.61 ～ 1.81 mm,后者 0.2 ～ 0.46 mm)。

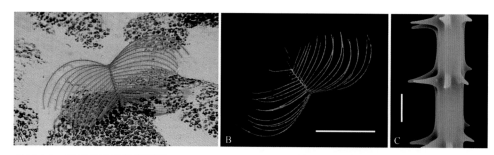

图 2-25 长刺交替黑珊瑚珊瑚 *Alternatipathes longispina* 外部形态及刺(改自 Lü et al.,2024)
A. 原位活体,激光点测距为 33 cm;B. 采集后的标本;C. 羽枝上的刺;标尺:10 cm(B)、0.5 mm(C)

黑珊瑚科 Antipathidae Ehrenberg, 1834

鉴别特征 珊瑚群体不分枝或稀疏分枝,没有羽枝。刺锥形,表面光滑或覆盖有结节,顶端分叉或多裂片。珊瑚虫有 6 个初级隔膜,4 个次级隔膜,横径 1 ～ 3 mm(Opresko and Wagner,2020)。

黑珊瑚科现有 9 属 122 种,栖息于水深 6 ～ 1681 m(Brugler et al.,2013)。

纵列黑珊瑚属 *Stichopathes* Brook, 1889

鉴别特征 珊瑚群体单轴,不分枝,通过基盘附着在坚硬的基质上。茎直,波状或上半部螺旋状。

刺锥形，表面光滑或覆盖有结节，顶端有时分叉或多裂片。珊瑚虫沿轴单侧排列（Bo and Opresko，2015）。

纵列黑珊瑚属现有 30 种，分布于太平洋、印度洋和大西洋（Molodtsova，2014）。

（25）纵列黑珊瑚属未定种 *Stichopathes* sp.（图 2-26）

形态特征 珊瑚群体单轴，不分枝，没有羽枝，鞭状。茎直，顶端部分形成螺旋。刺锥形，表面有瘤状突起；刺高 0.06 ～ 0.16 mm，宽 0.13 ～ 0.20 mm；从侧面观，刺纵向排列成 6 ～ 7 排；同一排相邻的刺的间距 0.26 ～ 0.36 mm，刺 3 ～ 4 个 /mm。

地理分布 卡罗琳洋脊海山。

生态习性 栖息于水深 936 m 的岩石底质上。

讨论 本未定种与属内其他种的主要区别为：珊瑚只在顶端形成螺旋；轴直径由底部向顶端逐渐变细；刺的表面有结节，且从顶端覆盖到基部（周近明和邹仁林，1987；Lima et al.，2019）。

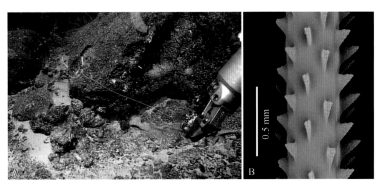

图 2-26 纵列黑珊瑚属未定种 *Stichopathes* sp. 外部形态及刺
A. 原位活体，激光点测距为 33 cm；B. 轴上的刺

平黑珊瑚科 Leiopathidae Haeckel, 1896

鉴别特征 珊瑚群体合轴分枝，没有羽枝。成熟部位骨刺不发达。珊瑚虫有 12 个隔膜。（Daly et al.，2007）。

平黑珊瑚科现有 1 属 9 种，栖息于水深 37 ～ 2400 m（Lima et al.，2019）。

平黑珊瑚属 *Leiopathes* Haime, 1849

鉴别特征 珊瑚群体不规则合轴分枝，分枝不规则，没有羽枝。小枝弯曲，排列不规则。骨刺锥形或泡状，表面光滑，在成熟部位不发达或不存在。珊瑚虫有 12 个隔膜，相邻珊瑚虫大小不等（Molodtsova，2011）。

平黑珊瑚属现有 9 种，多为深海种，大多数物种仅发现于一个大洋，仅光秃平黑珊瑚 *L. glaberrima* (Esper, 1792) 同时见于两个大洋。

（26）光秃平黑珊瑚 *Leiopathes glaberrima* (Esper, 1792)（图 2-27）

形态特征 珊瑚群体不规则合轴分枝，分枝不在一个平面上，没有羽枝。茎和较粗的分枝呈黑褐色，末端小枝和分枝呈黄棕色。珊瑚分枝到第八级，末端小枝通常出现在低阶小枝上；末端小枝长

0.3 ～ 4.0 cm，末端小枝近基部的直径 0.19 ～ 0.50 mm，近顶端的直径 0.05 ～ 0.19 mm。相邻小枝间距 3 ～ 8 mm，小枝 3 ～ 5 个 /cm。分枝与茎的夹角 30° ～ 70°。小枝上的刺表面光滑，锥形，顶端钝；刺高 0.02 ～ 0.05 mm；从侧面观，刺纵向排列成 3 ～ 4 排，同一排相邻刺的间距 0.30 ～ 0.70 mm，刺 2 ～ 3 个 /mm。珊瑚虫横径 1.0 ～ 2.3 mm。

地理分布　卡罗琳洋脊海山，地中海那不勒斯湾，加勒比海，里奥格兰德海隆，巴西圣卡塔琳娜岛。

生态习性　栖息于水深 37 ～ 2400 m 的岩石底质上。

讨论　本种由 Esper 于 1792 年根据那不勒斯湾采集到的标本首次描述。2021 年，Opresko 和 Baron- Szabo 对原始描述进行了整理。本研究采集的热带西太平洋标本与 Opresko 和 Baron-Szabo 的描述基本吻合。Molodtsova（2011）给出 *Leiopathes* 属内各种的特征描述，热带西太平洋标本与其描述的光秃平黑珊瑚基本吻合，但略有不同，如末端小枝直径比 Molodtsova（2011）所述的略粗（前者 0.50 mm，后者 0.22 mm），但与 Opresko 和 Baron-Szabo 所提供的数据（0.5 ～ 0.7 mm）吻合。

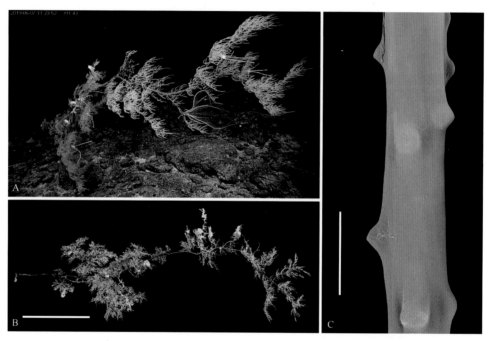

图 2-27　光秃平黑珊瑚 *Leiopathes glaberrima* 外部形态及刺
A. 原位活体，激光点测距为 33 cm；B. 采集后的标本；C. 小枝上的刺；标尺：50 cm（B）、0.2 mm（C）

（27）长寿平黑珊瑚 *Leiopathes annosa* Wagner & Opresko, 2015（图 2-28）

形态特征　珊瑚群体不规则合轴分枝成扇形，分枝多在一个平面，没有羽枝。末端小枝长 1.7 ～ 5.7 cm，大多数小枝不规则双侧排列，也有单侧排列。小枝上的刺表面光滑，半球形，多裂片；刺高 0.03 ～ 0.15 mm，宽 0.07 ～ 0.45 mm；从侧面观，刺纵向排列成 2 ～ 3 排。珊瑚虫横径 2 ～ 4 mm。

地理分布　卡罗琳洋脊海山，夏威夷群岛。

生态习性　栖息于水深 255 ～ 311 m 的岩石底质上。

讨论　本种由 Wagner 和 Opresko 于 2015 年根据夏威夷群岛海域的标本首次描述。本研究采集的热带西太平洋标本与原始描述吻合，二者分枝均成扇形，小枝近等长，骨刺均为半球形以及珊瑚虫大小相近，据此将其鉴定为长寿平黑珊瑚。

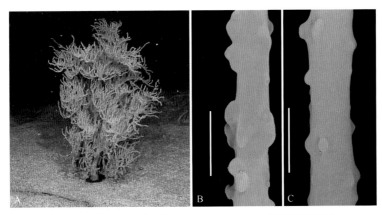

图 2-28　长寿平黑珊瑚 *Leiopathes annosa* 外部形态及刺
A. 原位活体；B，C. 小枝上的刺；标尺：0.5 mm

枝黑珊瑚科 Cladopathidae Kinoshita, 1910

鉴别特征　珊瑚群体有羽枝，可能有次级羽枝存在。刺表面光滑，锥形或针状。珊瑚虫横径超过 2 mm，有 6 个初级隔膜，没有次级隔膜（Opresko，2003）。

枝黑珊瑚科现有 7 属 25 种，栖息于水深 326 ～ 5930 m（Brugler et al.，2013；Molodtsova and Opresko，2017）。

异形枝黑珊瑚属 *Heteropathes* Opresko, 2011

鉴别特征　珊瑚群体单轴，不分枝，有羽枝。侧羽无次级羽枝，互生排列；前羽比侧羽短，有次级 羽枝。珊瑚虫横径 5 ～ 6 mm（Opresko，2019）。

异形枝黑珊瑚属现有 5 种，均为深海种，包括美国异形枝黑珊瑚 *H. americana* (Opresko, 2003)（大西洋，水深 3653 ～ 4511 m）、*H. opreski* de Matos, Braga-Henriques, Santos & Ribero, 2014（大西洋，水深 2270 ～ 2602 m）、*H. heterorhodzos* (Cooper, 1909)（印度洋，水深 1079 m）、*H. intricata* Opresko, 2019（太平洋，水深 1476 ～ 1783 m）和 *H. pacifica* (Opresko, 2005)（北太平洋，水深 2200 m）。

（28）美国异形枝黑珊瑚 *Heteropathes americana* (Opresko, 2003)（图 2-29）

形态特征　珊瑚群体单轴，不分枝，有羽枝。侧羽无次级羽枝，最下端一对侧羽对生排列，其他 侧羽互生排列并向反珊瑚虫向侧弯曲；同一侧侧羽间距 2.5 ～ 6.0 mm，两侧侧羽 4 ～ 6 个 /cm；轴与 侧羽形成的夹角 20° ～ 90°，由底部向上逐渐递减。前羽长 0.5 ～ 1.0 cm，间距 1 ～ 2 mm；轴与前羽 形成的夹角 70° ～ 80°。每个前羽上有次级羽枝 1 ～ 2 个，很少 3 个。侧羽上的刺表面光滑，锥形，刺 高 0.01 ～ 0.04 mm；从侧面观，刺纵向排列成 2 ～ 3 排，同排刺间距 0.2 ～ 0.7 mm，刺 2 ～ 4 个 /mm。 前羽上的刺表面光滑，锥形，向远端倾斜，刺高 0.1 ～ 0.2 mm；从侧面观，刺纵向排列成 2 ～ 3 排， 同排刺间距 0.3 ～ 0.7 mm，刺 2 ～ 3 个 /mm。珊瑚虫保存状况较差，横径无法测量。

地理分布　卡罗琳洋脊海山；西北大西洋。

生态习性　栖息于水深 895 ～ 2200 m 的岩石底质上。

讨论　本种由 Opresko 于 2003 年根据西北大西洋的标本首次描述。热带西太平洋标本与原始描 述基本吻合，均具有相对较小的个体、相似的珊瑚形态以及相近的骨刺大小，因此我们将热带西太平 洋标本鉴定为美国异形枝黑珊瑚。本种与 *H. pacifica* 形态最为相似，主要区别为：前羽上的刺较大（前

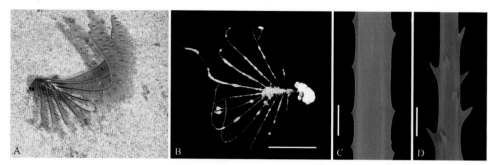

图 2-29　美国异形枝黑珊瑚 *Heteropathes americana* 外部形态及刺
A. 原位活体；B. 采集后的标本；C. 侧羽上的刺；D. 前羽上的刺；标尺：5 cm（B）、0.2 mm（C，D）

者 0.1 ~ 0.2 mm，后者 0.03 ~ 0.06 mm）（Opresko，2005）。

八放珊瑚纲 Octocorallia Haeckel, 1866

鉴别特征　群体珊瑚（除 *Taiaroa tauhou* 外）。珊瑚虫具 8 个触手和 8 个隔膜；触手常具横向伸展的小羽片（pinnule）。

　　八放珊瑚纲现有约 83 科 340 属 3567 种。珊瑚虫形态与分子数据都支持八放珊瑚为单系群。自 20 世纪早期，苍珊瑚目与海鳃目被认为是不同的目。苍珊瑚目仅含 2 科 3 属 6 种，是唯一产生霰石结晶骨骼的八放珊瑚，与六放珊瑚纲的石珊瑚目特征趋同。而海鳃目以其独特的群体构造，即由一个轴向珊瑚虫分化形成柄部和羽轴，从而与其他八放珊瑚区分。传统上，对于软珊瑚和柳珊瑚等八放珊瑚的高阶元分类一直存在争议，过去曾被分成 2 个目到 6 个目不等。其中，Hickson（1930）根据群体结构类型，将软珊瑚和柳珊瑚分为软珊瑚目、柳珊瑚目、根枝珊瑚目和石花虫目 4 个目，这一分类系统曾被广泛使用。然而，Bayer（1981）在认识到这些类群相互交织而无明显的结构区别后，将其合并成软珊瑚目，这一观点为当代分类学家所接受。然而，这一庞大且形态多样的目至今尚不能用任何有效的特征来定义（Daly et al.，2007）。新近，McFadden 等（2022）利用超保守原件分析，为八放珊瑚建立了柔软珊瑚目 Malacalcyonacea 和硬软珊瑚目 Scleralcyonacea 2 个目，取消了此前通用的苍珊瑚目、软珊瑚目和海鳃目。本书采用 McFadden 的分类系统。

柔软珊瑚目 Malacalcyonacea McFadden, van Ofwegen & Quattrini, 2022

　　柔软珊瑚目是 McFadden 等（2022）基于全轴珊瑚亚目 - 软珊瑚亚目（Holaxonia-Alcyoniina）这一单系群而建立的，但并未对其进行定义。柔软珊瑚目的类群形态十分多样，但绝大多数分类群的骨骼要么主要由蛋白质构成，要么没有骨骼。

　　柔软珊瑚目包含笙珊瑚科、软珊瑚科、指软珊瑚科、紫柳珊瑚科、柳珊瑚科、扇柳珊瑚科、棘柳珊瑚科、丛珊瑚科和矶柳珊瑚科等类群。本书涉及紫柳珊瑚科、棘柳珊瑚科和矶柳珊瑚科等 46 科和 7 个科级地位未定的属。原先隶属于全轴珊瑚亚目 Holaxonia 和软珊瑚亚目 Alcyoniina 的分类群，以及部分原先被归类为葡萄珊瑚亚目 Stolonifera 和硬轴珊瑚亚目 Scleraxonia 的分类群，目前被纳入本目中。

紫柳珊瑚科 Victorgorgiidae Moore, Alderslade & Miller, 2017

鉴别特征　珊瑚虫单态型，仅具独立个员。珊瑚树状。髓质与皮层之间具广阔的边界空隙，髓质中心具大而明显的孔道。珊瑚虫覆盖大的骨片，排列于领部和尖部。骨片多为具疣突的条形和纺锤形，触手及其羽片具约瑟芬棒状骨片（Josephinae club），咽部无骨片（Moore et al.，2017）。

紫柳珊瑚科仅包含紫柳珊瑚属 Victorgorgia 1 属，全部生活于深海，常被蔓蛇尾附生，与红珊瑚、拟柳珊瑚等同为海山等深海硬底生境的建群生物，为众多无脊椎动物和鱼类提供栖居场所。迄今对紫柳珊瑚的分类研究非常匮乏，之前仅报道紫柳珊瑚属 1 属 6 种，除 1 种分布于大西洋外，其余全部发现于太平洋。Li 等（2020）采用形态分类学与分子系统学相结合的方法，对采自马里亚纳海沟与卡罗琳洋脊交联区海山的紫柳珊瑚进行了系统研究，报道了 4 个物种（含 3 个新种）：海洋所紫柳珊瑚 *Victorgorgia iocasica* Li, Zhan & Xu, 2020、簇生紫柳珊瑚 *V. fasciculata* Li, Zhan & Xu, 2020、扇形紫柳珊瑚 *V. flabellata* Li, Zhan & Xu, 2020 和显著紫柳珊瑚 *V. eminens* Moore, Alderslade & Miller, 2017，将紫柳珊瑚已知物种数增加至 9 种。该研究提出珊瑚虫的骨片特征是界定该类物种的最可靠分类性状，常用于区分八放珊瑚物种的 *mtMutS* 和 *COI* 基因序列因过于保守而难以区分相近种。此外，该研究报道的 4 个物种分别采自 4 座相邻的海山，不同海山无共有种，这表明海山间的生物连通性很低。

紫柳珊瑚属 *Victorgorgia* López-Gonzalez & Briand, 2002

鉴别特征　珊瑚虫单态型。群体树状，单平面或多平面结构。联结无或极少。髓质中心被大的孔道贯穿，外层髓质与皮层之间为广阔的边界空隙分割。珊瑚虫聚集于分枝末端，有时也沿分枝聚集；在多平面群体中通常围绕分枝分布，在单平面群体中倾向于两列分布或朝向分枝一侧分布。触手中轴和羽片具典型的约瑟芬棒状骨片，有时也具粗短的杆状骨片。尖部、萼部、皮层和髓质中主要为带疣突的条形骨片和纺锤形骨片，咽部无骨片（Li et al.，2020）。

（29）显著紫柳珊瑚 *Victorgorgia eminens* Moore, Alderslade & Miller, 2017（图 2-30）

形态特征　原位活体珊瑚虫和皮层呈紫色，新采集的标本接近粉色或紫红色，乙醇保存后珊瑚虫灰褐色，皮层米黄色。群体多为平面，二分枝。末端分枝长 15 ～ 150 mm，无珊瑚虫簇处直径 2.2 ～ 3.5 mm。珊瑚虫簇通常包含 6 ～ 12 个独立个员，宽 6 ～ 10 mm。联结有或无。髓质与皮层为边界空隙分割，空隙由边界孔道及联结构成。末端分枝髓质由 1 ～ 3 个主孔道贯穿，孔道直径 0.3 ～ 0.5 mm。皮层薄，厚 0.1 ～ 0.3 mm。珊瑚虫直立并围绕分枝成簇分布或独立分布，可收缩，萼部明显。乙醇固定后珊瑚虫头部宽 2.0 ～ 4.0 mm，伸展时长达 7.0 mm；萼部宽 3.0 ～ 5.0 mm，长 2.0 ～ 3.5 mm。触手一侧具 7 ～ 10 个羽片，中间的最大。

骨片光镜下无色透明。触手中轴主要为带疣突的约瑟芬棒状骨片，长 158 ～ 529 μm，骨片头部疣突锥形，柄处疣突圆形，密集排列在触手反口侧，其棒状末端朝向触手末端。羽片通常具直的棒状骨片、疣条形骨片和扁平锯齿形杆状骨片，偶见扁平带疣突的十字形骨片。珊瑚虫头部下端的骨片横向排列形成领部，随后雁阵式排列成尖部，继续纵向延伸至触手反口侧；尖部与领部骨片通常为不弯曲或轻度弯曲、带疣突的纺锤形，长 282 ～ 659 μm。萼部密布不弯曲或轻度弯曲的纺锤形骨片，多数具圆形或椭圆形的疣突，长 292 ～ 670 μm。皮层具不弯曲或轻度弯曲、带疣突或疣瘤的纺锤形或条形骨片，骨片疣突简单或复杂，长 314 ～ 520 μm。髓质由不弯曲或轻度弯曲的带疣突的纺锤形和条形骨片构成，多数长 300 ～ 794 μm。

地理分布 卡罗琳洋脊 M6 海山；西南太平洋。

生态习性 栖息于水深 813 ～ 1854 m 的岩石底质上，有蔓蛇尾栖居。

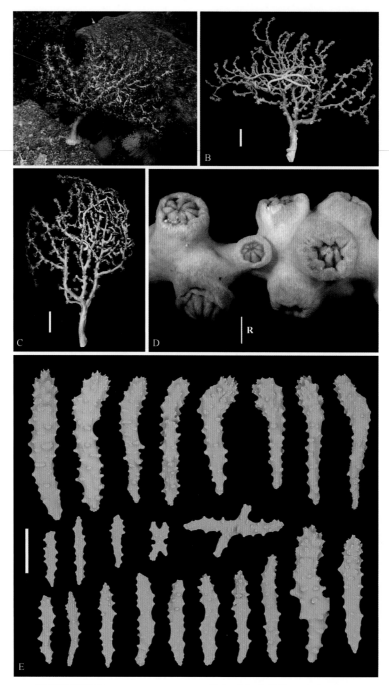

图 2-30 显著紫柳珊瑚 *Victorgorgia eminens* 外部形态及骨片（改自 Li et al.，2020）
A. 原位活体；B. 采集后的标本；C. 乙醇固定后的标本；D. 独立个员；E. 独立个员触手骨片；标尺：5 cm（B，C）、2 mm（D）、100 μm（E）

（30）海洋所紫柳珊瑚 *Victorgorgia iocasica* Li, Zhan & Xu, 2020（图 2-31）

形态特征 原位活体和新采集的标本珊瑚虫和皮层呈亮紫色，乙醇固定后呈灰褐色。群体为单平面，二分枝。末端分枝长 9 ～ 134 mm，无珊瑚虫簇处直径 2 ～ 5 mm。珊瑚虫簇通常包含 5 ～ 11 个独立个员，宽 9 ~ 14 mm。无联结。群体覆盖一层薄的表皮。髓质与皮层为边界空隙分割，空隙由边界孔道及联结构成。末端分枝髓质由 3 ~ 6 个主孔道贯穿，孔道直径 0.2 ~ 0.5 mm。皮层薄，厚 150 ~ 400 μm。珊瑚虫直立并散布于分枝上，在背面几乎完全缺失。萼部明显，独立，主要在分枝末端形成簇状结构。原位活体珊瑚虫伸展，碰触时可收缩，但不能完全缩回萼部；固定后则产生一个柱状的头部，触手向口部翻卷，下端坐于萼部边缘。固定后珊瑚虫头部宽 2.0 ~ 3.0 mm，长 1.5 ~ 4.2 mm；萼部宽 2.0 ~ 4.5 mm，长 1.0 ~ 3.8 mm。触手每侧具 7 ~ 10 个羽片，中间的最大。

骨片光镜下无色透明。触手骨片杆状和棒状，带疣突，长 267 ~ 565 μm。珊瑚虫头部底端的隔片横向排列，形成领（collaret）部，随后雁阵式排列成尖部，继续纵向延伸至触手反口侧。尖部与领部骨片通常为不弯曲或轻度弯曲的疣突稀疏的条形或纺锤形，多数长 306 ~ 544 μm。萼部密布不弯曲或稍微弯曲的带疣突的条形骨片，多数长 252 ~ 559 μm。皮层具不弯曲或稍微弯曲的疣突中等密度或很少的条形骨片、杆状骨片和纺锤形骨片，多数长 324 ~ 559 μm。髓质由纺锤形骨片和条形骨片构成，前者稍微弯曲，几乎光滑，后者接近笔直，疣突稀疏，长 346 ~ 934 μm。

地理分布　卡罗琳洋脊 M8 海山。

生态习性　栖息于水深 1549 m 的岩石底质上，有多只蔓蛇尾栖居。

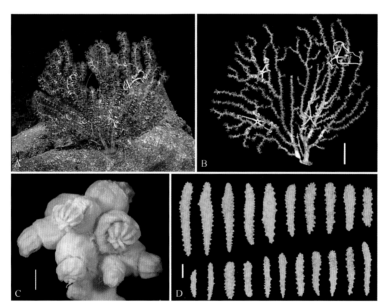

图 2-31　海洋所紫柳珊瑚 *Victorgorgia iocasica* 外部形态及骨片（改自 Li et al., 2020）
A. 原位活体，激光测距点距离为 33 cm；B. 采集后的标本；C. 分枝末端的独立个员簇；D. 独立个员触手骨片；
标尺：5 cm（B）、2 mm（C）、100 μm（D）

（31）簇生紫柳珊瑚 *Victorgorgia fasciculata* Li, Zhan & Xu, 2020（图 2-32）

形态特征　原位活体与新采集的标本珊瑚虫和皮层呈深紫色，乙醇固定后珊瑚虫灰褐色，皮层米黄色。群体呈二分枝的树状。末端分枝长 15 ~ 45 mm，无珊瑚虫簇处直径 3.0 ~ 6.0 mm。珊瑚虫簇通常包含 10 ~ 20 个独立个员，宽 10 ~ 15 mm。无联结。髓质由紧密填充的骨片构成，与皮层为边界空隙分割，空隙由边界孔道及联结构成。末端分枝髓质由 1 ~ 4 个主孔道贯穿，孔道直径 0.2 ~ 0.7 mm。皮层薄，厚 60 ~ 200 μm。珊瑚虫直立并散布于分枝上。萼部明显，通常在分枝末端和沿分枝成簇，分布不均匀，导致大片区域无珊瑚虫。珊瑚虫收缩，但大多数不能完全缩回萼部；乙醇固定后则产生一个圆柱状的头部，触手向口部翻卷。固定后部分伸展的珊瑚虫头部宽 2.5 ~ 4.3 mm，长达

4.5 mm；萼部宽 3.0～5.0 mm，长 1.5～3.2 mm。触手每侧具 7～9 个羽片，中间的最大。

骨片光镜下无色透明。触手具约瑟芬棒状骨片，带简单疣突和窄而接近光滑的柄，骨片长 188～419 μm，骨片密集排列在触手反口侧，棒状末端朝向触手末端。羽片常具小而扁平的杆状骨片和轻度带疣突的条形骨片，一些直的棒状骨片沿羽片纵向伸出。珊瑚虫头部底端的骨片横向排列，形成领部，随后雁阵式排列成尖部，继续纵向延伸至触手反口侧。尖部与领部通常具不弯曲或弯曲的带疣突的纺锤形或条形骨片，长 579～771 μm。萼部密布多数不弯曲或轻度弯曲的带稀疏疣突的纺锤形或条形骨片，长 375～788 μm。皮层具不弯曲或弯曲的带疣突的纺锤形或条形骨片，长 357～800 μm。髓质主要由不弯曲或轻度弯曲的带疣突或较光滑的条形和纺锤形骨片构成，还含有少量具疣突的骨片和融合骨片，长 320～960 μm。

地理分布 马里亚纳海山。

生态习性 栖息于水深 475 m 的岩石底质上，每个群体有一只蔓蛇尾栖居。

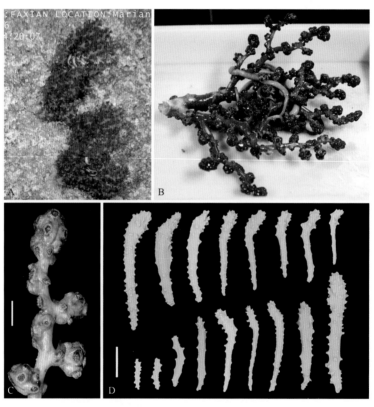

图 2-32 簇生紫柳珊瑚 *Victorgorgia fasciculata* 外部形态及骨片（改自 Li et al.，2020）
A. 原位活体，激光测距点距离为 33 cm；B. 采集后的标本；C. 分枝末端的独立个员簇；D. 独立个员触手骨片；标尺：1 cm（C）、100 μm（D）

（32）扇形紫柳珊瑚 *Victorgorgia flabellata* Li, Zhan & Xu, 2020（图 2-33）

形态特征 原位活体与新采集的标本珊瑚虫和皮层均呈深紫色，乙醇固定后呈灰褐色。群体单平面，二分枝。末端分枝长 10～120 mm，无珊瑚虫簇处直径 1.9～4.1 mm。珊瑚虫簇通常包含 3～10 个独立个员，宽 6～9 mm。无联结。群体覆盖一层薄的表皮。髓质与皮层为边界空隙分割，空隙由边界孔道及联结构成。末端分枝髓质由 1～3 个主孔道贯穿，孔道直径 0.2～0.4 mm。皮层薄，厚 50～200 μm。珊瑚虫分布于分枝的三面，背面几乎缺失，两个侧面较正面突出。萼部明显，常在分枝末端成簇，有时也沿分枝成簇。珊瑚虫可收缩，乙醇固定后部分或全部缩回萼部，少数伸展。固定后珊瑚虫头部宽 2.0 ～ 4.0 mm，长达 3.5 mm；萼部宽 3.0 ～ 5.0 mm，长 2.0 ～ 3.5 mm。触手一侧具 9 ～ 14 个羽片，中间的最大。

骨片光镜下无色透明。珊瑚虫头部下端的骨片横向排列形成领部，随后雁阵式排列成尖部，继续纵向延伸至触手反口侧。触手具粗短的疣杆状骨片、粗壮的棘棒状骨片、疣棒状骨片、小的疣杆状骨片和少量的带疣十字形骨片，长 182 ～ 792 μm。尖部与领部骨片通常为不弯曲或轻度弯曲的带疣突的纺锤形，少数为疣瘤条形，长 550 ～ 908 μm。萼部密布不弯曲或轻度弯曲的纺锤形或杆状骨片，少量十字形骨片，骨片疣突中等密度到接近光滑，疣突圆形或锥形，多数长 289 ～ 542 μm。皮层具轻度弯曲的接近光滑的纺锤形骨片，或几乎不弯曲的中等密度疣突的条形骨片和较粗短的杆状骨片，多数长 292 ～ 485 μm。髓质由不弯曲或轻度弯曲的带疣突的纺锤形和条形骨片构成，有些末端分叉，多数长 323 ～ 915 μm。

地理分布　卡罗琳洋脊 M5 海山。

生态习性　栖息于水深 1408 m 的岩石上，有多只蔓蛇尾和海葵栖居。

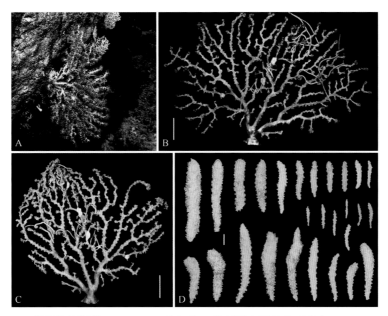

图 2-33　扇形紫柳珊瑚 *Victorgorgia flabellata* 外部形态及骨片（改自 Li et al.，2020）

A. 原位活体，激光测距点距离为 33 cm；B. 采集后的标本；C. 乙醇固定后的标本；D. 独立个员触手骨片；标尺：5 cm（B，C）、100 μm（D）

棘柳珊瑚科 Acanthogorgiidae Gray, 1859

鉴别特征　通常具一个蛋白质骨骼的轴，轴中空，内具宽的交叉室状中央核心；共肉组织通常很薄。群体直立，不分枝或分枝（简单分枝、鞭状或网状分枝），平面状或丛生。珊瑚虫单态型，可缩回成突出的螅萼，或不可缩回但有被厚重骨片覆盖的珊瑚虫体壁而呈圆柱形的螅萼。珊瑚虫被纺锤形骨片包围，纺锤形骨片一般较大，弯曲或带刺，常排列形成尖部和领部。螅萼具带棘鳞片形骨片、带棘纺锤形骨片、长纺锤形骨片或高度含疣的短骨片，通常在形态上不同于共肉组织骨片。共肉组织骨片一般有两层：外层通常为带棘纺锤形骨片、棘星形骨片或其衍生类型，内层常为简单或分枝状纺锤形骨片（McFadden et al.，2022）。

棘柳珊瑚科现有 29 属 348 种，广泛分布于太平洋、印度洋和大西洋。

棘柳珊瑚属 *Acanthogorgia* Gray, 1857

鉴别特征 群体常呈扁平扇状，有时呈网纹状或浓密的丛生灌木状，分枝纤细。珊瑚虫长柱状，头部具深嵌到触手基部的尖刺状骨片组成的棘冠，骨片折叠于触手的上方，顶端光滑并向外突出。珊瑚虫分布于分枝各面或大致双列分布，垂直于分枝表面，无螅萼，不可缩回。分枝间共肉组织通常较薄，可透视观察到轴。珊瑚虫具略弯曲的纺锤形细长骨片，雁阵式排成 8 个双列。触手背面有大量弯曲的小型扁平骨片。共肉组织中具平直或弯曲的纺锤形细长骨片，骨片表面常有棘突或疣突；部分物种的共肉组织内层中有放射形骨片(三放射形和十字形,通常具突出的中央棘)。轴深色，共肉组织常有颜色，骨片通常无色（Horvath，2019）。

棘柳珊瑚属现有 56 种，在各大洋均有分布，水深 12 ～ 2301 m。

（33）中间棘柳珊瑚 *Acanthogorgia media* Thomson & Henderson, 1905（图 2-34）

形态特征 原位活体亮黄色，乙醇固定后呈淡黄色至白色。群体呈单平面，分枝纤细，偶尔汇合形成联结。珊瑚虫无规则密集分布于分枝各面，部分相对排列或螺旋分布，与分枝近垂直。珊瑚虫柱状，长 0.4 ～ 2.0 mm。珊瑚虫体壁骨片为细长带疣状突起的纺锤形和棒状，雁阵式排成 8 个双列。触手基部形成一个略向外辐射突出的尖锐棘冠，触手骨片为小的鳞片状。共肉组织骨片分为两层，外层为直的或弯曲的带粗大疣突的纺锤形骨片，内层为三放射、四放射或多放射形骨片。

地理分布 马里亚纳海山。

生态习性 栖息于水深 131 m 的岩石底质上。

讨论 Grasshoff（1999）根据珊瑚虫大小、珊瑚虫体壁骨片是否突出表面、棘冠是否明显突出以及共肉组织是否存在棘星形骨片，将棘柳珊瑚属物种划分为 4 个组。① *hirsuta* 组的珊瑚虫大，虫体体壁骨片和棘冠突出，共肉组织有棘星形骨片；② *breviflora* 组的珊瑚虫小，体壁骨片和棘冠突出，共

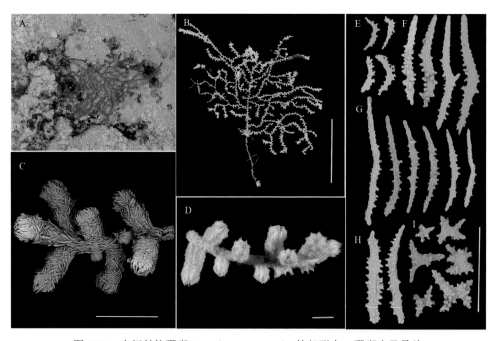

图 2-34　中间棘柳珊瑚 *Acanthogorgia media* 外部形态、珊瑚虫及骨片

A. 原位活体；B. 采集后的标本；C. 末端分枝电镜照；D. 一段分枝光镜照；E. 触手骨片；F. 珊瑚虫体壁的纺锤形骨片；G. 珊瑚虫体壁的棒状骨片；
H. 共肉组织的纺锤形骨片；I. 共肉组织的棘星形骨片；标尺：5 cm（B）、1 cm（C）、2 mm（D）、0.3 mm（E ～ I）

肉组织有棘星形骨片；③ *armata* 组的珊瑚虫细长（长是直径的两倍多），体壁光滑，棘冠突出，共肉组织只有纺锤形骨片；④ *dofleini* 组的珊瑚虫矮胖（长不足直径的两倍），体壁光滑或有突出表面骨片，棘冠不明显突出，共肉组织有纺锤形骨片和少量不规则骨片。

本种具有珊瑚虫小、体壁骨片突出、共肉组织包含棘星形骨片等特征，是典型的 *breviflora* 组成员。本种与 *A. angustiflora* Kükenthal & Gorzawsky, 1908 的骨片类型相似，但其珊瑚虫较后者小（前者长为 0.4～2.0 mm，后者长约 4 mm），且本种的珊瑚虫在分枝上的间距小，而 *A. angustiflora* 的珊瑚虫彼此相距较远。本研究自热带西太平洋采集的标本与中间棘柳珊瑚 *A. media* 的原始描述吻合。

（34）棘柳珊瑚属未定种 1 *Acanthogorgia* sp. 1（图 2-35）

形态特征 原位活体黄色。珊瑚虫密集分布于分枝各面，顶端更密集，同一分枝的成体珊瑚虫之间混杂幼体珊瑚虫。珊瑚群体主茎基部和部分分枝顶端的珊瑚虫脱落，露出褐色的蛋白质轴。珊瑚虫柱状，高约 2 mm，中部略膨大。触手基部由近端弯曲且带疣突，远端平直光滑的针状骨片包裹，在口盘向外辐射排列形成突出的棘冠。珊瑚虫体壁骨片雁阵式排成 8 个双列，很少突出于体壁表面。体壁和共肉组织的骨片均为略微弯曲的纺锤状骨片，表面覆盖小而密集的疣突。

地理分布 马里亚纳海山。

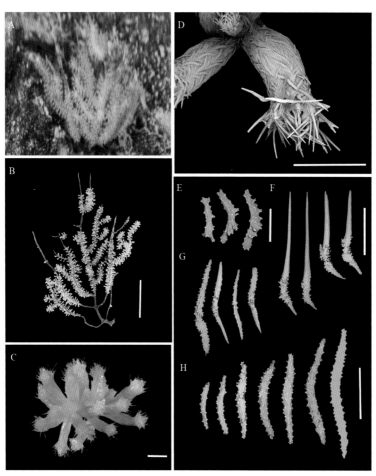

图 2-35 棘柳珊瑚属未定种 1 *Acanthogorgia* sp. 1 外部形态、珊瑚虫及骨片
A. 原位活体；B. 采集后的标本；C. 一段分枝光镜照；D. 珊瑚虫电镜照；E. 触手骨片；F. 珊瑚虫尖部的棘状骨片；G. 珊瑚虫体壁骨片；
H. 共肉组织骨片；标尺：5 cm（B）、2 mm（C, D）、100 μm（E）、500 μm（F）、300 μm（G, H）

生态习性 栖息于水深 820 m 的岩石底质上。

讨论 本未定种具细长珊瑚虫，体壁光滑，含突出的棘冠，共肉组织骨片为纺锤形骨片，属于 *armata* 组成员。骨片类型和尺寸与 *A. fusca* Nutting, 1912 相似，但与之相比珊瑚虫更长，珊瑚虫分布也更密集。因此判断本未定种可能为一新种。

（35）棘柳珊瑚属未定种 2 *Acanthogorgia* sp. 2（图 2-36）

形态特征 原位活体为亮黄色，乙醇固定后呈淡棕色。分枝在一个平面上，很多小的蛇尾附着其上，珊瑚虫密集生长于分枝各面。珊瑚虫体壁骨片雁阵式排成 8 个双列，顶端部分突出于体壁之外，骨片为长纺锤形骨片；触手基部形成 8 个单元的棘冠，每个单元由 4 ~ 6 根顶端光滑尖锐的骨片组成。共肉组织骨片分为两层，外层为纺锤形骨片，内层为交叉状或形状不规则的带棘突的骨片。

地理分布 卡罗琳洋脊海山。

生态习性 栖息于水深 1056 m 的岩石底质上。

讨论 本未定种的珊瑚虫小，具突出的珊瑚虫体壁骨片和棘冠，共肉组织具有棘星形骨片，属于 *breviflora* 组的成员。与该组中的 *A. breviflora* Whitelegge, 1897 和 *A. spinosa* Hiles, 1899 相比，本未定种的珊瑚虫在分枝上分布更密集，珊瑚虫也更大。尽管本未定种多个形态特征与 *A. candida* Kükenthal, 1909 相似，但其触手背部的骨片类型不同（前者为小的扁平鳞片状，后者为弯曲的纺锤形）。因此，本未定种很可能为一新种。

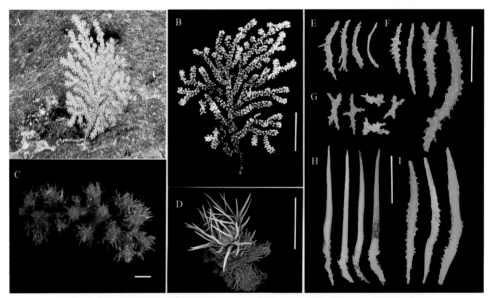

图 2-36 棘柳珊瑚属未定种 2 *Acanthogorgia* sp. 2 的外部形态、珊瑚虫及骨片

A. 原位活体；B. 采集后的标本；C. 一段分枝；D. 珊瑚虫电镜照；E. 触手骨片；F. 共肉组织的纺锤形骨片；G. 共肉组织的不规则骨片；H. 珊瑚虫尖部的棘状骨片；I. 珊瑚虫体壁的纺锤状骨片；标尺：5 cm（B）、2 mm（C, D）、300 μm（E ~ G, I）、500 μm（H）

（36）棘柳珊瑚属未定种 3 *Acanthogorgia* sp. 3（图 2-37）

形态特征 原位活体亮黄色，乙醇固定后为淡黄色。珊瑚群体呈单平面，高约 8 cm，宽 13 cm；轴角质。分枝扁平，珊瑚虫仅在垂直于分枝平面的单侧上密集生长。珊瑚虫拉长，棘冠明显突出。棘冠的骨片为纺锤形，远端尖锐并有小疣突，近端带棘突且稍微弯曲。体壁骨片为带密集疣突的纺锤形，

雁阵式排成 8 个双列。共肉组织骨片和珊瑚虫体壁骨片相似。

地理分布　卡罗琳洋脊海山。

生态习性　栖息于水深 741 m 的岩石底质上。

讨论　本未定种与 *A. laxa* Wright & Studer, 1889 相似，都是珊瑚虫生长于分枝单侧的物种，不同之处为：本未定种头部具有突出的棘冠，而 *A. laxa* 不形成棘冠；本未定种珊瑚虫体壁基部的骨片仅有纺锤形，而 *A. laxa* 还有叉状。

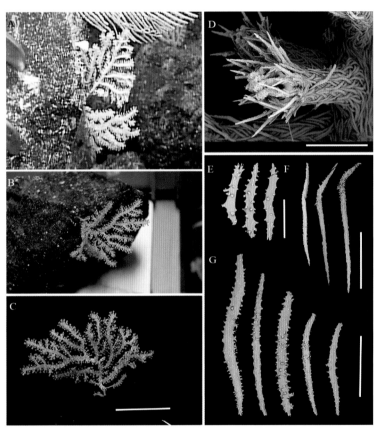

图 2-37　棘柳珊瑚属未定种 3 *Acanthogorgia* sp. 3 外部形态、珊瑚虫及骨片
A. 原位活体；B，C. 采集后的标本；D. 珊瑚虫电镜照；E. 触手骨片；F. 珊瑚虫尖部的棘状骨片；G. 珊瑚虫体壁和共肉组织的纺锤形骨片；
标尺：5 cm（C）、1 mm（D）、100 μm（E）、500 μm（F）、300 μm（G）

（37）棘柳珊瑚属未定种 4 *Acanthogorgia* sp. 4（图 2-38）

形态特征　珊瑚群体分枝稀疏。珊瑚虫分布于分枝各面，近垂直于轴生长，靠近顶端的珊瑚虫比底端更大，分布也更密集。在靠近顶端的轴上共肉组织形成一个半球形的突起，珊瑚虫在突起上向各个方向辐射生长。珊瑚虫柱形，高 2.0～4.5 mm，宽 1.0～1.5 mm，头部无明显突出的棘冠，触手基部以下有轻微缢缩，体壁由多而纤细的纺锤形骨片雁阵式排成 8 个双列，形成 8 条纵向的脊。珊瑚虫略透明，光镜下能透过体壁观察到内部的消化循环腔。触手骨片为全身带棘突的长片状。共肉组织骨片和体壁骨片相似，为纤细的纺锤形，不同之处在于共肉组织所含纺锤形骨片的尺寸差异比体壁更大。

地理分布　麦哲伦海山链 Kocebu 海山。

生态习性　栖息于水深 1473 m 的岩石底质上。

讨论　本研究采自热带西太平洋标本的珊瑚虫及其分布特征，骨片形态特征均与 *A. meganopla*

Grasshoff, 1999 的原始描述相吻合，但 *A. meganopla* 的模式标本为松散分枝的扇形个体，而该标本仅在上部出 3 个短的分枝，且个体较小，从外形上推测可能是未成年个体，群体的分枝形态等特征可能未发育稳定，有待进一步鉴定。

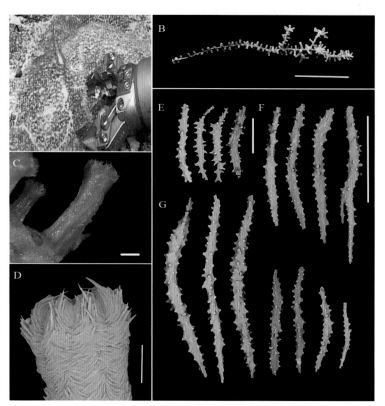

图 2-38　棘柳珊瑚属未定种 4 *Acanthogorgia* sp. 4 外部形态、珊瑚虫及骨片
A. 原位活体；B. 采集后的标本；C. 珊瑚虫光镜照；D. 珊瑚虫电镜照；E. 触手的小鳞片形骨片；F. 珊瑚虫体壁的纺锤形骨片；
G. 共肉组织的纺锤形骨片；标尺：5 cm（B）、1 mm（C，D）、100 μm（E）、300 μm（F，G）

粒柳珊瑚属 *Granulogorgia* Tang, Alderslade & Xu

鉴别特征　珊瑚群体呈单平面；轴蛋白质，具有中空的交叉隔室中央核心。珊瑚虫可缩回火山形螅萼。珊瑚虫头部由领部和尖部的大纺锤形骨片构成。螅萼外壁具长的板状和片状骨片。共肉组织骨片为带疣突的纺锤形及不规则的分枝形（Tang et al.，2025，in press）。

讨论　粒柳珊瑚属与棘柳珊瑚科中的 *Discogorgia* Kükenthal, 1919 的骨片形态最为相似，二者主要区别为：本属的共肉组织骨片为纺锤形，而 *Discogorgia* 为卵圆形。

（38）幻鳞粒柳珊瑚 *Granulogorgia amoebosquama* Tang, Alderslade & Xu（图 2-39）

形态特征　珊瑚群体呈单平面扇形，分枝多，轴由蛋白质组成，具中空的交叉隔室中央核心。活体亮黄色，采集后经乙醇固定后呈棕色。螅萼无规则密集地排列在分枝的三面，背面分布稀少，有时排列在分枝的四面。珊瑚虫可缩回至螅萼，完全缩回时，螅萼呈火山状，高 0.6 ～ 1.4 mm，直径为 0.9 ～ 2.0 mm。珊瑚虫头部形成明显的领部和尖部，二者的骨片均为带疣突的纺锤形。触手内含小型的纺锤形或杆状骨片。螅萼的骨片为长板状和长片状，通常在一端或者两端逐渐变细，边缘呈不规则的裂片状。共肉组织中包含带疣突和辐射枝的纺锤状，偶有不规则分枝状。

地理分布 卡罗琳洋脊 M6 海山。

生态习性 栖息于水深 925～1156 m 的岩石底质上，有大量海蛇尾附着，死亡的分枝有水螅附着。

讨论 本种与 *Astromuricea fusca* (Thomson, 1911) 的形态最相似，主要区别为：本物种共肉组织骨片为纺锤状和少量不规则分枝状，后者则为片状或"蝴蝶状"。但是，*A. fusca* 的原始描述较模糊，且与模式种 *A. theophilasi* Germanos 1895 的形态差异较大，具体体现在螅萼的骨片形态（前者为带大结节的板状或者叶纺锤状，后者为棘片状）。因此，难以判断 *A. fusca* 的分类地位。但本种与 *Astromuricea* 属的其他种可由螅萼是否包含棘片明确区分开。

图 2-39 幻鳞粒柳珊瑚 *Granulogorgia amoebosquama* 外部形态及珊瑚虫

A，C. 标本 MBM287322 原位活体和采集后的照片；B，D. 标本 MBM287323 原位活体和采集后的照片；E. 光镜下标本 MBM287322 的 3 个珊瑚虫；F. 电镜下标本 MBM287322 的珊瑚虫；G. 电镜下标本 MBM287323 珊瑚虫头部；标尺：25 cm（C，D）、0.5 mm（E～G）

月柳珊瑚属 *Menacella* Gray, 1870

鉴别特征 个体扇形。珊瑚虫短圆柱状或圆台状，纺锤状骨片无规则地排列在萼部的壁上（Nutting, 1910a）。

月柳珊瑚属现有 4 种，分别为 *Menacella gracilis* Thomson & Simpson, 1909、*M. reticularis* Gray, 1870、*M. rubra* Aurivillius, 1931 和 *M. sladeni* Thomson & Russell, 1909，主要分布于印度洋的马尔代夫和安达曼群岛海域，以及南太平洋的塔希提岛海域。

（39）月柳珊瑚属未定种 *Menacella* sp.（图 2-40）

形态特征 珊瑚群体呈单平面扇形，原位活体黄色，采集经乙醇固定后变为白色。触手骨片为扁平的纺锤状或片状。蟹萼骨片为扁平的纺锤状，偶尔夹杂几个十字形的骨片。共肉组织骨片为规则的纺锤状，偶尔夹杂几个"Z"形骨片。

地理分布 卡罗琳洋脊 M8 海山，九州 - 帕劳海脊南端海山。

生态习性 栖息于水深 939 ～ 2062 m 的岩石底质上，有附着蛇尾其上。

讨论 本未定种与 *M. sladeni* 共肉骨片均为纺锤状，但二者的区别为：后者的纺锤状骨片带有非常大的排列密集的圆球状突起。

图 2-40 月柳珊瑚属未定种 *Menacella* sp. 外部形态及珊瑚虫
A. 标本 MBM287333（左）和 MBM287334（右）原位活体；B. 采集后标本 DY60I-KPR3-JL173-B19；C. 采集后标本 DY60I-KPR3-JL175-B03；D. 采集后标本 MBM287333；E. 采集后标本 MBM287334；F. 光镜下 MBM287333 的一段分枝；G. 电镜下 MBM287333 的珊瑚虫；H. 电镜下 MBM287334 的珊瑚虫；I. 电镜下 DY60I-KPR3-JL173-B19 的珊瑚虫；标尺：5 cm（B、D、E）、10 cm（C）、2 mm（F）、1 mm（G）、0.5 mm（H、I）

覆瓦尖柳珊瑚属 *Imbricacis* Matsumoto & van Ofwegen, 2023

鉴别特征 珊瑚群体呈单平面分枝。珊瑚虫分布于三面。共肉组织中含有大型多边形厚板状骨片，其外表面光滑或带有圆形疣突，内表面为颗粒状。蟹萼部骨片形态相似但较小。尖部骨片为粗大杆状，上端光滑或具刺，下端具疣状突起。领部无骨片。

覆瓦尖柳珊瑚属现有 5 种，主要分布于印度洋 - 太平洋海域，水深 113 ～ 550 m。

（40）鳞覆瓦尖柳珊瑚 *Imbricacis squamata* (Nutting, 1910)（图 2-41）

形态特征 珊瑚群体均为平面侧生，以叉状分枝的方式形成单扇面或多扇面形的结构。珊瑚原位活体均为黄色，经乙醇固定后变为灰白色。基底附着在多毛类分泌的管壁上（图 2-41 中箭头所示）。

珊瑚虫分布密集。螅萼低矮，其骨片为鳞片状，在顶端边缘变为齿状突起。共肉组织外层骨片为较大的无规则板状。

地理分布　印度尼西亚，日本，马绍尔群岛比基尼环礁，阿拉弗拉海，雅浦海山（孙梦岩等，2022）。

生态习性　栖息于水深 113 ～ 550 m 的岩石底质上，有蛇尾附着其上。

讨论　Nutting (1910a) 在描述本种时指定了多个模式标本，而 Matsumoto 和 van Ofwegen (2023) 检查这些标本时发现其属于多个不同物种，对本种鉴定造成了相当大的困扰。当前，本种的形态特征以 Matsumoto 和 van Ofwegen (2023) 指定的新模为准。本种的形态和骨片形态与 *Imbricacis ijimai* Kinoshita, 1909 非常相似，不同之处为前者螅萼骨片具更明显的脊。

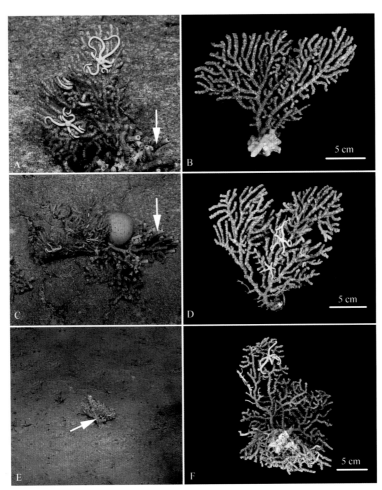

图 2-41　鳞覆瓦尖柳珊瑚 *Imbricacis squamata* 外部形态
标本 MBM286854（A，B）、MBM286855（C，D）和 MBM286856（E，F）的原位活体（A，C，E）
及采集后照片（B，D，F）

拟尖柳珊瑚属 *Paramuricea* Kölliker, 1865

鉴别特征　轴纯角质，单平面分枝。珊瑚虫无规则分布于分枝上。珊瑚虫可缩回螅萼。萼盖由汇聚的纺锤形骨片构成，骨片竖直排列形成 8 个尖部，每个尖部至少包含 2 对纺锤状骨片。螅萼骨片主要为带粗糙的棘状突起的片状（棘片），排列成 8 条不明显的纵行。共肉组织骨片为棒状或十字状，通常亦为星状，有些物种为板状，板状骨片有时带棘状突起（Deichmann，1936）。

拟尖柳珊瑚属现有 18 种。

（41）比斯卡亚拟尖柳珊瑚 *Paramuricea biscaya* Grasshoff, 1977（图 2-42）

形态特征　珊瑚群体原位活体呈黄色，经乙醇保存后呈黑褐色。分枝发生在同一平面，整体呈扇形。螅萼部上部具直立分布的棘片，棘片基部较宽，边缘呈裂片状；上端的长棘粗壮，含少许疣状突起，且顶部尖锐。螅萼基部和共肉组织的骨片均为不规则片状，其边缘带小疣突且呈裂片状。

地理分布　墨西哥湾，麦哲伦海山链 Kocebu 海山，卡罗琳洋脊 M8 海山；大西洋。

生态习性　栖息于水深 1278 ～ 2000 m 的岩石底质上，有蛇尾附着其上。

讨论　本种和高大拟尖柳珊瑚 *Paramuricea grandis* Verrill, 1883、有刺拟尖柳珊瑚 *P. echinata* Deichmann, 1936 相似，三者共肉组织骨片均为宽大的片状而区别于属内其他种。本种与高大拟尖柳珊瑚 *P. grandis* 的区别为：共肉组织骨片前者为边缘带小疣状突起的片状骨片，而后者常带大的结节或疣突，表面非常粗糙。本种与有刺拟尖柳珊瑚 *P. echinata* 亦可通过共肉组织骨片形态区分，后者为小的板状，且部分骨片带一个粗而钝的棘状突起。

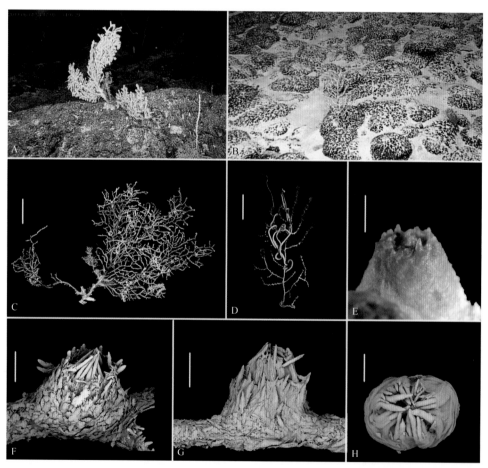

图 2-42　比斯卡亚拟尖柳珊瑚 *Paramuricea biscaya* 外部形态及珊瑚虫

A，C. 标本 MBM287330 原位活体和采集后的照片；B, D. MBM287331 原位活体和采集后的照片；E, F. 光镜和电镜下 MBM287330 的珊瑚虫；G. 电镜下 MBM287331 的珊瑚虫；H. 电镜下 MBM287330 珊瑚虫的头部；标尺：7 cm（C）、5 cm（D）、1 mm（E ～ G）、0.5 mm（H）

（42）拟尖柳珊瑚属未定种 1 *Paramuricea* sp. 1（图 2-43）

形态特征　珊瑚群体呈单平面，分枝羽状或叉状。原位活体黄色，采集后和经乙醇固定后呈黑褐色。螅萼呈锥状或穹顶状，无规则密集分布于分枝各面；螅萼上部覆盖着棘片，其基部较宽，边缘为长的伸长的裂片状；棘片顶端的棘粗糙而钝圆。螅萼下部骨片为边缘带长棘突的片状。共肉组织仅含有无规则的大纺锤状骨片，有的边缘带长突起。

地理分布　卡罗琳洋脊 M5、M8 海山。

生态习性　栖息于水深 814 ～ 942 m 的岩石底质上。

讨论　本未定种的萼部棘片顶端的棘突与属内其他具有棘片的种相比较短。本未定种与本属模式种薄拟尖柳珊瑚 *Paramuricea placomus* (Linnaeus, 1758) 的骨片类型和形态最为相似，共肉组织骨片均为带疣突的纺锤状。但二者区别为：尖部纺锤状骨片，前者无刺状突起，后者的远端布满小的刺状突起；萼部骨片的棘突形态也有所区别，前者的短而粗，后者的长而细。

图 2-43　拟尖柳珊瑚属未定种 1 *Paramuricea* sp. 1 外部形态

标本 MBM287324（A，B）、MBM287325（C，D）、MBM287326（E，F）原位活体（A，C，E）
和采集后的照片（B，D，F）；比例尺：15 cm（B）、10 cm（D）、14 cm（F）

（43）拟尖柳珊瑚属未定种 2 *Paramuricea* sp. 2（图 2-44）

形态特征　珊瑚群体在原位活体黄色,经乙醇固定后呈黑色。分枝不规则叉状再分,形成平面扇形。螅萼上部骨片为棘片,下部为长且带裂片状边缘的片状。共肉组织骨片无垂直突起,包含细长的片状骨片、边缘带棘突的纺锤状骨片和不规则分枝状骨片。

地理分布　卡罗琳洋脊 M8 海山。

生态习性　栖息于水深 1458 m 的岩石底质上,有蛇尾附着其上。

讨论　本未定种与拟尖柳珊瑚属未定种 1 的外部形态特征颇为相似,且萼部棘片顶端的棘突均较短。但两者区别主要在于共肉组织,本未定种包含多种类型,以片状为主,而后者的共肉组织骨片为纺锤形。

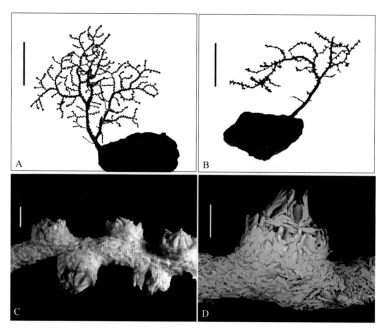

图 2-44　拟尖柳珊瑚属未定种 2 *Paramuricea* sp. 2 外部形态

A. 采集后的标本 MBM287320; B. 采集后的标本 MBM287329; C. 光镜下的 MBM287320 的一段分枝;
D. 电镜下 MBM287320 的珊瑚虫; 标尺: 5 cm（A）、2 cm（B）、1 mm（C, D）

薄柳珊瑚属 *Placogorgia* Wright & Studer, 1889

鉴别特征　螅萼棘片具有一个长棘状突起和边缘呈裂片状的扁平基部（或呈棘刺状或条裂状）,棘片高度通常大于宽度;骨片在螅萼上部、中部和基部一般分为 3 类。共肉组织较厚,骨片分为两层:外层为较大的纺锤状或片状,带一个或多个粗壮的棘状突起,内层亦为纺锤形或片状,较小（Bayer, 1959）。

薄柳珊瑚属现有 14 种。

（44）薄柳珊瑚属未定种 1 *Placogorgia* sp. 1（图 2-45）

形态特征　珊瑚群体单平面,分枝较少,经乙醇固定后呈黑褐色。珊瑚虫在分枝各面均有分布,但正面数量比背面多,分枝末端有 5 ~ 7 个珊瑚虫聚集成簇。螅萼棘片的基部扁平,向外辐射分出许多顶端尖锐的裂片，顶端棘突较粗，与基部平面成锐角向上伸出，棘突顶端为光滑的三棱锥形。棘片在蟾萼上部边缘直立环状排列。蟾萼从中部到基部，棘片上的棘突逐渐变短。共肉组织外层棘片较大，其棘突为平面叶状或多面体；基部也为裂片，带疣状突起。共肉组织内层骨片为较小的无规则纺锤状或片状。

地理分布　中国南海北部。

生态习性　栖息于水深 797 m 的岩石底质上。

讨论　本未定种棘片棘状突起的顶端与中间薄柳珊瑚 *Placogorgia intermedia* (Thomson, 1927) 类似，均为特殊的三棱锥形，此特征很容易与属内其他种区分开，再根据外层共肉组织棘片的不同（前者带一个平面叶状或多面体的突起，后者带多个山峰状突起），可将二者区分开，且可将本未定种判定为疑似新种。

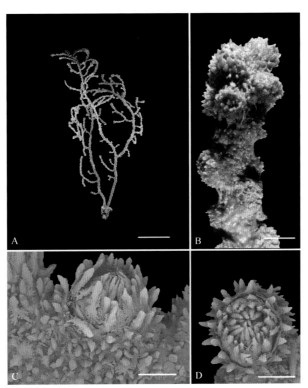

图 2-45　薄柳珊瑚属未定种 1 *Placogorgia* sp. 1 外部形态及珊瑚虫
A. 采集后的标本；B. 一端分枝光镜照；C. 珊瑚虫电镜照；D. 珊瑚虫头部电镜照；标尺：5 cm（A）、2 mm（B）、1 mm（C，D）

（45）薄柳珊瑚属未定种 2 *Placogorgia* sp. 2（图 2-46）

形态特征　珊瑚群体原位活体深黄色，分枝密集。分枝叉状再分，最多分 6 次。珊瑚虫分布于分枝各面，蟾萼骨片为棘片，其基部边缘伸出许多裂片，长棘突顶端尖锐。共肉组织外层骨片较大，带一个尖锐棘突；基部边缘也含裂片，带疣状突起；共肉组织内层骨片较小，为无规则纺锤状或片状骨片。

地理分布　九州 - 帕劳海脊海山。

生态习性　栖息于水深 706 m 的岩石底质上。

讨论　本未定种与薄柳珊瑚属未定种 1 在形态上非常相似。但二者的区别为：蟾萼棘片的棘突，前者为尖锐圆锥形，后者为三棱锥形且更光滑；共肉组织外层骨片的棘突也不同，前者尖锐，后者为平面状或多面体形。

图 2-46　薄柳绒柳珊瑚属未定种 2 *Placogorgia* sp. 2 外部形态及珊瑚虫
A. 采集后的标本；B. 一端分枝光镜照；C. 珊瑚虫电镜照；D. 珊瑚虫头部电镜照；标尺：10 cm（A）、2 mm（B）、1 mm（C、D）

绒柳珊瑚属 *Villogorgia* Duchassaing & Michelloti, 1860

鉴别特征　珊瑚群体在平面上大量分枝，分枝和小枝相当纤细。珊瑚虫在侧枝中交替生长。共肉组织骨片有 2～4 个臂和中央突起（某些生长在太平洋的物种呈星形），中央突起形成由窄到宽的叶状。萼部骨片有 2～4 个发达的臂和中央突起。领部骨片发达，有 2～4 排；各尖部通常有 3 个纺锤状骨片（Nutting, 1910a）。

绒柳珊瑚属现有 40 种。

（46）灌木绒柳珊瑚 *Villogorgia fruticosa* (Germanos, 1895)（图 2-47）

形态特征　珊瑚群体呈平面扇形，分枝相对较少，原位活体呈红色。在分枝末端通常有 2 个夹角为钝角的珊瑚虫。螅萼和共肉组织的骨片类型相同，均为带 2 个臂的类似龙翼状的骨片，而螅萼骨片较之共肉组织骨片发展得更充分，即两臂展开更宽，中央为垂直突起的 2～4 个互成角度的叶片状，叶状边缘有锯齿。

地理分布　印度尼西亚特尔纳特岛，卡罗琳洋脊 M4 海山。

生态习性　栖息于水深 119 m 的岩石底质上，有蛇尾附着其上。

讨论　本种的一个相似种为 *Villogorgia tuberculata* (Hiles, 1899)，二者骨片的形状和大小都很相似，区别为：后者的珊瑚虫更大一些，分布更密集，且珊瑚虫和共肉组织均为白色。与另一个相似种 *Villogorgia zimmermani* Bayer, 1949 的区别为：本种的螅萼和共肉组织骨片类型相同，后者的螅萼和共肉组织骨片类型不同，其共肉组织骨片更小一些，突起不明显。

图 2-47　灌木绒柳珊瑚 *Villogorgia fruticosa* 外部形态及珊瑚虫
A. 采集后的标本 MBM287321；B. 采集后的标本 MBM287336；C. 光学显微镜下 MBM287321 的一段分枝；
D. 电镜下 MBM287321 的 4 个珊瑚虫；标尺：5 cm（A，B）、1 mm（C）、0.5 mm（D）

矶柳珊瑚科 Eunicellidae McFadden, van Ofwegen & Quattrini, 2022

鉴别特征　骨骼轴有或无；若轴存在，则为蛋白质，具有中空交叉腔的核心，不发生矿化。无轴的群体呈匍匐膜状或叶状隆起。有轴的个体则直立，稀疏分枝，呈平面状。珊瑚虫单型，能缩回共肉组织或突出的螅萼中，均匀分布于叶状隆起或分枝的表面。珊瑚虫骨片为具稀疏疣突的杆状或纺锤状，可雁阵式排列形成尖部。共肉组织骨片为具明显疣突的纺锤状、卵状、双头状或杆状。若存在外层共肉组织，还覆盖有棒状或保龄球棒状的骨片。通常无共生藻类（McFadden et al.，2022）。

矶柳珊瑚科现有 2 属（*Complexum* van Ofwegen, Aurelle & Sartoretto, 2014 和矶柳珊瑚属 *Eunicella* Verrill, 1869），共 33 种，分布于东大西洋和地中海浅水至中深层水中（McFadden et al.，2022）。

（47）矶柳珊瑚科未定种 Eunicellidae sp.（图 2-48）

形态特征　珊瑚群体平面扇形，分枝相对稀疏，叉状。原位活体呈白色、粉色或淡黄色，乙醇固定后呈白色或淡黄色。螅萼呈圆锥形或短圆柱形，在分枝两侧交替排列。珊瑚虫头部有扁平的带疣突的棒状或纺锤状骨片；螅萼体壁通常可形成 8 列脊，有时不明显。体壁和共肉组织骨片均为两层。外层骨片为扁平的保龄球形，表面光滑，朝外的一端较粗，顶部带有几个微小疣突；朝内的一端较小，顶部及靠近顶部的部位含大疣突。内层骨片为扁平带疣突的纺锤状或双头纺锤状。

地理分布　卡罗琳洋脊 M4 ～ M6 海山。

生态习性　栖息于水深 739 ～ 881 m 的岩石底质上，有蛇尾附着其上。

讨论 本未定种与矶柳珊瑚属 *Eunicella* 的物种很相似，它们的螅萼体壁和共肉组织外层骨片均形似保龄球状，内层骨片均为零散的双头纺锤状或纺锤状。但二者有以下的形态差异：①本未定种保龄球状骨片表面光滑，而矶柳珊瑚属的保龄球状骨片表面有侧脊或螺纹，凹陷或凸起；②本未定种保龄球状骨片的底部为扁平的圆形，而矶柳珊瑚属的保龄球状骨片底部近似三角形；③本未定种珊瑚虫缩回后，螅萼为饱满的圆台状或短圆柱状，而矶柳珊瑚属为萎缩的皱褶状；④本未定种的螅萼大致沿分枝的两侧交替分布排成 2 列，而矶柳珊瑚属的螅萼分布密集。因此，需要结合系统发育分析进一步鉴定。

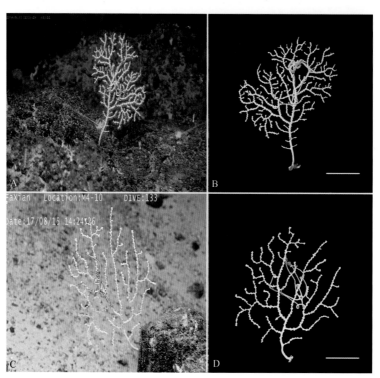

图 2-48 矶柳珊瑚科未定种 Eunicellidae sp. 外部形态
A，B. 标本 MBM287315 原位活体及采集后的标本；C，D. 标本 MBM287316 原位活体及采集后的标本；标尺：5 cm（B，D）

硬软珊瑚目 Scleralcyonacea McFadden, van Ofwegen & Quattrini, 2022

硬软珊瑚目主要基于钙轴珊瑚亚目 - 海鳃目（Calcaxonia-Pennatulacea）这一单系分支而建立，迄今尚无明确定义（McFadden et al. 2022）。硬软珊瑚目下类群形态多样，大多数分类群都具有坚实的碳酸钙轴，或者是与钙化物质融合在一起的硬骨。原先的海鳃目 Pennatulacea、苍珊瑚目 Helioporacea、钙轴珊瑚亚目 Calcaxonia 的大部分类群，以及以前被认为属于软珊瑚亚目 Alcyoniina、匍匐珊瑚亚目 Stolonifera、硬轴珊瑚亚目 Scleraxonia 和全轴珊瑚亚目 Holaxonia 的部分类群目前均被归入硬软珊瑚目中。

硬软珊瑚目现包含红珊瑚科（含花羽软珊瑚、红珊瑚、拟柳珊瑚等）、金柳珊瑚科、丑柳珊瑚科、角柳珊瑚科、伪竹柳珊瑚科、苍珊瑚科等 21 个科和海鳃总科（内含 16 科），以及 2 个科级地位未定的属。

金柳珊瑚科 Chrysogorgiidae Verrill, 1883

鉴别特征 具有无铰接的硬实心轴的钙轴柳珊瑚。茎轴分枝或不分枝，起源于根状或圆盘状的钙质基底。轴层不起伏且表面光滑，通常具金属色泽。珊瑚虫可收缩但不能完全收缩，彼此间隔开，不成轮或在分枝上相对排列。骨片主要包括鳞片状骨片（scale）、板状骨片（plate）、杆状骨片（rod）和纺锤状骨片（spindle）几种类型。鳞片状骨片在偏振光下显示出同心干涉色带（Cairns，2001）。

金柳珊瑚科现有 8 属 100 余种，广泛分布于太平洋、印度洋和大西洋，几乎均为深海种。

金柳珊瑚属 *Chrysogorgia* Duchassaing & Michelotti, 1864

鉴别特征　珊瑚群体合轴分枝，偶尔单轴分枝；分枝或源于一个单一上升的螺旋（左旋或右旋），形成瓶刷状群体结构（bottlebrush-shaped colony）；或生于一个短茎干的单个、两个或多个扇面，形成单面群体结构（planar colony）、对生的双扇面群体结构（bi-flabellate colony）或多扇面群体结构（multi-flabellate colony）；或生于一个长的不分枝茎干顶部形成树状群体结构（tree-shaped colony）。轴具暗黑色至金色的金属光泽。分枝叉状再分或呈羽状。骨片鳞片状、纺锤状、杆状，或不常见的板状，表面具很少的刻饰（徐雨，2022）。

金柳珊瑚属现有 69 个有效种，在各大洋均有分布，栖息水深 10 ～ 4492 m，绝大多数为深海种，是海山等硬底生境常见的类群。基于珊瑚虫体壁和触手是否存在杆状和鳞片状骨片，可将金柳珊瑚属物种划分为 4 组：A 组 - 针状体型（group A-*Spiculosae*），体壁和触手存在杆状或纺锤状骨片；B 组 - 鳞片缺失型（group B-*Squamosae aberrantes*），杆状或纺锤状骨片存在于触手而不存在于体壁中；C 组 - 典型鳞片型（group C-*Squamosae typicae*），杆状或纺锤状骨片不存在，仅有鳞片状骨片；D 组 - 针状体缺失型（group D-*Spiculosae aberrantes*），杆状或纺锤状骨片存在于体壁而不存在触手中（Versluys，1902；Cairns，2001，2018a；Cordeiro et al.，2015）。Xu 等（2023）在 Untiedt 等（2021）研究的基础上，将金柳珊瑚属的物种分组做了重新梳理，并划分为 12 个形态组，包括 A1~A3，B1~B7 和 C1~C2。

（48）下垂金柳珊瑚 *Chrysogorgia pendula* Versluys, 1902（图 2-49）

形态特征　珊瑚群体呈典型瓶刷状，分枝顺序（branching sequence）为 2/5L。分枝在茎干底部紧密排列，在顶部排列稀疏；分枝常轻微弯曲与茎干成锐角，叉状再分。珊瑚虫在分枝第一节间和中间节间通常排列 1 个或 2 个，在末端小枝最多排列 4 个；茎干节间珊瑚虫个体非常小，常口部张开具 8 个明显的触手。非末端珊瑚虫常具一卵圆形身体，在触手底部变得狭窄，有时罐状，高 1 ～ 2 mm；末端珊瑚虫常呈柱状或锥状，基部变窄，最高可达 3.5 mm。珊瑚虫触手背部鳞片横向排列成一列，略微弯曲，常分叉或形状不规则，表面具稀疏的细小疣突，有时近光滑。羽片上的鳞片纵向排列，细长且略微弯曲，表面具细小疣突或近光滑，有时一端变宽或分叉。珊瑚虫体壁鳞片倾斜或横向排列，拉长且具明显的中部收缩，有时边缘凹陷形状不规则，表面近光滑，有时体壁底部大鳞片层表面分布有一些不规则的小鳞片。共肉组织鳞片沿分枝纵向排列，小而光滑，常呈饼干状或拉长中部轻微收缩，有时呈十字交叉状或形状不规则。口部的板状骨片或鳞片小而厚，常略微弯曲，表面粗糙具许多疣突，形状不规则。

地理分布　印度尼西亚班达海（Versluys，1902），麦哲伦海山链 Kocebu 海山，卡罗琳洋脊海山，马库斯 - 内克海岭（Pasternak，1981）。

生态习性　栖息于水深 1412 ～ 2100 m 的岩石底质上。

讨论　本研究采集的热带西太平洋标本与模式标本的区别为：本种共肉组织中拉长的鳞片数量更多。此外，本种具有较高的种内变异，具体表现在珊瑚群体外形、共肉组织鳞片形状和羽片鳞片形状上均存在差异（Xu et al.，2023）。这些差异可能是由不同的生长阶段或生活环境差异等因素导致的。

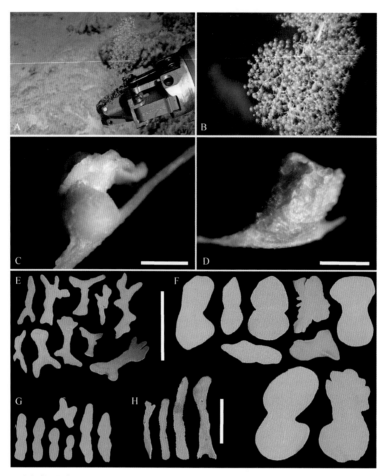

图 2-49　下垂金柳珊瑚 *Chrysogorgia pendula* 外部形态、珊瑚虫及骨片（改自 Xu et al.，2023）

A，B. 两个标本的原位活体；C. 单个非末端珊瑚虫；D. 单个末端珊瑚虫；E. 触手骨片；F. 珊瑚虫体壁骨片；G. 共肉组织骨片；
H. 羽片骨片；标尺：1 mm（C，D）、300 μm（E～G 为同一比例）、100 μm（H）

（49）枝状金柳珊瑚 *Chrysogorgia dendritica* Xu, Zhan & Xu, 2020（图 2-50）

形态特征　珊瑚群体茎干呈单轴或轻微曲折，分枝顺序为 1/3L。幼年珊瑚群体常呈稀疏的瓶刷状，成年呈树状。分枝几乎垂直于茎干生长，叉状再分，相邻分枝间距 16～22 mm，一个完整螺旋间距 50～55 mm。分枝上第一节间长 15～20 mm，末端小枝最长可达 50 mm。珊瑚虫具一长的颈部和膨胀的基部，长约 3 mm，底部宽约 2 mm，在分枝第一节间排列 1 个或 2 个，中部节间排列 1～5 个，末端小枝最多排列 6 个，茎干节间无珊瑚虫分布。珊瑚虫触手覆盖有纵向排列的杆状骨片和稀疏的鳞片，骨片很少延伸到羽片，因此羽片可看作无骨片。珊瑚虫颈部骨片为杆状、纺锤状骨片和拉长的鳞片，纵向排列，表面粗糙具许多疣突。珊瑚虫体壁底部具鳞片和稀少的板状骨片，骨片不规律地交替排列，形状不规则呈阿米巴状。共肉组织鳞片稀疏且拉长，通常边缘凹陷不规则。

地理分布　麦哲伦海山链 Kocebu 海山，马里亚纳海山，卡罗琳洋脊海山（Xu et al.，2020a，2020b）。

生态习性　栖息于水深 1375～1821 m 的岩石底质或死海绵上。

讨论　本种具单轴的茎干，这一点类似于金相柳珊瑚属 *Metallogorgia* Versluys, 1902。然而，本种的许多特征与金柳珊瑚属 *Chrysogorgia* Duchassaing & Michelotti, 1864 符合：分枝柔韧，叉状再分不形成合轴结构；珊瑚虫相对较大，且具膨胀的基部和窄的颈部；共肉组织分化良好，且具许多骨片。本种还与伪金柳珊瑚属 *Pseudochrysogorgia* Pante & France, 2010 物种相似：均具有单轴的茎干，但珊瑚虫形态明显不同且骨片表面不含有突起等纹饰。本种与 *Chrysogorgia abludo* Pante & Watling, 2012 在形态上相似，但明显不同在于本种珊瑚虫体壁骨片更加不规则，呈阿米巴状。

本研究采集的热带西太平洋标本之间骨片形状存在些许不同，但骨片种类一致。此外，本种不同生长阶段的珊瑚群体外形结构存在差异，如从瓶刷状结构（幼年）到树形结构（成年）。然而，值得注意的是，骨片类型在不同生长阶段的变异极小，因此骨片类型可作为鉴定金柳珊瑚属物种的主要特征。

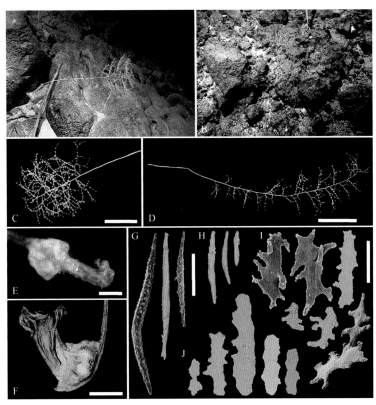

图 2-50　枝状金柳珊瑚 *Chrysogorgia dendritica* 外部形态、珊瑚虫及骨片（改自 Xu et al.，2020a，2020b）
A ~ D. 两个原位活体和对应的采集后标本；E. 单个非末端珊瑚虫；F. 单个末端珊瑚虫电镜照；G. 珊瑚虫颈部骨片；H. 触手骨片；I. 珊瑚虫体壁底部骨片；J. 共肉组织骨片；标尺：10 cm（C，D）、1 mm（E，F）、200 μm（G，H 为同一比例）、100 μm（I，J 为同一比例）

（50）脆弱金柳珊瑚 *Chrysogorgia fragilis* Xu, Zhan & Xu, 2020（图 2-51）

形态特征　珊瑚群体具一长的不分枝茎干，顶部分枝部分为合轴，分枝顺序为 1/3L。茎干和分枝脆弱且纤细，分枝叉状再分，最多分 5 次。相邻分枝间距和第一节间的距离长均为 15 ~ 22 mm，一个完整的螺旋间距 50 ~ 65 mm，末端分枝最长可达 75 mm。珊瑚虫具一膨胀的基部和细长的颈部，高 2 ~ 4 mm，基部宽 1 ~ 2 mm。珊瑚虫触手和长颈部纺锤状骨片和杆状骨片纵向排列，骨片细长且表面具许多疣突，有时发生分枝或两端变得锋利。共肉组织鳞片薄且拉长，边缘通常不规则。体壁底部鳞片形状各异，大多数拉长且具疣突，边缘不规则，有时发生分枝，相比于共肉组织中的鳞片更厚且宽大。

地理分布　麦哲伦海山链 Kocebu 海山。

生态习性　栖息于水深 1279 ~ 1321 m 的岩石底质上，附着有铠甲虾和某生物的卵壳等。

讨论 本种骨片类型属于金柳珊瑚属 B 组 - 鳞片缺失型,具不常见的 1/3L 分枝顺序,与 *C. midas*、*C. dendritica* 相似。然而,本种与 *C. midas* 区别为:本种外形树状,后者外形瓶刷状;本种的完整螺旋间距较长,为 50 ～ 65 mm,后者为 12 ～ 18 mm;本种珊瑚虫较大,高 2.0 ～ 4.0 mm,后者高 1.1 mm;本种体壁底部存在形状各异的鳞片,后者则缺失此特征。本种与 *C. dendritica* 的区别为:本种分枝部分的茎轴更加曲折,珊瑚虫体壁底部骨片形状要相对规则,而后者呈明显不规则的阿米巴状。本种与大西洋发现的 *C. abludo* Pante & Watling, 2012 和 *C. averta* Pante & Watling, 2012 相似,均具有较长的完整螺旋间距,以及珊瑚群体下半部为一段长而直立的茎干。然而,本种与 *C. averta* 区别为:本种外形树状,而后者呈瓶刷状。本种与 *C. abludo* 区别为:本种具规律的 1/3L 分枝顺序,而后者为不规律的分枝顺序;本种共肉组织具拉长的滑板状鳞片,后者则为小的表面崎岖不平的鳞片(Pante and Watling,2012)。

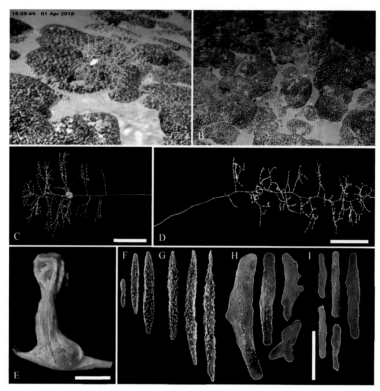

图 2-51 脆弱金柳珊瑚 *Chrysogorgia fragilis* 外部形态、珊瑚虫及骨片(改自 Xu et al.,2020a)
A ～ D. 两个标本的原位活体和对应采集后的照片;E. 单个末端珊瑚虫;F. 触手骨片;G. 珊瑚虫颈部骨片;H. 珊瑚虫体壁底部骨片;
I. 共肉组织骨片;标尺:10 cm(C,D)、1 mm(E)、200 μm(F ～ I 为同一比例)

(51)叉状金柳珊瑚 *Chrysogorgia ramificans* Xu, Li, Zhan & Xu, 2019(图 2-52)

形态特征 珊瑚群体呈典型的瓶刷状,主茎干表面具棕色至黄色的金属光泽,分枝顺序为 1/3R,在个体基部偶尔为 2/5R。分枝叉状再分,最多分 4 次,第一节间长 8 ～ 30 mm。珊瑚虫呈柱状,有时弯曲,常在分枝上垂直排列,高 1 ～ 4 mm,平均高 2 mm,身体包含一段细长颈部。珊瑚虫在分枝第一节间个体变小,最多排列 3 个,在中间节间最多排列 4 个,在末端小枝最多排列 5 个,在茎干节间缺失。珊瑚虫的触手部分形成明显的 8 个纵列。珊瑚虫体壁底部骨片杆状和纺锤状,纵向或倾斜排列,大而厚,很少分枝,表面具许多大而粗糙的疣突,偶尔边缘和形状不规则。珊瑚虫颈部骨片杆状和纺锤状,纵向排列延伸至触手背部,表面覆盖大而粗糙的疣突,有时分枝,形状不规则。羽片处小鳞片纵向排列,末端呈细小齿状，表面具稀疏的疣突，有时弯曲或扭曲且具中部收缩，偶尔表面近光滑。共肉组织鳞片拉长且扁平，具齿状边缘，表面覆盖些许疣突，有时变得厚而光滑。

地理分布　麦哲伦海山链 Kocebu 海山，卡罗琳洋脊海山。

生态习性　栖息于水深 1047～1831 m 的岩石底质上。

讨论　自热带西太平洋采集的 2 个标本在群体外形和珊瑚虫形态上均有一定差异，但骨片类型一致；卡罗琳海山采集的标本外形为单一的瓶刷状，珊瑚虫较小；而 Kocebu 海山采集的标本外形为具两个大分枝的瓶刷状，珊瑚虫较大。这些差异可能由不同的生长阶段或生活环境造成，应被视为种内变异（Xu et al.，2019，2023）。

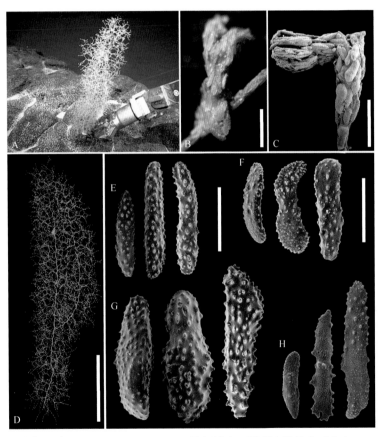

图 2-52　叉状金柳珊瑚 *Chrysogorgia ramificans* 外部形态、珊瑚虫及骨片（改自 Xu et al.，2019）
A，D. 原位活体和采集后的标本；B. 单个非末端珊瑚虫；C. 珊瑚虫电镜照；E. 触手和珊瑚虫颈部骨片；F. 羽片骨片；G. 珊瑚虫体壁底部骨片；H. 共肉组织骨片；标尺：20 cm（D）、1 mm（B，C）、200 μm（E，G，H 为同一比例）、100 μm（F）

（52）卡罗琳金柳珊瑚 *Chrysogorgia carolinensis* Xu, Zhan & Xu, 2020（图 2-53）

形态特征　珊瑚群体呈瓶刷状，分枝顺序为 1/3L，茎干具金色金属光泽。分枝叉状再分，最多分6 次，相邻分枝间距 6～12 mm，一个完整螺旋间距 19～35 mm。珊瑚虫仅存在于末端小枝的尾端。珊瑚虫较大，呈罐状，具收缩性，且在触手底部变窄，平均高 5 mm，最高可达 8 mm，宽 1～3 mm。茎干节间无珊瑚虫分布。触手背部骨片杆状和纺锤状，细长，表面粗糙具许多疣突，部分分叉形状不规则，极少数一端变得扁平，纵向排列形成 8 个明显的纵列，在触手底部横向或纵向排列。极少数骨片延伸到羽片，大部分羽片没有骨片。珊瑚虫体壁底部鳞片呈阿米巴状，朝各个方向分枝，不规律地交替排列，表面光滑，有时具稀疏的大疣突。共肉组织鳞片稀少或缺失，拉长，有的边缘凹陷、形状不规则。

地理分布 卡罗琳洋脊海山。

生态习性 栖息于水深 1506 ～ 1832 m 的岩石上。

讨论 本种属于金柳珊瑚属 B 组 - 鳞片缺失型，具不常见的 1/3L 分枝顺序，与 *C. midas* 和 *C. abludo* 在分枝顺序上有相似之处。本种与上述 2 个种的区别为：本种珊瑚虫体壁底部具有阿米巴状的鳞片。本种与 *C. dendritica* 相似之处为：均具 1/3L 分枝顺序和珊瑚虫体壁底部阿米巴状的骨片。二者不同之处为：本种为合轴，外形呈小的瓶刷状，后者为单轴，树状或大的瓶刷状；本种分枝节间珊瑚虫缺失，而后者存在；本种珊瑚虫较大，最高可达 8 mm，后者则不超过 5 mm（Pante and Watling，2012）。

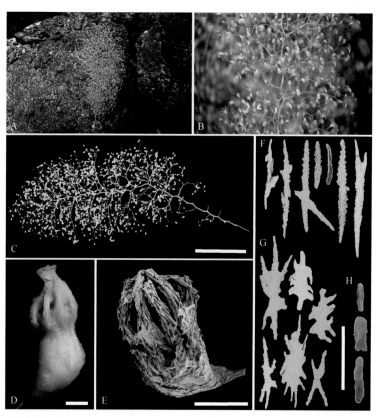

图 2-53 卡罗琳金柳珊瑚 *Chrysogorgia carolinensis* 外部形态、珊瑚虫及骨片（改自 Xu et al.，2020b）

A，B.原位活体；C.采集后的标本；D.单个末端珊瑚虫；E.珊瑚虫电镜照；F.触手和珊瑚虫颈部骨片；G.珊瑚虫体壁底部骨片；
H.共肉组织骨片；标尺：10 cm（C）、1 mm（D，E）、300 μm（F ～ H 为同一比例）

（53）棘头金柳珊瑚 *Chrysogorgia acanthella* (Wright & Studer, 1889)（图 2-54）

形态特征 珊瑚群体外形呈繁茂的瓶刷状，茎干略带铜绿色金属光泽，分枝顺序为 2/5L、3/7L，在顶部变得不规律。分枝叉状再分，分枝角度 60° ～ 80°。茎干上相邻分枝间距不规律，最长达 19 mm，末端小枝纤细。珊瑚虫通常具一卵圆形身体，在触手底部变窄，高 1 ～ 2 mm，末端珊瑚虫有时高达 3 mm。珊瑚虫在分枝第一节间通常较小，在末端小枝上最多排列 5 个，在茎干节间非常小，每个节间排列 2 ～ 8 个。触手背部鳞片通常交替排列成 2 列，形状不规则，近光滑且略弯曲，一端或两端变宽，有时表面具细小疣突；触手底部鳞片倾斜或横向排列，近光滑，形状不规则，通常具明显的中部收缩，有时边缘呈细齿状，其一端变直另一端圆滑。羽片处鳞片纵向排列，细长且略弯曲，近光滑或具稀疏的细小疣突，有时一端变窄或变尖。珊瑚虫体壁底部鳞片倾斜或横向排列，近光滑，呈相对规律的饼干状，具一明显的中部收缩，偶尔边缘凹陷或不规则齿状。共肉组织鳞片小而细长，光滑，具一轻微的中部收缩，偶尔边缘凹陷，形状不规则。珊瑚虫口部的杆状、板状骨片或鳞片小而厚，近光滑或粗糙，表面具深的裂痕或稀疏的疣突，有时具中部收缩。

地理分布　新西兰克马德克群岛（Kermadec Islands）北部（Wright and Studer，1889），马库斯 - 内克海岭（Pasternak，1981），马里亚纳海山，卡罗琳洋脊 M5 海山。

生态习性　栖息于水深 1097 ～ 2300 m 的岩石底质上。

讨论　本研究采集的 2 个热带西太平洋标本在骨片类型和个体外形上与和模式标本的原始描述吻合良好，因此被鉴定为同一物种（Xu et al.，2023）。这 2 个标本与模式标本的不同之处为：具有更不规律的分枝顺序，更长的分枝间距，以及分枝节间分布有更多的珊瑚虫。这些差异可能是不同的生长阶段或生活环境导致的，是不稳定的形态特征，应被视为种内变异。总体上，本种的主要鉴定特征包括：繁茂的瓶刷状外形结构；珊瑚虫通常呈罐状具一卵圆形身体；触手背部骨片形状不规则，近光滑且略微弯曲，一端或两端变宽；珊瑚虫体壁底部骨片近光滑，形状相对规律且具一中部收缩；共肉组织鳞片拉长且光滑，中部具轻微的收缩。

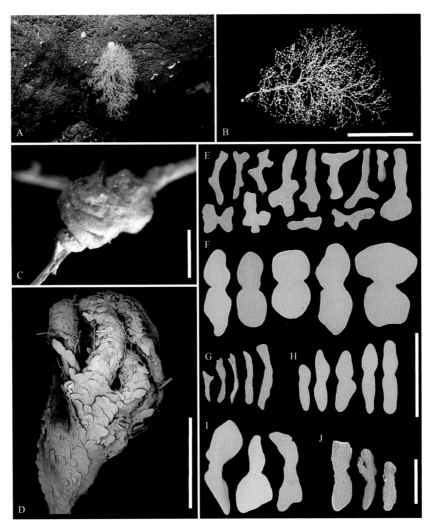

图 2-54　棘头金柳珊瑚 *Chrysogorgia acanthella* 外部形态、珊瑚虫及骨片（改自 Xu et al.，2023）
A. 原位活体；B. 采集后的标本；C. 单个非末端珊瑚虫；D. 珊瑚虫电镜照；E. 触手骨片；F. 珊瑚虫体壁底部骨片；G. 羽片骨片；H. 共肉组织骨片；
I. 触手底部骨片；J. 珊瑚虫靠近咽部骨片；标尺：10 cm（B）、1 mm（C，D）、300 μm（E ～ I 为同一比例）、50 μm（J）

（54）柔弱金柳珊瑚 *Chrysogorgia delicata* Nutting, 1908（图 2-55）

形态特征　珊瑚群体呈一小的瓶刷状，茎干具金色金属光泽，分枝顺序为 1/3L。分枝叉状再分，最多分 4 次，分枝角度 70°～80°。相邻分枝间距 3～6 mm，一个完整螺旋间距 10～17 mm，分枝第一节间长 5～9 mm。分枝节间上珊瑚虫平均高 2 mm，通常具一小的卵圆形身体；分枝末端珊瑚虫变大，具一柱状身体，最高可达 4 mm。珊瑚虫在分枝第一和中间节间常排列 1 个，在末端小枝排列 1 个或 2 个，茎干节间珊瑚虫较小，具 8 个伸展的触手，每个节间常排列 1 个。

珊瑚虫触手背部鳞片横向且交替排列，厚而光滑，分叉或分枝，形状不规则，有时弯曲，表面具稀疏的细小疣突，末端边缘呈齿状。羽片处鳞片纵向排列，近光滑，通常略微弯曲，一端分叉或变宽，另一端变窄或锋利，有时表面具许多疣突，边缘末端呈齿状，分枝成各种形状。珊瑚虫体壁鳞片不规则排列，拉长且近光滑，具明显的中部收缩，偶尔表面具稀疏的细小疣突，表面边缘常呈细小齿状，分叉或凹陷，形状不规则，偶尔向外突出。共肉组织鳞片小而细长，近光滑且边缘时常凹陷，有时分叉或分枝，形状不规则。

地理分布　印度尼西亚万鸦老（Menado）附近海域（Versluys，1902），夏威夷群岛海域（Nutting，1908），卡罗琳洋脊海山。

生态习性　栖息于水深 536～1966 m 的岩石底质上。

讨论　本种的原始描述十分模糊。Nutting（1908）记录了本种的珊瑚虫骨片形态，并解释其和 Versluys（1902）描述的 *Chrysogorgia* sp. 可能一致。将本研究采集的热带西太平洋标本形态与

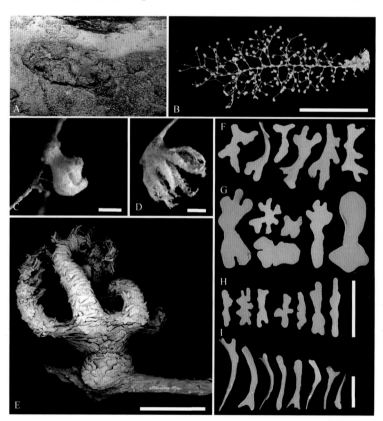

图 2-55　柔弱金柳珊瑚 *Chrysogorgia delicata* 外部形态、珊瑚虫及骨片（改自 Xu et al.，2023）

A. 原位活体；B. 采集后的标本；C, D. 单个非末端和末端珊瑚虫；E. 珊瑚虫电镜照；F. 触手骨片；G. 珊瑚虫体壁骨片；
H. 共肉组织骨片；I. 羽片骨片；标尺：5 cm（B）、1 mm（C～E）、300 μm（F～H 为同一比例）、100 μm（I）

Versluys 和 Nutting 的描述进行比较，发现三者形态吻合良好，因此将它们鉴定为同一物种。本种的鉴别特征包括：具一瓶刷状的外形；珊瑚虫体壁鳞片近光滑，分叉或凹陷，形状不规则；共肉组织鳞片细长而近光滑，边缘时常凹陷，形状不规则；羽片鳞片近光滑且常弯曲，一端分叉或分枝且较宽，另一端较窄或变尖。本种与 *C. axillaris* (Wright & Studer, 1889) 和 *C. sibogae* Versluys, 1902 相似，但本种的珊瑚虫体壁和共肉组织的鳞片形状更不规则，且边缘更加凹陷或分枝，而后两者的鳞片均相对规整且具较少的边缘凹陷（Wright and Studer，1889；Versluys，1902）。

（55）曲枝金柳珊瑚 *Chrysogorgia geniculata* (Wright & Studer, 1889)（图 2-56）

形态特征　珊瑚群体外形呈瓶刷状，茎干略弯曲，具铜绿色金属光泽，在顶部逐渐变为棕色，分枝顺序为 1/3L。分枝叉状再分，最多分 8 次，分枝角度 70°～110°。相邻分枝间距 3～4 mm，一个完整螺旋间距 9～12 mm，分枝第一节间长 2～5 mm。珊瑚虫平均高 2 mm，宽 1 mm，在触手底部存在强烈的收缩。珊瑚虫在分枝第一节间和茎干每一节间通常排列 1 个，在分枝中部节间排列 1 个或 2 个，末端小枝最多排列 2 个。珊瑚虫触手背部鳞片横向排列成 1 列，有时在底部纵向排列成 2 列，表面具细小疣突，弯曲，大部分分枝或分叉形状不规则，触手顶部鳞片变得小而薄；触手底部鳞片纵向或横向排列，拉长且具明显的中部收缩，表面具细小疣突，有时边缘凹陷且一端或两端变宽或变直。羽片处鳞片纵向排列，近光滑，细长且弯曲成肋状，一端或两端呈齿状，有时表面具稀疏的细小疣突，边缘两侧有时向内弯曲形成浅的沟槽状。体壁底部鳞片倾斜或横向排列，拉长且中部轻微收缩，表面近光滑或具稀疏的细小疣突，偶尔具大疣突或边缘凹陷。共肉组织鳞片密集排列，细长且厚，边缘凹陷不规则，通常表面具许多大的圆形或不规则的疣突或些许细小疣突，偶尔近光滑。近口部板状骨片

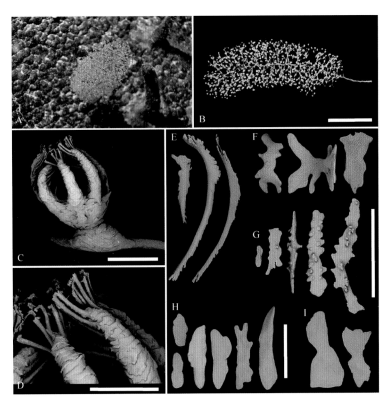

图 2-56　曲枝金柳珊瑚 *Chrysogorgia geniculata* 外部形态、珊瑚虫及骨片（改自 Xu et al.，2023）

A. 原位活体；B. 采集后的标本；C，D. 珊瑚虫及其部分触手电镜照；E. 羽片骨片；F. 触手骨片；H. 珊瑚虫体壁骨片；G. 共肉组织骨片；I. 触手底部骨片；标尺：5 cm（B），1 mm（C），500 μm（D），300 μm（E～I；E 和 F 为同一比例，H 和 I 为同一比例）

或鳞片稀少或缺失，骨片偶尔较厚且表面具许多疣突。

地理分布 菲律宾（Wright and Studer，1889；Versluys，1902），日本（Kinoshita，1913），夏威夷群岛（Nutting，1908），卡罗琳洋脊海山。

生态习性 栖息于水深 150 ～ 993 m 的岩石底质上。

讨论 本研究采集的热带西太平洋标本与模式标本在骨片类型和个体外形上吻合良好，因此将其鉴定为同一物种。然而，与模式标本相比，采集标本分枝上共肉组织的鳞片具有许多更大的疣突且表面相对粗糙；触手背部骨片常排列成一列，而在模式标本中常排列成 2 列。这些不同可能是由于触手不同的收缩状态造成，是不稳定的形态特征，应被视为种内变异。因此，本种的主要鉴定特征包括：具一典型的瓶刷状外形结构；共肉组织覆盖厚的鳞片，边缘不规则，表面具许多大的疣突；珊瑚虫体壁具拉长的鳞片；触手背部鳞片粗糙且表面具许多细小疣突。

（56）羽状金柳珊瑚 *Chrysogorgia pinniformis* Xu, Zhan & Xu, 2021（图 2-57）

形态特征 珊瑚群体分枝繁茂，由多个不规则的扇面组成，茎干具金色金属光泽。大分枝以羽状的方式曲折产生许多侧端小分枝，形成多个扇面。一侧分枝以叉状或伪叉状分枝方式再分，相邻分枝间距 3 ～ 6 mm；小分枝交替对立发散生长，末端小枝终止或继续叉状再分，其上最多排列 10 个珊瑚虫。珊瑚虫高 2.0 ～ 2.5 mm，有时薄而透明，在小枝上间隔良好，通常垂直于小枝排列。珊瑚虫体壁鳞片纵向或倾斜排列，光滑，具明显的中部收缩。触手背部鳞片横向或倾斜排列，分枝且形状不规则，表面相对粗糙。羽片处鳞片纵向排列，小且呈楔形。珊瑚虫触手和羽片交界处，鳞片纵向排列，常分

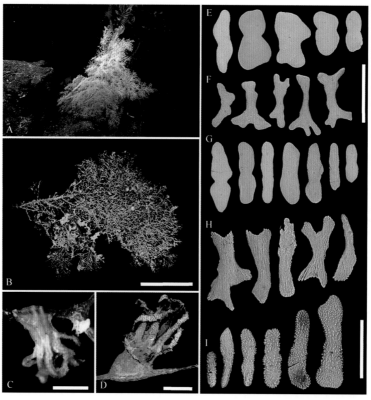

图 2-57　羽状金柳珊瑚 *Chrysogorgia pinniformis* 外部形态、珊瑚虫及骨片（改自 Xu et al.，2021b）
A. 原位活体；B. 采集后的标本；C. 单个非末端珊瑚虫；D. 单个非末端珊瑚虫电镜照；E. 珊瑚虫体壁骨片；F. 触手骨片；G. 共肉组织骨片；
H. 羽片骨片；I. 靠近触手底部口部骨片；标尺：20 cm（B）、1 mm（C，D）、200 μm（E ～ G 为同一比例）、100 μm（H，I 为同一比例）

枝，一端或两端分叉，有时延伸至羽片的临近端。口部的鳞片和杆状骨片放射状排列，拉长且骨片较厚，表面密集分布许多细小的锥形疣突。共肉组织鳞片拉长且光滑，偶尔具中部收缩。一些珊瑚虫的骨片稀少或缺失。

地理分布　卡罗琳洋脊海山。

生态习性　栖息于水深 1692 m 的岩石底质上，个体原位生长十分繁茂。

讨论　本种属于金柳珊瑚属 C 组 - 典型鳞片型，本种具有繁茂的由多个不规则扇面组成的个体结构，可与 C 组中具瓶刷状结构的种完全区开。本种与 *C. electra*、*C. scintillans* 和 *C. binata* 相似，均具有扇形结构，但区别为：本种的珊瑚虫体壁具有规则的鳞片，而后三者均不规则；本种珊瑚虫口部存在疣状的鳞片和杆状骨片，而后三者均缺失。在整个金柳珊瑚属内，仅本种和 *C. pinnata* Cairns，2007 具羽状的分枝方式，但 *C. pinnata* 属于金柳珊瑚属 A 组 - 针状体型。

（57）变化金柳珊瑚 *Chrysogorgia varians* Xu, Zhan & Xu, 2021（图 2-58）

形态特征　珊瑚群体具瓶刷状的外形结构，在不同的生长阶段具有变化的分枝顺序。分枝顺序不规律，含 1/3L、1/4L、2/7L、3/10L 等；分枝叉状再分，偶尔在一些老分枝上发生汇合。珊瑚虫较小，呈锥状，通常高 1 mm，最高可达 2 mm，触手伸展或不可见；口部有时倾斜，向上或向外围，很少向下。珊瑚虫在分枝节间最多排列 6 个；在主茎干上，珊瑚虫较小且数量众多。触手背部杆状骨片纵向排列，形状规则，表面具许多细小的锥形或脊状疣突，两端圆形；羽片和触手末端鳞片常纵向排列，细长且表面常具许多疣突和脊状突起，圆形末端具明显齿状边缘，偶尔近光滑或形状不规则；体壁杆状骨片和触手背部骨片类型一致，纵向或倾斜排列，部分骨片相较于触手要大一些；口部杆状骨片稀少或缺失，个体较小且常拉长，表面具脊状突起；下端共肉组织鳞片细长，略微粗糙，表面具或多或少的锥形疣突；珊瑚虫间共肉组织鳞片稀少或缺失，偶尔光滑具圆形的末端。

地理分布　卡罗琳洋脊海山。

生态习性　栖息于水深 832 ～ 1482 m 的岩石底质上。

讨论　本研究自西太平洋卡罗琳洋脊海山采集了 9 个标本，均具有瓶刷状的外形结构和相同的骨片形式，因此将它们鉴定为同一物种。但这些标本在分枝顺序和共肉组织骨片形状上存在些许不同，可能是由不同的生长阶段或生活环境造成，应被视为种内变异。

本种的骨片类型和分枝顺序与 *C. papillosa* Kinoshita, 1913 和 *C. minuta* Kinoshita, 1913 相似。本种与 *C. papillosa* 的区别为：本种羽片鳞片表面常具许多疣突和脊，而后者近光滑；珊瑚虫体壁杆状骨片大且矮胖，最长可达 0.37 mm，后者的杆状骨片小而厚且拉长，最长达 0.14 mm；珊瑚虫口部存在多疣的小杆状骨片，而在后者中缺失（Kinoshita，1913）。本种与 *C. minuta* 的区别为：本种的珊瑚虫杆状骨片更大更宽，而后者相对小且细长；珊瑚虫底部鳞片拉长，表面具较少的疣突，后者对应部位的鳞片矮胖且具许多疣突，边缘轮廓不规则；珊瑚虫口部存在小且具疣的杆状骨片，而在后者中缺失（Kinoshita，1913）。

本种与 *C. lata* Versluys, 1902 和 *C. tetrasticha* Versluys, 1902 也很相似。本种与前者区别为：本种珊瑚虫间共肉组织覆盖鳞片，*C. lata* 为杆状骨片；触手末端含鳞片，*C. lata* 不含；珊瑚虫口部存在小的具疣的杆状骨片，*C. lata* 为光滑的鳞片。与后者区别为：本种羽片鳞片相对较大，表面常具许多疣突和脊，圆形末端具明显齿状边缘，*C. tetrasticha* 羽片鳞片小且表面无脊，边缘不呈明显齿状；本种珊瑚虫口部存在小的具疣的杆状骨片，而 *C. tetrasticha* 缺失（Versluys，1902）。

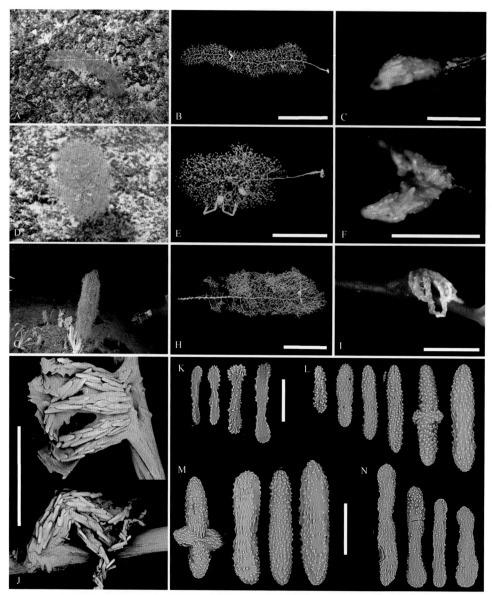

图 2-58 变化金柳珊瑚 *Chrysogorgia varians* 外部形态、珊瑚虫及骨片（改自 Xu et al., 2021b）
A, D, G. 三个原位活体；B, E, H. 对应的采集后的标本；C, F, I. 单个珊瑚虫；J. 单个珊瑚虫电镜照；K. 羽片骨片；L. 触手骨片；M. 珊瑚虫体壁骨片；
N. 共肉组织骨片；标尺：20 cm（H）、10 cm（B）、5 cm（E）、1 mm（C, F, I, J）、100 μm（L ～ N 为同一比例）、50 μm（K）

（58）纤细金柳珊瑚 *Chrysogorgia gracilis* Xu, Zhan & Xu, 2020（图 2-59）

形态特征 珊瑚群体具一细长不分枝的茎干，顶部分枝丰富，呈 1/4L 的分枝顺序。原位活体呈橙黄色或近红色，乙醇固定后呈黄色。基底小圆盘状，附着于岩石上。茎上分枝节间长 2.0 ～ 4.5 mm，一个完整螺旋间距为 11 ～ 16 mm；分枝第一间距离为 3 ～ 7 mm。末端枝条纤细，常呈鞭状，最长可达 90 mm。茎干顶部节间处和分枝基部密生有大量橘黄色芽孢状疣突，不含骨片。茎干上节间处没有珊瑚虫。珊瑚虫在末端分枝上排布 3 ～ 20 个，在分枝节间上最多排布 10 个；珊瑚虫高 0.9 ～ 1.5 mm，宽 0.2 ～ 0.4 mm，在分枝一侧单列排布。共肉组织仅为轴心外面一层透明钙质层，有时会分化出规则的鳞片状骨片，但常缺失。鳞片拉长，边缘光滑或轻微凹陷，通常中部狭窄。杆状骨片细长，多聚集在触手及身体接合处，或纵向排布在触手背部，一端或两端有齿状突起，表面粗糙且具粒状疣突。

地理分布 马里亚纳海山。

生态习性 栖息于水深 298 m 的岩石底质上。

讨论 本种与 Kinoshita 于 1913 年在日本水域发现并描述的种都很相似，它们大多有 1/4L 的分枝顺序，触手中有杆状骨片。在这些物种中，本种最相似于 *C. pyramidalis* Kükenthal, 1908, 后被 Kinoshita 记录为 *C. aurea*。例如，它们有相同的分枝角度和近似的长度，珊瑚虫身体均为柔软半透明的，共肉组织中骨片稀少或缺失，但本种与 *C. pyramidalis* 的区别为：本种具一长且单轴的主干，珊瑚虫呈黄色，有凹陷或不规则圆端的纤细的杆状骨片，共肉组织中近光滑且拉长的鳞片。

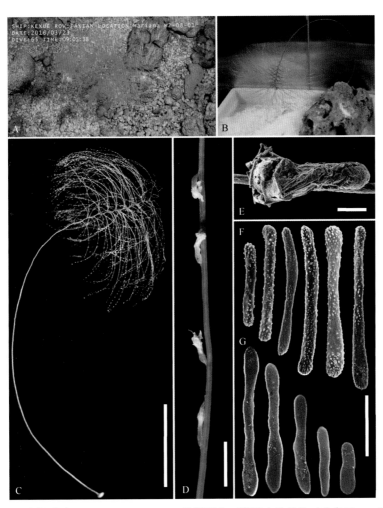

图 2-59 纤细金柳珊瑚 *Chrysogorgia gracilis* 外部形态、珊瑚虫及骨片（改自 Xu et al., 2020a）
A. 原位活体；B、C. 采集和乙醇固定后的标本；D. 一段分枝光镜照；E. 单个珊瑚虫电镜照；F. 珊瑚虫触手及其底部骨片；
G. 共肉组织骨片；标尺：10 cm（C）、2 mm（D）、200 μm（E）、100 μm（F, G 为同一比例）

（59）树状金柳珊瑚 *Chrysogorgia arboriformis* Xu, Zhan & Xu, 2023（图 2-60）

形态特征 珊瑚群体具一长且不分枝茎干，顶部分枝成树状，具圆盘状钙质基底，分枝顺序为 1/3L。珊瑚虫高 1.0 ～ 2.5 mm，在分枝节间最多排列 7 个。触手背部鳞片厚而弯曲，表面具许多细小疣突，大部分分枝或分叉形状不规则，排列成一列。羽片鳞片弯曲成肋状，通常具 2 个齿状末端和一侧齿状边缘。珊瑚虫体壁鳞片近光滑，具明显的中部收缩，体壁上部鳞片一端或两端通常变宽或变直，体壁底部鳞片有时凹陷且形状不规则。共肉组织鳞片细长，近光滑或表面具一或多个大的疣突，有时边缘凹陷且形状不规则。珊瑚虫咽部板状骨片或鳞片小而厚，表面具许多细小疣突，形状多不规则。

地理分布 卡罗琳洋脊海山。

生态习性 栖息于水深 1482～1573 m 的岩石底质上。

讨论 本种属于金柳珊瑚属 C 组 - 典型鳞片型，鳞片均存在于触手背部和珊瑚虫体壁中。本种的主要特征为：珊瑚群体具一长且不分枝顶部形成树状的茎干；分枝间距长；共肉组织鳞片细长而薄，有时具大疣突；触手底部鳞片较宽且具明显的中部收缩和直的末端。目前 C 组内 5 个物种的羽片骨片呈长的肋状鳞片。本种为第 6 种具有该特征的物种，与其他 5 个物种的区别为：成年个体外形明显不同，本种具一长的不分枝的树状茎干，而其余物种均具一短的不分枝的瓶刷状茎干（Xu et al., 2023）。

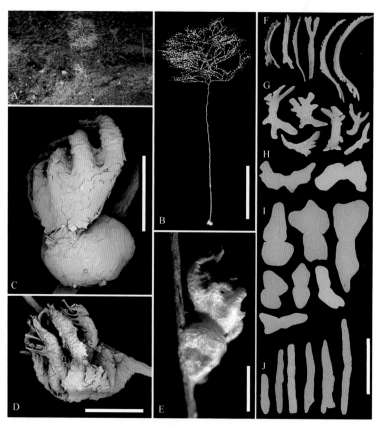

图 2-60 树状金柳珊瑚 *Chrysogorgia arboriformis* 外部形态、珊瑚虫及骨片（改自 Xu et al., 2023）
A. 原位活体；B. 采集后的标本；C, D. 珊瑚虫电镜照；E. 单个非末端珊瑚虫；F. 羽片骨片；G. 触手骨片；H. 触手底部骨片；I. 珊瑚虫体壁骨片；J. 共肉组织骨片；标尺：10 cm（B），1 mm（C～E），300 μm（F～J 为同一比例）

（60）柱状金柳珊瑚 *Chrysogorgia cylindrata* Xu, Zhan & Xu, 2023（图 2-61）

形态特征 成年珊瑚群体具长柱状或瓶刷状外形，钙质圆盘状基底，分枝顺序为 2/5L。茎干表面棕色且略带铜绿色金属光泽。分枝叉状再分，最多分 5 次，分枝角度 90°～100°。相邻分枝间距离为 2～5 mm，一个完整螺旋间距为 12～30 mm，分枝第一节间距离约为 13 mm。珊瑚虫通常高 1～2 mm，在分枝节间最多排列 4 个。触手背部鳞片分枝或分叉且形状不规则，通常较厚，表面近光滑或具稀疏的细小疣突。羽片鳞片细长，表面近光滑或具稀疏的细小疣突，有时末端分叉或变窄。珊瑚虫体壁鳞片拉长且近乎滑，具中部收缩，有时边缘不规则。共肉组织鳞片细长而光滑，有时边缘凹陷且形状不规则。珊瑚虫触手下口部骨片纺锤状、板状，或鳞片拉长，较厚，表面具许多疣突，常弯曲且形状不规则。

地理分布　卡罗琳洋脊海山，马里亚纳海山。

生态习性　栖息于水深 870 ～ 1877 m 的岩石底质上。

讨论　本研究采集的 6 个标本均具有瓶刷状的外形，2/5L 的分枝顺序和相同的骨片形式，因此将它们鉴定为同一物种。但它们在个体大小及珊瑚虫体壁鳞片的凹陷程度上存在差异，可能是由不同的生长阶段或生活环境造成，应被视为种内变异。本种属于金柳珊瑚属 C 组 - 典型鳞片型，与棘头金柳珊瑚 *C. acanthella* (Wright & Studer, 1889)、下垂金柳珊瑚 *C. pendula* Versluys, 1902 和 *C. campanula* Madsen, 1944 在骨片形式和分枝顺序上相似，但区别为：本种共肉组织鳞片更细长，其余 3 种均呈卵圆形或饼干状；本种珊瑚虫体壁鳞片形状更拉长，其余 3 种均相对矮胖；本种成年个体外形结构为细长的瓶刷状，其余 3 种均为相对小的瓶刷状或繁茂的外形（Wright and Studer，1889；Versluys，1902；Madsen，1944）。

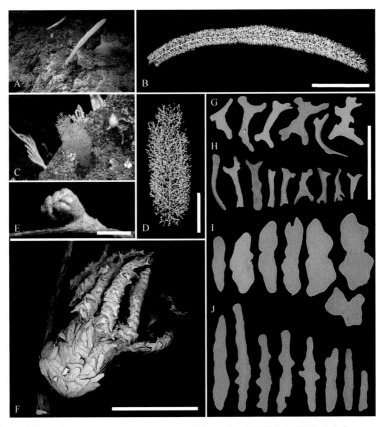

图 2-61　柱状金柳珊瑚 *Chrysogorgia cylindrata* 外部形态、珊瑚虫及骨片（改自 Xu et al.，2023）

A，C. 两个标本的原位活体；B，D. 采集后的标本；E. 单个非末端珊瑚虫；F. 珊瑚虫电镜照；G. 触手骨片；H. 羽片骨片；
I. 珊瑚虫体壁骨片；J. 共肉组织骨片；标尺：20 cm（B）、5 cm（D）、1 mm（E，F）、300 μm（G ～ J 为同一比例）

（61）细薄金柳珊瑚 *Chrysogorgia tenuis* Xu, Zhan & Xu, 2023（图 2-62）

形态特征　金柳珊瑚具一宽的瓶刷状外形结构和圆盘状的钙质基底。茎干具金色金属光泽。分枝顺序为 1/3L。分枝脆而纤细，叉状再分，最多分 10 次，分枝角度为 60° ～ 90°。相邻分枝间距离为

12～14 mm，一个完整螺旋间距为 36～40 mm，分枝第一节间长度为 14～22 mm。珊瑚虫常呈柱状，具 8 个长的触手，长 1～2 mm，在分枝节间最多排列 4 个。在触手背部，鳞片横交替排列成 1 列，形状拉长且不规则，厚且近乎光滑，常一端变宽或分叉，有时末端边缘表面呈轻微齿状，表面具稀疏的细小疣突。在羽片，鳞片纵向排列，细长且略微弯曲，常一端分叉或变宽，另一端变窄或锋利，表面近乎光滑，偶尔具稀疏的细小疣突，边缘表面呈轻微齿状。在珊瑚虫体壁，鳞片横向或倾斜排列，拉长且光滑，常边缘凹陷，形状不规则，有时边缘表面呈细微齿状。在共肉组织，鳞片细长而光滑，有时边缘具宽的凹陷，形状不规则。在珊瑚虫口部，鳞片常厚且粗糙，表面具许多疣突，边缘呈明显齿状。

地理分布　卡罗琳洋脊海山。

生态习性　栖息于水深 1357 m 的岩石底质上。

讨论　本种的鉴别特征为：具宽的瓶刷状外形结构，较长的相邻分枝间距；共肉组织鳞片细长且光滑，有时不规则；珊瑚虫体壁鳞片拉长且光滑，形状不规则；触手鳞片拉长且不规则，交替排列成 1 列。本种与 *C. sibogae* Versluys, 1902 和 *C. axillaris* (Wright & Studer, 1889) 相似；但与前者区别为：本种珊瑚虫体壁和共肉组织鳞片明显不规则，而 *C. sibogae* 的则相对规则；与后者区别为：本种共肉组织鳞片细长，有时凹陷，形状不规则，而 *C. axillaris* 共肉组织鳞片细长则为小的卵圆形和饼干状的鳞片和板状骨片。本种与 *C. delicata* Nutting, 1908 也相似，但其珊瑚虫和共肉组织的骨片相对规则具较少的凹陷，而 *C. delicata* 共肉组织的骨片形状更加不规则。

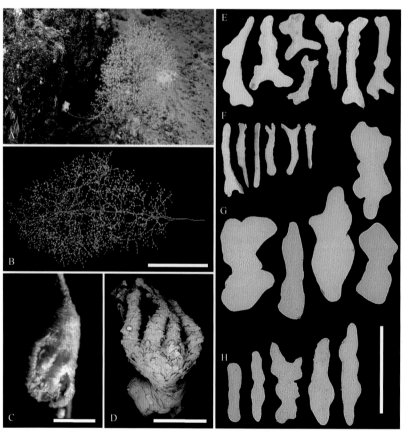

图 2-62　细薄金柳珊瑚 *Chrysogorgia tenuis* 外部形态、珊瑚虫及骨片（改自 Xu et al., 2023）

A. 原位活体；B. 采集后的标本；C. 单个非末端珊瑚虫；D. 珊瑚虫电镜照；E. 触手骨片；F. 羽片骨片；G. 珊瑚虫体壁骨片；
H. 共肉组织骨片；标尺：10 cm（B）、1 mm（C，D）、300 μm（E～H 为同一比例）

拟金柳珊瑚属 *Parachrysogorgia* Xu, Zhan & Xu, 2023

鉴别特征　珊瑚群体合轴分枝；分枝源于一个单一上升的螺旋（右旋），形成瓶刷状结构；或生于一个短茎干的两个或多个扇面，形成对生的双扇面结构或多扇面结构。分枝叉状再分于不同平面或在同一平面形成合轴结构。珊瑚虫粗壮，在触手底部常形成 8 个明显的突起和无骨片的裸露区域。珊瑚虫体壁骨片为鳞片，触手骨片为纺锤状 / 杆状，鳞片（Xu et al.，2023）。

拟金柳珊瑚属现有 13 个有效种，分布于太平洋和北大西洋，水深 329 ～ 1937 m。

（62）双列拟金柳珊瑚 *Parachrysogorgia binata* (Xu, Li, Zhan & Xu, 2019)（图 2-63）

形态特征　珊瑚群体主茎干较短，经一个主要分叉后形成 2 个对立的平面，每个平面内分枝叉状再分形成合轴。个体轴亮金色，钙质基底小而白，呈卵圆形。分枝节间长 5 ～ 9 mm，每个节间上排布 1 个珊瑚虫，末端小枝有时排列 2 个珊瑚虫。珊瑚虫活着时呈橘黄色，柱状，高 3 ～ 5 mm，宽 1 ～ 2 mm，在触手下方具 8 个不明显的钝点。末端珊瑚虫通常具更修长的身体。珊瑚虫体壁底部的鳞片横向排布，大而光滑，形状各异，边缘略微凹陷；体壁上部和触手底部交界处鳞片形状更加不规则，有时较厚且具中部收缩。触手底部鳞片纵向或倾斜排布，形成一块无骨片的裸露区域，较厚，形状呈拉长的柳叶刀状或不规则，大多表面粗糙。触手上部鳞片横向排布且密集，表面粗糙，形状不规则，大多扁平且边缘凹陷。羽片鳞片明显弯曲，有时较厚，边缘些许凹陷。共肉组织鳞片呈典型拖鞋状，中

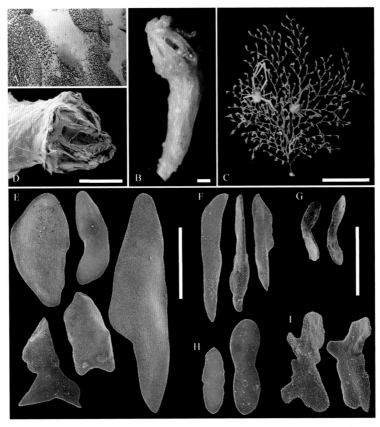

图 2-63　双列拟金柳珊瑚 *Parachrysogorgia binata* 外部形态、珊瑚虫及骨片（改自 Xu et al.，2019）

A. 原位活体；B. 单个末端珊瑚虫；C. 采集后的标本；D. 单个非末端珊瑚虫头部电镜照；E. 珊瑚虫体壁骨片；F. 触手底部骨片；G. 羽片骨片；
H. 共肉组织骨片；I. 触手顶部骨片；标尺：5 cm（C）、1 mm（B，D）、300 μm（E，F 为同一比例）、200 μm（G ～ I 为同一比例）

部轻微收缩。

地理分布 麦哲伦海山链 Kocebu 海山。

生态习性 栖息于水深 1669 m 的岩石底质上。

讨论 在拟金柳珊瑚属中，有 5 种具有平面状结构，其中，*P. chryseis* (Bayer & Stefani, 1988) 和 *P. stellata* (Nutting, 1908) 属于 Group II 组，即相当于金柳珊瑚属中的 B 组 - 鳞片缺失型；双列拟金柳珊瑚 *P. binata*、*P. electra* (Bayer & Stefani, 1988) 和 *P. scintillans* (Bayer & Stefani, 1988) 属于 Group III 组，即相当于金柳珊瑚属中的 C 组 - 典型鳞片型。基于不同部位骨片类型的差异，本种易与 Group II 组的物种区分开。

本种和 *C. electra* 均有双扇面结构，不同之处为：本种的珊瑚虫更大，高 3～5 mm，而后者通常不足 2 mm；触手底部形成 8 个短而钝的尖端，后者则不明显的；共肉组织鳞片呈拖鞋状，边缘规则，后者为锥形，边缘不规则（Bayer and Stefani, 1988）。本种区别于 *C. scintillans* 的特征包括：本种珊瑚虫更大，为 3～5 mm，后者最长为 2.8 mm；珊瑚虫体壁骨片更大，最大长度为 0.93 mm，后者最大长度为 0.65 mm；珊瑚虫体壁顶部的鳞片不规则且末端通常变尖，后者则为规则的且末端通常圆滑；触手底部裸露区域的鳞片为柳叶刀状且表面通常带有粗糙的颗粒，后者为扭曲的扁平的鳞片且边缘通常凹陷（Bayer and Stefani, 1988；Cairns, 2018a；徐雨, 2019）。

（63）克律塞伊斯拟金柳珊瑚 *Parachrysogorgia chryseis* (Bayer & Stefani, 1988)（图 2-64）

形态特征 珊瑚群体具一双扇面结构且通常短的主茎。分枝紧密地叉状再分形成合轴结构。珊瑚虫在节间通常排列 1～2 个，非末端珊瑚虫常呈矮胖柱状，末端珊瑚虫常呈锥状。触手背部上半部鳞片横向排列，边缘凹陷，形状不规则，近光滑或具一些大疣突；触手背部下半部杆状骨片和鳞片纵向

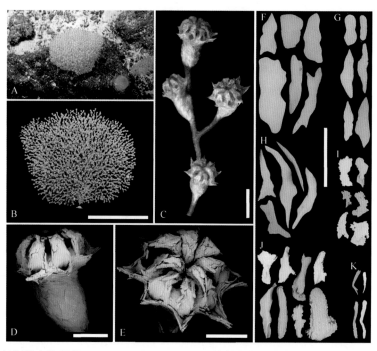

图 2-64 克律塞伊斯拟金柳珊瑚 *Parachrysogorgia chryseis* 外部形态、珊瑚虫及骨片（改自 Xu et al., 2023）

A. 原位活体；B. 采集后的标本；C. 末端一段小枝，具 4 个珊瑚虫；D. 珊瑚虫电镜照；E. 珊瑚虫头部电镜照；F. 珊瑚虫体壁底部骨片；G. 共肉组织骨片；H. 触手底部形成突出点的骨片；I. 触手背部上半部骨片；J. 触手背部下半部骨片；K. 羽片骨片；标尺：10 cm（B）、2 mm（C）、1 mm（D，E）、500 μm（F～K 为同一比例）

排列，形成部分无骨片的裸露区域，骨片钝而厚，通常表面粗糙具疣突，边缘及形状不规则；触手底部骨片形成 8 个明显突出的尖端，鳞片细长而光滑，通常一端或两端变尖，有时弯曲或分叉形状不规则。羽片鳞片细长，有时弯曲成沟槽状，一端变宽或呈叉状。体壁鳞片倾斜或横向排列，光滑，通常窄圆柱状，边缘有时凹陷。共肉组织鳞片细长而光滑，且具中部收缩，有时边缘轻微凹陷。

地理分布　印度尼西亚塞兰海（Bayer and Stefani, 1988），卡罗琳洋脊海山（Xu et al., 2023）。

生态习性　栖息于水深 688 ～ 1692 m 的岩石底质上。

讨论　本种具有较高的种内变异。本研究采集的 6 个标本在个体大小、颜色、节间珊瑚虫数量、珊瑚虫触手底部突出的尖端形态，以及共肉组织骨片的厚薄程度上存在差异。这些差异可能是由于不同生长阶段或生活环境因素（如水深等）造成的。

（64）八角拟金柳珊瑚 *Parachrysogorgia octagonos* (Versluys, 1902)（图 2-65）

形态特征　珊瑚群体瓶刷状，具圆形的白色基底，主茎轴棕色且略带铜绿色金属光泽，分枝顺序为 1/4R。分枝叉状再分，最多分 5 次，分枝角度 60° ～ 80°。相邻分枝间距为 2 ～ 3 mm，一个完整螺旋间距为 10 ～ 12 mm，分枝第一节间长 4 ～ 7 mm。珊瑚虫高 2 ～ 3 mm。珊瑚虫通常在分枝第一、第二节间缺失，仅在末端小枝排列 1 ～ 3 个，在茎干节间缺失。触手底部存在 8 个明显钝的突出。触手背部下部杆状和板状骨片纵向，通常排列成 2 列，厚且不规则，边缘凹陷，表面光滑，有时具许多大的疣突或脊，常一端变厚另一端变得宽而平。触手背部上部，鳞片小而弯曲，近光滑，大多数具细小齿状的边缘和中部收缩，有时边缘凹陷或扭曲使形状不规则，偶尔表面具稀疏的细小疣突。羽片鳞片纵向排列，细长且光滑，常略微弯曲或扭曲。体壁上部鳞片在触手底部裸露区域下形成明显钝的突

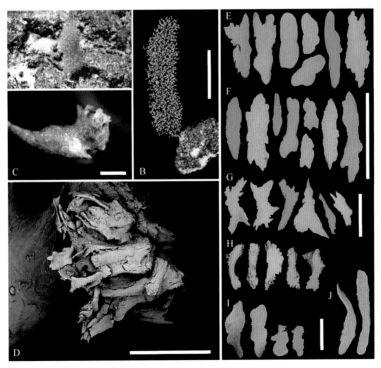

图 2-65　八角拟金柳珊瑚 *Parachrysogorgia octagonos* 外部形态、珊瑚虫及骨片（改自 Xu et al., 2023）

A. 原位活体；B. 采集后的标本；C. 单个末端珊瑚虫；D. 珊瑚虫触手部分电镜照；E. 珊瑚虫体壁骨片；F. 共肉组织骨片；G. 触手底部骨片；H. 触手下半部骨片；I. 触手上半部骨片；J. 羽片骨片；标尺：5 cm（B）、1 mm（C，D）、500 μm（E ～ H；E 和 F 为同一比例，G 和 H 为同一比例）、100 μm（I，J 为同一比例）

出，厚而光滑，边缘凹陷且形状不规则，有时弯曲且一端或两端变尖，另一端凹陷且变宽；体壁底部鳞片纵向或横向排列，拉长且表面光滑，具轻微的中部收缩，有时边缘呈细小齿状或凹陷使形状不规则。共肉组织鳞片拉长且光滑，边缘常凹陷，具一轻微的中部收缩，有时分枝使形状不规则。

地理分布　印度尼西亚帝汶海（Versluys，1902），卡罗琳洋脊海山。

生态习性　栖息于水深 520 ～ 975 m 的岩石底质上。

讨论　本研究采集的标本和模式标本的原始描述吻合良好。本种属于拟金柳珊瑚属 B 组 - 鳞片缺失型，与 *P. expansa* (Wright & Studer, 1889) 在形态上相似。但二者区别为：本种触手底部骨片相对扁平且光滑，而后者则更厚且表面常具许多大的疣突；本种触手底部尖端更突出且弯曲，后者较钝（Wright and Studer，1889；Versluys，1902；Xu et al.，2023）。根据 Versluys（1902）的描述，本种与 *P. expansa* 的珊瑚虫具有极相似的骨片和很小的差异，因此它们很可能是同一物种的种内变异。

虹柳珊瑚属 *Iridogorgia* Verrill, 1883

鉴别特征　主茎干单轴，波浪状或盘绕螺旋向上。分枝生于轴的一侧，细长且不分枝。珊瑚虫单列排列于分枝的一侧，当性成熟时基部膨胀。骨片为杆状、纺锤状和鳞片状，有时分枝，表面具粗糙的纹饰。分枝上共肉组织的骨片沿着枝干密集排布，或在两个珊瑚虫间缺失（Xu et al.，2021a）。

虹柳珊瑚属现有 12 种，主要分布于太平洋和大西洋，水深 558 ～ 2311 m（Xu et al.，2021a）。

（65）泉状虹柳珊瑚 *Iridogorgia fontinalis* Watling, 2007（图 2-66）

形态特征　珊瑚群体轴螺旋紧密，相对规律地从中间开始向顶部盘绕，每个螺旋长 4 ～ 6 cm，直

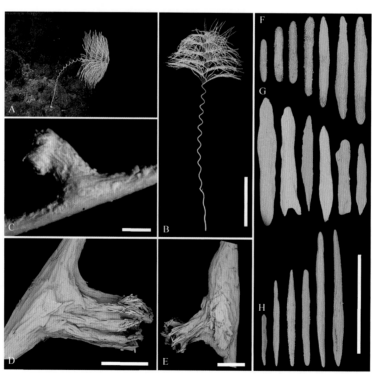

图 2-66　泉状虹柳珊瑚 *Iridogorgia fontinalis* 外部形态、珊瑚虫及骨片
A. 原位活体；B. 采集后的标本；C. 单个非末端珊瑚虫；D，E. 珊瑚虫电镜照；F. 触手骨片；G. 珊瑚虫体壁骨片；
H. 共肉组织骨片；标尺：20 cm（B）、1 mm（C ～ E）、500 μm（F ～ H 为同一比例）

径 2～3 cm，具彩虹色金属光泽。分枝生于顶端形成优美的喷泉状。珊瑚虫呈柱状，有时基部膨胀，高 1～3 mm。珊瑚虫和分枝具少量疣。触手背部杆状骨片纵向排列，细长且规则，具两个圆形末端，表面具许多细小疣突。珊瑚虫体壁纺锤状骨片和拉长鳞片横向或纵向排列，表面近光滑，偶尔发生分枝。共肉组织杆状和纺锤状骨片沿轴向排列，细长，部分呈面条状。

地理分布　角海隆海山（Watling，2007），麦哲伦海山链 Kocebu 海山，卡罗琳洋脊海山。

生态习性　栖息于水深 1303～1596 m 的岩石底质上。

讨论　本研究采集的 4 个标本与模式标本原始描述均吻合良好，它们在顶部均形成优美的喷泉状的外形结构，具有相似的螺旋高度和直径、分枝间距、珊瑚虫大小和间距以及骨片等（Watling，2007）。然而，本研究标本的珊瑚虫体壁中还存在一些拉长的鳞片，原始描述中并未提及。

（66）粗糙虹柳珊瑚 *Iridogorgia squarrosa* Xu, Zhan, Li & Xu, 2020（图 2-67）

形态特征　珊瑚群体具宽松盘绕的螺旋，每个螺旋长 12～15 cm。珊瑚虫高 1～3 mm，垂直于分枝或轻微向分枝末端方向倾斜。珊瑚虫和分枝表面具少量疣。触手的杆状骨片纵向排列，表面具许多小疣突；触手背部的杆状骨片纵向排列，细长且表面具许多小疣突，部分骨片形成 8 个明显的纵列延伸至触手底部；触手底部的纺锤状骨片和少量拉长鳞片纵向排列，细长。珊瑚虫身体基部的纺锤状骨片和鳞片横向或倾斜排列，部分骨片厚且形状不规则，偶尔表面具大的纹饰，有时存在一些小的块状骨片。共肉组织纺锤状骨片沿轴向排列，具 2 个尖的末端。

地理分布　夏威夷群岛附近海域，马里亚纳海山，卡罗琳洋脊海山，麦哲伦海山链 Kocebu 海山（Xu et al.，2020a）。

生态习性　栖息于水深 1311～1971 m 的岩石底质上。

讨论　本种模式标本的骨片表面具"海绵样式"纹饰，但后来采集的标本未发现这一特征，可能是由生活环境等因素造成的，因此不能作为本种的鉴定依据。

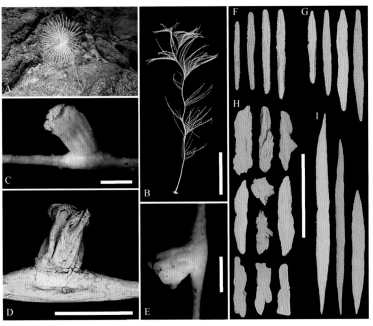

图 2-67　粗糙虹柳珊瑚 *Iridogorgia squarrosa* 外部形态、珊瑚虫及骨片

A. 原位活体；B. 采集后的标本；C，E. 单个非末端珊瑚虫；D. 珊瑚虫电镜照；F. 触手上部骨片；G. 触手下半部骨片；
H. 珊瑚虫体壁骨片；I. 共肉组织骨片；标尺：20 cm（B）、2 mm（C～E）、300 μm（F～I 为同一比例）

（67）密刺虹柳珊瑚 *Iridogorgia densispicula* Xu, Zhan, Li & Xu, 2020（图 2-68）

形态特征　珊瑚群体细长，分枝发生于茎干上半部分，茎轴表面具较暗的金属光泽。轴螺旋间距较大，每个长 12 ～ 19 cm。珊瑚虫常倾斜朝向分枝末端。分枝表面很少有疣。触手背部的杆状骨片纵向排列，细长且规则，两端常呈圆形，表面具许多小的锥形或脊状疣突，偶尔分枝且表面具少量大的瘤突。珊瑚虫体壁的纺锤状骨片和鳞片横向或倾斜排列，拉长，常具轻微的中部收缩，表面具许多细小疣突；其中体壁上部的鳞片常凹陷且形状不规则，表面崎岖不平或呈脊状。共肉组织纺锤状骨片沿轴向排列，细长且常具两个尖的末端，表面具许多细小疣突，偶尔近光滑或具少许不规则瘤突；珊瑚虫间共肉组织含有大量骨片。

地理分布　卡罗琳洋脊海山（Xu et al.，2020a，2021a）。

生态习性　栖息于水深 1204 ～ 1741 m 的岩石底质上。

讨论　本研究采集的 4 个标本均具有细长的茎干、长的螺旋间距、倾斜的珊瑚虫，且触手和共肉组织有相同的骨片形式。与模式标本相比，其中 3 个标本的珊瑚虫体壁骨片更加不规则且多样：纺锤状骨片和鳞片拉长，边缘不规则，表面常崎岖不平并具脊状突起。此外，这些标本的珊瑚虫也存在差异，包括芽孢状的细长且拉长的身体、柱状且长而伸展的触手。这些差异可能是因为处于不同的生长阶段（如成熟或不成熟阶段），或由乙醇保存造成的形态变化，应被视为种内变异。

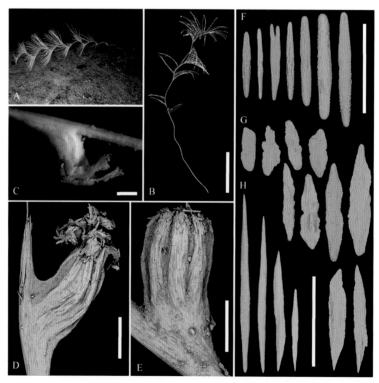

图 2-68　密刺虹柳珊瑚 *Iridogorgia densispicula* 外部形态、珊瑚虫及骨片（改自 Xu et al.，2021a）
A. 原位活体；B. 采集后的标本；C. 单个非末端珊瑚虫；D，E. 单个珊瑚虫电镜照；F. 触手骨片；G. 珊瑚虫体壁骨片；
H. 共肉组织骨片；标尺：10 cm（B）、1 mm（C ～ E）、500 μm（H）、300 μm（F，G 为同一比例）

（68）密旋虹柳珊瑚 *Iridogorgia densispiralis* Xu, Zhan & Xu, 2021（图 2-69）

形态特征　珊瑚群体相对矮小，轴表面具彩虹色金属光泽，分枝从近底部开始产生。轴具许多紧密的螺旋，每个长 2.5 ～ 3.0 cm。分枝常向上生长，排列在螺旋的一侧，间距 2 ～ 3 mm。珊瑚虫个体小，基部锥形且膨胀，高 1 ～ 2 mm。分枝表面具少量疣。触手背部杆状骨片纵向排列，具许多小疣突和 2 个圆形末端，有时表面具深的裂隙或少量的疣。珊瑚虫体壁纺锤状、杆状骨片和少量拉长的鳞片横向或倾斜排列，常较厚且具稀疏的细小疣突，偶尔分枝或呈十字交叉状，表面具浅的裂隙。共肉组织杆状和纺锤状骨片沿轴向排列，较厚且具 2 个锋利或圆形的末端，偶尔呈十字交叉状；珊瑚虫间共肉组织的骨片有时稀疏分布。

地理分布　卡罗琳洋脊海山（Xu et al.，2021a）。

生态习性　栖息于水深 1574 m 的岩石底质上。

讨论　本种的鉴别特征为：个体相对矮小，螺旋间距短而窄，珊瑚虫和共肉组织中均存在杆状骨片。本种与光亮虹柳珊瑚 *I. splendens* Watling, 2007 的成年个体均具有相对矮小的外形和螺旋间距，但区别为：本种共肉组织存在厚的杆状骨片，触手中存在大量的骨片，而 *I. splendens* 共肉组织不存在杆状骨片，且触手中骨片稀疏（Watling，2007）。

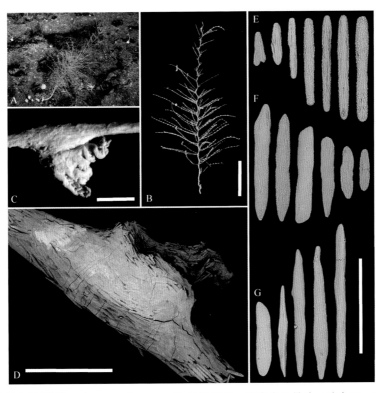

图 2-69　密旋虹柳珊瑚 *Iridogorgia densispiralis* 外部形态、珊瑚虫及骨片（改自 Xu et al.，2021a）
A. 原位活体；B. 采集后的标本；C. 单个非末端珊瑚虫；D. 单个珊瑚虫电镜照；E. 触手骨片；F. 珊瑚虫体壁骨片；
G. 共肉组织骨片；标尺：10 cm（B）、1 mm（C，D）、300 μm（E ～ G 为同一比例）

（69）柔韧虹柳珊瑚 *Iridogorgia flexilis* Xu, Zhan & Xu, 2021（图 2-70）

形态特征　珊瑚群体茎干具长的不分枝茎干，分枝发生在茎干上部，茎轴具彩虹色金属光泽，宽松的螺旋盘绕向上，每个螺旋长 12 ～ 15 cm。珊瑚虫具一宽的基部且其宽度通常大于高度，在触手底部发生收缩。分枝表面疣稀少。触手背部的杆状骨片纵向排列，细长且具 2 个圆形末端，表面常具许多细小的锥形或脊状疣突，偶尔表面疣突稀疏或具浅的裂隙。珊瑚虫体壁纺锤状骨片和鳞片横向或倾斜排列，形状矮胖且较厚，偶尔呈十字交叉状，边缘和形状不规则，表面常具稀疏的小疣突，偶尔近光滑或具大瘤突和些许的浅裂隙。共肉组织纺锤状骨片沿轴向排列，细长且厚，常具 2 个圆形末端，近光滑或表面具稀疏的细小疣突，偶尔分枝或具窄而尖的末端。

地理分布 卡罗琳洋脊海山（Xu et al.，2021a），九州 - 帕劳海脊海山。

生态习性 栖息于水深 1699 ～ 2016 m 的岩石底质上。

讨论 本种的鉴别特征为：螺旋间距长，珊瑚虫基部宽，纺锤状骨片和鳞片矮胖且厚。本种与巨旋虹柳珊瑚 *I. magnispiralis* 和密刺虹柳珊瑚 *I. densispicula* 均具有长的螺旋间距；但本种的珊瑚虫体壁有鳞片，而 *I. magnispiralis* 缺失；与 *I. densispicula* 的区别为：本种珊瑚虫体壁骨片厚且相对光滑，而后者相对薄且粗糙，表面常崎岖不平或具脊状突起（Watling，2007；Xu et al.，2021a）。

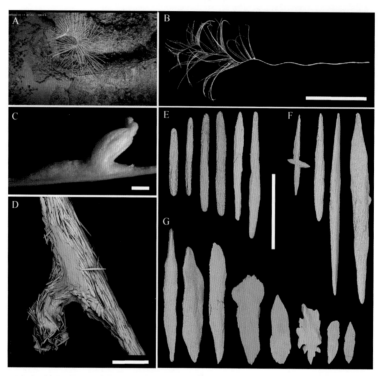

图 2-70　柔韧虹柳珊瑚 *Iridogorgia flexilis* 外部形态、珊瑚虫及骨片（改自 Xu et al.，2021a）
A. 原位活体；B. 采集后的标本；C. 单个非末端珊瑚虫；D. 单个珊瑚虫电镜照；E. 触手骨片；F. 共肉组织骨片；
G. 珊瑚虫体壁骨片；标尺：20 cm（B）、1 mm（C，D）、300 μm（E ～ G 为同一比例）

（70）巨旋虹柳珊瑚 *Iridogorgia magnispiralis* Watling, 2007（图 2-71）

形态特征 珊瑚群体分枝产生在顶部，螺旋间距宽松，每个长 12 ～ 20 cm。珊瑚虫高 1 ～ 3 mm，直立或倾斜朝向分枝末端。分枝表面具许多疣。触手背部杆状骨片纵向排列，规则且具 2 个圆形末端，表面常具许多小的锥形疣突，偶尔具一些浅裂隙和少量大疣突。珊瑚虫体壁纺锤状骨片横向或倾斜排列，厚且细长，通常具 2 个尖的末端，近光滑或具许多小疣突，偶尔表面崎岖不平或具少量大瘤突。共肉组织纺锤状骨片细长且具 2 个尖的末端，近光滑，偶尔表面具不规则的大瘤突。鳞片缺失。珊瑚虫间共肉组织中存在许多骨片。

地理分布 夏威夷群岛，菲尼克斯群岛保护区（Phoenix Islands Protected Area）附近海域，澳大利亚东北海域，卡罗琳洋脊海山（Xu et al.，2021a）；西北大西洋至大西洋中脊海域。

生态习性 栖息于水深 728 ～ 2400 m 的岩石底质上。

讨论 本研究采集的标本与模式标本描述吻合良好，较少数量的螺旋和短的分枝显示本研究采集

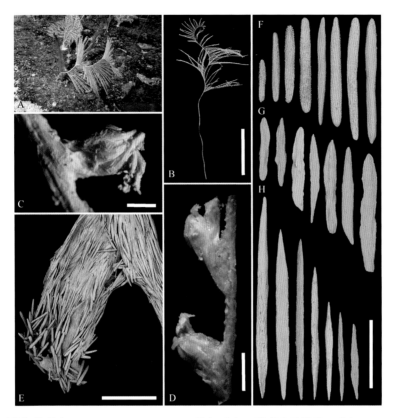

图 2-71　巨旋虹柳珊瑚 *Iridogorgia magnispiralis* 外部形态、珊瑚虫及骨片（改自 Xu et al.，2021a）

A. 原位活体；B. 采集后的标本；C. 单个非末端珊瑚虫；D. 一段分枝具两个珊瑚虫；E. 珊瑚虫电镜照；F. 触手骨片；G. 珊瑚虫体壁骨片；
H. 共肉组织骨片；标尺：20 cm（B）、2 mm（D）、1 mm（C，E）、300 μm（F～H 为同一比例）

标本尚处于幼年期。

（71）多疣虹柳珊瑚 *Iridogorgia verrucosa* Xu, Zhan & Xu, 2021（图 2-72）

形态特征　珊瑚群体相对矮小，分枝发生自茎干底部至顶部。茎干轴具许多紧密螺旋，每个长 3～
4 cm。珊瑚虫较小，具长的触手，朝向分枝末端，与分枝间成锐角，间距 4～6 mm，平均长 2 mm。
分枝表面具许多圆柱状的疣。触手背部的杆状骨片纵向排列，圆形末端，表面常具许多小的锥形疣突，
有时表面具深的裂隙，偶尔凹陷且形状不规则。珊瑚虫体壁纺锤状骨片和拉长鳞片横向或倾斜排列，
常厚且表面具稀疏的小疣突，边缘不规则。共肉组织的纺锤状骨片和珊瑚虫体壁中的类似，大部分
细长。

地理分布　卡罗琳洋脊海山（Xu et al.，2021a）。

生态习性　栖息于水深 1397 m 的岩石底质上。

讨论　本种的鉴别特征包括：珊瑚群体相对矮小，螺旋间距较窄，珊瑚虫体壁纺锤状骨片和鳞片
不规则且存在众多的疣。本种与光亮虹柳珊瑚 *I. splendens*、密旋虹柳珊瑚 *I. densispiralis* 相似，三者
个体均较矮且螺旋紧密。但本种与 *I. splendens* 的区别为：本种触手杆状骨片丰富，而后者相对稀疏；
本种珊瑚虫体壁骨片边缘不规则，后者为规则的；本种珊瑚虫间共肉组织骨片大量存在，而后者稀少
或缺失（Watling，2007）。本种与 *I. densispiralis* 的区别为：本种共肉组织缺失杆状骨片，而后者存在；
本种分枝上的疣密集分布，后者则稀疏分布（Xu et al.，2021a）。

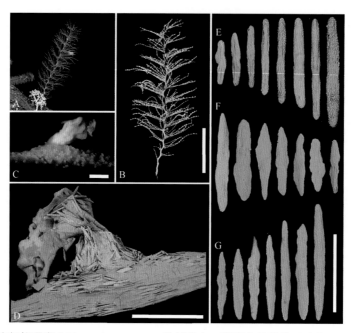

图 2-72　多疣虹柳珊瑚 *Iridogorgia verrucosa* 外部形态、珊瑚虫及骨片（改自 Xu et al.，2021a）
A. 原位活体；B. 采集后的标本；C. 单个非末端珊瑚虫；D. 珊瑚虫电镜照；E. 触手骨片；F. 珊瑚虫体壁骨片；
G. 共肉组织骨片；标尺：20 cm（B）、1 mm（C，D）、300 μm（F ～ G 为同一比例）

（72）光亮虹柳珊瑚 *Iridogorgia splendens* Watling, 2007（图 2-73）

形态特征　珊瑚群体相对矮小，茎干轴具许多紧密的螺旋，每个螺旋长 4 ～ 5 cm。珊瑚虫高 1.0 ～

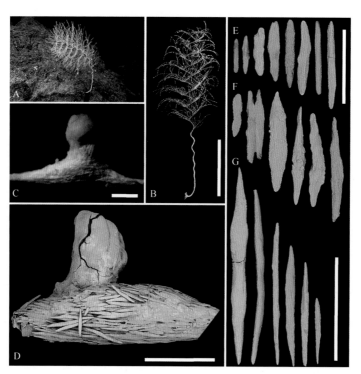

图 2-73　光亮虹柳珊瑚 *Iridogorgia splendens* 外部形态、珊瑚虫及骨片
A. 原位活体；B. 采集后的标本；C. 单个非末端珊瑚虫；D. 珊瑚虫电镜照；E. 触手骨片；F. 珊瑚虫体壁骨片；
G. 共肉组织骨片；标尺：20 cm（B）、1 mm（C，D）、500 μm（G）、300 μm（E，F 为同一比例）

1.5 mm，具一膨胀的身体基部，触手部分常聚集形成鼓包状或颗粒状。珊瑚虫和分枝表面具稀少疣。触手背部的杆状骨片纵向排列，粗糙且形状规则，部分表面常具许多小疣突。珊瑚虫体壁的纺锤状骨片横向排列，厚且不规则，常呈十字交叉状且表面粗糙。共肉组织的纺锤状骨片纵向排列，细长且略厚，常具 2 个尖的末端。鳞片在该物种中缺失。

地理分布　利河伯海山（Rehoboth Seamount），开尔文海山（Kelvin Seamount），卡罗琳洋脊海山。

生态习性　栖息于水深 1077～2054 m 的岩石底质上。

讨论　本研究采集的热带西太平洋标本和模式标本的形态吻合，二者均具有矮小的珊瑚群体、相对紧密的螺旋中轴、低矮且基部膨胀的珊瑚虫以及具稀疏骨片的触手，但珊瑚虫间共肉组织的骨片稀少或缺失。与模式标本相比，本研究标本的珊瑚虫体壁和触手骨片形状不规则（Watling，2007）。

（73）虹柳珊瑚属未定种 1 *Iridogorgia* sp. 1（图 2-74）

形态特征　珊瑚群体相对矮小，轴具暗黑色金属光泽，由密集的螺旋组成，每个螺旋长 5～7 cm。珊瑚虫较小，高 1.0～1.5 mm，其触手部分常垂直于身体部分。珊瑚虫和分枝具稀少的疣。所有的骨片均细长且光滑。触手背部的杆状和纺锤状骨片纵向排列，呈纤细的面条状，极少分枝，部分表面具少量的小锥形疣突或浅的裂隙。珊瑚虫体壁的杆状和纺锤状骨片纵向或横向排列，偶尔十字交叉或表面具浅裂隙。共肉组织的杆状和纺锤状骨片沿轴向排列，常一端或两端变尖，有时略微弯曲或

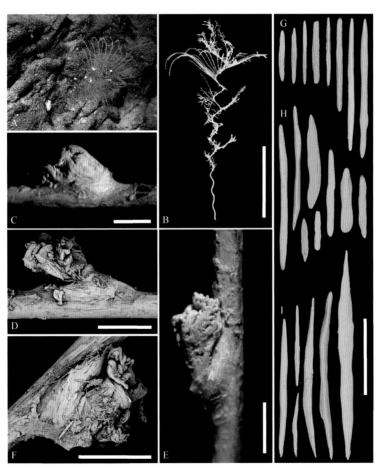

图 2-74　虹柳珊瑚属未定种 1 *Iridogorgia* sp. 1 外部形态、珊瑚虫及骨片
A. 原位活体；B. 采集后的标本；C，E. 单个非末端珊瑚虫；D，F. 珊瑚虫电镜照；G. 触手骨片；H. 珊瑚虫体壁骨片；
I. 共肉组织骨片；标尺：20 cm（B）、1 mm（C～F）、300 μm（G～I 为同一比例）

轮廓不规则。鳞片缺失。珊瑚虫间共肉组织骨片常数量众多，在珊瑚虫底部数量稀少或缺失。

地理分布　卡罗琳洋脊海山。

生态习性　栖息于水深 1081 m 的岩石底质上，部分分枝和珊瑚虫已死亡，表面有水螅附着。

讨论　本种的鉴别特征为：珊瑚群体相对矮小，珊瑚虫较小，珊瑚虫触手近垂直于身体，骨片细长，鳞片缺失。本种与光亮虹柳珊瑚 *I. splendens* 均具有相对矮小的个体外形和紧密的螺旋，但本种鳞片缺失，后者存在鳞片（Watling，2007）。

（74）虹柳珊瑚属未定种 2 *Iridogorgia* sp. 2（图 2-75）

形态特征　珊瑚群体较高，分枝茂盛且长，产生自茎干底部至顶部。茎干轴为非常紧密的螺旋状，几乎直立，表面具彩虹色金属光泽，每个螺旋间距 2～3 mm。分枝呈细长鞭状，最长可达 40 cm，间距 2～3 mm，分枝上最多可达 75 个珊瑚虫。珊瑚虫活着时为橘黄色，平均高 3 mm，具膨胀的身体和伸展的触手，在分枝近端间距 1～3 mm，远端达 5 mm。分枝和珊瑚虫上疣稀少。触手底部的杆状骨片细长，纵向排列。珊瑚虫体壁的杆状骨片和矮胖鳞片横向或倾斜排列，表面近光滑或具许多小疣突。共肉组织的杆状骨片和拉长鳞片纵向排。

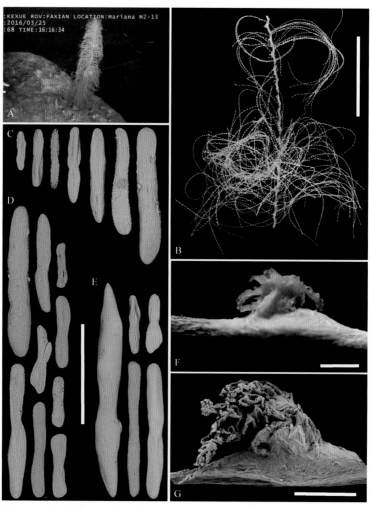

图 2-75　虹柳珊瑚属未定种 2 *Iridogorgia* sp. 2 外部形态、珊瑚虫及骨片

A. 原位活体；B. 采集后的标本；C. 触手骨片；D. 珊瑚虫体壁骨片；E. 共肉组织骨片；F. 单个珊瑚虫光镜照；
G. 单个珊瑚虫电镜照；标尺：20 cm（B）、1 mm（F，G）、300 μm（C～E 为同一比例）

地理分布　马里亚纳海山。

生态习性　栖息于水深 672 m 的岩石底质上。

讨论：本种的主要鉴别特征包括：具紧密的波浪状螺旋的轴，长分枝产生自底部至顶部，触手存在杆状骨片骨片。本种在外形上与波柳珊瑚属 *Rhodaniridogorgia* Watling, 2007 的物种很相似。本种与 *R. superba* (Nutting, 1908) 区别为：本种螺旋距离更高，为 30 mm，后者为 17 ～ 24 mm；分枝更长，为 350 ～ 400 mm，后者为 125 ～ 175 mm；触手存在骨片，后者则缺失（Nutting, 1908）。

金相柳珊瑚属 *Metallogorgia* Versluys, 1902

鉴别特征　珊瑚群体具明显单轴茎，产生一些侧枝。成年珊瑚群体分枝发生于顶部，分枝叉状再分形成 3 ～ 4 个平面，在每个平面内小枝形成合轴结构，整个珊瑚群体呈伞状。幼年珊瑚群体分枝随机生于茎的侧面，分枝叉状再分于多个平面上，整个珊瑚群体呈稀疏的瓶刷状。轴横截面为圆形，轴呈圆形，坚硬而坚固，具有光滑的表面和极明显的金属光泽。珊瑚虫呈圆柱形，没有明显的颈部，与其所处的分枝相比较小，彼此之间很好地分开，覆盖着丰富而致密的骨片。分枝的共肉组织薄，多数只有少量骨片或未很好地分化出这一层。骨片有杆状、纺锤状和鳞片状，几乎没有刻饰（Xu et al., 2020c）。

金相柳珊瑚属现有 4 种，分布于太平洋、印度洋和大西洋，水深 183 ～ 2311 m（Xu et al., 2020b）。

（75）黑发金相柳珊瑚 *Metallogorgia melanotrichos* (Wright & Studer, 1889)（图 2-76）

形态特征　成年珊瑚群体的主茎干单轴，具少量生于茎干最末端的大分枝；大分枝间角度常为钝

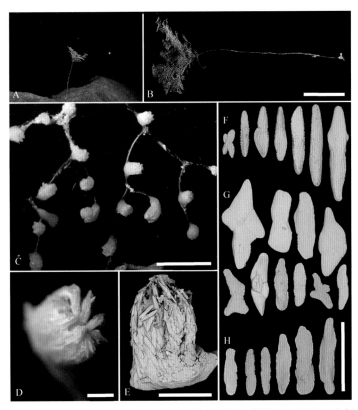

图 2-76　黑发金相柳珊瑚 *Metallogorgia melanotrichos* 外部形态、珊瑚虫及骨片（改自 Xu et al., 2020b）

A. 原位活体；B. 采集后的标本；C. 部分分枝；D. 单个末端珊瑚虫；E. 珊瑚虫电镜照；F. 触手骨片；G. 珊瑚虫体壁骨片；
H. 共肉组织骨片；标尺：20 cm（B）、5 mm（C）、500 μm（D，E）、300 μm（F ～ H 为同一比例）

角；每个大分枝上，强壮的小分枝叉状再分于单个平面且形成合轴结构。幼年珊瑚群体主茎干单轴且纤细，分枝随机生于茎干一侧，叉状再分于多个平面。珊瑚虫呈锥状或柱状，在成年珊瑚群体的茎干上缺失，但存在于幼年珊瑚群体的茎干中。骨片拉长且时常十字交叉，在珊瑚虫上密集排列。共肉组织骨片相对稀疏。触手杆状骨片纵向排列，表面具稀疏的细小疣突。珊瑚虫体壁上部杆状骨片纵向排列；珊瑚虫底部鳞片部分交叉堆叠或横向排列，表面近光滑。共肉组织鳞片沿轴向排列，常具 2 个圆形末端，偶尔形状不规则。

地理分布　印度洋 - 太平洋交汇处，西太平洋，中太平洋，大西洋（徐雨等，2019；Xu et al.，2020c）。

生态习性　栖息于水深 183 ～ 2265 m 的岩石底质上。

讨论　本种的鉴别特征为：茎干完全单轴，在成年个体中分枝发生于茎干最末端，珊瑚虫体壁和共肉组织均存在鳞片。此外，本种与属下其他种相比，地理分布范围更广。本研究采集的热带西太平洋标本与模式标本在骨片上吻合良好，二者区别为：本种珊瑚虫相对较大，大多为 2 mm，最长可达 4 mm，而后者多为 1.75 mm；共肉组织的鳞片更长，最长达 379 μm，后者则为 225 μm（Kükenthal，1919）。这些差异可能是由不同生活环境或生长阶段造成，应被视为种内变异。

（76）长刺金相柳珊瑚 *Metallogorgia macrospina* Kükenthal, 1919（图 2-77）

形态特征　成年珊瑚群体中，茎干单轴，分枝强壮且在顶部似螺旋状排列，分枝叉状再分于同一平面，在每个平面上小枝汇合形成合轴。幼年珊瑚群体中，茎干单轴，纤细的分枝随机生于茎干一侧，

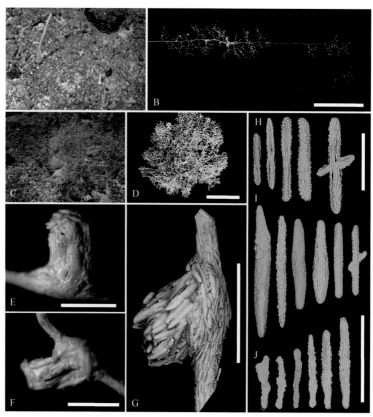

图 2-77　长刺金相柳珊瑚 *Metallogorgia macrospina* 外部形态、珊瑚虫及骨片（改自 Xu et al.，2020b）
A. 幼年原位活体；B. 采集后的幼年标本；C. 成年原位活体；D. 采集后的成年标本；E. 单个末端珊瑚虫；F. 单个非末端珊瑚虫；G. 珊瑚虫电镜照；
H. 触手骨片；I. 珊瑚虫体壁骨片；J. 共肉组织骨片；标尺：10 cm（B，D）、1 mm（E ～ G）、300 μm（I，J 为同一比例）、100 μm（H）

叉状再分于多个平面。珊瑚虫呈柱状，部分珊瑚虫具轻微膨胀的基部，珊瑚虫在成年珊瑚群体茎干中缺失，但分布于幼年珊瑚群体的茎干中。骨片相对粗糙且表面具许多小疣突，偶尔呈十字交叉状；杆状骨片相对规则，纵向排列在触手和珊瑚虫身体上部，部分交叉或横向排列在身体底部；鳞片和杆状骨片拉长，常粗糙且具齿状边缘，沿轴向排列在共肉组织中。

地理分布　中国南海，西苏门答腊海域，马里亚纳海山，卡罗琳洋脊海山；西南太平洋（徐雨等，2019；Xu et al.，2020b）。

生态习性　栖息于水深 720 ～ 1280 m 的岩石底质上。

讨论　根据 Kükenthal（1919）的观点，*M. macrospina* 的珊瑚虫含杆状和纺锤状骨片，共肉组织骨片为细长的杆状骨片，部分骨片形状扁平且不规则。本研究采集的热带西太平洋标本的骨片与原始描述吻合良好，因此将其鉴定为 *M. macrospina*。本种与黑发金相柳珊瑚 *M. melanotrichos* 相似，在大分枝中小枝均形成合轴结构，但二者的区别为：本种分枝排列更加密集，珊瑚虫较大，共肉组织骨片更长以及颜色不同。然而，本研究所采集标本的珊瑚虫比 *M. melanotrichos* 要小得多，个体颜色没有明显的不同。因此，基于本研究所采集标本的形态学特征，本种成年个体和 *M. melanotrichos* 区别为：本种分枝部分为合轴，在顶部形成螺旋状结构，后者分枝部分为单轴；本种珊瑚虫体壁骨片类型仅为杆状，后者为杆状和鳞片状；本种共肉组织为杆状和鳞片状，后者仅有鳞片状。

小枝柳珊瑚属 *Ramuligorgia* Cairns, Cordeiro & Xu in Cairns et al., 2021

鉴别特征　珊瑚群体具单平面的外形结构，最初不规则分枝，随后产生的分枝在每一侧都带有一系列长的小枝，这些小枝再次从较大分枝的一侧叉分或不分，最终形似竖琴状。珊瑚虫单列排列。珊瑚虫体壁骨片主要为拉长且具中部收缩的鳞片，触手骨片为扁平的杆状和纺锤状骨片，共肉组织骨片为拉长的鳞片（Cairns et al.，2021）。

小枝柳珊瑚属为单型属，分布于中太平洋至西太平洋的深海硬底生境，水深 2141 ～ 2999 m（Cairns et al.，2021）。

（77）蛹状小枝柳珊瑚 *Ramuligorgia militaris* (Nutting, 1908)（图 2-78）

形态特征　珊瑚群体原位活体呈深蓝色，乙醇固定后变黄或变白。茎干轴钙质，表面呈暗棕色，具轻微的彩虹色光泽；大分枝发生于一短而直的主茎，每个分枝继续在一侧产生小分枝，同时在另一侧排列 1 列珊瑚虫，所有的分枝近乎在同一平面上；小分枝不分枝或继续叉状分枝，间距 5 ～ 20 mm。珊瑚虫细长且呈柱状，排列成 1 列，常垂直于分枝排列，有时倾斜朝向末端，高 3 ～ 4 mm，宽 1 ～ 2 mm，间距 3 ～ 8 mm。触手背部的杆状和纺锤状骨片纵向排列，细长且偶尔分枝，常形成 8 个明显的纵列，延伸至珊瑚虫体壁。鳞片小而宽，常具轻微的中部收缩，偶尔一端或两端变尖，纵向排列在触手底部，横向排列在珊瑚虫体壁下半部；分枝共肉组织的鳞片较宽，有时边缘不规则，大部分沿轴向排列。

地理分布　夏威夷群岛西北部，约翰斯顿环礁附近，威克岛，萨摩亚群岛，音乐家海山群（Musicians Seamounts），九州 - 帕劳海脊海山，卡罗琳洋脊海山（Cairns et al.，2021）。

生态习性　栖息于水深 2141 ～ 2999 m 的岩石底质上。

讨论　本种的小枝与虹柳珊瑚属 *Iridogorgia* 或波柳珊瑚属 *Rhodaniridogorgia* 非常近似，系统发育研究也显示它们之间具有较近的亲缘关系（Cairns et al.，2021）。

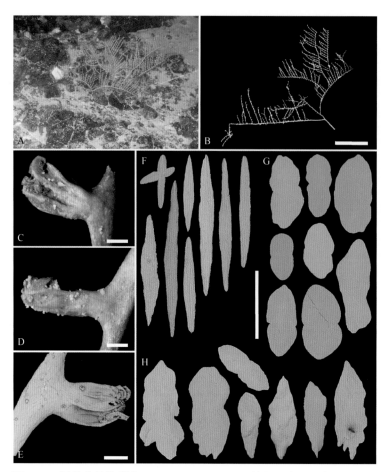

图 2-78　蛹状小枝柳珊瑚 *Ramuligorgia militaris* 外部形态、珊瑚虫及骨片
A. 原位活体；B. 采集后的标本；C, D. 采集后和乙醇固定后的单个非末端珊瑚虫；E. 珊瑚虫电镜照；F. 触手骨片；
G. 珊瑚虫体壁骨片；H. 共肉组织骨片；标尺：10 cm（B）、1 mm（C～E）、200 μm（F～H 为同一比例）

角柳珊瑚科 Keratoisididae Gray, 1870

鉴别特征　珊瑚群体茎干通常由具中空或实心碳酸钙质的节间部（internode）与棕色至深棕色的蛋白质地和无骨片的节点（node）相互铰接组成；不分枝（鞭状）或分枝，分枝起源于节点或节间，或靠近节点处的节间，或节间的中间。共肉组织通常很薄，但有时会变厚。珊瑚虫有不同程度的收缩，但不会缩回共肉组织内，只有触角收缩在珊瑚虫的口部。骨片类型为针状骨片（needle）、纺锤状骨片、杆状骨片或鳞片状骨片，它们纵向、横向或倾斜排列在珊瑚虫和共肉组织中。许多物种的触手基部之间有一个或一簇排列在肠系膜上的针状骨片；其他物种可能没有该类型的针状骨片，但可能仍然存在棒状骨片。咽部骨片通常存在，包括多疣或多刺的小杆状骨片（rodlet），或双星状骨片（double star）（Heestand Saucier et al.，2021）。

　　角柳珊瑚科现有 18 属 70 余种，在各大洋均有分布，均为深海种。珊瑚群体基底的形态、分枝方式、节间部的长度及纹理、珊瑚虫及各部位骨片的形态是以往用来区分不同角柳珊瑚的主要鉴别依据（图 2-79）。目前，角柳珊瑚科近一半物种的分类地位仍然存疑，科内各属的系统发育关系依然不明，*Lepidisis*、角柳珊瑚属 *Keratoisis*、*Bathygorgia* 和等竹柳珊瑚属 *Isidella* 属均不是单系类群（Watling et al.，2022）。

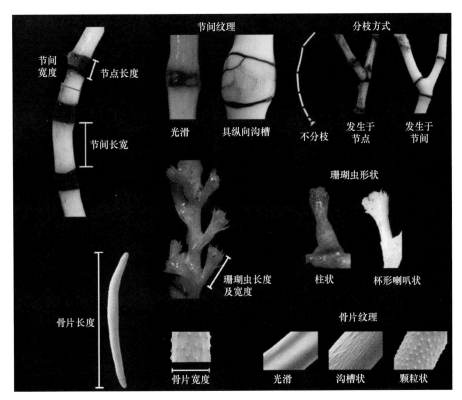

图 2-79　角柳珊瑚科物种鉴定依据的主要形态特征（改自 Dueñas and Sánchez，2009）

尖柳珊瑚属 *Acanella* Gray, 1870

鉴别特征　珊瑚群体呈灌木状，分枝为叉状或成轮，每个节点处产生 1～6 分枝。当珊瑚群体依靠根状基底着生于砂质基质中时，一般中等大小，高度很少超过 20 cm；当附着于坚硬的基质时，珊瑚群体较大，有时可高达 1 m。节间实心，较短，最长 2 cm，覆盖一层薄的共肉组织。珊瑚虫不能完全收缩，具一窄的底部和宽的口部，近柱状，纵向或倾斜地排列在分枝上。珊瑚虫上针状或杆状骨片纵向或倾斜地排列在珊瑚虫体壁上，咽部壁上具小的多刺的星状或短的杆状骨片（Saucier et al.，2017）。

尖柳珊瑚属现有 13 种，均分布于深海软底中。

（78）坚硬尖柳珊瑚 *Acanella rigida* Wright & Studer, 1889（图 2-80）

形态特征　珊瑚群体较小，外形为繁茂的小树状，生长在砂质中，基底呈根状，分叉。分枝从节点处开始产生 2～4 分枝，有的小分枝会发生汇合。珊瑚虫在分枝节间排列 1～3 个，在末端小枝上最多排列 7 个，高 2～6 mm，平均高 4 mm，宽 1.0～1.5 mm。珊瑚虫触手的杆状骨片纵向排列，表面覆盖均匀且密集的小疣突，偶尔形状和边缘不规则。羽片的杆状骨片小或鳞片拉长且扁平，数量稀少，表面具稀疏的大疣突。珊瑚虫体壁的纺锤状和杆状骨片纵向排列，突出于触手部分，细长且表面覆盖均匀的小疣状突起，两端变尖或呈圆形，偶尔分枝或表面具大疣突。共肉组织的纺锤状和杆状骨片沿轴向排列，细长且相对规则，表面具均匀的疣状突起。咽部骨片为小的星状骨片，数量稀少，表面具大的瘤状或锥形疣突。

地理分布　日本，菲律宾，印度尼西亚到巴布亚新几内亚以东海域（Saucier et al.，2017）。

生态习性　栖息于水深 350 ～ 1083 m 的砂质底中。

讨论　本种的主要鉴定特征包括：小树状结构，根状基底，分枝从节点发出，珊瑚虫表面具细长的纺锤形骨片。本种与 *Acanella sibogae* Nutting, 1910 的外形和骨片类型几乎一致，但区别为：前者珊瑚虫体壁具有大而长的纺锤形骨片，后者的骨片相对较小。这些差异被确定为种内变异，据此将 *Acanella sibogae* 作为 *Acanella rigida* 的同物异名（Saucier et al.，2017）。

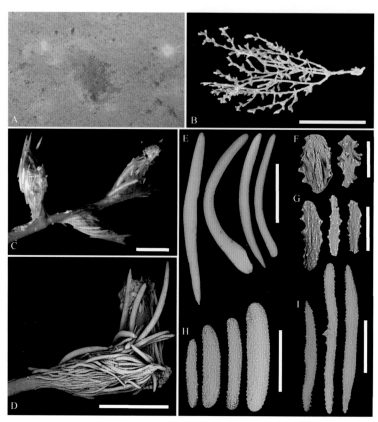

图 2-80　坚硬尖柳珊瑚 *Acanella rigida* 外部形态、珊瑚虫及骨片

A. 原位活体；B. 采集后的标本；C. 一段分枝具 3 个珊瑚虫；D. 珊瑚虫电镜照；E. 珊瑚虫体壁骨片；F. 咽部骨片；G. 羽片骨片；
H. 触手骨片；I. 共肉组织骨片；标尺：5 cm（B）、2 mm（C，D）、1 mm（E）、300 μm（H，I）、50 μm（F，G）

拟杰森柳珊瑚属 *Parajasonisis* Xu, Watling & Xu in Xu et al. 2024

鉴别特征　珊瑚群体呈平面扇状，外覆盖厚的组织。分枝发生在相对较短的节点上，分枝方式通常为伪叉状再分，在单个平面上横向重复，并倾向于形成竖琴状，偶尔三叉分。珊瑚虫高而窄，大多双列排列在两侧。触手背部的鳞片和扁平的小棒状骨片大部分光滑，这些骨片在羽片上的形状更加不规则。珊瑚虫体壁上部的扁平棒状或针状骨片纵向或倾斜排列，夹杂着厚的拉长鳞片横向排列在珊瑚虫体壁底部。共肉组织骨片和珊瑚虫体壁底部骨片类型一致。触手底部的长棒状或针状骨片有时突出。咽部骨片为不规则的小杆状骨片（Xu et al.，2024）。

拟杰森柳珊瑚属仅含一种，分布于西太平洋、中太平洋和北大西洋。

（79）扇形拟杰森柳珊瑚 *Parajasonisis flabellata* Xu, Watling & Xu, 2024（图 2-81）

形态特征　珊瑚群体呈平面扇状，具圆盘状钙质基底。分枝伪叉状再分，发生于节点，形成 2 ～ 4

分枝；节点灰褐色，呈略向内凹的短柱状，不高于 1 mm。珊瑚虫呈圆柱状，最高可达 8 mm，彼此间隔良好，常在轴两侧排列。珊瑚群体完全被厚的棕褐色外皮覆盖。触手背部的鳞片纵向排列，拉长，边缘轻微齿状，偶尔分枝且形状不规则。羽片上的鳞片密集排列，边缘不规则，常具中部收缩。触手底部有时具 8 个明显突出的细长杆状或纺锤状骨片。珊瑚虫体壁上部的厚杆状骨片或拉长鳞片纵向或倾斜排列，边缘和表面有时略微不规则。珊瑚虫体壁底部的鳞片横向排列，较厚且拉长，表面光滑或具浅的裂隙，有时具一轻微的中部收缩。共肉组织的鳞片密集沿轴向排列，类型和体壁底部相同，表面近光滑，有时形状不规则，具一轻微的中部收缩。咽部骨片为表面具大疣状或锥形瘤突的小杆状骨片。

地理分布　巴哈马，麦哲伦海山链 Kocebu 海山，中太平洋海山（Xu et al.，2024）。

生态习性　栖息于水深 1357 ～ 2044 m 的岩石底质上。

讨论　拟杰森柳珊瑚属和杰森柳珊瑚属物种外形非常相似，二属均为单型属。本种与 *Jasonisis thresheri* 的区别为：珊瑚虫体壁骨片不同，前者为拉长的杆状骨片和鳞片，边缘相对规则，表面近光滑，后者为纺锤状骨片和鳞片，边缘呈齿状，表面具许多疣突；前者共肉组织骨片边缘规则，后者则呈明显的齿状（Alderslade and McFadden，2012；Xu et al.，2024）。

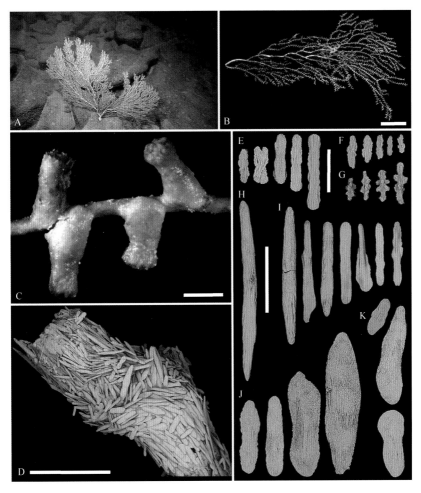

图 2-81　扇形拟杰森柳珊瑚 *Parajasonisis flabellata* 外部形态、珊瑚虫及骨片（改自 Xu et al. 2024）

A. 原位活体；B. 采集后的标本；C. 一段分枝具 4 个珊瑚虫；D. 珊瑚虫电镜照；E. 触手骨片；F. 羽片骨片；G. 咽部骨片；H. 触手底部突出的骨片；I. 珊瑚虫体壁上半部骨片；J. 珊瑚虫体壁下半部骨片；K. 共肉组织骨片；标尺：10 cm（B）、2 mm（C，D）、300 μm（H ～ K 为同一比例）、100 μm（E ～ G 为同一比例）

三叉柳珊瑚属 *Tridentisis* France & Watling, 2024

鉴别特征　珊瑚群体具有长而不分枝的茎，茎延伸至一个节点，从该节点产生 3 分枝并垂直生长，形成三叉戟形。在两侧的分枝上，其他分枝从节点处向上产生并在单个平面上，使个体呈平面烛台状。珊瑚虫不规则地排列在轴的四周。触手之外有突出的长针状骨片。珊瑚虫体壁中有小针状和扁平杆状骨片。触手和羽片中有边缘带齿至不规则的扁平杆状骨片。咽部有不规则的杆状骨片，其侧端突出的齿稀疏且较大。共肉组织中的骨片稀疏或缺失（France and Watling，2024）。

三叉柳珊瑚属现仅含一种，分布于西太平洋、北太平洋和北大西洋，水深 1255 ～ 2214 m。

（80）烛台三叉柳珊瑚 *Tridentisis candelabrum* France & Watling, 2024（图 2-82）

形态特征　珊瑚群体经一长的不分枝部分后叉状再分，分枝发生于轴一侧且向上生长，形似竖琴状。珊瑚虫多呈柱状，高 3 ～ 4 mm，间隔良好，分布于分枝两侧，有时不规律排列。共肉组织薄而透明。珊瑚虫具 8 个明显突出的纺锤状骨片，超过触手部分，其通常两端尖，表面具细小的疣突，偶尔光滑。触手上有拉长的鳞片表面粗糙具沟痕，边缘具不规则突起。珊瑚虫体壁和共肉组织中，分布有稀疏的杆状和纺锤状骨片，表面光滑或具稀疏的小疣突。咽部存在小杆状骨片，表面具突出的锥形疣突。

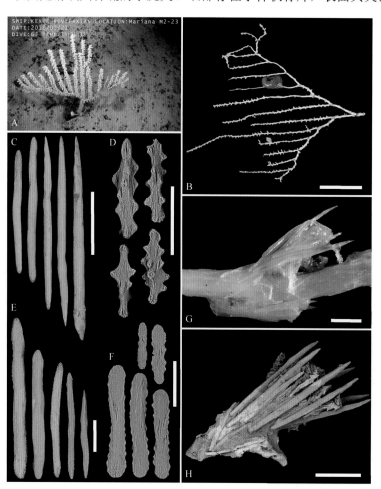

图 2-82　烛台三叉柳珊瑚 *Tridentisis candelabrum* 外部形态、珊瑚虫及骨片

A. 原位活体；B. 采集后的标本；C. 珊瑚虫体壁大的纺锤状骨片；D. 咽部骨片；E. 珊瑚虫体壁和共肉组织小的纺锤状或棒状骨片；F. 触手上的骨片；G. 珊瑚虫光镜照；H. 珊瑚虫电镜照；标尺：10 cm（B）、1 mm（C，G，H）、200 μm（E）、100 μm（D，F）

地理分布　西太平洋，北太平洋及北大西洋。

生态习性　栖息于 911 ～ 2214 m 的岩石底质上。

讨论　本种具有特殊的竖琴状结构，分枝特征不同于科内其他属物种，此外另有区别为：触手鳞片拉长且边缘不规则突起，咽部棒状骨片细长且具突起。

长节柳珊瑚属 *Tanyostea* Lapointe & Watling, 2022

鉴别特征　珊瑚群体呈弯曲的不分枝的鞭状。珊瑚虫包含 8 个长且独立的触手针状体骨片，它们在触须周围形成独特的"V"形，珊瑚虫底部很少有骨片。轴上覆盖有一层厚的共肉组织。珊瑚虫身体由两部分组成，可通过身体中部的一个明显弯曲而分开。触手包含细长的杆状骨片，咽部骨片拉长（Lapointe and Watling，2022）。

长节柳珊瑚属现仅有 1 种，分布于西南太平洋塔斯曼海的海山中。

（81）金刚狼长节柳珊瑚 *Tanyostea wolverini* Lapointe & Watling, 2022（图 2-83）

形态特征　珊瑚群体呈弯曲的鞭状。珊瑚虫呈长柱状或锥状，高 2 ～ 7 mm，宽 2 ～ 3 mm，在分枝上呈不规则螺旋状排列且紧密。共肉组织较厚，珊瑚虫不易脱落。珊瑚虫触手底部具 8 个长杆状骨片，

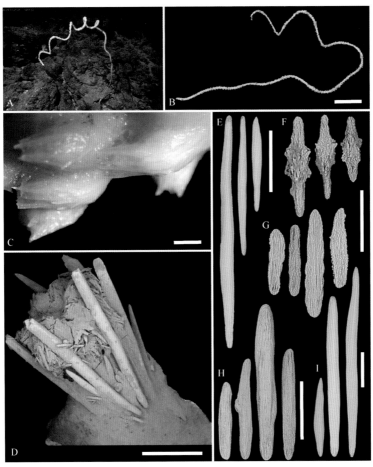

图 2-83　金刚狼长节柳珊瑚 *Tanyostea wolverini* 外部形态、珊瑚虫及骨片

A. 原位活体；B. 采集后的标本；C. 珊瑚虫光镜照；D. 珊瑚虫电镜照；E. 珊瑚虫触手底部长棒状骨片；F. 咽部骨片；G. 羽片骨片；H. 触手杆状骨片；I. 珊瑚虫体壁和共肉组织的小的棒状骨片；标尺：10 cm（B）、1 mm（C，D，E）、200 μm（H，I）、100 μm（F，G 为同一比例）

呈"V"形排列，表面光滑，两端有时具深沟痕或脊状突起。珊瑚虫体壁和共肉组织骨片稀少，呈棒状。触手上的杆状骨片纵向排列，近光滑或表面粗糙。羽片上的小且厚的拉长的鳞片表面粗糙，边缘有时不规则。咽部分布有拉长的星状骨片，中间表面具许多尖或钝的疣突。

地理分布　麦哲伦海山链 Kocebu 海山，塔斯曼海。

生态习性　栖息于水深 1420 m 的岩石底质上。

讨论　本研究采自热带西太平洋的标本与采自西南太平洋的模式标本完全吻合。

密柳珊瑚属 *Adinisis* Lapointe & Watling, 2022

鉴别特征　珊瑚群体为不分枝的鞭状到具粗壮轴且分枝的扇状。珊瑚虫沿轴密集排列，其间有很少的共肉组织。珊瑚虫通常具一层由胶原纤维支撑的厚表皮。珊瑚虫体壁远端的骨片全部或主要为针状或杆状，具有明显的间隔排列。珊瑚虫基部和共肉组织中可能含有许多鳞片或鳞片缺失。咽部骨片为宽而多刺的小杆状骨片，表面常具锐齿（Lapointe and Watling，2022）。

密柳珊瑚属现有 3 种，其中 *Adinisis adkinsi* Lapointe & Watling, 2022 和 *Adinisis thresheri* Lapointe & Watling, 2022 分布于西南太平洋塔斯曼海的海山，*Adinisis oblonga* Periasamy, Kurian & Ingole, 2023 分布于印度洋（Periasamy et al.，2023）。

（82）密柳珊瑚属未定种 1 *Adinisis* sp. 1（图 2-84）

形态特征　珊瑚群体呈细长鞭状，不分枝，顶部盘绕扭曲。珊瑚虫多呈柱状，高 2～6 mm，间隔良好，

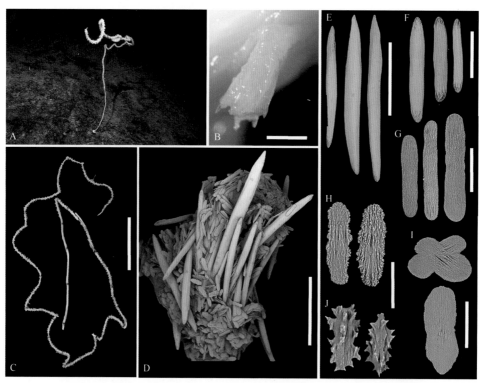

图 2-84　密柳珊瑚属未定种 1 *Adinisis* sp. 1 外部形态图、珊瑚虫及骨片

A. 原位活体；B. 单个珊瑚虫；C. 采集后的标本；D. 珊瑚虫电镜照；E. 珊瑚虫体壁和共肉组织的纺锤状骨片；F. 触手杆状骨片；G. 触手顶部拉长的鳞片；H. 羽片骨片 I. 珊瑚虫体壁和共肉组织的鳞片状骨片；J. 咽部骨片；标尺：20 cm（C）、1 mm（B，D，E）、300 μm（F）、100 μm（G，I）、50 μm（H，J 为同一比例）

在分枝上呈不规则螺旋式排列，朝向分枝末端。共肉组织较厚。珊瑚虫体壁上的纺锤状骨片纵向或倾斜排列，表面光滑，两端通常变尖，突出于触手部分；鳞片状骨片密集分布其间，表面近光滑，有时具浅裂隙，中间具明显的中部收缩。共肉组织骨片类型和体壁一致，但纺锤状骨片数量稀少。触手上的棒状骨片纵向排列，两端具密集的沟痕。羽片部分为细长的厚鳞片，表面具许多浅沟痕，有时边缘不规则。咽部存在星状骨片，表面具突出的锥形疣突。

地理分布　麦哲伦海山链 Kocebu 海山。

生态习性　栖息于 1339 m 的岩石底质上。

讨论：本种鉴别特征为：具稀疏分布的锥形的珊瑚虫，共肉组织较厚且密布鳞片，珊瑚虫体壁含有密集的鳞片状骨片。这些特征与密柳珊瑚属已知 3 个种均不相同，可能是密柳珊瑚属的一个新种。

（83）密柳珊瑚属未定种 2 *Adinisis* sp. 2（图 2-85）

形态特征　珊瑚群体原位长超过 1 m，具大的圆盘状基底；分枝叉状再分，发生于靠近节点处的节间，分枝轴有时空心；节点灰褐色，呈向内凹入的圆柱状，最长达 6 mm。珊瑚虫呈圆柱状，高 3 ～ 6 mm，垂直于轴，不规则螺旋式排列，有时紧密成簇。共肉组织较厚。触手背部鳞片密集纵向排列，细长且厚，表面光滑或偶尔具大瘤突，边缘有时不规则。羽片的鳞片密集堆叠，边缘齿状，表面有时粗糙具许多小疣突，有时具轻微的中部收缩。触手底部间隙处常具 8 个长且突出的杆状或纺锤状骨片，纵向排列，表面光滑，有时两端变尖。珊瑚虫体壁上的鳞片密集覆盖，表面光滑，具轻微的中部收缩，偶尔十字交叉或形状不规则。此外，体壁上还存在着细长且厚的杆状骨片，有时边缘不规则，表面具大瘤突。共肉组织和珊瑚虫体壁的鳞片类型一致。咽部的小杆状骨片表面覆盖锥形疣突和深裂隙。

地理分布　卡罗琳洋脊海山。

生态习性　栖息于水深 1503 m 的岩石底质上。

讨论　本种与 *Adinisis* sp. 1 具有相似的骨片结构。但二者区别为：前者具有分枝状的树形结构，而后者为不分枝的鞭状；前者触手底部杆状骨片缺少，而后者普遍存在。因此，本种可能是密柳珊瑚

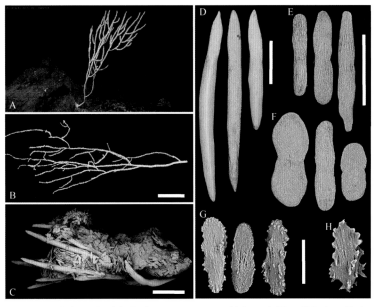

图 2-85　密柳珊瑚属未定种 2 *Adinisis* sp. 2 外部形态图、珊瑚虫及骨片

A. 原位活体；B. 采集后的标本；C. 珊瑚虫电镜照；D. 珊瑚虫体壁和共肉组织的纺锤状骨片；E. 触手骨片；F. 珊瑚虫体壁和共肉组织的鳞片状骨片；
G. 羽片骨片；H. 咽部骨片；标尺：20 cm（B）、1 mm（C）、500 μm（D）、200 μm（E，F 为同一比例）、50 μm（G，H 为同一比例）

属的又一新种。

（84）密柳珊瑚属未定种3 *Adinisis* sp. 3（图2-86）

形态特征　珊瑚群体呈细长鞭状，不分枝。珊瑚虫多呈柱状，高3～4 mm，间隔良好，在分枝上呈不规则螺旋式排列。共肉组织薄而透明。珊瑚虫体壁上半部的纺锤状骨片纵向或倾斜排列，表面光滑两端通常变尖；下半部骨片横向或倾斜排列，类型与上半部一致；中间夹杂着数量稀少的鳞片，中间具明显的中部收缩。触手上的棒状骨片纵向排列，两端具密集的沟痕。羽片上的鳞片细长且厚，表面具许多浅沟痕，有时边缘不规则。咽部的星状骨片，表面具突出的锥形疣突。

地理分布　麦哲伦海山链 Kocebu 海山。

生态习性　栖息于1339 m的岩石底质上。

讨论　本种鉴别特征为：珊瑚群体不分枝，共肉组织骨片稀少，珊瑚虫体壁含有稀疏的鳞片状骨片。本种与 *Adinisis* sp. 1 形态很像，但区别为：本种珊瑚虫体壁鳞片状骨片较少，而后者数量众多且分布密集；本种纺锤状骨片数量众多，后者则相对稀少。此外，本种外形也较为纤细，茎轴很少扭曲。

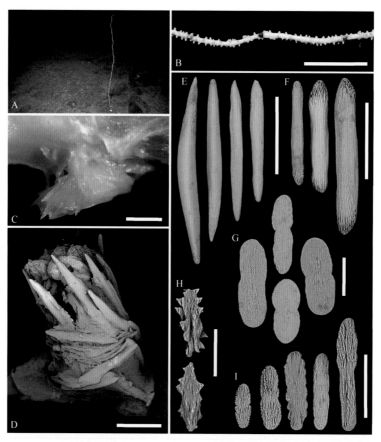

图2-86　密柳珊瑚属未定种3 *Adinisis* sp. 3 外部形态图、珊瑚虫及骨片

A. 原位活体；B. 采集后的一段分枝；C. 单个珊瑚虫；D. 珊瑚虫电镜照；E. 珊瑚虫体壁和共肉组织的纺锤状骨片；F. 触手骨片；G. 珊瑚虫体壁和共肉组织的鳞片状骨片；H. 咽部骨片；I. 羽片骨片；标尺：10 cm（B）、1 mm（C，D，E）、300 μm（F）、100 μm（G，I）、50 μm（H）

奇柳珊瑚属 *Eknomisis* Watling & France, 2011

鉴别特征　珊瑚群体不分枝或分枝；分枝起源于节间部，朝向不同的平面。珊瑚虫呈柱状或锥状，

双列或不规则地排列在分枝上。触手完全收缩在珊瑚虫顶部。骨片对向地排列在珊瑚虫底部，纵向地排列在体壁上，通常不突出于触手；骨片类型均为棒状、扁平棒状和针状，骨片表面常有轻微纵向的脊。触手背部为棒状骨片，其末端粗糙含密集的纵向脊。羽片处的骨片扁平而不规则。珊瑚虫体壁和共肉组织为针状和棒状骨片，有时略微弯曲。咽部的棒状骨片小而不规则，侧端具大的锥形突起（Watling and France，2011）。

　　奇柳珊瑚属现仅含一种。由于以往对角柳珊瑚属 *Keratoisis* 形态的误解，许多种被误归到角柳珊瑚属当中，事实上，它们与奇柳珊瑚属的形态更接近。因此，角柳珊瑚属中大部分种待修订。

（85）奇柳珊瑚属未定种 1 *Eknomisis* sp. 1（图 2-87）

　　形态特征　珊瑚群体经长的不分枝部分后叉状再分，形成稀疏的树状结构；分枝发生于微靠近节点处的节间。珊瑚虫呈柱状，高 2 ～ 4 mm，间隔良好。共肉组织较薄。珊瑚虫体壁上部杆状骨片倾斜排列，表面近光滑，有时两端变尖且表面具脊状突起。珊瑚虫体壁底部的杆状骨片横向排列，类型同体壁上部一致。共肉组织中骨片稀少或缺失。触手中的杆状骨片纵向排列，两端略微膨胀具纵向沟痕。羽片处拉长的小鳞片密集分布，表面粗糙具沟痕，边缘不规则。咽部为星状骨片，表面具尖的疣突。

　　地理分布　卡罗琳洋脊海山。

　　生态习性　栖息于水深 1476 ～ 1611 m 的岩石底质上。

　　讨论　本种的鉴别特征为：具一长的不分枝部分后再叉状分枝形成稀疏的树状结构。由于奇柳珊瑚属和角柳珊瑚属物种的形态学和系统发育关系混乱，因此本种的分类学地位还需进一步证实。

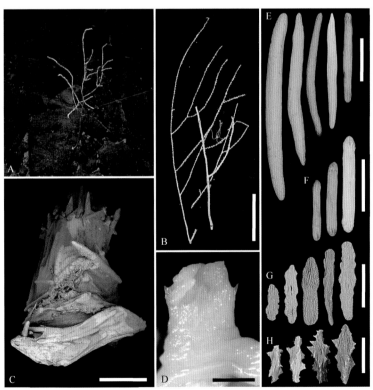

图 2-87　奇柳珊瑚属未定种 1 *Eknomisis* sp. 1 外部形态、珊瑚虫及骨片

A. 原位活体；B. 采集后的标本；C. 珊瑚虫电镜照；D. 单个珊瑚虫；E. 珊瑚虫体壁和共肉组织突出的骨片；F. 触手骨片；G. 羽片骨片；
H. 咽部骨片；标尺：20 cm（B）、1 mm（C，D）、500 μm（E）、300 μm（F）、100 μm（G）、50 μm（H）

（86）奇柳珊瑚属未定种 2 *Eknomisis* sp. 2（图 2-88）

　　形态特征　珊瑚群体经短的不分枝部分后叉状再分，形成稀疏的丛状结构；分枝发生于微靠近节点处的节间。珊瑚虫呈柱状和锥状，高 1.5～4.0 mm，间隔良好，在分枝上不规则螺旋式排列，朝向分枝末端。共肉组织较薄，但珊瑚虫不易脱落。珊瑚虫体壁上部的杆状骨片倾斜或纵向排列，表面近光滑，有时两端变尖。珊瑚虫体壁底部杆状骨片横向排列，类型同体壁上部一致。共肉组织中的骨片稀少或缺失。触手的杆状骨片纵向排列，两端略微膨胀具纵向沟痕。羽片处拉长的小鳞片密集分布，表面粗糙具沟痕，边缘不规则。咽部为窄的星状骨片，表面具尖的疣突。

　　地理分布　卡罗琳洋脊海山。

　　生态习性　栖息于水深 1537 m 的岩石底质上。

　　讨论　本种骨片类型与 *Eknomisis* sp. 1 最为接近，但区别为：本种外形为矮丛状，而后者为高的稀疏分枝的树状；本种珊瑚虫呈锥形，而后者为柱状。本种的分类学地位亦需进一步确认。

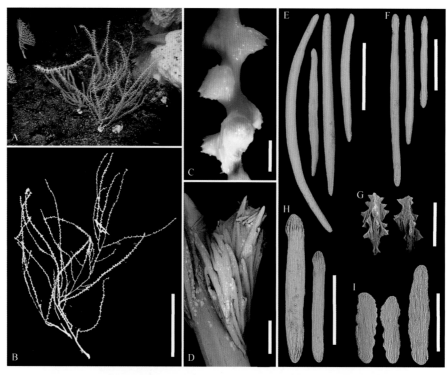

图 2-88　奇柳珊瑚属未定种 2 *Eknomisis* sp. 2 外部形态、珊瑚虫及骨片
A. 原位活体；B. 采集后的标本；C. 一段分枝；D. 珊瑚虫电镜照；E. 珊瑚虫体壁的大骨片；F. 珊瑚虫体壁的小骨片；G. 咽部骨片；H. 触手骨片；
I. 羽片骨片；标尺：20 cm（B）、2 mm（C）、1 mm（D，E）、500 μm（F）、300 μm（H）、100 μm（I）、50 μm（G）

（87）奇柳珊瑚属未定种 3 *Eknomisis* sp. 3（图 2-89）

　　形态特征　珊瑚群体经短的不分枝部分后再稀疏分成 3 小枝；分枝发生于节间。珊瑚虫呈柱状，高 2～4 mm，间隔良好，在分枝两侧排列，垂直或朝向末端。共肉组织较薄，珊瑚虫不易脱落。珊瑚虫体壁的杆状骨片纵向或倾斜排列，表面近光滑。珊瑚虫体壁底部和共肉组织中的杆状骨片横向排列。触手处的杆状骨片纵向排列，粗壮且有时两端具纵向沟痕。羽片处密集分布许多拉长的小鳞片，表面粗糙，边缘不规则。咽部分布有窄的星状骨片，表面具尖的疣突。

　　地理分布　卡罗琳洋脊海山。

　　生态习性　栖息于水深 1965 m 的岩石底质上。

　　讨论　本种的鉴别特征为：具不易脱落的柱状珊瑚虫，珊瑚虫触手明显且具粗壮的杆状骨片，羽片分布着密集的小鳞片，共肉组织骨片稀少或缺失。本种的分类学地位尚待进一步确认。

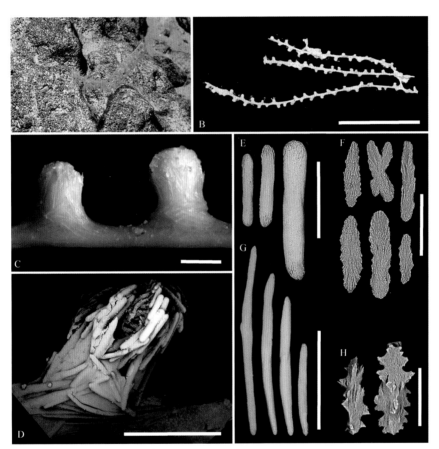

图 2-89　奇柳珊瑚属未定种 3 *Eknomisis* sp. 3 外部形态、珊瑚虫及骨片

A. 原位活体；B. 采集后的标本；C. 一段分枝具 2 个珊瑚虫；D. 珊瑚虫电镜照；E. 触手骨片；F. 羽片骨片；G. 珊瑚虫体壁骨片；
H. 咽部骨片；标尺：5 cm（B）、2 mm（C, D）、1 mm（G）、500 μm（E）、100 μm（F）、50 μm（H）

（88）奇柳珊瑚属未定种 4 *Eknomisis* sp. 4（图 2-90）

　　形态特征　珊瑚群体经短的不分枝部分后再稀疏分枝，末端分枝呈细长的鞭状。分枝发生于节间。珊瑚虫呈柱状和锥状，高 0.5 ～ 2.0 mm，间隔良好，在分枝两侧排列。共肉组织较薄，珊瑚虫易脱落。珊瑚虫体壁的杆状骨片纵向排列，表面近光滑，有时具疣突，两端有时变尖。珊瑚虫体壁底部和共肉组织中的杆状骨片横向排列。触手处的杆状骨片纵向排列，两端具纵向沟痕。羽片处拉长的小鳞片表面粗糙，边缘有时不规则。咽部分布有窄的星状骨片，表面具尖的疣突。

　　地理分布　卡罗琳洋脊海山。

　　生态习性　栖息于水深 1532 m 的岩石底质上。

　　讨论　本种与 *Eknomisis dalioi* Watling & France, 2011 相比，具更稀疏的分枝且末端分枝呈细长的鞭状，珊瑚虫易脱落，咽部骨片具更多且更尖的疣突。本种的分类学地位也待进一步确认。

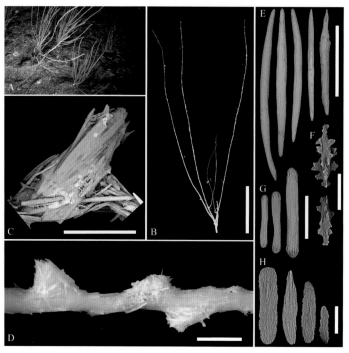

图 2-90 奇柳珊瑚属未定种 4 *Eknomisis* sp. 4 外部形态、珊瑚虫及骨片

A. 原位活体；B. 采集后的标本；C. 珊瑚虫电镜照；D. 一段分枝；E. 珊瑚虫体壁和共肉组织的骨片；F. 咽部骨片；G. 触手骨片；
H. 羽片骨片；标尺：20 cm（B）、2 mm（C，D）、1 mm（E）、200 μm（G）、50 μm（F，H）

（89）奇柳珊瑚属未定种 5 *Eknomisis* sp. 5（图 2-91）

形态特征　珊瑚群体经短的不分枝部分后叉状再分，形成稀疏的丛状。分枝发生于微靠近节点处

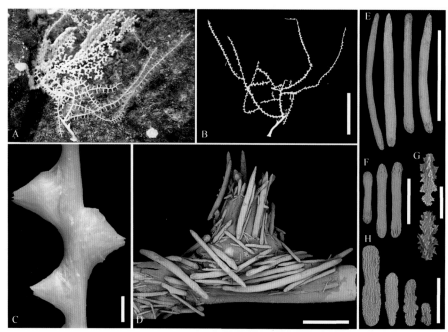

图 2-91 奇柳珊瑚属未定种 5 *Eknomisis* sp. 5 外部形态、珊瑚虫及骨片

A. 原位活体；B. 采集后的标本；C. 一段分枝；D. 珊瑚虫电镜照；E. 珊瑚虫体壁和共肉组织的骨片；F. 触手骨片；G. 咽部骨片；
H. 羽片骨片；标尺：20 cm（B）、1 mm（C，D，E）、200 μm（F）、100 μm（H）、50 μm（G）

的节间。珊瑚虫呈锥状，高 1.5 ～ 5.0 mm，间隔良好，在分枝两侧排列。共肉组织较薄，珊瑚虫不易脱落。珊瑚虫体壁上杆状骨片纵向或倾斜排列，表面中间近光滑，两端具深沟痕或脊状突起。珊瑚虫体壁底部和共肉组织杆状骨片横向排列，类型同体壁一致。触手杆状骨片纵向排列，两端膨大且具纵向沟痕。羽片处小而厚的拉长的鳞片表面粗糙，边缘有时不规则。咽部分布有窄的星状骨片，表面具许多尖或钝的疣突。

地理分布　卡罗琳洋脊海山。

生态习性　栖息于水深 1510 m 的岩石底质上。

讨论　本种与 *Eknomisis* sp. 4 的骨片类型非常相似，但区别为：本种个体矮小，呈稀疏的丛状，体壁骨片两端具明显的沟痕或脊状突起，羽片骨片较厚。本种的分类学地位待进一步确认。

角柳珊瑚属 *Keratoisis* Wright, 1869

鉴别特征　珊瑚群体不分枝或从节间处稀疏分枝。珊瑚虫呈柱状，双列或不规则排列在分枝上。珊瑚虫头部有大而光滑的针状骨片，具锋利的末端，数量不一，突出触手底部形成花萼一样的结构。珊瑚虫体壁上的小针状滑片纵向排列，其间夹杂着密集的棱镜状光滑骨片，包括扁平棒状骨片以及椭圆形、饼干形或卵圆形的鳞片。触手和羽片骨片为扁平棒状和拉长的鳞片，边缘有时不规则。共肉组织骨片类型与珊瑚虫体壁一致。咽部为矮胖的小棒状骨片，侧端具棘状突起（Wright，1869；Wright & Studer，1889；Nutting，1910b）。

角柳珊瑚属模式种的原始描述十分简单，缺乏对骨片等重要特征的描述（Wright，1869）。Verrill（1883）认为该属物种不含鳞片。Wright 和 Studer（1889）对该属重新进行了描述，明确其珊瑚虫和共肉组织中含有棱镜状或椭圆鳞片形的骨片。这一观点也被 Nutting（1910b）所承认。但后来的分类学家大多忽视了鳞片这一重要特征，导致许多物种被误归到角柳珊瑚属。角柳珊瑚属现有 22 种，可能仅模式种一种属于该属，这表明角柳珊瑚属有待修订。

（90）格氏角柳珊瑚 *Keratoisis grayi* Wright, 1869（图 2-92）

形态特征　珊瑚群体分枝稀疏，仅具 2 大分枝。珊瑚虫呈细长柱状，最高达 9 mm，平均宽 2 mm，在分枝上密集且不规则的螺旋式排列。共肉组织较厚，珊瑚虫不易脱落。珊瑚虫和共肉组织覆盖有密集的骨片。珊瑚虫体壁上的尖纺锤状骨片夹杂密集排列的鳞片。触手上的鳞片拉长，并呈纵向排列，表面近光滑，边缘有时不规则。羽片处拉长的鳞片小且厚，表面粗糙，边缘有时不规则。共肉组织中的杆状骨片和鳞片骨片共存。咽部的小杆状骨片宽而多刺，表面具锐齿。

地理分布　葡萄牙附近海域（Wright，1869），马里亚纳海山。

生态习性　栖息于水深 732 ～ 757 m 的岩石底质上。

讨论　本研究采集的热带西太平洋标本与 Wright 和 Studer（1889）对本种的描述在分枝方式和骨片类型上一致。然而，本研究标本相较于模式种的珊瑚虫要略微弯曲，这可能是由于不同的生活环境或保存方式造成的，应被视为种内变异。

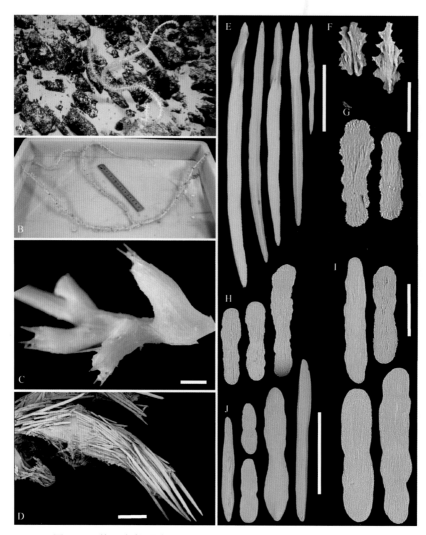

图 2-92　格氏角柳珊瑚 *Keratoisis grayi* 外部形态、珊瑚虫及骨片

A. 原位活体；B. 采集后的标本；C. 珊瑚虫光镜照；D. 珊瑚虫电镜照；E. 珊瑚虫触手底部及体壁长纺锤状骨片；F. 咽部骨片；G. 羽片骨片；H. 触手骨片；I. 珊瑚虫体壁的鳞片状骨片；J. 共肉组织骨片；标尺：1 mm（C，D）、500 μm（E）、300 μm（J）、100 μm（H，I 为同一比例）、50 μm（F，G 为同一比例）

（91）角柳珊瑚科未定种 1 Keratoisididae sp. 1（图 2-93）

形态特征　珊瑚群体经短的不分枝部分后再分成 3 分枝，分枝发生于节间，鞭状且不再分。珊瑚虫呈柱状，高 3 ～ 8 mm，交替排列在分枝两侧，有时呈不规则螺旋式排列，易从分枝上脱落。珊瑚虫体壁上有大杆状骨片，数量较少。触手有小杆状骨片，纵向排列，末端发生膨胀。羽片上有拉长的鳞片，密集排列，表面粗糙且边缘不规则，有时十字交叉状。共肉组织骨片稀少或缺失。咽部骨片为拉长的星状骨片，表面具突起的刺状或脊状疣突。

地理分布　卡罗琳洋脊海山。

生态习性　栖息于水深 1036 m 的岩石底质上。

讨论　本未定种与大块柳珊瑚属 *Onkoisis* Lapointe & Watling, 2022 下的物种在骨片类型上相似，但本种的骨片更为粗壮且末端更加膨胀，珊瑚虫体壁底部和共肉组织骨片缺失。系统发育显示，本种所在属与大块柳珊瑚属形成姐妹枝具中等置信度，可能为一新属。

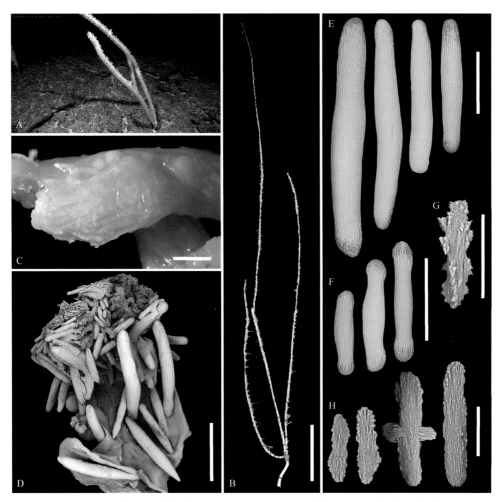

图 2-93　角柳珊瑚科未定种 1 Keratoisididae sp. 1 外部形态、珊瑚虫及骨片
A. 原位活体；B. 采集后的标本；C. 单个珊瑚虫；D. 珊瑚虫电镜照；E. 珊瑚虫体壁和共肉组织的杆状骨片；F. 触手骨片；G. 咽部骨片；
H. 羽片骨片；标尺：20 cm（B）、1 mm（C，D）、500 μm（E，F）、50 μm（G，H）

（92）角柳珊瑚科未定种 2 Keratoisididae sp. 2（图 2-94）

形态特征　珊瑚群体具圆盘状钙质基底，原位活体呈鲜艳的黄色，采集后呈灰色或深褐色。分枝发生于靠近节点处的节间，叉状再分，形成平面状结构，偶尔分枝发生汇合。珊瑚虫呈小疣状或柱状，高 0.5 ～ 2.0 mm，在轴的两侧不规律排列。共肉组织较厚，具密集排列的骨片。珊瑚虫体壁上的杆状骨片倾斜排列，表面具均匀的疣状突起。触手上的小杆状骨片纵向排列，表面具疣突。羽片上的鳞片拉长，较厚且边缘不规则，表面粗糙。共肉组织中的杆状骨片和小鳞片沿轴向排列，表面具疣突。咽部的星状骨片或宽或窄，表面具锥形突起。

地理分布　卡罗琳洋脊海山。

生态习性　栖息于水深 942 ～ 1454 m 的岩石底质上。

讨论　本未定种和脆枝柳珊瑚属 *Cladarisis* Watling, 2015 的物种在骨片类型上相似。但是，本未定种与该属模式种 *Cladarisis nouvianae* Watling, 2015 相比具有明显差异，主要表现为：本种个体颜色呈黄色，后者呈白色；本种共肉组织含有大量骨片，后者骨片稀少，仅存在于珊瑚虫底部（Watling，2015）。

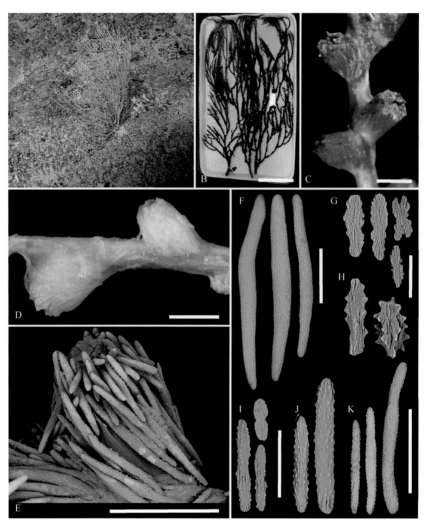

图 2-94 角柳珊瑚科未定种 2 Keratoisididae sp. 2 外部形态、珊瑚虫及骨片

A. 原位活体；B. 采集后的标本；C. 一段粗分枝具 3 个珊瑚虫；D. 一段小枝具 2 个珊瑚虫；E. 珊瑚虫电镜照；F. 珊瑚虫体壁骨片；G. 羽片骨片；H. 咽部骨片；I. 共肉组织小骨片；J. 触手骨片；K. 共肉组织大骨片；标尺：10 cm（B）、1 mm（C～E）、500 μm（F, K）、200 μm（I, J 为同一比例）、50 μm（G, H 为同一比例）

（93）角柳珊瑚科未定种 3 Keratoisididae sp. 3（图 2-95）

形态特征 珊瑚群体细长鞭状。珊瑚虫细长柱状，最高达 8 mm，宽 1 mm，间距 1～2 mm，在分枝上互生或螺旋式排列。珊瑚虫触手上的鳞片拉长，纵向排列，边缘不规则，具中部收缩，有时表面具明显的疣状突起。珊瑚虫体壁的纺锤状骨片细长，纵向排列，数量稀少，表面具均匀的突起，有时具小杆状骨片，两端具密集的沟痕。咽部的星状骨片或宽或窄，表面具明显的锥形突起。

地理分布 卡罗琳洋脊海山。

生态习性 栖息于水深 1031 m 的岩石底质上。

讨论 本种的鉴别特征为：珊瑚群体不分枝，体壁存在杆状骨片。本种与等竹柳珊瑚属 *Isidella* Gray, 1857 下的部分物种在形态上相似。由于等竹柳珊瑚属目前形态学及系统发育关系混乱，尚需澄清，因此本种的分类学地位有待进一步确认。

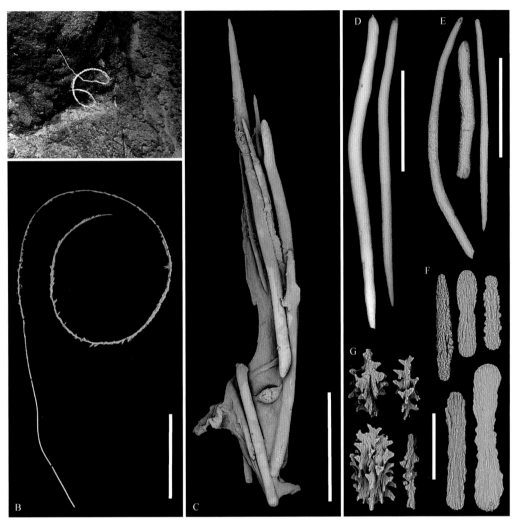

图 2-95　角柳珊瑚科未定种 3 Keratoisididae sp. 3 外部形态、珊瑚虫及骨片
A. 原位活体；B. 采集后的标本；C. 珊瑚虫电镜照；D. 珊瑚虫体壁的大骨片；E. 珊瑚虫体壁的小骨片；F. 触手骨片；
G. 咽部骨片；标尺：10 cm（B）、2 mm（C，D）、1 mm（E）、100 μm（G，F 为同一比例）

丑柳珊瑚科 Primnoidae Milne-Edwards, 1857

鉴别特征　珊瑚轴的横截面显示出钙化的纵向（而非径向）模式，呈波状同心层。外部轴向表面常具纵向条纹（或凹槽）；轴实心且连续（除 *Mirostenella* 属外，具一个关节轴）。珊瑚群体以各种方式分枝或不分枝，通常由钙质盘状基底牢固地附着在基质上。珊瑚虫不可伸缩，以各种排列和方向出现。珊瑚虫表面覆盖许多钙质鳞片，通常叠瓦状排列，每个珊瑚虫包含一个可闭合的萼盖，由 8 个三角形的萼盖鳞片组成；具数量可变（通常为 8 个）的边缘鳞片和一排数量可变的纵向体壁鳞片（通常 8 个）。鳞片在偏振光下显示出同心干涉色带。共肉组织骨片主要是叠瓦状排列的鳞片，部分属在内部还有一层结节状球形骨片，构成纵向的管壁（图 2-96；Cairns and Bayer，2009）。

丑柳珊瑚科现有 44 属 300 余种，广泛分布于太平洋、印度洋和大西洋，水深 8 ~ 5850 m，大多栖息于深海（Cairns and Bayer，2009）。

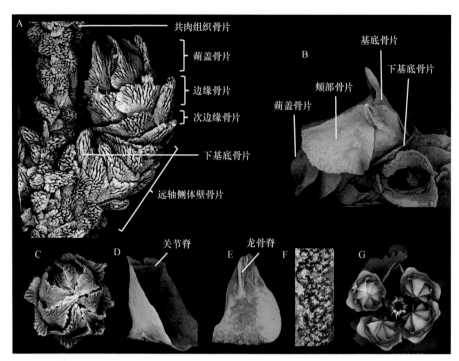

图 2-96 丑柳珊瑚的珊瑚虫和骨片结构图

A. 美丽柳珊瑚属 *Callogorgia* 各部位骨片分布及排列；B. 拟冠柳珊瑚属 *Paracalyptrophora* 珊瑚虫各部位骨片分布及排列；C. 美丽柳珊瑚属的荫盖部分，可见 8 个鳞片；D，E. 冠柳珊瑚属 *Calyptrophora* 基部鳞片及其关节脊（articular ridge）、荫盖鳞片及其龙骨脊（keel ridge）；F. 丑柳珊瑚科骨片常见的疣突；G. 纳氏柳珊瑚属 *Narella* 的一轮 4 个珊瑚虫

美丽柳珊瑚属 *Callogorgia* Gray, 1858

鉴别特征 珊瑚群体呈平面状，分枝方式为羽状或二分。珊瑚虫圆柱状至棒状，轮生多达 12 个，所有珊瑚虫面朝上生长。珊瑚虫上覆盖着 8 纵列的体壁鳞片，每行鳞片的数量从珊瑚虫背轴侧到近轴侧逐渐减少。体壁鳞片呈颗粒状，光滑且表面凹凸不平或被高大的脊覆盖。荫盖鳞片内表面凸出，覆盖着多锯齿的龙骨脊（Cairns，2018b）。

美丽柳珊瑚属现有 44 种，分布于印度洋 - 太平洋、大西洋，水深 37 ～ 2472 m（Cairns，2018b）。

（94）美丽柳珊瑚属未定种 *Callogorgia* sp.（图 2-97）

形态特征 珊瑚群体呈平面状，白色，具圆盘状钙质基底；分枝伪叉状再分，呈羽状。珊瑚虫个体矮小，对生于分枝两侧，一轮珊瑚虫宽 1.5 ～ 2.0 mm，方向朝向分枝末端。荫盖骨片呈尖三角形，外表面覆盖放射状的脊，内表面下部具许多疣突，上部具放射状脊和多锯齿状的龙骨脊。边缘骨片呈矮胖的三角形，尖端突出成刺状，外表面具发射状脊，内表面具粗糙疣突。珊瑚虫体壁鳞片一端轻微弯曲，另一端变尖，表面具发射状的脊和粗糙的疣突。珊瑚虫底部近轴侧下基底鳞片常弯曲，表面覆盖放射状的脊和粗糙的疣突。共肉组织骨片为中心突起的板状骨片，突起部分呈锥形且具放射状脊，排列密集。

地理分布 卡罗琳洋脊海山，九州 - 帕劳海脊海山。

生态习性 栖息于水深 741 ～ 1242 m 的岩石底质上。

讨论 本种有独一无二的共肉组织骨片，骨片表面有锥状体突起且具发射状脊，而属内其他物种均缺少此特征。

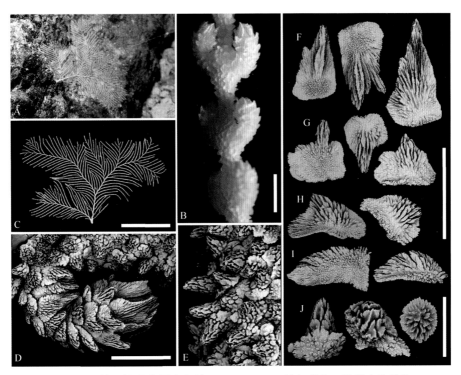

图 2-97　美丽柳珊瑚属未定种 *Callogorgia* sp. 外部形态、珊瑚虫及骨片

A. 原位活体（改自徐奎栋等，2020）；B. 一段分枝具对生排列的珊瑚虫；C. 采集后的标本；D. 珊瑚虫电镜照；E. 共肉组织电镜照；F. 蒴盖骨片；
G. 边缘骨片；H. 珊瑚虫体壁骨片；I. 珊瑚虫底部下基底骨片；J. 共肉组织骨片；标尺：10 cm（C）、1 mm（B）、500 μm（D，F ～ I；F ～ I 为同一
比例）、200 μm（J）

冠柳珊瑚属 *Calyptrophora* Gray, 1866

鉴别特征　珊瑚群体形状多样，呈平面状至略微灌木状（竖琴状、二分、多分、双平面）或不分枝。
珊瑚虫成轮排列，方向朝上或朝下；珊瑚虫由 2 个环状的骨片环组成，每个环由 2 个密不可分的鳞片
组成。存在一对新月形的下基底骨片。底部和颊部体壁鳞片之间存在关节脊。体壁鳞片的末端边缘通
常呈刺状、齿状或叶状。蒴盖由 8 个鳞片组成，龙骨脊常存在于蒴盖鳞片的内表面。共肉组织鳞片细
长且扁平，有时很厚，呈板状。触手中经常存在小而弯曲的小板状骨片（Cairns，2018b）。

　　冠柳珊瑚属分布于大西洋、太平洋和印度洋的热带和温带海域，水深 227 ～ 3531 m（Cairns，
2018b）。

（95）琴状冠柳珊瑚 *Calyptrophora lyra* Cairns, 2018（图 2-98）

形态特征　珊瑚群体短的不分枝部分向上叉状再分，随后分枝发生于一侧形成竖琴状平面结
构。珊瑚虫成轮排列，一轮 3 ～ 4 个，方向朝下；一轮珊瑚虫直径 3 ～ 5 mm，高 2 ～ 3 mm。蒴盖
骨片呈宽的三角形，内表面上部具宽且突出的龙骨脊，有时不明显。每个基部鳞片的前外侧边缘
具 2 个短而宽的三角形突出，外表面具许多刺状小突起；基部鳞片外表面近光滑，具不明显的圆形
小疣突，内表面具密集排列的小颗粒和疣突。颊部鳞片环绕成环状，远端边缘光滑，有时具宽的凹
陷，外表面近光滑，内表面具密集排列的小颗粒和疣突。下基底鳞片呈细长的新月形，内表面下
部具许多疣突。共肉组织鳞片拉长且形状不规则，外表面光滑具许多不明显的小疣突。触手骨片
缺失。

地理分布 威克岛附近海域（Cairns，2018b），广泛分布于麦哲伦海山链 Kocebu 海山和卡罗琳洋脊海山。

生态习性 栖息于水深 1393 ~ 1430 m 的岩石底质上。

讨论 本研究采集的标本与原始描述匹配良好。

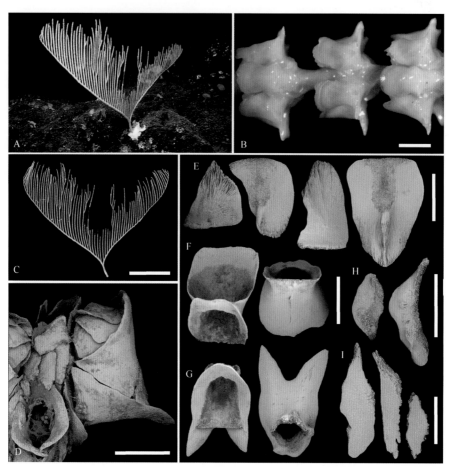

图 2-98 琴状冠柳珊瑚 *Calyptrophora lyra* 外部形态、珊瑚虫及骨片

A. 原位活体；B. 一段分枝具 3 轮珊瑚虫；C. 采集后的标本；D. 珊瑚虫电镜照；E. 蒴盖骨片；F. 颊部骨片；G. 基部骨片；H. 下基底骨片；I. 共肉组织骨片；标尺：20 cm（C）、1 mm（B，D，F ~ H；F，G 为同一比例）、500 μm（E，I）

（96）冠柳珊瑚属未定种 1 *Calyptrophora* sp. 1（图 2-99）

形态特征 珊瑚群体呈平面状，具一长的不分枝部分，分枝部分叉状再分形似竖琴状。珊瑚虫成轮排列，一轮 3 ~ 4 个，方向向上；一轮珊瑚虫高 1.5 ~ 2.0 mm，直径 3 ~ 5 mm。蒴盖骨片多呈尖三角形或梯形，外表面顶部覆盖放射状的脊，内表面下部具许多疣突，上部具强烈的放射状脊和突出的龙骨脊。基部和颊部鳞片几乎垂直相交。每个基部鳞片的前外侧边缘具 2 个长而尖的刺状突起，其上具轻微的脊状突起；基部鳞片外表面光滑，具许多凹痕，内表面具密集排列的小颗粒和疣突。颊部鳞片绕成环状，远端边缘常具 4 ~ 5 个刺状突起，外表面光滑具圆形小突起，内表面具密集排列的小颗粒和疣突。下基底鳞片呈半月形，内表面下部具许多圆形小疣突。共肉组织鳞片拉长，形状不规则，外表面光滑但凹凸不平。触手骨片为具疣突的拉长的鳞片，常弯曲。

地理分布 卡罗琳洋脊海山。

生态习性　栖息于水深 894 ～ 1763 m 的岩石底质上。

讨论　本研究采集的标本与 Cairns（2007a）描述的羚冠柳珊瑚相似种 *Calyptrophora* cf. *antilla* Bayer, 2001 吻合良好，但菵盖骨片表面具更加突出的龙骨脊。本种与 *Calyptrophora antilla* Bayer, 2001 的区别为：颊部鳞片远端边缘具更长且突出的刺，但二者是否为同一种，有待后续结合分子系统学数据进一步验证和判定。

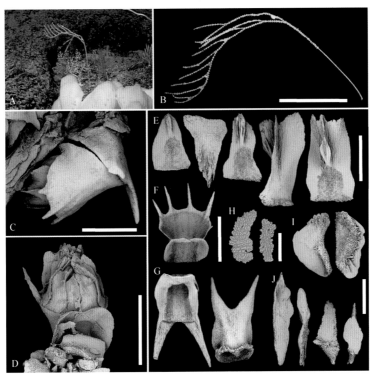

图 2-99　冠柳珊瑚属未定种 1 *Calyptrophora* sp. 1 外部形态、珊瑚虫及骨片

A. 原位活体；B. 采集后的标本；C，D. 珊瑚虫电镜照；E. 菵盖骨片；F. 颊部骨片；G. 基部骨片；H. 触手骨片；I. 下基底骨片；J. 共肉组织骨片；标尺：10 cm（B）、1 mm（C，D，F，G；F，G 为同一比例）、500 μm（E，I，J；I，J 为同一比例）、50 μm（H）

（97）冠柳珊瑚属未定种 2 *Calyptrophora* sp. 2（图 2-100）

形态特征　珊瑚群体呈平面状，具一长的不分枝部分，分枝部分叉状再分形成竖琴状。珊瑚虫成轮排列，一轮 4 ～ 5 个，方向向上；一轮珊瑚虫直径 4 ～ 5 mm，高 2 ～ 3 mm。菵盖骨片多呈窄而尖的三角形，外表面顶部覆盖放射状的脊，内表面上部具细长的放射状脊和突出的龙骨脊。每个基部鳞片的前外侧边缘具 2 个长而尖的刺状突起；基部鳞片外表面近光滑，具许多凹痕，内表面具密集排列的小颗粒和疣突。颊部鳞片环绕成环状，远端边缘常具 2 ～ 4 个刺状突起，外表面近光滑，内表面具密集排列的小颗粒和疣突。下基底鳞片较宽，呈半月形，内表面具许多小的圆形疣突。共肉组织鳞片细长，外表面光滑具许多疣状突起。触手骨片为拉长的鳞片，边缘时常不规则，表面具疣突。

地理分布　卡罗琳洋脊海山。

生态习性　栖息于水深 286 ～ 1164 m 的岩石底质上。

讨论　本种与克氏冠柳珊瑚 *Calyptrophora clarki* Bayer, 1951 均具有竖琴状的外形结构，但其菵盖

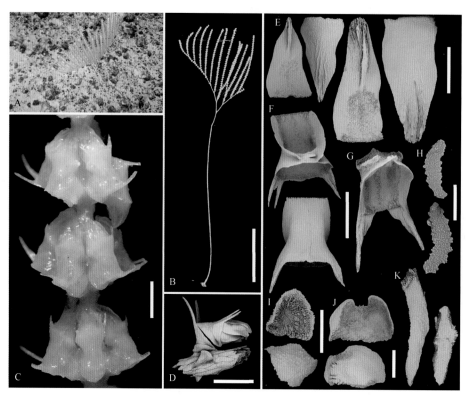

图 2-100　冠柳珊瑚属未定种 2 *Calyptrophora* sp. 2 外部形态、珊瑚虫及骨片

A. 原位活体；B. 采集后的标本；C. 一段分枝具 3 轮珊瑚虫；D. 珊瑚虫电镜照；E. 蒴盖骨片；F. 颊部骨片；G. 基部骨片；H. 触手骨片；I. 次下基底骨片；J. 下基底骨片；K. 共肉组织骨片；标尺：10 cm（B）、2 mm（D）、1 mm（C, F, G; F, G 为同一比例）、500 μm（E, J, K; E, K 为同一比例）、300 μm（I）、50 μm（H）

骨片更加细长，下基底鳞片更宽且外侧还具有许多次基底鳞片。该种可能为新物种，有待后续结合分子系统学数据进一步验证和判定。

（98）冠柳珊瑚属未定种 3 *Calyptrophora* sp. 3（图 2-101）

形态特征　珊瑚群体具大的平面状的外形结构，分枝叉状再分且发生在一侧，形似竖琴状。珊瑚虫成轮排列，一轮 6 ~ 8 个，方向向上；一轮珊瑚虫直径 7 ~ 9 mm，平均高 2.5 mm。蒴盖骨片呈宽的三角形，有时形状不规则，内表面上部具宽且突出的龙骨脊。每个基部鳞片的前外侧边缘具 2 个细长且尖的刺状突起；基部鳞片外表面近光滑，有时具凹痕，内表面具密集排列的小颗粒和疣突。颊部鳞片环绕成环状，远端边缘光滑，有时凹陷，外表面近光滑，内表面具密集排列的小颗粒和疣突。下基底鳞片呈新月形，内表面下部具许多疣突。共肉组织鳞片拉长且形状不规则，外表面光滑具许多疣状突起，有时表面凹凸不平。触手骨片为拉长的鳞片，时常弯曲且边缘不规则，表面具密集的疣突。

地理分布　卡罗琳洋脊海山。

生态习性　栖息于水深 1158 m 的岩石底质上。

讨论　本未定种与 *C. clinata* Cairns, 2007、*C. juliae* Bayer, 1952 在骨片类型上十分接近。与 *C. clinata* 的区别为：本未定种具大的平面竖琴状的结构，而后者为极少分枝的鞭状；本未定种蒴盖骨片内侧表面上部龙骨脊明显突出，后者则不明显（Cairns，2007b）。与 *C. juliae* 的区别为：本未定种颊部骨片外侧边缘光滑且无突出的刺，而后者存在突出的尖刺（Bayer，1952）。

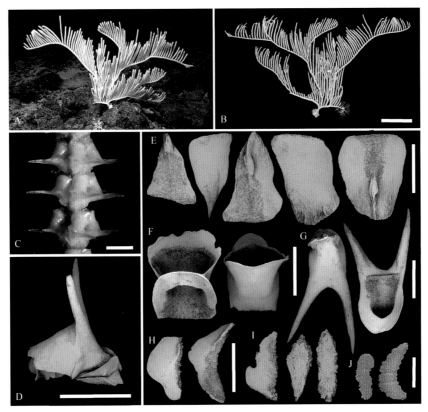

图 2-101　冠柳珊瑚属未定种 3 *Calyptrophora* sp. 3 外部形态、珊瑚虫及骨片

A. 原位活体；B. 采集后的标本；C. 一段分枝具 3 轮珊瑚虫；D. 珊瑚虫电镜照；E. 蒴盖骨片；F. 颊部骨片；G. 基部骨片；H. 下基底骨片；
I. 共肉组织骨片；J. 触手骨片；标尺：20 cm（B）、2 mm（C，D）、1 mm（F，G）、500 μm（E，H，I；H，I 为同一比例）、50 μm（J）

（99）冠柳珊瑚属未定种 4 *Calyptrophora* sp. 4（图 2-102）

形态特征　珊瑚群体分枝发生于同一平面上，叉状再分，形成扇状结构，整体呈白色。珊瑚虫成轮排列，一轮 3 ～ 4 个，方向向上，间隔紧密；一轮珊瑚虫直径 2.5 ～ 4.0 mm，高 1.5 ～ 2.0 mm。蒴盖骨片呈宽的小三角形或不规则的罐状，内表面上部具突出的龙骨脊，下部具密集的疣状突起。每个基部鳞片的前外侧边缘具 2 个短而宽的三角形突出，外表面具许多刺状小突起；基部鳞片外表面近光滑但凹凸不平，具许多圆形小疣突，内表面具密集排列的疣突。颊部鳞片环绕成环状，远端边缘具许多突出的三角形刺突，多达 10 个，外表面近光滑但具许多圆形小突起，内表面具密集排列的小疣突。下基底鳞片呈弯曲拉长的新月形，内表面具许多疣突。共肉组织鳞片拉长且形状不规则，外表面光滑具许多不明显的小疣状，内表面粗糙布满疣突。触手骨片为拉长的小鳞片，边缘不规则，表面具密集的疣状突起。

地理分布　卡罗琳洋脊海山。

生态习性　栖息于水深 892 ～ 906 m 的岩石底质上。

讨论　本未定种与 *Calyptrophora niwa* Cairns, 2012 在骨片类型上十分相似。但二者区别为：本未定种颊部鳞片远端边缘具更多短而宽的三角形突起，且表面粗糙，内表面下部具许多脊状突起，而后者突起数量相对较少，窄而尖且表面相对光滑；本未定种基部鳞片前外侧边缘 2 个三角形突出短而宽，且外表面具许多刺状小突起，而后者则长而尖，外表面具光滑的圆形疣突（Cairns，2012）。

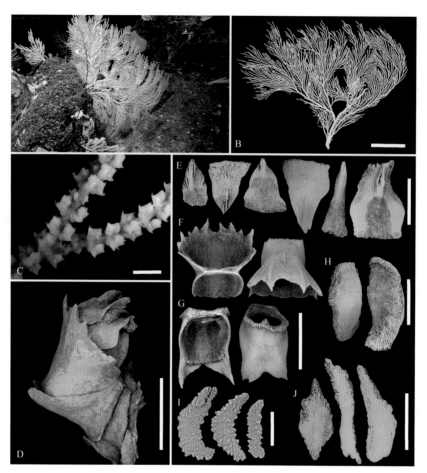

图 2-102　冠柳珊瑚属未定种 4 *Calyptrophora* sp. 4 外部形态、珊瑚虫及骨片

A. 原位活体；B. 采集后的标本；C. 一段分枝具成轮的珊瑚虫；D. 珊瑚虫电镜照；E. 蒴盖骨片；F. 颊部骨片；G. 基部骨片；H. 下基底骨片；
I. 触手骨片；J. 共肉组织骨片；标尺：10 cm（B）、2 mm（C）、1 mm（D，F，G；F，G 为同一比例）、500 μm（E，H，J）、50 μm（I）

（100）冠柳珊瑚属未定种 5 *Calyptrophora* sp. 5（图 2-103）

形态特征　珊瑚群体经一较长的不分枝部分向上叉状再分，形成竖琴状的平面结构，整体呈白色。珊瑚虫成轮排列，一轮 4～9 个，方向朝下，间隔约 1 mm；一轮珊瑚虫直径 5～7 mm，高 2～3 mm。蒴盖骨片呈不规则的小三角形或罐状，内表面上部无明显突出的龙骨脊，下部具密集的疣状突起。每个基部鳞片的前外侧边缘具 2 个长而宽的三角形突出，有时呈叉状；基部鳞片外表面近光滑，内表面具密集排列的疣突。颊部鳞片绕成环状，远端边缘光滑或轻微突出，外表面近光滑，内表面具密集排列的小疣突。下基底鳞片呈弯曲拉长的新月形，外光滑，内表面具许多疣突。共肉组织鳞片拉长且形状不规则，外表面光滑，内表面粗糙布满疣突，相互成"马赛克"式排列。触手骨片为拉长的小鳞片，边缘不规则，表面粗糙具轻微的中部收缩。

地理分布　雅浦海山。

生态习性　栖息于水深 550 m 的岩石底质上，有蛇尾附着生活。

讨论　本未定种与 *Calyptrophora pileata* Cairns, 2009 在外形上十分相似。二者区别为：本未定种的基部鳞片前外侧边缘突出部分呈宽且扁平的三角形，而后者呈尖且厚的柱形；本未定种颊部鳞片远端边缘更加规则且无刺状突起，而后者不规则且具明显尖的突出部分；本未定种触手存在小且粗糙的鳞片，而后者触手鳞片缺失（Cairns, 2009）。

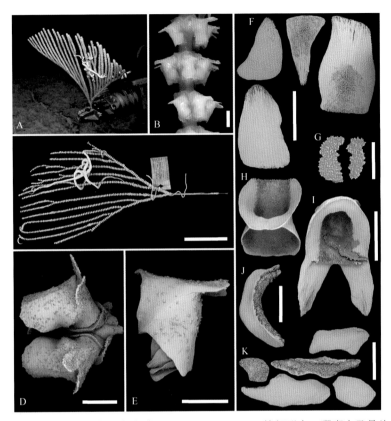

图 2-103　冠柳珊瑚属未定种 5 *Calyptrophora* sp. 5 外部形态、珊瑚虫及骨片

A. 原位活体（改自徐奎栋等，2020）；B. 一段分枝具成轮的珊瑚虫；C. 采集后的标本；D、E. 珊瑚虫电镜照；F. 萼盖骨片；G. 触手骨片；H. 颊部骨片；I. 基部骨片；J. 下基底骨片；K. 共肉组织骨片；标尺：10 cm（C）、1 mm（B, D, E, H, I；H, I 为同一比例）、500 μm（F, J, K）、50 μm（G）

洁白柳珊瑚属 *Candidella* Bayer, 1954

鉴别特征　珊瑚群体叉状再分或不分枝，呈鞭状。珊瑚虫排列成轮，个别珊瑚虫垂直于分枝排列。每个珊瑚虫有 4 个大的边缘鳞片，在萼盖周围形成一个独特的罩状结构。其他体壁的鳞片要小得多，出现 2～4 个近末端的横向层。萼盖鳞片有一个突出的龙骨脊。共肉组织鳞片椭圆形，外表面凹陷（Cairns，2018b）。

洁白柳珊瑚属现有 4 种，分别为巨大洁白柳珊瑚 *Candidella gigantea* (Wright & Studer, 1889)、扁生洁白柳珊瑚 *C. helminthophora* (Nutting, 1908)、*C. imbricata* (Johnson, 1862) 和 *C. johnsoni* (Wright & Studer, 1889)，分布于大西洋、中太平洋夏威夷群岛海域至西南太平洋新西兰海域，水深 1115～2211 m（Cairns，2018b）。

（101）巨大洁白柳珊瑚 *Candidella gigantea* (Wright & Studer, 1889)（图 2-104）

形态特征　珊瑚群体呈鞭状，轴具金色光泽。珊瑚虫呈白色，轮生，垂直于轴排列；珊瑚虫一轮 3～4 个，单个珊瑚虫高 3～8 mm，轮间距为 4～8 mm。萼盖由 8 个三角形鳞片组成，鳞片一侧表面光滑，另一侧上部具细长的龙骨脊，下部具密集粗糙的疣状突起，边缘略光滑。珊瑚虫体壁鳞片未良好分化，其中边缘骨片略大，其余体壁骨片纵向排列 4～5 列，每列含 4～5 个大小均匀的鳞片，鳞片外侧表面光滑，内表面中央具密集的疣状突起，边缘近光滑；在珊瑚虫体壁底部，鳞片略呈圆形，一侧光滑，另一侧具细小的密集疣突，边缘近光滑。共肉组织鳞片拉长，有时形状不规则，外表面光滑且时常凹凸不平具脊状突起，内表面具密集的小疣突。

地理分布 夏威夷群岛西北部，威克岛以南，北马里亚纳群岛，斐济高原海域（Cairns，2018b），麦哲伦海山链的 Kocebu 海山，卡罗琳洋脊海山。

生态习性 栖息于水深 981 ～ 1728 m 的岩石底质上。

讨论 本研究采集的标本与原始描述吻合良好。本种与属内其他种的区别为：本种不分枝，体壁鳞片形状均匀，珊瑚虫圆柱形，共肉组织鳞片细长、脊状且扁平。依据这些差异，Cairns（2009）认为本种可能代表一个新属。

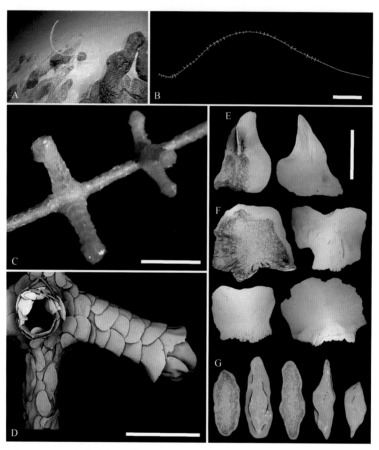

图 2-104　巨大洁白柳珊瑚 Candidella gigantea 外部形态、珊瑚虫及骨片
A. 原位活体；B. 采集后的标本；C. 一段分枝具成轮排列的珊瑚虫；D. 珊瑚虫电镜照；E. 蒴盖骨片；F. 珊瑚虫体壁骨片；
G. 共肉组织骨片；标尺：10 cm（B）、5 mm（C）、2 mm（D）、1 mm（E ～ G 为同一比例）

（102）扁生洁白柳珊瑚 Candidella helminthophora (Nutting, 1908)（图 2-105）

形态特征 珊瑚群体经一短的不分枝部分向上叉状再分，发生于同一平面上，形成扇状结构。珊瑚虫轮生，方向朝下；珊瑚虫一轮 2 ～ 4 个，单个珊瑚虫通常高 3 ～ 4 mm，头部发生膨大，轮间距 2 ～ 5 mm，间隔良好。蒴盖由 8 个较细长的三角形鳞片组成，鳞片一侧表面光滑具不明显的圆形小疣突，另一侧上部具细长的龙骨脊，下部具密集粗糙的疣状突起。珊瑚虫体壁边缘骨片略大，包含两大两小共 4 个鳞片，其余体壁骨片纵向排列成 2 列，每列通常含 2 个大小均匀的鳞片，其外表面光滑，内表面中央具密集的疣状突起；在珊瑚虫体壁底部，鳞片巨大且变得弯曲，一侧表面相对光滑，另一侧具细小的密集疣突，边缘近光滑。共肉组织鳞片形状不规则，边缘通常圆滑，外表面光滑，内表面具密集的小疣突。

地理分布　麦哲伦海山链 Kocebu 海山。

生态习性　栖息于水深 1048 m 的岩石底质上。

讨论　本种常有多毛类栖居，且在多毛类栖居的部位，表面骨片会变得巨大且向内弯曲形成空的夹层，变化明显。据此推断，多毛类很可能对本种珊瑚造成不良影响，更似一种寄生关系。

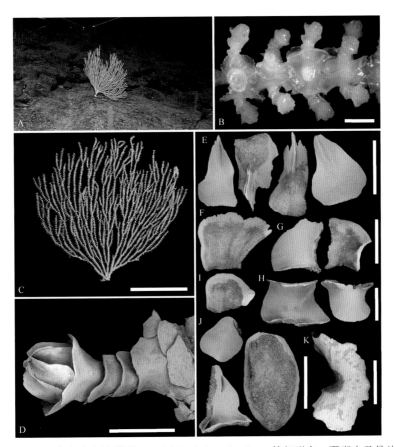

图 2-105　扁生洁白柳珊瑚 *Candidella helminthophora* 外部形态、珊瑚虫及骨片

A. 原位活体；B. 一段分枝具成轮排列的珊瑚虫；C. 采集后的标本；D. 珊瑚虫电镜照；E. 蒴盖骨片；F. 珊瑚虫体壁边缘大骨片；G. 珊瑚虫体壁骨片；H. 珊瑚虫体壁边缘小骨片；I. 珊瑚虫体壁底部骨片；J. 共肉组织骨片；K. 突变的底部骨片；标尺：20 cm（C）、2 mm（B、D、K）、2 mm（K）、1 mm（E～J；F～H 为同一比例）

（103）洁白柳珊瑚属未定种 *Candidella* sp.（图 2-106）

形态特征　珊瑚群体经一短的不分枝部分向上叉状再分，发生于同一平面上，形成扇状结构。珊瑚虫轮生，方向朝下；小枝上珊瑚虫一轮 2～3 个，直径 3～4 mm，单个珊瑚虫通常高 1.5～2.5 mm，头部发生膨大；粗枝上有时珊瑚虫密集，不规则螺旋式排列。蒴盖由 8 个较宽的鳞片组成，形状各异，有时发生弯曲，鳞片外表面光滑具不明显的圆形小疣突，内表面上部近光滑，下部具密集粗糙的疣状突起。珊瑚虫向轴侧弯曲，其体壁边缘骨片略大，包含两大两小共 4 个鳞片，背轴侧体壁骨片纵向排列成 2 列，每列通常含 2 个大小均匀的鳞片，近轴侧骨片稀少或缺失；在珊瑚虫体壁底部，鳞片巨大且变得弯曲，一侧表面相对光滑，另一侧具细小的密集疣突，边缘近光滑。共肉组织鳞片多呈圆形，有时形状不规则，边缘通常圆滑，外表面近光滑。触手中含表面具细小疣突的小鳞片。

地理分布　卡罗琳洋脊海山。

生态习性 栖息于水深 1282 ～ 1369 m 的岩石底质上。

讨论 本未定种与洁白柳珊瑚属内其他种在珊瑚虫上具有较大差异，主要表现为：珊瑚虫朝向轴侧弯曲，近轴侧体壁鳞片稀少或缺失，触手存在小鳞片。因此，本未定种可能为一新种。此外，在本未定种上也发现有多毛类寄生的现象。

图 2-106 洁白柳珊瑚属未定种 *Candidella* sp. 外部形态、珊瑚虫及骨片
A. 原位活体；B. 一段分枝具成轮排列的珊瑚虫；C. 采集后的标本；D. 珊瑚虫电镜照；E. 荫盖骨片；F. 珊瑚虫体壁边缘小骨片；G. 珊瑚虫体壁边缘大骨片；H. 珊瑚虫体壁骨片；I. 珊瑚虫体壁底部骨片；J. 触手骨片；K. 共肉组织骨片；L. 共肉组织小骨片；标尺：10 cm（C）、2 mm（B，D）、1 mm（G ～ I 为同一比例）、500 μm（E，F，K 为同一比例）、200 μm（L）、50 μm（J）

纳氏柳珊瑚属 *Narella* Gray, 1870

鉴别特征 珊瑚群体分枝为二叉状（侧生或相等）、羽状、竖琴状或无分枝。珊瑚虫成轮排列，所有珊瑚虫在收缩状态下朝下；每个珊瑚虫覆盖 3 对（稀 4 对）背轴侧体壁鳞片（即一对基底鳞片，一对或稀 2 对中间背轴侧鳞片和一对边缘颊部骨片）和可变数量的成对的较小的近轴侧鳞片，但有时近轴侧几乎无骨片。基底鳞片上不存在关节脊。成对的下底板鳞片经常出现。荫盖鳞片内表面龙骨状。共肉组织鳞片薄而纤细，或厚如"马赛克"式排列，有时突出。触手经常存在板状小骨片（Cairns，2018b；Cairns and Taylor，2019）。

纳氏柳珊瑚属分布于除北极外的所有海域，水深 128 ～ 4594 m。

（104）翼状纳氏柳珊瑚 *Narella alata* Cairns & Bayer, 2008（图 2-107）

形态特征 珊瑚群体分枝以叉状分枝的方式发生于同一平面，形成扇形结构，具圆盘状钙质基底，末端分枝细长呈鞭状。珊瑚虫轮生，贴近轴侧排列，方向朝下；在小枝上珊瑚虫一轮 4 ～ 5 个，直径 4 ～ 9 mm，单个珊瑚虫通常高 2.5 ～ 5.0 mm。荫盖由 8 个较宽的鳞片组成，鳞片外表面光滑，内表面上端具高而狭窄的龙骨脊，下端具密集粗糙的疣状突起。珊瑚虫体壁顶部边缘颊部骨片由 2 个大的背轴侧边缘鳞片和 2 个小的近轴侧边缘鳞片组成，近轴侧边缘鳞片正面近光滑，有时具脊状突起；体壁中间骨片由 2 个背轴侧鳞片组成，近轴侧鳞片缺失；体壁底部由 2 个基底鳞片组成，鳞片巨大且变得弯曲，一侧表面相对光滑，另一侧底部具细小的密集疣突，上部中间位置常具脊状突起。共肉组织鳞片拉长，表面多呈脊状。触手骨片缺失。

地理分布　夏威夷群岛（Cairns and Bayer，2008），马里亚纳海山，卡罗琳洋脊海山。

生态习性　栖息于水深 477 ～ 1464 m 的岩石底质上。

讨论　本种在形态上与 *N. allmani* (Wright & Studer, 1889) 相似，但二者区别为：本种共肉组织鳞片呈脊状，后者为非脊状；本种近轴侧基部鳞片互相接触，后者为张开的；本种体壁中间鳞片的末端边缘小刺缺失，而后者常存在（Wright and Studer，1889）。本种与 *N. leilae* Bayer, 1951 均具有近轴侧闭合的基部鳞片，并有多毛类寄生，但后者共肉组织鳞片扁平呈非脊状，边缘颊部鳞片非常短，几乎和它的体壁中间鳞片一样长，以此可与 *N. leilae* 区分（Bayer，1951）。

图 2-107　翼状纳氏柳珊瑚 *Narella alata* 外部形态、珊瑚虫及骨片
A. 标本原位活体；B. 一段分枝具 3 轮珊瑚虫；C. 采集后的标本；D. 成轮珊瑚虫电镜照；E. 荫盖骨片；F. 顶部边缘颊部骨片；G. 共肉组织骨片；H. 体壁中间骨片；I. 近轴侧边缘骨片；J. 体壁基底骨片；标尺：10 mm（C）、2 mm（B，D，J）、1 mm（E，F）、500 μm（G，H，I）

（105）二分纳氏柳珊瑚 *Narella dichotoma* (Versluys, 1906)（图 2-108）

形态特征　珊瑚群体分枝经一段短的主茎向上叉状再分或轮生，枝干坚韧，形成繁茂的树状结构，具圆盘状钙质基底。珊瑚虫轮生，贴近轴侧排列，方向通常向下；小枝上珊瑚虫一轮 2 ～ 4 个，直径 3 ～ 5 mm，单个珊瑚虫通常高 2 ～ 3 mm。荫盖由 8 个鳞片组成，大小不均匀，近轴侧鳞片较小，背轴侧鳞片较大，鳞片外表面光滑，内表面上端具不明显突出的龙骨脊，下端具密集粗糙的疣状突起。珊瑚虫体壁顶部边缘颊部骨片由 2 个大的背轴侧边缘鳞片和 2 个小的近轴侧边缘鳞片组成，近轴侧边缘鳞

片正面近光滑，但具许多细小的圆形突起；体壁中间骨片由2个背轴侧鳞片组成，近轴侧鳞片缺失；体壁基底2个鳞片巨大且弯曲，一侧表面相对光滑，另一侧具细小密集的疣突，中间位置常具脊状突起。共肉组织鳞片细长，形状不规则，表面具细小疣突。触手骨片为小杆状骨片或鳞片，表面具许多小疣突。

地理分布　夏威夷群岛附近海山（Cairns and Bayer，2008）；热带西太平洋。

生态习性　栖息于水深743～1464 m的岩石底质上，常有蛇尾附着生活。

讨论　本种具独特的轮生分枝方式，形成一个繁茂的个体结构。每个标本上均有蛇尾附着。

图2-108　二分纳氏柳珊瑚 *Narella dichotoma* 外部形态、珊瑚虫及骨片

A. 标本原位活体；B. 一段分枝具4轮珊瑚虫；C. 采集后的标本；D，E. 单个珊瑚虫电镜照；F. 蒴盖骨片；G. 顶部边缘颊部骨片；H. 体壁中间骨片；I. 体壁基底骨片；J. 近轴侧边缘骨片；K. 触手骨片；L. 共肉组织骨片；标尺：10 cm（C）、2 mm（B，D，J）、1 mm（I）、500 μm（F～H，L；F～H为同一比例）、300 μm（J）、50 μm（K）

（106）巨萼纳氏柳珊瑚 *Narella macrocalyx* Cairns & Bayer, 2008（图2-109）

形态特征　珊瑚群体分枝稀疏或呈鞭状，具圆盘状钙质基底。珊瑚虫轮生，贴近轴侧排列，方向朝下；珊瑚虫一轮通常4～5个，直径8～10 mm，单个珊瑚虫通常高4～6 mm。蒴盖由8个鳞片组成，近轴侧鳞片较小，背轴侧鳞片较大，鳞片外表面相对光滑，内表面上端具突出的龙骨脊，下端具密集粗糙的疣状突起。珊瑚虫体壁顶部边缘颊部骨片由2个大的背轴侧边缘鳞片和2个小的近轴侧边缘鳞片组成，近轴侧边缘鳞片正面近光滑，但具许多细小的圆形突起；体壁中间骨片由2个背轴侧鳞片组成，近轴侧包含许多小的鳞片；体壁基底的2个鳞片巨大且弯曲，有时形状发生变异形成拱形结构，表面具明显突出的脊。共肉组织鳞片拉长，形状不规则，表面具细小且不明显的疣突。触手骨片为小的拉长的鳞片，边缘不规则，表面具许多小疣突。

地理分布　夏威夷群岛（Cairns and Bayer，2008），马里亚纳海山，卡罗琳洋脊海山。

生态习性　栖息于水深 749～1807 m 的岩石底质上。

讨论　本种与巨大纳氏柳珊瑚 *Narella gigas* Cairns & Bayer, 2008 在珊瑚虫上很相似。二者区别为：本物种分枝稀疏或呈鞭状，而后者分枝众多且形成平面结构；本种珊瑚虫一轮数目相对较少，而后者数目较多（Cairns and Bayer，2008）。多毛类寄生现象在本种中很常见，且有多毛类的一侧骨片常发生变异形成拱形结构。

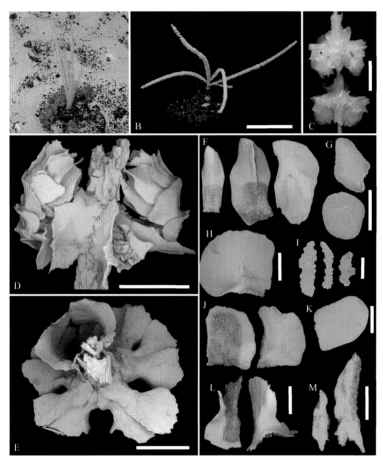

图 2-109　巨萼纳氏柳珊瑚 *Narella macrocalyx* 外部形态、珊瑚虫及骨片
A. 原位活体；B. 采集后的标本；C. 一段分枝具 2 轮珊瑚虫；D, E. 一轮珊瑚虫电镜照；F. 蒴盖骨片；G. 近轴侧体壁骨片；H. 顶部边缘颊部骨片；I. 触手骨片；J. 体壁中间骨片；K. 近轴侧边缘骨片；L. 体壁基底骨片；M. 共肉组织骨片；标尺：5 cm（B）、2 mm（C～E）、1 mm（L）、500 μm（F，H，J）、300 μm（G，K）、50 μm（I）

（107）夏威夷纳氏柳珊瑚 *Narella hawaiiensis* Cairns & Bayer, 2008（图 2-110）

形态特征　珊瑚群体呈不分枝的鞭状，具圆盘状钙质基底。珊瑚虫轮生，贴近轴侧排列，方向朝下；珊瑚虫一轮通常 5～7 个，直径 5～7 mm，单个珊瑚虫通常高 2～5 mm。蒴盖由 8 个鳞片组成，背轴和近轴侧鳞片大小不一，形状有时不规则，顶部表面向内凹陷，鳞片外表面相对光滑，内表面上端具明显突出的龙骨脊，下端具密集粗糙的疣状突起。珊瑚虫体壁顶部边缘颊部骨片由 2 个大的背轴侧边缘鳞片和 2 个小的近轴侧边缘鳞片组成；体壁中间骨片由 2 个背轴侧鳞片组成，近轴侧鳞片缺失；体壁基底 2 个鳞片巨大，有时发生弯曲，外表面光滑。共肉组织鳞片拉长，形状不规则，表面具脊状突起。触手骨片为小杆状骨片，表面粗糙。

地理分布　夏威夷群岛附近海山（Cairns and Bayer, 2008；Cairns and Taylor, 2019），卡罗琳洋脊海山。

生态习性 栖息于水深 1482 m 的岩石底质上。

讨论 本种与发现于太平洋阿拉斯加湾水深 3291～4091 m 的 *N. bayeri* Cairns & Baco, 2007 很相似，主要区别为：本种具有不分枝的个体结构和非脊状的体壁中间骨片，以及基底鳞片无突出的背外侧脊。

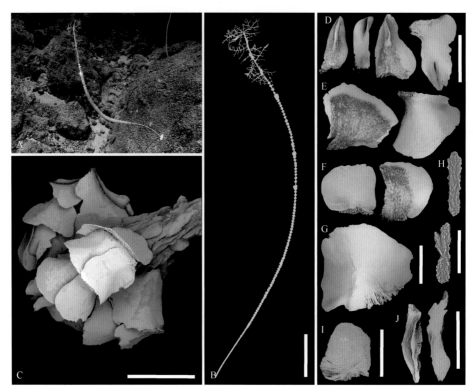

图 2-110　夏威夷纳氏柳珊瑚 *Narella hawaiiensis* 外部形态、珊瑚虫及骨片

A. 标本原位活体；B. 采集后的标本；C. 成轮珊瑚虫电镜照；D. 萼盖骨片；E. 顶部边缘颊部骨片；F. 体壁中间骨片；G. 体壁基底骨片；H. 触手骨片；
I. 近轴侧边缘骨片；J. 共肉组织骨片；标尺：10 cm（B）、2 mm（C）、1 mm（D～G, J；E～G 为同一比例）、500 μm（I）、50 μm（H）

（108）饰纹纳氏柳珊瑚 *Narella ornata* Bayer, 1995（图 2-111）

形态特征 珊瑚群体经一短的不分枝部分向上叉状再分，形成稀疏的树形结构，具圆盘状钙质基底。珊瑚虫轮生，贴近轴侧排列，方向朝下；珊瑚虫一轮通常 2～4 个，直径 5～7 mm，单个珊瑚虫通常高 3～4 mm。萼盖由 8 个大的鳞片组成，形状不规则，鳞片外表面具许多脊状突起，内表面上端具明显突出的龙骨脊，下端具密集粗糙的疣状突起。珊瑚虫体壁顶部边缘颊部骨片由 2 个大的具许多脊状突起的背轴侧边缘鳞片和 2 个小的具少量脊状突起的近轴侧边缘鳞片组成；体壁中间骨片由 2 个背轴侧鳞片组成，外表面具许多脊状突起，近轴侧鳞片缺失；体壁基底 2 个鳞片巨大，外表面具许多脊状突起。共肉组织鳞片拉长，形状不规则，表面具明显的脊状突起。

地理分布 夏威夷群岛（Bayer，1995；Cairns and Bayer，2008），麦哲伦海山链 Kocebu 海山。

生态习性 栖息于水深 748～1473 m 的岩石底质上，有蛇尾附着，且表面寄生着群体海葵。

讨论 本种的鉴别特征为：所有部位的骨片都具有许多明显突出的脊。这一特征与大西洋发现的 *N. pauciflora* Deichmann, 1936 很相似，二者骨片表面均具脊状突起，但区别为：本种的脊更明显且更突出，触手中也未发现小杆状骨片。

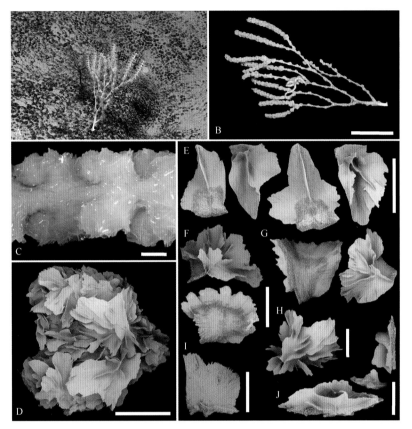

图 2-111　饰纹纳氏柳珊瑚 *Narella ornata* 外部形态、珊瑚虫及骨片

A. 原位活体；B. 采集后的标本；C. 一段分枝具成轮的珊瑚虫；D. 成轮珊瑚虫电镜照；E. 蒴盖骨片；F. 顶部边缘颊部骨片；G. 体壁中间骨片；H. 体壁基底骨片；I. 近轴侧边缘骨片；J. 共肉组织骨片；标尺：5 cm（B）、2 mm（D）、1 mm（C，E～H；F，G 为同一比例）、500 μm（I，J）

（109）小纳氏柳珊瑚 *Narella parva* (Versluys, 1906)（图 2-112）

形态特征　珊瑚群体经一短的不分枝部分向上叉状再分，形成近似竖琴状的平面结构，具钙质基底。珊瑚虫轮生，贴近轴侧排列，方向朝下；珊瑚虫一轮通常 3～4 个，直径 4.5～6.0 mm，单个珊瑚虫通常高 3.0～4.5 mm。蒴盖由 8 个近似三角形的鳞片组成，鳞片外表面光滑或具脊状突起，内表面上端具明显突出的龙骨脊，下端具密集粗糙的疣状突起。珊瑚虫体壁顶部边缘颊部骨片由 2 个大的外表面光滑的背轴侧边缘鳞片和 2 个小的具脊状突起的近轴侧边缘鳞片组成；中间骨片由 2 个外表面光滑的背轴侧鳞片组成，近轴侧鳞片缺失；体壁基底 2 个鳞片巨大，外表面具明显的脊状突起，内表面有时具少量突起。共肉组织鳞片拉长，形状不规则，表面具稀疏的脊状突起。触手骨片缺失。

地理分布　印度洋，新西兰，印度尼西亚，马库斯 - 内克海岭（Cairns，2012），麦哲伦海山链 Kocebu 海山。

生态习性　栖息于水深 920～3500 m 的岩石底质上。

讨论　本种的鉴别特征为：珊瑚虫体壁基部鳞片具脊状突起，共肉组织鳞片细长且表面具脊状突起，没有多毛类寄生现象。本种与分布于夏威夷群岛附近海域水深 321～381 m 的 *N. muzikae* Cairns & Bayer, 2008 相似，但二者区别为：本种珊瑚虫基部鳞片外表面脊凸更少且较大，而后者数量众多但较狭小；本种共肉组织鳞片外表面脊凸稀疏或不明显，而后者明显突出且发散（Cairns and Bayer，2008）。

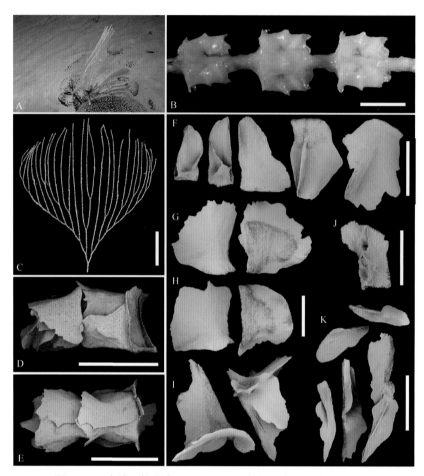

图 2-112　小纳氏柳珊瑚 *Narella parva* 外部形态、珊瑚虫及骨片

A. 原位活体；B. 一段分枝具 3 轮珊瑚虫；C. 采集后的标本；D, E. 单个珊瑚虫电镜照；F. 荫盖骨片；G. 顶部边缘颊部骨片；H. 体壁中间骨片；I. 体壁基底骨片；J. 近轴侧边缘骨片；K. 共肉组织骨片；标尺：10 cm（C）、2 mm（B, D, E）、1 mm（F, G～I, K；G～I 为同一比例）、500 μm（J）

（110）纳氏柳珊瑚属未定种 1 *Narella* sp. 1（图 2-113）

形态特征　珊瑚群体经一短的不分枝部分向上叉状再分，形成似竖琴状的平面结构，具钙质基底。珊瑚虫轮生，贴近轴侧排列，方向朝下；珊瑚虫一轮通常 3～5 个，直径 3～5 mm，单个珊瑚虫通常高 3 mm。荫盖由 8 个鳞片组成，形状有时不规则，外表面光滑，表面上端具不明显的龙骨脊，下端具密集粗糙的疣状突起。珊瑚虫体壁顶部边缘颊部骨片由 2 个大的外表面光滑的背轴侧边缘鳞片和 2 个小的表面略粗糙的近轴侧边缘鳞片组成；体壁中间骨片由 2 个外表面光滑的背轴侧鳞片组成，近轴侧鳞片包含许多表面具小疣突的圆形小鳞片；体壁基底 2 个鳞片巨大，外表面近光滑，有时形状弯曲发生变异形成拱形结构。共肉组织鳞片多呈边缘圆滑的块状，形状不规则，表面具密集的细小疣突。触手骨片为具疣突的小杆状骨片。

地理分布　卡罗琳洋脊海山。

生态习性　栖息于水深 911 m 的岩石底质上，有多毛类寄生。

讨论　本未定种与 *N. leilae* Bayer, 1951 和 *N. vulgaris* Cairns, 2012 很相似。本种与 *N. leilae* 区别为：本未定种珊瑚虫体壁近轴侧小鳞片数量众多，而在 *N. leilae* 中缺失；本未定种共肉组织鳞片多呈边缘圆滑的块状，无脊状突起，而在 *N. leilae* 中拉长，通常具脊状突起。与 *N. vulgaris* 区别为：本未定种近轴侧边缘颊部骨片脊状突起缺失，而在 *N. vulgaris* 中存在；本未定种体壁近轴侧小鳞片众多，而在 *N.*

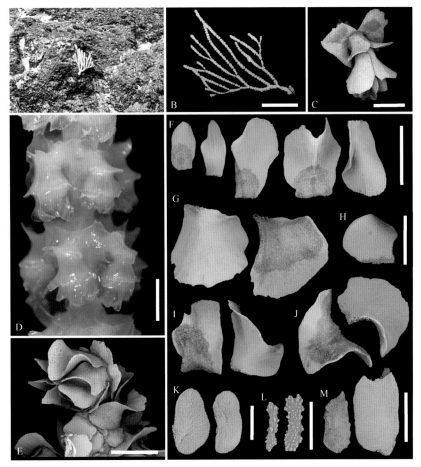

图 2-113　纳氏柳珊瑚属未定种 1 *Narella* sp. 1 外部形态、珊瑚虫及骨片

A. 原位活体；B. 采集后的标本；C，E. 单个珊瑚虫电镜照；D. 一段分枝具 2 轮珊瑚虫；F. 萼盖骨片；G. 顶部边缘颊部骨片；H. 近轴侧边缘骨片；I. 体壁中间骨片；J. 体壁基底骨片；K. 体壁近轴侧骨片；L. 触手骨片；M. 共肉组织骨片；标尺：5 cm（B）、1 mm（C～E）、1 mm（F，G，I，J 为同一比例）、500 μm（H，M）、200 μm（K）、50 μm（L）

vulgaris 中缺失（Bayer，1951；Cairns，2012）。

（111）纳氏柳珊瑚属未定种 2 *Narella* sp. 2（图 2-114）

　　形态特征　珊瑚群体经一短的不分枝部分向上叉状再分，分枝倾向于发生在主轴的一侧，形成平面扇状结构，具钙质基底，末端小枝呈细长鞭状。珊瑚虫轮生，贴近轴侧排列，方向朝下；小枝上珊瑚虫一轮通常 5 个，直径 4～5 mm，单个珊瑚虫通常高 3～4 mm。萼盖由 8 个鳞片组成，形状有时不规则，外表面光滑，内表面上端具明显的龙骨脊。珊瑚虫体壁顶部边缘颊部骨片由 2 个大的外表面光滑的背轴侧边缘鳞片和 2 个小的具脊状突起的近轴侧边缘鳞片组成。珊瑚虫体壁中间骨片由 2 个外表面光滑的背轴侧鳞片组成，近轴侧鳞片缺失。珊瑚虫体壁 2 个基底鳞片巨大且弯曲，外表面光滑且中部具细长的脊凸。共肉组织鳞片细长，表面光滑，有时具脊状突起。触手骨片为细长的具疣突的小杆状骨片。

　　地理分布　卡罗琳洋脊海山。

　　生态习性　栖息于水深 993 m 的岩石底质上。

　　讨论　本未定种与小纳氏柳珊瑚 *N. parva* 形态上很相似，但区别为：本未定种的分枝倾向于发生

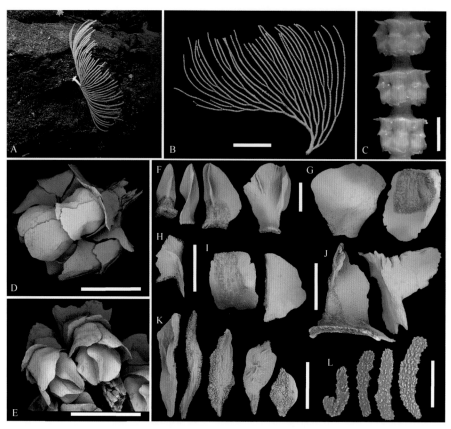

图 2-114　纳氏柳珊瑚属未定种 2 *Narella* sp. 2 外部形态、珊瑚虫及骨片

A. 原位活体；B. 采集后的标本；C. 一段分枝具 3 轮珊瑚虫；D. 一轮珊瑚虫电镜照；E. 珊瑚虫头部电镜照；F. 荫盖骨片；G. 顶部边缘颊部骨片；H. 近轴侧边缘骨片；I. 体壁中间骨片；J. 体壁基底骨片；K. 共肉组织骨片；L. 触手骨片；标尺：10 cm（B），2 mm（C～E），1 mm（G，I，J 为同一比例），500 μm（F，H，K），50 μm（L）

在主轴的一侧，而后者为均匀地叉状分枝；本未定种珊瑚虫近轴侧边缘颊部骨片脊状突起明显，而后者不明显或缺失；本未定种触手骨片存在，而后者缺失（Versluys，1906）。

（112）纳氏柳珊瑚属未定种 3 *Narella* sp. 3（图 2-115）

形态特征　珊瑚群体粗壮，叉状再分，近乎发生于同一平面，具钙质基底。珊瑚虫轮生，排列紧密，方向朝下；小枝珊瑚虫上一轮通常 5～6 个，直径 5～7 mm，单个珊瑚虫高 3～5 mm。骨片均非常厚。荫盖鳞片形状有时不规则，外表面光滑，内表面上端具明显光滑且突出的龙骨脊，有时在底部一侧长出明显突出的脊刺。珊瑚虫体壁顶部边缘颊部骨片由 2 个大的外表面光滑的背轴侧边缘鳞片和 2 个小的表面略粗糙的近轴侧边缘鳞片组成，背轴侧边缘鳞片内侧下半部粗糙，具明显突出的脊；体壁中间骨片由 2 个外表面光滑的背轴侧鳞片组成，其内侧中部有时具脊状突起，近轴侧鳞片缺失；体壁基底鳞片巨大且弯曲，外表面光滑且中部有时略微突起，边缘向外明显突出。共肉组织鳞片呈板状，略粗糙，以"马赛克"式排列。触手骨片为细长扁平的小杆状骨片，表面具疣突，形状有时弯曲。

地理分布　马里亚纳海山。

生态习性　栖息于水深 372 m 的岩石底质上。

讨论　本未定种与 *Narella clavata* (Versluys, 1906) 在外形上很相似，均具有巨大且粗壮的珊瑚虫，但区别为：本未定种的荫盖鳞片内侧表面具明显的龙骨脊且外侧边缘有时具突出的脊刺，而后者均缺

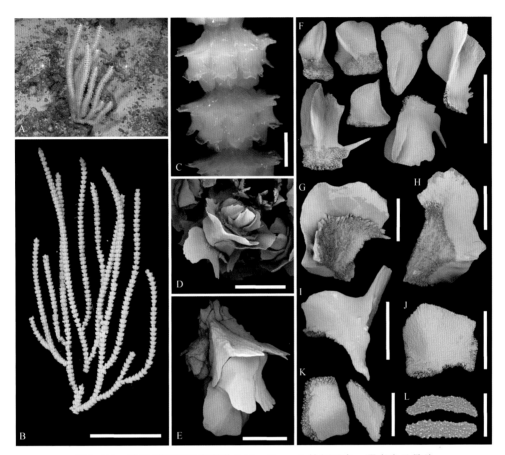

图 2-115　纳氏柳珊瑚属未定种 3 *Narella* sp. 3 外部形态、珊瑚虫及骨片

A. 原位活体（改自徐奎栋等，2020）；B. 采集后的标本；C. 一段分枝具 2 轮珊瑚虫；D, E. 珊瑚虫电镜照；F. 蒴盖骨片；G. 顶部边缘颊部骨片；H. 体壁中间骨片；I. 体壁基底骨片；J. 近轴侧边缘骨片；K. 共肉组织骨片；L. 触手骨片；标尺：10 cm（B）、2 mm（C～E）、2 mm（I）、1 mm（F，G，H）、500 μm（J，K）、50 μm（L）

失；本未定种体壁中部近轴侧鳞片缺失，而后者有该特征。

（113）纳氏柳珊瑚属未定种 4 *Narella* sp. 4（图 2-116）

形态特征　珊瑚群体经一短的不分枝部分向上叉状再分，形成稀疏的树形结构，具钙质圆盘状基底。珊瑚虫轮生，贴近轴侧排列，方向朝下；小枝上珊瑚虫一轮通常 3～4 个，直径 3.5～5.0 mm，单个珊瑚虫通常高 2.0～3.5 mm。蒴盖鳞片通常为 8 个，呈不规则的三角形，外表面近光滑，内表面上端具单一突出且光滑的龙骨脊，下端具密集的疣突，边缘两侧有时突出。珊瑚虫体壁顶部边缘颊部骨片由 2 个大且厚的外表面光滑的背轴侧边缘鳞片和 2 个小的近轴侧边缘鳞片组成；体壁中间骨片由 2 个略弯曲且外表面光滑而内侧中部粗糙的背轴侧鳞片组成，近轴侧鳞片缺失；体壁基底鳞片巨大且弯曲，外表面光滑，有时变异更巨大化且相互间形成拱形的通道结构。共肉组织鳞片拉长，表面具细小的疣状突起，在中部常具轻微的脊状突起，排列紧密不堆叠。

地理分布　卡罗琳洋脊海山。

生态习性　栖息于水深 891 m 的岩石底质上，有蛇尾附着。

讨论　本未定种与属内其他种均存在一定差异，主要包括：分枝叉状再分形成稀疏的树形结构，珊瑚虫体壁基底鳞片巨大且外表面光滑，共肉组织骨片表面具细小疣状且在中部常具轻微脊状突起。

图 2-116 纳氏柳珊瑚属未定种 4 *Narella* sp. 4 外部形态、珊瑚虫及骨片

A. 原位活体（改自徐奎栋等，2020）；B. 采集后的标本；C. 一段分枝具 3 轮珊瑚虫；D，E. 珊瑚虫电镜照；F. 萼盖骨片；G. 体壁中间骨片；H. 近轴侧边缘骨片；I. 顶部边缘颊部骨片；J. 共肉组织骨片；K. 体壁基底骨片；L. 体壁基底变异的大骨片；标尺：10 cm（B）、1 mm（C～E，I，K，L）、500 μm（F，G，H，J）

拟冠柳珊瑚属 *Paracalyptrophora* Kinoshita, 1908

鉴别特征　珊瑚群体在一个平面上叉分，有时呈竖琴状，有时呈两个平行的扇面。珊瑚虫最多 8 个，成轮排列，所有珊瑚虫都朝向下方。每个珊瑚虫覆盖 2 对（稀 3 对）未连接的体壁鳞片。在基部和颊部（或内侧）体壁鳞片之间存在关节脊。颊部鳞片的远端边缘光滑或具刺。经常存在一对下基底鳞片。共肉组织鳞片细长，表面呈颗粒状，有时呈脊状（Cairns，2018a）。

　　拟冠柳珊瑚属现有 10 物种，分布于西太平洋日本海域、中太平洋夏威夷群岛海域、东太平洋厄瓜多尔外海、西南太平洋和北大西洋，水深 150～1480 m（Cairns，2018a）。

（114）拟冠柳珊瑚属未定种 1 *Paracalyptrophora* sp. 1（图 2-117）

　　形态特征　珊瑚群体经短的不分枝部分向上叉状再分，分枝发生于一侧，小枝叉状再分且近乎发生于同一平面，整体繁茂；分枝中间轴呈黑色，表面覆盖橙色的共肉组织。珊瑚虫成轮排列，通常一轮 4～6 个，在小枝上直径 1～4 mm，高 2～3 mm，通常方向朝下。萼盖常由 8 个略呈三角形鳞片组成，近轴侧鳞片较小，鳞片外表面具细小疣突且上部呈发射状刺突，内表面上部具强烈的龙骨脊，底部中间具密集疣突。颊部骨片正面具许多疣状突起，靠近边缘处更为尖锐且突出，内侧具许多密集的小疣突，且在近中间部位边缘向内凹陷呈脊状。基部鳞片正面具许多疣状突起，一侧强烈突出且表面具刺状突起，内部覆盖密集的疣突。下基底骨片弯曲，成新月形。在底部鳞片靠近共肉组织处外侧常含有次下基底骨片，多呈不规则扇形，表面具疣突且有时具脊状突起。共肉组织鳞片边缘常形状不规则，外表面具许多疣状突起，内表面具密集粗糙的疣突。

地理分布　卡罗琳洋脊海山。

生态习性　栖息于水深 1246 m 的岩石底质上，附有铠甲虾、筐蛇尾、海百合等生物。

讨论　本未定种与 *Paracalyptrophora echinata* Cairns, 2009 在外形结构和部分骨片类型上相似，但区别为：本未定种共肉组织骨片脊状突起缺失或不明显，而在后者中存在且明显；本未定种基部骨片突出一侧表面具密集刺状突起，而后者近光滑且具单一脊状突起；本未定种萼盖鳞片外表面疣突细小，而在后者疣突巨大（Cairns，2009）。

图 2-117　拟冠柳珊瑚属未定种 1 *Paracalyptrophora* sp.1 外部形态、珊瑚虫及骨片
A. 原位活体；B. 一段分枝具 4 轮珊瑚虫；C. 单个珊瑚虫电镜照；D. 萼盖骨片；E. 颊部骨片；F. 基部骨片；G. 次下基底骨片；
H. 下基底骨片；I. 共肉组织骨片；标尺：1 mm（B，C），500 μm（D～I；D～F 为同一比例，G 和 H 为同一比例）

（115）拟冠柳珊瑚属未定种 2 *Paracalyptrophora* sp. 2（图 2-118）

形态特征　珊瑚群体分枝于一不分枝茎干顶部叉分形成双扇面结构，茎干轴呈黑色。珊瑚虫成轮排列，通常一轮 3～5 个，直径 2～4 mm，方向朝下。萼盖由 8 个略呈三角形鳞片组成，通常近轴侧一对鳞片较小，外表面具细小疣突，内表面上具强烈的龙骨脊。颊部骨片正面光滑，具许多疣状突起，内侧具许多密集的小疣突，远端边缘近光滑或粗糙，在近中间部位边缘向内凹陷成脊状。基部鳞片正面光滑具许多疣状小突起，一侧强烈突出，内部覆盖密集的疣状突起。下基底骨片弯曲，多呈新月形。共肉组织鳞片拉长，有时边缘或形状不规则，外表面光滑，具许多疣状和脊状突起，内表面具密集粗糙的疣突。触手存在着表面具疣突的小鳞片。

地理分布 卡罗琳洋脊海山，雅浦海山。

生态习性 栖息于水深 932～980 m 的岩石底质上。

讨论 本未定种与 *Paracalyptrophora echinata* Cairns, 2009 和 *P. mariae* (Versluys, 1906) 相似。但本未定种与 *P. echinata* 区别为：本未定种个体具双扇面结构，而后者为单扇面；本未定种末端分枝上珊瑚虫一轮通常 3～4 个，而后者为 6～8 个；本未定种蒴盖鳞片正面放射状脊较小，而后者相对较大且明显；本未定种触手鳞片存在，而后者则缺失。本未定种与 *P. mariae* 区别为：本未定种蒴盖鳞片龙骨脊十分明显，而后者不明显；本未定种颊部骨片远端边缘相对规则且中部向内弯曲成脊状，而后者颊部骨片远端边缘为齿状，中部向内弯曲不明显；本未定种触手鳞片存在，而在后者中缺失（Cairns, 2009）。

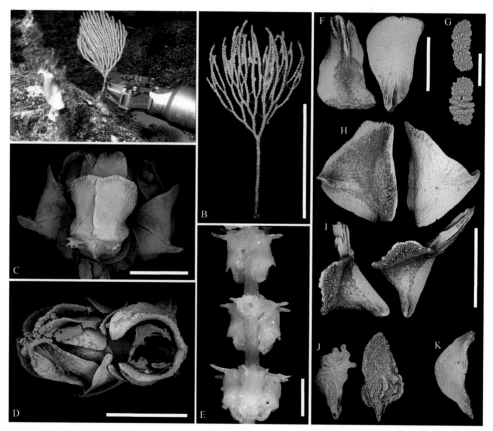

图 2-118 拟冠柳珊瑚属未定种 2 *Paracalyptrophora* sp. 2 外部形态、珊瑚虫及骨片

A. 原位活体；B. 采集后的标本；C. 一轮珊瑚虫电镜照；D. 单个珊瑚虫电镜照；E. 一段分枝具 3 轮珊瑚虫；F. 蒴盖骨片；G. 触手骨片；H. 颊部骨片；I. 基部骨片；J. 共肉组织骨片；K. 下基底骨片；标尺：10 cm（B）、1 mm（C～E；H 和 I 为同一比例）、500 μm（F，J 和 K 为同一比例）、50 μm（G）

伪竹柳珊瑚科 Isidoidae Heestand Saucier, France & Watling, 2021

鉴别特征 珊瑚群体呈平面状，分枝假二分。轴坚硬钙质，具同心层，不中空，呈白色或深金黄色，

没有铰接，有时扁平。珊瑚虫双列或多列排布，有时在轴上呈不规则螺旋排列，不能完全收缩。骨片光滑扁平，均呈棒状或拉长的鳞片状，大小相对统一，在珊瑚组织表面大量密集排列，咽部少有分布。十字交叉形骨片常存在但数量相对稀少（Nutting，1910b；Pante et al.，2013；Heestand Saucier et al.，2021）。

伪竹柳珊瑚科现仅有 1 属 1 种，分布于西南太平洋，水深 424 ～ 1065 m。

伪竹柳珊瑚属 *Isidoides* Nutting, 1910

鉴别特征　同科的鉴别特征。

（116）伪竹柳珊瑚属未定种 *Isidoides* sp.（图 2-119）

形态特征　珊瑚群体平面状，赭色，具灰白色的中心轴；分枝叉状再分，向上弯曲成鞭状，几乎彼此平行；分枝间距为 0.5 ～ 6.5 cm，末端小枝最长达 31 cm，不发生汇合。珊瑚虫大小变化很大，高 0.5 ～ 6.0 mm，呈圆柱状或芽孢状，在分枝上双列排布，有时分布于末端小枝的一侧。触手折叠在口盘上或在珊瑚虫头部紧密聚合形成一个假蓏盖结构。骨片均为棒状，包括细长的鳞片和少量的杆状骨片，在珊瑚虫体壁纵向或倾斜排列，部分骨片在顶部边缘横向或交叉排列，在触手背部纵向排列，在共肉组织中沿轴向排列。

地理分布　卡罗琳洋脊海山。

生态习性　常栖息于水深 814 ～ 962 m 的岩石底质上。

讨论　本未定种的鉴别特征为：群体深赭色，中间轴灰白色，有柱状和芽孢状的珊瑚虫，骨片类型包括细长的鳞片和少量的杆状骨片。模式种 *I. armata* Nutting, 1910 黄色至浅棕色，珊瑚虫为均一的

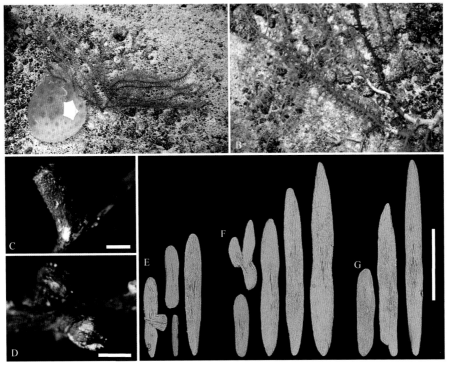

图 2-119　伪竹柳珊瑚属未定种 *Isidoides* sp. 外部形态、珊瑚虫及骨片

A，B. 原位活体；C. 柱状珊瑚虫；D. 疣状珊瑚虫；E. 触手骨片；F. 珊瑚虫体壁骨片；G. 共肉组织骨片；

标尺：1 mm（C，D）、200 μm（E ～ G 为同一比例）

管状，骨片大部分呈扁平杆状（Pante et al.，2013）。

红珊瑚科 Coralliidae Lamouroux, 1812

鉴别特征 骨骼轴有或无，由骨片融合或不融合而成。无轴群体常为半球形到指状，或为具显著不育柄的头状群体，极少为稀疏的分枝群体或叶状群体；有轴群体多为直立的单平面结构，具稀疏到密集的分枝。珊瑚虫二态性，包括用于繁殖的管状个员和用于进食的独立个员，虫体可缩回包裹轴的共肉组织或皮层。珊瑚虫无骨片，或具纺锤形骨片、卵圆形骨片、棒状骨片或放射形骨片。共肉组织表面和内部骨片为具瘤突的放射形和球形，少数物种为两头钝的杆状骨片和纺锤形骨片。骨片多为鲜红色。极少与虫黄藻共生（McFadden et al.，2022）。

红珊瑚科包含红珊瑚、拟柳珊瑚、花羽软珊瑚等类群，共 14 属 116 种，习见于深水海山、陆坡等硬底生境，为群落建群生物与优势类群之一，常为海葵、多毛类、甲壳动物、棘皮动物等无脊椎动物和鱼类提供栖居场所，甚至与之形成共生关系。其中，红珊瑚属 *Corallium*、半红珊瑚属 *Hemicorallium* 和侧红珊瑚属 *Pleurocorallium* 俗称宝石珊瑚（共 45 种），其骨骼鲜艳致密，长期以来被视作珍宝而遭到密集采获，目前个体数量急剧下降。

花羽软珊瑚亚科 Anthomastinae Verrill, 1922

鉴别特征 珊瑚虫二态性；独立个员大，数目少（1～20 个）；管状个员小。骨片 6 放射形、7 放射形或 8 放射形，通常很短，形成双星形或十字形；另有纺锤形和针形骨片（Bayer，1993）。

花羽软珊瑚亚科现有 4 属 34 种，物种为鲜红色和蘑菇状的群体，常被称作"蘑菇软珊瑚"。

花羽软珊瑚属 *Anthomastus* Verrill, 1878

鉴别特征 群体半球形至头状，其圆拱形头部通过一个不明显的柄部过渡到固着的基盘；或为蘑菇状，具明显的柄。珊瑚虫二态性，具骨片。独立个员少，大而不育，可缩回头部，分布均匀。骨片在独立个员背侧和腹侧同等发育。珊瑚冠骨片在触手根部较发达。管状个员可育，数目多，密集分布于独立个员之间，有时形成连续一层，可能不易观察。相邻管状个员之间的距离约等于或小于管状个员直径。骨片为针形、杆状、放射形、疣棒状、片状和纺锤形。咽部骨片主要为片状。触手骨片主要为杆状、片状和十字形（Molodtsova，2013）。

花羽软珊瑚属现有 19 种，世界广布，水深为 126～2789 m。

（117）球状花羽软珊瑚 *Anthomastus sphaericus* Li, Li & Xu, 2025（图 2-120）

形态特征 珊瑚群体半球形，深红色，基盘扩张，附着于岩石上，柄短。珊瑚虫透明或带粉色，头部球形，着生 27 个独立个员。独立个员高达 8 mm，宽达 6 mm。触手长 5～7 mm，具 15～21 对小羽片。管状个员分散于除独立个员外的整个群体上。触手和珊瑚冠骨片主要为带疣杆状，不弯曲或轻微弯曲。咽部骨片全部为轻度扁平的小杆状。头部表面骨片主要为带疣针形、带棘杆状和放射形；头部内部骨片主要为带疣针形、带疣或棘杆状和放射形。柄表面骨片主要为放射形、带棘纺锤形和杆状；柄内部骨片主要为不弯曲或少数弯曲的带棘纺锤形和针形。

地理分布 卡罗琳洋脊 M4 海山。

生态习性 栖息于水深 1435 m 的岩石底质上。

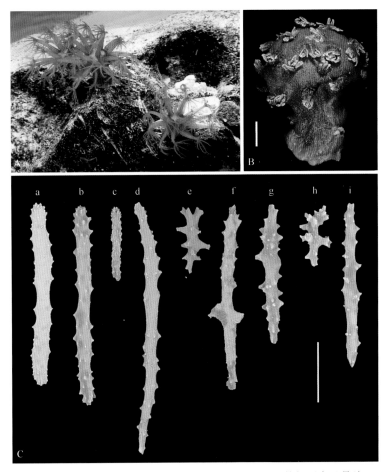

图 2-120　球状花羽软珊瑚 *Anthomastus sphaericus* 外部形态及骨片

A. 原位活体；B. 采集后的标本；C. 各部位骨片（a. 触手带疣杆状；b. 珊瑚冠带疣杆状；c. 咽小杆状；d. 头部表面带疣针形；e. 头部表面放射形；f. 头部内部带疣针形；g. 柄部表面带棘纺锤形；h. 柄部表面放射形；i. 柄内部带棘针形）；标尺：1 cm（B）、100 μm（C）

假花羽软珊瑚属 *Pseudoanthomastus* Tixier-Durivault & d'Hondt, 1974

鉴别特征　群体蘑菇状或头状，圆拱形头部与柄部分界明显。珊瑚虫二态性，具骨片。独立个员少，大而不育，极少可完全缩回头部，分布均匀。骨片在独立个员四周同等发育。珊瑚冠骨片在触手根部较发达。管状个员可育，明显，分布于独立个员之间。骨片放射形、疣棒状、杆状、纺锤形和十字形。咽部骨片主要为小杆状。触手骨片主要为针形、杆状、棒状和放射形（Molodtsova，2013）。

假花羽软珊瑚属与花羽软珊瑚属以咽部和触手的骨片类型相区别，现有 8 种，太平洋、大西洋和印度洋均有分布。

（118）费氏假花羽软珊瑚 *Pseudoanthomastus fisheri* (Bayer, 1952)（图 2-121）

形态特征　珊瑚群体蘑菇状，较小；原位活体时伸展，乙醇固定后高深红色，高约 40 mm；基盘扩展，固着在岩石上或包裹坚硬底质；柄短，长 10 ～ 20 mm，直径 10 ～ 15 mm；头部圆拱形，直径约 30 mm。独立个员大，长达 10 余毫米，宽 4 ～ 5 mm；约 30 个，均匀分布于头部，不能完全缩回。管状个员小，数量多，肉眼可见。

地理分布 马里亚纳海山，卡罗琳洋脊 M4 海山，麦哲伦海山链 Kocebu 海山，也常见于中国南海。

生态习性 栖息于水深 751 ～ 1872 m 的岩石上或包裹在坚硬底质上。

图 2-121 费氏假花羽软珊瑚 *Pseudoanthomastus fisheri* 外部形态
A. 原位活体；B. 乙醇固定后的标本

（119）华丽假花羽软珊瑚 *Pseudoanthomastus ornatus* Li, Li & Xu, 2025（图 2-122）

形态特征 珊瑚群体蘑菇状，红色，头部较柄部深，内部白色到红色，光镜下骨片透明或带红色；柄部粗，上端略细，头部圆拱形；原位活体时伸展，碰触后珊瑚冠收缩，但不能缩回头部。独立个员 50 个，大，高达 26 mm，宽达 13 mm，触手长达 9 mm。珊瑚虫头部边缘具一排正在发育的小独立个员。管状个员多，明显，呈白点状，散布于独立个员之间，直径 0.35 ～ 0.5 mm，小于相邻管状个员之间的距离。触手骨片主要为弯曲或不弯曲的带棘棒状、多放射形、带疣杆状和针形。咽部骨片多为带棘小杆状，个别十字形。珊瑚冠骨片主要为带疣杆状、带棘棒状和多放射形，不呈雁阵式排列。柄表面骨片为双星形和针形；柄内部骨片全部为针形。头部表面骨片主要为带疣球形和针形；头部内部骨片为针形。

地理分布 卡罗琳洋脊 M4 海山。

生态习性 栖息于水深 1429 m 的死海绵杆上，其上附有一只海星。

半红珊瑚属 *Hemicorallium* Gray, 1867

鉴别特征 珊瑚虫二态性，具骨片。独立个员突出，不能完全缩回皮层，卵圆柱形，常分布于群体一面。管状个员可育，常不明显，分布于独立个员基部附近。骨片包括小杆状、十字形、6 放射形、7 放射形、8 放射形，双棒状仅存在于部分物种。触手骨片长纺锤形（Tu et al., 2015，2016）。

半红珊瑚属分布于太平洋、印度洋和北大西洋，水深 100 ～ 2000 m。

（120）双色半红珊瑚 *Hemicorallium laauense* (Bayer, 1956)（图 2-123）

形态特征 珊瑚群体单平面，羽状，二分枝，分枝精致；主干与下端分枝的轴和皮层粉色，上端分枝逐渐变浅至白色；轴切面圆形。皮层具由小锥形颗粒组成纵肋。一些分枝皮层从侧缘向外延展形成薄层，内卷并与另一端薄层弥合形成孔隙，该过程为共栖的多鳞虫诱导。珊瑚虫不缩回皮层，留下圆柱状突起的螅萼，分布于迎流面与侧面。管状个员小，密集分布于分枝上。珊瑚虫骨片主要为 8 放射形和多放射形，偶见十字形。皮层骨片主要为 8 放射形，较少 7 放射形和十字形。

地理分布 夏威夷群岛，卡罗琳洋脊 M4 海山。

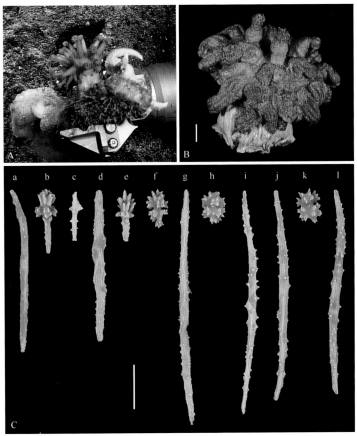

图 2-122　华丽假花羽软珊瑚 *Pseudoanthomastus ornatus* 外部形态及骨片

A. 原位活体；B. 采集后的标本；C. 各部位骨片（a. 触手带疣杆状；b. 触手带棘棒状；c. 咽带棘小杆状；d. 珊瑚冠带疣杆状；e. 珊瑚冠带棘棒状；f. 珊瑚冠多放射形；g. 头部表面针形；h. 头部表面带疣球形；i. 头部内部针形；j. 柄部表面针形；k. 柄部表面双星形；l. 柄内部针形）；标尺：2 m （B）、100 μm（C）

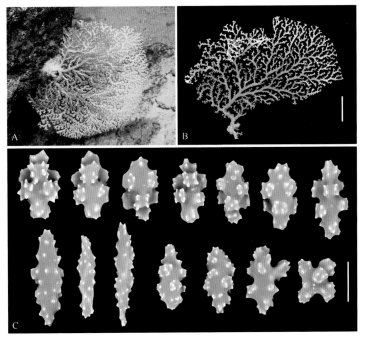

图 2-123　双色半红珊瑚 *Hemicorallium laauense* 外部形态及骨片

A. 原位活体（改自徐奎栋等，2020）；B. 采集后的标本；C. 珊瑚虫骨片；标尺：4 cm（B）、50 μm（C）

生态习性 栖息于水深 514～583 m 的岩石底质上。

（121）半红珊瑚属未定种 1 *Hemicorallium* sp. 1（图 2-124）

形态特征 珊瑚群体单平面，二分枝，粉色；主干横切面圆形；轴坚硬，表面具肉眼可见的纵沟。珊瑚虫主要分布于群体一面。皮层薄，脆，在具珊瑚虫一面常为多鳞虫栖居，被诱导形成膨大孔隙，使其呈粗糙貌；无珊瑚虫一面皮层光滑。独立个员通常柱状，末端稍微削尖，单独、双列或成簇分布；保存个体收缩，高 1.0～2.6 mm，基部宽 1.0～1.5 mm，触手向口盘内卷，其根部在口端形成 8 叶小孔结构。管状个员小，分布于独立个员之间。独立个员触手骨片主要为 8 放射形和带棘杆状，偶见不规则形；独立个员体壁和皮层骨片主要为放射形。

地理分布 卡罗琳洋脊 M4 海山。

生态习性 栖息于水深 798 m 的岩石底质上。

图 2-124 半红珊瑚属未定种 1 *Hemicorallium* sp. 1 外部形态及骨片
A. 原位活体；B. 采集后的标本具珊瑚虫一面；C. 触手骨片；D. 皮层骨片；标尺：4 cm（B）、50 μm（C，D）

（122）半红珊瑚属未定种 2 *Hemicorallium* sp. 2（图 2-125）

形态特征 珊瑚群体主要单平面，二分枝，分枝致密，不对称；轴光滑，切面圆形，粉色；末端小枝尖。皮层与珊瑚虫浅赭褐色。珊瑚虫不缩回皮层，留下柱状突起的螅萼，主要分布于迎流面。管状个员小，密集分布于分枝上。珊瑚虫与皮层骨片主要为表面粗糙且不对称的 8 放射形、多放射形、双棒状，较少 7 放射形和十字形。

地理分布 热带西太平洋卡罗琳洋脊 M4 海山。

生态习性 栖息于水深 1081 m 的岩石底质上。

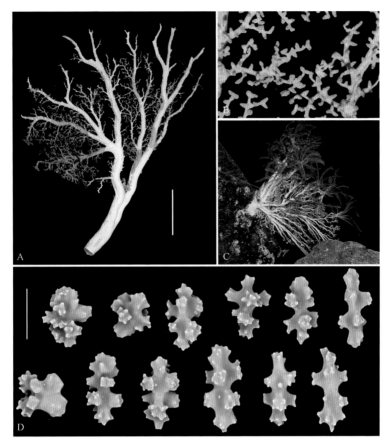

图 2-125 半红珊瑚属未定种 2 *Hemicorallium* sp. 2 外部形态及骨片
A. 采集后的标本；B. 分枝与珊瑚虫；C. 原位活体；D. 皮层骨片；标尺：10 cm（A）、50 μm（D）

侧红珊瑚属 *Pleurocorallium* Gray, 1867

鉴别特征 群体单平面分枝或形成三维结构。珊瑚虫可完全缩回半圆形隆起的皮层包。管状个员可育，不明显，通常围绕皮层包底部。轴窝（axial pit）有或无。无轴窝物种的骨片包括杆状、十字形、6 放射形、7 放射形、8 放射形和双棒状。具轴窝物种的骨片包括 6 放射形和双棒状，无 8 放射形。触手具长纺锤形骨片，无雨点状小窝（Tu et al.，2016）。

（123）瓷白侧红珊瑚 *Pleurocorallium porcellanum* (Pasternak, 1981)（图 2-126）

形态特征 珊瑚群体单平面，扇形，二分枝，分枝稀疏。珊瑚虫生活状态下伸展，白色；固定后缩回皮层，留下半圆形隆起的皮层包；主要分布于迎流面，背流面极少。皮层厚，白色或淡黄色。轴瓷白色，无小窝。管状个员小，密集分布于分枝上。珊瑚虫和皮层骨片以 8 放射形最常见，另具 6 放射形和 7 放射形。

地理分布 卡罗琳洋脊 M4 海山。

生态习性 栖息于水深 1246 m 的岩石底质上。

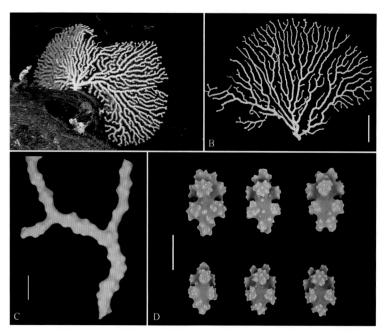

图 2-126　瓷白侧红珊瑚 *Pleurocorallium porcellanum* 外部形态及骨片
A. 原位活体；B. 采集后的标本；C. 放大的分枝；D. 皮层骨片；标尺：10 cm（B）、10 mm（C）、50 μm（D）

拟柳珊瑚属 *Paragorgia* Milne-Edwards & Haime, 1857

鉴别特征　独立个员、皮层、内层髓质和外层髓质具有不同类型骨片。独立个员具卵形骨片。皮层具 6 放射形、7 放射形、8 放射形骨片，短于 0.1 mm，具光滑的球形、沟槽形或分叶的修饰结构。髓质骨片为修饰的纺锤形骨片，常短于 0.8 mm；外层髓质骨片为介于放射形与纺锤形之间的中间类型。骨片构成的髓质在末端分枝处被 3 ～ 7 个主孔道和众多较小孔道贯穿，后者既发生于髓质，也发生于外层髓质。独立个员珊瑚虫触手具特别钝，具粗短的杆状或卵形骨片，常短于 0.1 mm（Sánchez，2005）。

（124）红拟柳珊瑚 *Paragorgia rubra* Li, Zhan & Xu, 2017（图 2-127）

形态特征　群体单平面二分枝，末端分枝长 5 ～ 90 mm，直径 3 ～ 5 mm，不含独立个员簇。末端分枝髓质由 3 ～ 5 个主孔道贯穿，外层髓质由约 20 个小管道贯穿。珊瑚虫固定后缩回皮层，留下突起结构，宽 1.2 ～ 2.0 mm，长约 1.5 mm。独立个员仅分布于迎流面以最大限度地捕获食物。独立个员触手具卵形骨片，体壁处卵形骨片稀疏，排成 8 纵列；卵形骨片通常具大的疣状突起和一个不明显的腰部，长达 150 μm，长为宽的 1.5 ～ 2.8 倍。皮层放射骨片具 6 ～ 8 个放射叶，小，长小于 80 μm，长为宽的 1.4 ～ 1.8 倍。髓质充满细长的纺锤形骨片，具有锥形突起，长达 390 μm，长为宽的 3.5 ～ 7.8 倍。

珊瑚群体皮层红色，髓质透明到白色，间杂红色，珊瑚虫白色。独立个员卵形骨片和皮层放射骨片淡红色，髓质纺锤形骨片透明或淡红色。

地理分布　雅浦海山。

生态习性　栖息于水深 373 m 的岩石硬底上，其上栖居一只蔓蛇尾。

讨论　本种与此前仅报道于新西兰的枝拟柳珊瑚 *Paragorgia kaupeka* Sánchez, 2005 亲缘关系最近，

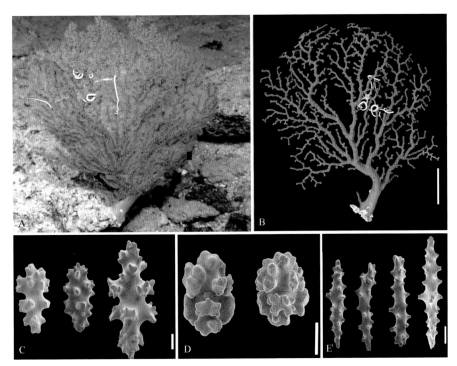

图 2-127　红拟柳珊瑚 *Paragorgia rubra* 外部形态及骨片（改自 Li et al.，2017）
A. 原位活体；B. 乙醇固定后标本具珊瑚虫的一面；C. 珊瑚虫骨片；D. 皮层骨片；E. 髓质骨片；
标尺：10 cm（B）、20 μm（C，D）、50 μm（E）

形态最相似，二者以独立个员卵形骨片和髓质纺锤形骨片的结构差异以及皮层放射骨片的长宽比差异相区别（Li et al.，2017）。

（125）突起拟柳珊瑚 *Paragorgia papillata* Li, Zhan & Xu, 2021（图 2-128）

形态特征　珊瑚群体总体上单平面，末端分枝有重叠但不联结，二分枝；根部不规则，近圆形。主干略扁；末端分枝长 10 ～ 90 mm，直径 2 ～ 5 mm，不含独立个员簇；1 个独立个员簇由 8 个或 9 个独立个员组成；主干横切面密布孔道，末端分枝髓质由 4 ～ 7 个主孔道贯穿，外层髓质由 15 ～ 20 个小管道贯穿。独立个员生活状态下伸展，黄白色；乙醇固定后突出，常沿分枝或其末端聚集成明显的瘤状结构。珊瑚冠可缩回突起的萼部，数目在群体一侧多于另一侧，宽 2.0 ～ 4.0 mm，长 1.5 ～ 3.0 mm。管状个员小，围绕分枝分布。独立个员触手密布卵形骨片，常具锥状突起和一个不明显的腰部，长 69 ～ 123 μm，长为宽的 1.7 ～ 3.0 倍。皮层主要为 8 放射形骨片，长 40 ～ 79 μm，长为宽的 1.4 ～ 1.9 倍，放射形骨片因放射叶差异不对称，放射叶大多数光滑且再分叶。内皮层骨片为光滑的纺锤形，长达 195 μm。髓质充满精细的纺锤形骨片，饰有瘤状突起，突起上有突出的棘，长达 185 ～ 400 μm。

原位活体与采集后标本皮层白色带淡黄色。乙醇固定后的标本上部皮层乳白色，主干部皮层和髓质淡黄色。骨片白色或透明。

地理分布　卡罗琳洋脊 M6 海山。

生态习性　栖息于水深 858 m 的岩石硬底上，附一只筐蛇尾、5 只蔓蛇尾和一只多鳞虫栖居。

讨论　本种以其大而突起的珊瑚虫区别于属内其他物种，是第 3 个白色的拟柳珊瑚物种（Li et al.，2021a）。

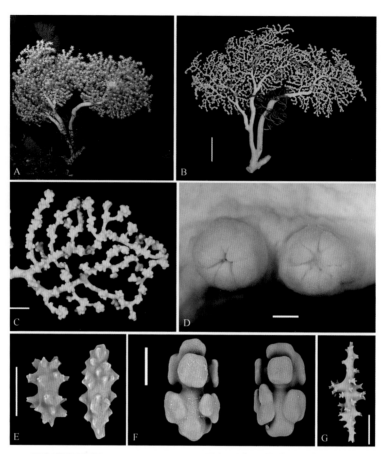

图 2-128　突起拟柳珊瑚 *Paragorgia papillata* 外部形态及骨片（改自 Li et al.，2021a）

A. 原位活体；B. 采集后标本具有独立个员的一面；C. 展示疣突状独立个员簇的部分分枝；D. 两个独立个员；E. 独立个员的骨片；F. 皮层表面的骨片；G. 髓质的骨片；标尺：10 cm（B）、2 cm（C）、1 mm（D）、50 μm（E）、20 μm（F）、100 μm（G）

海鳃总科 Pennatuloidea McFadden, van Ofwegen & Quattrini, 2022

鉴别特征　群体形态高度特化，有羽状、伞状、棒状、叶状、头状、指状、鞭状和蠕虫状等；群体包括一个球根状的通过蠕动收缩将海鳃锚定于软底的下端肉质柄，以及一个着生次级珊瑚虫的上端羽轴；多数具一个主要由碳酸钙组成的中央轴，其横切面为圆形或四边形，该轴贯通或部分存在于海鳃内部。次级珊瑚虫常为二态性，包括具捕食用大触手的独立个员和小触手缺失或极度退化的循环水流用的管状个员，极少种类为三态性，另有介于独立个员与管状个员之间的中个员。骨片常为光滑的三翼纺锤形（three-flanged spindle），有时为卵圆形，极少数为不规则片状（Williams，1995，2011）。

海鳃总科现有 16 科 35 属约 200 种，各科主要由次级珊瑚虫围绕羽轴的排列方式区分（Williams，1995，2011；López-González et al.，2022）。

枪海鳃科 Kophobelemnidae Gray, 1860

鉴别特征　群体棒状。独立个员沿羽轴不规则排列或排成不明显的纵列，不具珊瑚虫叶（Daly et al.，2007）。

枪海鳃科现有 3 属 19 种。其中，硬枪海鳃属 *Sclerobelemnon* Kölliker, 1872（9 种）和 *Malacobelemnon*

Tixier-Durivault, 1965（2 种）为浅水种；枪海鳃属 *Kophobelemnon* Asbjörnsen, 1856（8 种）近世界广布，水深 36 ～ 4400 m（Williams，1995）。

枪海鳃属 *Kophobelemnon* Asbjörnsen, 1856

鉴别特征　群体长柱状至略似棒状或粗短的明显棒状，顶端圆球状或明显突出；羽轴两侧对称，有时不明显；轴细，横切面圆形至略近四边形。无珊瑚虫叶。独立个员 2 ～ 50 个，沿羽轴排成 2 列。珊瑚冠大多不缩回皮层，无萼部。管状个员多，排列在未被独立个员占据的羽轴上，萼部常具小刺。骨片密集分布，为纺锤形和杆状，多数三翼形，有的饰有突起（Williams，1995）。

（126）枪海鳃属未定种 *Kophobelemnon* sp.（图 2-129）

形态特征　雅浦海山采集到的珊瑚群体长 470 mm，羽轴长 260 mm，柄部长 210 mm。轴延伸至接近柄部末端，横切面圆形。独立个员围绕羽轴分布，约 60 个，珊瑚冠大多不缩回皮层。管状个员小，不明显，数目很多。

地理分布　雅浦海山，麦哲伦海山链 Kocebu 海山。

生态习性　栖息于水深 1076 ～ 1945 m 的有孔虫砂质海底。

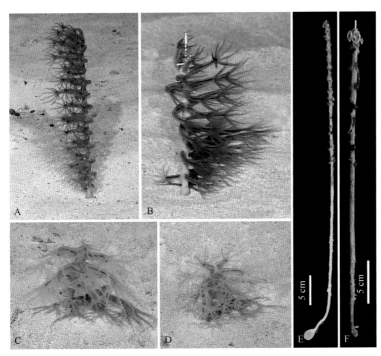

图 2-129　枪海鳃属未定种 *Kophobelemnon* sp. 外部形态

A ～ D. 原位活体，图 A 改自徐奎栋等（2020），图 B 激光点间距为 33 cm；E，F. 采集后的标本

海鳃科 Pennatulidae Ehrenberg, 1834

鉴别特征　群体两侧对称。珊瑚虫叶围绕羽轴交替排成 2 列。独立个员沿珊瑚虫叶腹缘排列，管状，具刺状萼部，萼部具 1 个、2 个或 8 个萼齿（Williams，1995）。

海鳃科现有 8 属约 60 种，其中异羽海鳃属 *Alloptilella* Li, Zhan & Xu, 2021 和海鳃属 *Pennatula*

Linnaeus, 1758 发现于热带西太平洋海山。

异羽海鳃属 *Alloptilella* Li, Zhan & Xu, 2021

鉴别特征 群体延长，纤细，羽状；轴横切面圆形，贯通整个群体；羽轴两侧对称，背侧中央无珊瑚虫；羽轴和柄部连接处具明显膨大增厚，并在最凸出处形成边界环。珊瑚虫叶大而明显，狭窄至近三角形，由下而上相对或交替斜插于羽轴腹侧。独立个员沿珊瑚虫叶腹缘（ventral edge）或朝向腹侧的一边着生；自然状态下朝向背侧的背缘（dorsal edge）极少着生独立个员；基缘为连接羽轴杆的一边，排成一列。珊瑚冠可收缩到稳固的刺状萼部，萼部交替排列（但非排成 2 列）。萼部筒状，具 8 个末端萼齿（有时发育程度不一致）。中个员存在于羽轴杆两侧与珊瑚虫叶背缘根部连接处。管状个员分布于羽轴杆侧背面并延伸至珊瑚虫叶之间，呈"V"形或对钩形。独立个员触手具有或不具三翼骨针。萼部、珊瑚虫叶和羽轴骨片为三翼骨针，柄部和独立个员咽部骨片为不明显三翼形杆状。柄部可能包含"Y"形、交叉形和 5 或 6 放射形骨片，以及长约 20 μm 的微小体（minute body）骨片（Li et al.，2021b；López-González，2022）。

异羽海鳃属以珊瑚虫独立个员的排列方式和中个员的分布位置区别于相近属羽海鳃属 *Ptilella*。现有 3 种：莫氏异羽海鳃 *Alloptilella moseleyi* (Kölliker, 1880)、灿烂异羽海鳃 *A. splendida* Li, Zhan & Xu, 2021 和威氏异羽海鳃 *A. williamsi* López-González, 2022（Li et al.，2021b；López-González，2022）。

（127）灿烂异羽海鳃 *Alloptilella splendida* Li, Zhan & Xu, 2021（图 2-130）

形态特征 珊瑚群体羽状，纤细，直立，活体柄部埋于砂底；轴贯通整个群体，横切面圆形，米白色；羽轴两侧对称，占总长的 84%，宽 11 ~ 18 mm，除最底端外宽度近相等，羽轴具一个明显裸露的背侧中央沟（背沟）和一个被珊瑚虫叶基缘着生而隐藏的腹沟，羽轴平均每 10 cm 含 14 对珊瑚虫叶；羽轴和柄部连接处具明显膨大增厚，并在最凸出处形成边界环。珊瑚虫叶由下而上交替斜插于羽轴腹侧。完全发育的珊瑚虫叶侧面观近三角形，基缘最长 18 mm；腹缘弯曲，最长 23 mm，背缘略短于腹缘。独立个员沿珊瑚虫叶腹缘排成一列（因珊瑚虫叶横切后显现的消化循环腔排成一列而确定，有时因拥挤或交叉而似两列）；完全发育的珊瑚虫叶最多拥有 26 个独立个员。珊瑚冠可收缩到稳固的刺状萼部。萼部筒状，具骨针，最多具 8 个突出的萼齿，长达 4 mm，宽达 2 mm。中个员存在于羽轴杆两侧与珊瑚虫叶背缘根部连接处，高约 0.5 mm，宽约 1 mm，具淡黄色骨针。管状个员小，高约 0.2 mm，宽约 0.3 mm，多数锥形，由淡红色骨片聚合形成一个尖顶。管状个员沿珊瑚虫叶的叶腋排成 1 ~ 10 列，并延伸至羽轴杆侧背面。羽轴背沟无珊瑚虫。

独立个员触手中轴反口侧具小的三翼骨针，长 116 ~ 176 μm。萼齿由大的三翼骨针组成，骨针长 500 ~ 1200 μm。萼部除萼齿外的骨片也为三翼骨针，长 491 ~ 731 μm。珊瑚虫叶具有众多三翼骨针，长 424 ~ 669 μm。羽轴杆皮层（含管状个员）的三翼骨针长 78 ~ 637 μm。柄部骨片为不明显三翼形杆状，长 70 ~ 83 μm。独立个员咽具小的不明显三翼形骨针，长 39 ~ 54 μm。

羽轴大体红色，萼部黄色，柄部淡黄色。珊瑚冠主要为白色，触手中轴反口侧具一条由骨片形成的红线，延伸至独立个员体壁。萼齿与萼部上部骨针淡黄色，触手、萼部下部、珊瑚虫叶和羽轴杆骨针淡红色，柄部的杆状骨片半透明或带白色。

地理分布 雅浦海山。

生态习性 栖息于水深 879 m，活体柄部埋于有孔虫砂中。

讨论 García-Cárdenas 等（2019）指出早期报道的 4 个海鳃属 *Pennatula* 物种，包括 *Pennatula moseleyi* Kölliker, 1880 和纳氏海鳃 *P. naresi* Kölliker, 1880 可能属于羽海鳃属 *Ptilella*，但需要更多的形

态分类学与分子系统学信息支持。本种通常易被误鉴定为 *P. moseleyi*，因二者在整体外观上很相似，尤其是较为显著的红色羽轴和黄色的萼（徐奎栋等，2020；水深记录也有误）。通过详细的比较发现，除了属间差异外，本种的珊瑚虫叶比 *P. moseleyi* 少（前者平均 14 对 /10 cm，后者 19 对 /10 cm）。本种以中个员的位置和管状个员周围骨针的颜色区别于相近种纳氏海鳃 *Pennatula naresi*。

图 2-130　灿烂异羽海鳃 *Alloptilella splendida* 外部形态及骨片（改自 Li et al.，2021a）
A. 采集后的标本；B. 原位标本采集；C. 独立个员侧面观；D. 独立个员触手骨片；E. 独立个员咽部骨片；
标尺：5 cm（A）、1 mm（C）、20 μm（D，E）

海鳃属 *Pennatula* Linnaeus, 1758

鉴别特征　群体羽状；羽轴两侧对称；轴贯通整个群体。珊瑚虫叶通常大而明显，呈三角形、镰刀形或扇形。独立个员沿珊瑚虫叶腹缘排成一至多列。珊瑚冠可收缩到稳固的刺状萼部。萼部筒状，多数具 8 个末端萼齿。管状个员分布于羽轴，可能延伸至珊瑚虫叶之间。中个员有或无，可存于羽轴杆或珊瑚虫叶背缘。萼部骨片为三翼形骨针，柄部表面骨片为不明显三翼形的杆状，柄内部骨片为小卵形（多数长于 0.1 mm）（Williams，1995）。

海鳃属现有 11 种，近世界广布，水深 18～2825 m。海鳃属非单系，近年来通过形态学结合分子系统学方法对其进行了多次修订（García-Cárdenas et al.，2019；Li et al.，2021b；López-González，2022）。

（128）海鳃属未定种 *Pennatula* sp.（图 2-131）

形态特征　群体羽状，活体橘黄色，乙醇保存后褪色；轴贯通群体，横切面近柱形；柄部上端具一个膨大球；羽轴具 32 对交替排列的珊瑚虫叶。珊瑚虫叶长 15 mm，宽 6 mm，最多拥有 20 个排成一列的独立个员。独立个员长 1.5 ~ 2.0 mm，宽 0.6 ~ 0.8 mm。珊瑚冠可收缩到稳固的刺状萼部。萼部管状，萼齿发育程度不一。管状个员小，排列在羽轴杆上。独立个员萼齿、萼部、珊瑚虫叶、羽轴杆皮层含大量三翼骨针，光镜下带白色。珊瑚虫叶骨针长 1.2 ~ 1.5 mm。柄部骨片卵形，长 0.06 ~ 0.15 mm，宽 0.04 ~ 0.05 mm。

地理分布　马里亚纳海沟附近的 M2 海山。

生态习性　栖息于水深 238 m，活体柄部埋于死亡仙掌藻 *Halimeda* sp.（绿藻门 Chlorophyta 石莼纲 Ulvophyceae 仙掌藻科 Halimedaceae）碎屑中，羽轴腹面寄生有一个身披鳞片的多毛类。

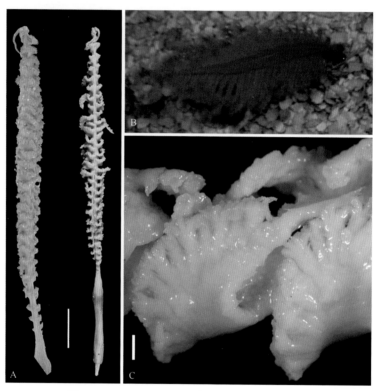

图 2-131　海鳃属未定种 *Pennatula* sp. 外部形态
A. 标本侧面观和固定标本腹面观；B. 原位活体（改自徐奎栋等，2020）；C. 珊瑚虫叶与独立个员；标尺：20 mm（A）、1 mm（C）

原羽海鳃科 Protoptilidae Kölliker, 1872

鉴别特征　群体两侧对称。独立个员可缩回，沿羽轴排成 1 ~ 3 列（Daly et al.，2007）。

原羽海鳃科现有 2 属 8 种，包括双列羽海鳃属 *Distichoptilum* Verrill, 1882 中 1 种和原羽海鳃属 *Protoptilum* Kölliker, 1872 中 7 种（Williams，1995）。

双列羽海鳃属 *Distichoptilum* Verrill, 1882

鉴别特征　群体细长，鞭状；羽轴始终两侧对称；轴贯通整个群体；无珊瑚虫叶。独立个员沿羽轴两侧排列，不同列虫体交替排列或接近对立分布，独立个员纵列之间的羽轴表面无珊瑚虫。珊瑚冠可缩回至稳固的刺状萼部。萼部具 2 ~ 6 个明显或不明显的末端萼齿，萼部向轴侧紧贴羽轴侧缘。每个独立个员上端羽轴上具 2 个或 3 个管状个员。萼部、羽轴和柄部骨片为三翼纺锤形或杆状（Williams，1995）。

双列羽海鳃属现仅有 1 种。

（129）纤细双列羽海鳃 *Distichoptilum gracile* Verrill, 1882（图 2-132）

形态特征　群体纤细，杆状或螺旋的鞭状，长达 3 m；羽轴深红色，柄部白色；轴横切面圆形，延伸至柄部下端，柄部下端内部有 2 个半圆形孔道贯穿其中。独立个员排成 2 列。管状个员分布于独立个员之间，较大而明显，大致呈纵列分布。珊瑚虫完全收缩进萼部，萼齿不明显。珊瑚虫骨片针形。

地理分布　太平洋、大西洋和印度洋均有分布。本研究标本采自马里亚纳海山、卡罗琳洋脊 M8 海山和麦哲伦海山链 Kocebu 海山。

生态习性　栖息于水深 650 ～ 4300 m 的有孔虫砂质底。

图 2-132　纤细双列羽海鳃 *Distichoptilum gracile* 外部形态
A. 原位活体，激光点间距为 33 cm；B. 活体局部放大照；C ～ D. 采集后的标本

伞花海鳃科 Umbellulidae Kölliker, 1880

伞花海鳃科仅包含伞花海鳃属 *Umbellula* 1 属。伞花海鳃科非单系群，其中的伞花海鳃属由2 个趋同进化的分枝构成，珊瑚虫在羽轴顶端的伞状分布是一个趋同特征（Dolan et al.，2013）。

伞花海鳃属 *Umbellula* Gray, 1870

鉴别特征 群体，具细长的柄和末端轮生珊瑚虫；羽轴两侧对称；轴明显，贯通整个群体，横切面为圆形或四边形。无珊瑚虫叶。独立个员末端簇生，包含 1 ～ 40 个珊瑚虫。珊瑚冠不收缩，无萼部。管状个员存在于羽轴，位于独立个员基部，以及主干上部末端珊瑚虫簇下方。骨片仅存于属内 3 个种中。骨片为纺锤状骨片、杆状骨片、卵圆杆状骨片或针状骨片，横切面三翼形或圆形，表面经常粗糙，具很多低矮的多瘤突起。骨片可能存在于触手、独立个员体壁和柄部（Williams，1995）。

伞花海鳃属现有 24 种，世界广布，水深 210 ～ 6260 m（Williams，1995，2011）。

（130）杜氏伞花海鳃 *Umbellula durissima* Kölliker, 1880（图 2-133）

形态特征 群体通常具 5 ～ 9 个大的独立个员，大个体长 50 cm 以上。每个珊瑚虫具 8 个羽状触手。轴横切面圆形。独立个员的骨片针形，数目较多，长达 3 mm，其上有呈纵列分布的小锯齿结构。

地理分布 印度洋 - 太平洋。本研究标本采自雅浦海山，卡罗琳洋脊 M4、M5 海山，麦哲伦海山链 Kocebu 海山。

生态习性 栖息于水深 1025 ～ 2016 m 的泥砂质底质中。

讨论 本种以独立个员的针形骨片和圆形的轴横切面区分于属内其他种。

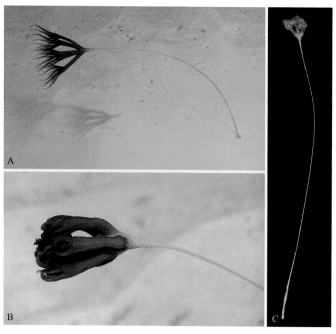

图 2-133 杜氏伞花海鳃 *Umbellula durissima* 外部形态
A. 原位活体；B. 收缩的独立个员簇；C. 采集后的标本；图 A，B 改自徐奎栋等（2020）

沙箸海鳃科 Virgulariidae Verrill, 1868

鉴别特征　群体两侧对称，羽轴杆状，柄部多为纤细的蠕虫状。独立个员无刺状萼部，联合形成薄且大多透明的珊瑚虫叶。珊瑚虫叶交替排列于羽轴两侧。管状个员多位于羽轴杆上（Williams, 1995）。

沙箸海鳃科现有 6 属约 50 种。

竿海鳃属 *Scytalium* Herklots, 1858

鉴别特征　群体延长型，纤细或较粗壮；羽轴两侧对称；轴贯通整个群体，横切面大多四边形。珊瑚虫叶薄，多肉，基缘最宽。独立个员筒状，多沿珊瑚虫叶腹缘排列，少数分布于珊瑚虫叶背缘或羽轴杆上。管状个员分布于羽轴杆侧面，或延伸至珊瑚虫叶之间。骨片为小的卵形片状或杆状，分布于独立个员触手、体壁、珊瑚虫叶羽轴杆皮层和柄部（Williams, 1995）。

竿海鳃属现有 7 种，部分物种的有效性有待确认，分布于印度洋 - 西太平洋。

（131）维纳斯竿海鳃 *Scytalium veneris* (Thomson & Henderson, 1906)（图 2-134）

形态特征　原位活体呈羽毛状。轴贯通整个群体，横切面圆形，米白色，位于羽轴最下端。柄部长 41 ～ 62 mm，最上端具一个球状膨大。羽轴两侧对称，长 245 ～ 275 mm，占总长的 82% ～ 86%；羽轴于上端逐渐变窄，包含珊瑚虫叶在内的最大宽度 16 mm，不含珊瑚虫叶的羽轴杆最大直径 3 mm。羽轴和柄部连接处具明显膨大增厚，并在最凸出处形成边界环。羽轴具 28 ～ 36 对交替排列的珊瑚虫叶，平均每 10 cm 含 11.3 ～ 14.2 对。珊瑚虫叶侧面观呈三角形，基缘通常长 10 ～ 14 mm；腹缘通常长 10 ～ 20 mm，背缘通常长 15 ～ 25 mm。每个完全发育的珊瑚虫叶通常着生 32 ～ 40 个排成一列的独立个员。独立个员筒状，通常长 3 ～ 4 mm，直径约 1 mm；个别着生在珊瑚虫叶背缘或羽轴杆上的独立个员长达 9 mm。独立个员体壁不形成坚硬的萼部；触手可收缩，但不能收回体壁。管状个员明显，在羽轴杆侧面纵向排列并延伸至珊瑚虫叶基缘附近。管状个员圆形，高约 0.1 mm，宽约 0.2 mm。无中个员。

独立个员触手、体壁和珊瑚虫叶骨片为哑铃形片状。触手骨片大多长 37 ～ 52 μm，宽 21 ～ 26 μm；体壁骨片长 38 ～ 48 μm，宽 20 ～ 26 μm；珊瑚虫叶骨片长 44 ～ 48 μm，宽 16 ～ 24 μm。羽轴杆皮层骨片为卵圆形到圆形的片状，长 32 ～ 45 μm，宽 21 ～ 32 μm；以及椭圆形到哑铃形的杆状，长 24 ～ 39 μm，宽 13 ～ 22 μm。柄部皮层骨片为哑铃形到卵圆形杆状，大多长 26 ～ 38 μm，宽 14 ～ 20 μm。片状骨片和杆状骨片通常两端宽，中间窄。

柄部红棕色，羽轴和珊瑚虫叶深褐色到米白色。独立个员深褐色为主，触手白色，中轴反口侧具一条由骨片形成的红线。轴米白色。独立个员触手、体壁、珊瑚虫叶和羽轴杆皮层片状骨片淡红色，羽轴杆和柄部皮层的杆状骨片淡红色或透明。

地理分布　马里亚纳海山；印度洋。

生态习性　栖息于水深 170 ～ 291 m，活体柄部埋于死亡的仙掌藻 *Halimeda* sp. 碎屑中。部分海区密度较高，可达 40 个 /m² （Li et al., 2021b）。

讨论　本种长期以来一直被当作萨氏竿海鳃 *Scytalium sarsii* Herklots, 1858 的同物异名，Li 等（2021b）将其恢复为独立的有效种。本种以圆形的中央轴，较大的珊瑚虫叶，每个珊瑚虫叶上更多的珊瑚虫数目，较大的珊瑚虫个体，以及更大的骨片区别于萨氏竿海鳃。

图 2-134　维纳斯竿海鳃 *Scytalium veneris* 外部形态及骨片（改自 Li et al.，2021a）
A. 采集后的标本；B. 原位活体侧面观；C. 独立个员；D. 独立个员触手骨片；E. 柄部皮层骨片；标尺：5 cm（A）、1 mm（C）、30 μm（D，E）

主要参考文献

李阳. 2013. 中国海海葵目(刺胞动物门: 珊瑚虫纲)种类组成与区系特点研究. 北京: 中国科学院大学博士学位论文.

孙梦岩, 詹子锋, 徐雨, 等. 2022. 鳞侧尖柳珊瑚 *Paracis squamata* (Nutting, 1910)(八放珊瑚亚纲: 丛柳珊瑚科)的形态学和系统发育研究. 海洋科学, 46(8): 48-56.

唐质灿. 2008. 刺胞动物门 // 刘瑞玉. 2008. 中国海洋生物名录. 北京: 科学出版社: 301-363.

徐奎栋, 等. 2020. 西太平洋海沟洋脊交联区海山动物原色图谱. 北京: 科学出版社.

徐雨. 2019. 西太平洋海山金柳珊瑚科分类学和系统发育研究. 北京: 中国科学院大学硕士学位论文.

徐雨. 2022. 西太平洋海山钙轴柳珊瑚分类学和系统发育研究. 北京: 中国科学院大学博士学位论文.

徐雨, 李阳, 徐奎栋. 2019. 西太平洋马里亚纳海沟附近海山的金相柳珊瑚属(珊瑚虫纲: 软珊瑚目: 金柳珊瑚科)二新记录种. 海洋科学, 43(6): 1-5.

周近明, 邹仁林. 1987. 中国角珊瑚目(Antipatharia)的研究III: 纵列角珊瑚属 *Stichopathes*. 热带海洋, 6(3): 63-70.

Alderslade P, McFadden CS. 2012. A new genus and species of the family Isididae (Coelenterata: Octocorallia) from a CMAR Biodiversity study, and a discussion on the subfamilial placement of some nominal isidid genera. Zootaxa, 3154: 21-39.

Bayer FM. 1949. The Alcyonaria of Bikini and other atolls in the Marshall group, Part I: The Gorgonacea. Pacific Science, 3(7): 195-210.

Bayer FM. 1951. Two new primnoid corals of the subfamily Calyptrophorinae (Coelenterata: Octocorallia). Journal of the Washington Academy of Sciences, 41(1): 40-43.

Bayer FM. 1952. A new *Calytrophora* (Coelenterata: Octocorallia) from the Philippine Islands. Journal of the Washington Academy of Sciences, 42(3): 82-84.

Bayer FM. 1959. A review of the gorgonacean genus *Placogorgia* Studer, with a description of *Placogorgia tribuloides*, a new species from the Straits of Florida. Journal of the Washington Academy of Sciences, 49(2): 54-61.

Bayer FM. 1993. Taxonomic status of the octocoral genus *Bathyalcyon* (Alcyoniidae: Anthomastinae), with descriptions of a new subspecies from the Gulf of Mexico and a new species of *Anthomastus* from Antarctic waters. Precious Corals and Octocoral Research, 1: 3-13.

Bayer FM. 1995. A new species of the gorgonacean genus *Narella* (Anthozoa: Octocoralliae) from Hawaiian waters. Proceedings of the Biological Society of Washington, 107(1): 147-152.

Bayer, FM. 1981. Key to the genera of Octocorallia exclusive of Pennatulacea (Coelenterata: Anthozoa), with diagnoses of new taxa. Proceedings of the Biological Society of Washington, 94(3): 901-947.

Bayer FM, Stefani J. 1988. A new species of *Chrysogorgia* (Octocorallia: Gorgonacea) from New Caledonia, with descriptions of some other species from the western Pacific. Proceedings of the Biological Society of Washington, 101(2): 257-279.

Bo M, Opresko DM. 2015. Redescription of *Stichopathes pourtalesi* Brook, 1889 (Cnidaria: Anthozoa: Antipatharia: Antipathidae). Breviora, 540: 1-18.

Brook G. 1889. Report on the Antipatharia. Report on the Scientific Results of the Voyage of H.M.S. Challenger. Zoology, 32(80): 1-222.

Brugler M, Opresko DM, France SC. 2013. The evolutionary history of the order Antipatharia (Cnidaria: Anthozoa: Hexacorallia) as inferred from mitochondrial and nuclear DNA: Implications for black coral taxonomy and systematics. Zoological Journal of the Linnean Society, 169: 312-361.

Cairns SD, Bayer FM. 2008. A review of the Octocorallia (Cnidaria: Anthozoa) from Hawai'i and adjacent seamounts: The genus *Narella* Gray, 1870. Pacific Science, 62(1): 83-115.

Cairns SD, Bayer FM. 2009. A generic revision and phylogenetic analysis of the Primnoidae (Cnidaria: Octocorallia). Smithsonian Libraries, 629: 1-79.

Cairns SD, Cordeiro RTS, Xu Y, et al. 2021. A new family and two new genera of calcaxonian octocoral, including a redescription of *Pleurogorgia militaris* (Cnidaria: Octocorallia: Chrysogorgiidae) and its placement in a new genus. Invertebrate Systematics, 35: 282-297.

Cairns SD. 1979. The deep-water Scleractinia of the Caribbean and adjacent waters. Studies on the Fauna of Curaçao and other Caribbean Islands, 57: 1-341.

Cairns SD. 1989. A revision of the ahermatypic Scleractinia of the Philippine Islands and adjacent waters, Part 1: Fungiacyathidae, Micrabaciidae, Turbinoliinae, Guyniidae, and Flabellidae. Smithsonian Contributions to Zoology, 486: 1-136.

Cairns SD. 1991. A revision of the ahermatypic Scleractinia of the Galápagos and Cocos Islands. Smithsonian Contributions to Zoology, 504: 1-32.

Cairns SD. 1994. Scleractinia of the temperate North Pacific. Smithsonian Contributions to Zoology, 557: 1-150.

Cairns SD. 1999. Species richness of recent Scleractinia. Atoll Research Bulletin, 459: 1-46.

Cairns SD. 2000. A revision of the shallow-water azooxanthellate Scleractinia of the western Atlantic. Studies on the Natural History of the Caribbean Region, 75: 1-231.

Cairns SD. 2001. Studies on western Atlantic Octocorallia (Coelenterata: Anthozoa), Part 1: The genus *Chrysogorgia* Duchassaing & Michelloti, 1864. Proceedings of the Biological Society of Washington, 114(3): 746-787.

Cairns SD. 2007a. Calcaxonian Octocorals (Cnidaria: Anthozoa) from the Eastern Pacific Seamounts. Proceedings of the California Academy of Sciences, 58(25): 511-541.

Cairns SD. 2007b. Studies on western Atlantic Octocorallia (Gorgonacea: Primnoidae), Part 8: New records of Primnoidae from the New England and Corner Rise Seamounts. Proceedings of the Biological Society of Washington, 120(3): 243-263.

Cairns SD. 2009. Review of Octocorallia (Cnidaria: Anthozoa) from Hawai'i and adjacent Seamounts. Part 2. Genera *Paracalyptrophora* Kinoshita, 1908; *Candidella* Bayer, 1954; and *Calyptrophora* Gray, 1866. Pacific Science, 63(3): 413-448.

Cairns SD. 2012. The Marine Fauna of New Zealand: New Zealand Primnoidae (Anthozoa: Alcyonacea). Part 1. Genera *Narella*, *Narelloides*, *Metanarella*, *Calyptrophora*, and *Helicoprimnoa*. NIWA Biodiversity Memoir, 126: 1-72.

Cairns SD. 2018a. Deep-Water Octocorals (Cnidaria, Anthozoa) from the Galápagos and Cocos Islands. Part 1: Suborder Calcaxonia. ZooKeys, 729: 1-46.

Cairns SD. 2018b. Primnoidae (Cnidaria: Octocorallia: Calcaxonia) of the Okeanos Explorer expeditions (CAPSTONE) to the central Pacific. Zootaxa, 4532(1): 1-43.

Cairns SD, Kitahara MV. 2012. An illustrated key to the genera and subgenera of the Recent azooxanthellate Scleractinia (Cnidaria, Anthozoa), with an attached glossary. ZooKeys, 227: 1-47.

Cairns SD, Taylor ML. 2019. An illustrated key to the species of the genus *Narella* (Cnidaria, Octocorallia, Primnoidae). ZooKeys, 822: 1-15.

Carlgren O. 1949. A survey of the Ptychodactaria, Corallimorpharia, and Actiniaria. Kungliga Svenska Vetenskapsakadamiens Handlingar, 1(1): 1-121.

Chimienti G, Terraneo TI, Vicario S, et al. 2022. A new species of *Bathypathes* (Cnidaria, Anthozoa, Antipatharia, Schizopathidae) from the Red Sea and its phylogenetic position. ZooKeys, 1116: 1-22.

Cordeiro RTS, Castro CB, Pérez CD. 2015. Deep-water octocorals (Cnidaria: Octocorallia) from Brazil: Family Chrysogorgiidae Verrill, 1883. Zootaxa, 4058(1): 81-100.

Crowther AL, Fautin DG, Wallace CC. 2011. *Stylobates birtlesi* sp. n., a new species of carcinoecium-forming sea anemone (Cnidaria, Actiniaria, Actiniidae) from eastern Australia. ZooKeys, 89: 33-48.

Dall WH. 1903. A new genus of Trochidae. The Nautilus, 17(6): 61-62.

Daly M, Brugler MR, Cartwright P, et al. 2007. The phylum Cnidaria: A review of phylogenetic patterns and diversity 300 years after Linnaeus. Zootaxa, 1668: 127-182.

Deichmann E. 1936. The Alcyonaria of the western part of the Atlantic Ocean. Massachusetts: Harvard University Press: 1-317.

Dolan E, Tyler PA, Yesson C. 2013. Phylogeny and systematics of deep-sea sea pens (Anthozoa: Octocorallia: Pennatulacea). Molecular Phylogenetics and Evolution, 69: 610-618.

Dueñas LF, Sánchez JA. 2009. Character lability in deep-sea bamboo corals (Octocorallia, Isididae, Keratoisidinae). Marine Ecology Progress Series, 397: 11-23.

Eash-Loucks WE, Fautin DG. 2012. Taxonomy and distribution of sea anemones (Cnidaria: Actiniaria and Corallimorpharia) from deep water of the northeastern Pacific. Zootaxa, 3375: 1-80.

Fautin DG. 1984. More Antarctic and Subantarctic sea anemones (Coelenterata: Corallimorpharia and Actiniaria). Antarctic Research Series, 41(1): 1-42.

Fautin DG. 2016. Catalog to families, genera, and species of orders Actiniaria and Corallimorpharia (Cnidaria: Anthozoa). Zootaxa, 4145 (1): 1-449.

García-Cárdenas FJ, Drewery J, López-González PJ. 2019. Resurrection of the sea pen genus *Ptilella* Gray, 1870 and description of *Ptilella grayi* n. sp. from the NE Atlantic (Octocorallia: Pennatulacea). Scientia Marina, 83(3): 261-276.

Grasshoff M. 1999. The shallow water gorgonians of New Caledonia and adjacent islands (Coelenterata Octocorallia). Senckenbergiana Biologica, 78: 1-121.

Gusmão LC, Rodríguez E. 2021. Deep-Sea Anemones (Cnidaria: Anthozoa: Actiniaria) from the South Atlantic. Bulletin of the American Museum of Natural History, 444: 1-69.

Heestand Saucier E, France SC, Watling, L. 2021. Toward a revision of the bamboo corals: Part 3, deconstructing the Family Isididae. Zootaxa, 5047(3), 247-272.

Heestand Saucier E, Sajjadi A, France SC. 2017. A taxonomic review of the genus *Acanella* (Caidaria: Octocorallia: Isididae) in the North Atlantic Ocean, with descriptions of two new species. Zootaxa, 4323(3): 359-390.

Hickson SJ. 1930. On the classification of the Alcyonaria. Proceedings of the Zoological Society of London, 100(1): 229-252.

Horowitz J, Opresko DM, Molodtsova TN, et al. 2022. Five new species of black coral (Anthozoa; Antipatharia) from the Great Barrier Reef and Coral Sea, Australia. Zootaxa, 5213(1): 1-35.

Horvath EA. 2019. A review of gorgonian coral species (Cnidaria, Octocorallia, Alcyonacea) held in the Santa Barbara Museum of Natural History research collection: Focus on species from Scleraxonia, Holaxonia, and Calcaxonia. Part I: Introduction, species of Scleraxonia and Holaxonia (Family Acanthogorgiidae). ZooKeys, 860: 1-66.

Kinoshita K. 1913. Studien uber einige Chrysogorgiiden Japans. Journal of the College of Science, University of Tokyo, 33(2): 1-47.

Kükenthal W. 1919. Gorgonaria. Wissenschaftliche Ergebnisse der Deutschen Tiefsee-Expedition auf dem Dampfer "Valdivia", 1898-1899. 13: 504-505.

Lapointe A, Watling L. 2022. Towards a revision of the bamboo corals (Octocorallia): Part 5, new genera and species of Keratoisididae from the Tasmanian deep sea. Zootaxa, 5168(2): 137-157.

Li Y, Cheng YR, Xu K. 2017. A new species of *Placotrochides* Alcock, 1902 (Anthozoa: Scleractinia: Flabellidae) from the tropical Western Pacific, including the deepest record of the genus. Zootaxa, 4323(1): 146-150.

Li Y, Xu K. 2016. *Paraphelliactis tangi* n. sp. and *Phelliactis yapensis* n. sp., two new deep-sea species of Hormathiidae (Cnidaria: Anthozoa: Actiniaria) from a seamount in the tropical Western Pacific. Zootaxa, 4072(3): 358-372.

Li Y, Zhan Z, Xu K. 2017. Morphology and molecular phylogeny of *Paragorgia rubra* sp. nov. (Cnidaria: Octocorallia), a new bubblegum coral species from a seamount in the tropical Western Pacific. Journal of Oceanology and Limnology, 35(4): 803-814.

Li Y, Zhan Z, Xu K. 2020. Morphology and molecular phylogenetic analysis of deep-sea purple gorgonians (Octocorallia: Victorgorgiidae) from seamounts in the tropical Western Pacific, with description of three new species. Frontiers in Marine Science, 7: 1-24.

Li Y, Zhan Z, Xu K. 2021a. *Paragorgia papillata* sp. nov., a new bubblegum corals (Octocorallia: Paragorgiidae) from a seamount in the tropical Western Pacific. Journal of Oceanology and Limnology, 39(5): 1758-1766.

Li Y, Zhan Z, Xu K. 2021b. Establishment of *Alloptilella splendida* gen. et sp. nov. and resurrection of *Scytalium veneris* (Thomson & Henderson, 1906), two sea pens (Cnidaria: Pennatulacea) from seamounts in the tropical Western Pacific. Journal of Oceanology and Limnology, 39(5): 1790-1804.

Lima MA, Cordeiro R, Perez CD. 2019. Black corals (Anthozoa: Antipatharia) from the Southwestern Atlantic. Zootaxa, 4692(1): 1-67.

López-González PJ. 2022. Molecular phylogeny and morphological comparison of the deep-sea genus *Alloptilella* Li, Zhan & Xu, 2021 (Octocorallia, Pennatulacea). Marine Biodiversity, 52: 41.

Low MEY, Sinniger F, Reimer JD. 2016. The order Zoantharia Rafinesque, 1815 (Cnidaria, Anthozoa: Hexacorallia): Supraspecific classification and nomenclature. ZooKeys, 641: 1-80.

Lü T, Zhan Z, Li Y, et al. 2024. *Alternatipathes longispina* sp. nov. and *Bathypathes longicaulis* sp. nov., two black corals (Antipatharia, Schizopathidae) from seamounts in the Western Pacific. Zootaxa, 5437(2): 245-261.

Lü T, Zhan Z, Xu K. 2021. Morphology and molecular phylogeny of three black corals (Antipatharia, Schizopathidae) from seamounts in the Western Pacific Ocean, with description of a new species. Journal of Oceanology and Limnology, 39(5): 1740-1757.

Lü T, Zhan Z, Xu K. 2025. Morphology and phylogeny of two species of *Bathypathes* from the tropical western Pacific, with description of a new species. Journal of Oceanology and Limnology, 43: 248-260.

MacIsaac KG, Best M, Brugler MR, et al. 2013. *Telopathes magna* gen. nov., spec. nov. (Cnidaria: Anthozoa: Antipatharia: Schizopathidae) from deep waters off Atlantic Canada and the first molecular phylogeny of the deep-sea family Schizopathidae. Zootaxa, 3700(2): 237-258.

Madsen FJ. 1944. Octocorallia. Danish Ingolf-Exped, 5(13): 1-65.

Mariscal RN, Conklin EJ, Bigger CH. 1977. The ptychocyst, a major new category of cnida used in tube construction by a cerianthid anemone. Biological Bulletin, 152: 392-405.

McFadden CS, Quattrini AM, Brugler MR, et al. 2021. Phylogenomics, origin, and diversification of anthozoans (phylum Cnidaria). Systematic Biology, 70(4): 635-647.

McFadden CS, van Ofwegen LP, Quattrini AM. 2022. Revisionary systematics of Octocorallia (Cnidaria: Anthozoa) guided by phylogenomics. Bulletin of the Society of Systematic Biologists, 1(3): 8735.

McMurrich JP. 1893. Report on the Actiniae collected by the United States Fish Commission Steamer Albatross during the winter of 1887-1888. Proceedings of the United States National Museum, 16(930): 119-216.

Molodtsova TN, Opresko DM. 2017. Black corals (Anthozoa: Antipatharia) of the Clarion-Clipperton Fracture Zone. Marine Biodiversity, 47(2): 349-365.

Molodtsova TN, Opresko DM, O'Mahoney M, et al. 2023. One of the Deepest Genera of Antipatharia: Taxonomic Position Revealed and Revised. Diversity, 15: 436.

Molodtsova TN, Opresko DM, Wagner D. 2022. Description of a new and widely distributed species of *Bathypathes* (Cnidaria: Anthozoa: Antipatharia: Schizopathidae) previously misidentified as *Bathypathes alternata* Brook, 1889. PeerJ, 10: e12638.

Molodtsova TN. 2006. Black corals (Antipatharia: Anthozoa: Cnidaria) of the northeastern Atlantic // Mironov AN, Gebruk AV, Southward AJ. Biogeography of the Atlantic Seamounts. Moscow: KMK Press: 141-151.

Molodtsova TN. 2011. A new species of *Leiopathes* (Anthozoa: Antipatharia) from the Great Meteor seamount (North Atlantic). Zootaxa, 3138(1): 52-64.

Molodtsova TN. 2013. Deep-sea mushroom soft corals (Octocorallia: Alcyonacea: Alcyoniidae) of the Northern Mid-Atlantic Ridge. Marine Biology Research, 9(5-6): 488-515.

Molodtsova TN. 2014. Deep-sea fauna of European seas: An annotated species checklist of benthic invertebrates living deeper than 2000 m in the seas bordering Europe. Antipatharia. Invertebrate Zoology, 11: 3-7.

Moore KM, Alderslade P, Miller KJ. 2017. A taxonomic revision of *Anthothela* (Octocorallia: Scleraxonia: Anthothelidae) and related genera, with the addition of new taxa, using morphological and molecular data. Zootaxa. 4304(1): 1-212.

Nutting CC. 1908. Descriptions of the Alcyonaria collected by the U.S. Bureau of Fisheries steamer Albatross in the vicinity of the Hawaiian Islands in 1902. Proceedings of the United States National Museum, 34: 543-601.

Nutting CC. 1910a. The Gorgonacea of the Siboga Expedition III. The Muriceidae. Nederland, 13: 1-336.

Nutting CC. 1910b. The Gorgonacea of the Siboga Expedition VI. The Gorgonellidae. Siboga-Expeditie. Monograph XIIIb3: 1-39.

Opresko DM. 2001. A new species of antipatharian coral, *Bathypathes bayeri*, (Cnidaria: Anthozoa: Antipatharia) from the Galapagos Islands. Bulletin of the Biological Society of Washington, 10: 204-209.

Opresko DM. 2002. Revision of the Antipatharia (Cnidaria: Anthozoa). Part II. Schizopathidae. Zoologische Mededelingen, 76: 411-442.

Opresko DM. 2005. New genera and species of antipatharian corals (Cnidaria: Anthozoa) from the North Pacific. Zoologische Mededelingen, 79: 129-165.

Opresko DM. 2019. New species of black corals (Cnidaria: Anthozoa: Antipatharia) from the New Zealand region, Part 2. New

Zealand Journal of Zoology, 47(3): 149-186.

Opresko, DM. 2003. Revision of the Antipatharia (Cnidaria: Anthozoa). Part III. Cladopathidae. Zoologische Mededelingen, 77: 495-536.

Opresko DM, Molodtsova TN. 2021. New species of deep-sea Antipatharians from the North Pacific (Cnidaria: Anthozoa: Antipatharia), Part 2. Zootaxa, 4999(5): 401-422.

Opresko DM, Wagner D. 2020. New species of black corals (Cnidaria:Anthozoa: Antipatharia) from deepsea seamounts and ridges in the North Pacific. Zootaxa, 4868(4): 543-559.

Pante E, Saucier EH, France SC. 2013. Molecular and morphological data support reclassification of the octocoral genus *Isidoides*. Invertebrate Systematics, 27: 365-378.

Pante E, Watling L. 2012. *Chrysogorgia* from the New England and Corner Seamounts: Atlantic-Pacific connections. Journal of the Marine Biological Association of the United Kingdom, 92(5): 911-927.

Pasternak FA. 1981. Alcyonacea and Gorgonacea // Kuznetsov AP, Mironov AN. Benthos of the submarine mountains Marcus-Necker and adjacent Pacific regions. Moscow: Akademiya Nauk: 40-55.

Periasamy R, Kurian PJ, Ingole B. 2023. Two new bamboo corals species (Octocorallia: Keratoisididae) from the seamounts of slow-spreading Central Indian Ridge. Deep-Sea Research Part I: Oceanogrpahic Research Papers, 201: 104158.

Rodríguez E, Barbeitos M, Daly M, et al. 2012. Toward a natural classification: Phylogeny of acontiate sea anemones (Cnidaria, Anthozoa, Actiniaria). Cladistics, 28: 375-392.

Rodríguez E, Barbeitos MS, Brugler MR, et al. 2014. Hidden among Sea Anemones: The First Comprehensive Phylogenetic Reconstruction of the Order Actiniaria (Cnidaria, Anthozoa, Hexacorallia) Reveals a Novel Group of Hexacorals. PLoS ONE, 9(5): e96998.

Rodríguez E, López-González PJ. 2013. New records of Antarctic and Sub-Antarctic sea anemones (Cnidaria, Anthozoa, Actiniaria and Corallimorpharia) from the Weddell Sea, Antarctic Peninsula, and Scotia Arc. Zootaxa, 3624(1): 1-100.

Sánchez JA. 2005. Systematics of the bubblegum corals (Cnidaria: Octocorallia: Paragorgiidae) with description of new species from New Zealand and the Eastern Pacific. Zootaxa, 1014: 1-72.

Saucier EH, Sajjadi A, France SC. 2017. A taxonomic review of the genus *Acanella* (Caidaria: Octocorallia: Isididae) in the North Atlantic Ocean, with descriptions of tewo new species. Zootaxa, 4323(3): 359-390.

Stephenson TA. 1920. On the Classification of Actiniaria. Part I. Forms with Acontia and Forms with a Mesogloeal Sphincter. Quarterly Journal of Microscopical Science (New Series), 64: 425-574.

Tang R, Alderslade P, Xu Y, et al. *Granulogorgia amoebosquama*, a new genus and species (Octocorallia, Malacalcyonacea, Acanthogorgiidae) from a seamount in the tropical western Pacific, Zootaxa. In press.

Thomson JA, Henderson WD. 1905. Report on the Alcyonaria collected by Professor Herdman, at Ceylon, in 1902 // Herdman WA. Report to the Government of Ceylon on the Pearl Oyster Fisheries of the Gulf of Manaar. Part 3, supplementary report 20. Aberdeen: Aberdeen University Press: 269-328.

Tu TH, Dai CF, Jeng MS. 2015. Phylogeny and systematics of deep-sea precious corals (Anthozoa: Octocorallia: Coralliidae). Molecular Phylogenetics and Evolution, 84: 173-184.

Tu TH, Dai CF, Jeng MS. 2016. Taxonomic revision of Coralliidae with descriptions of new species from New Caledonia and the Hawaiian Archipelago. Marine Biology Research, 12(10): 1003-1038.

Untiedt CB, Quattrini AM, McFadden CS, et al. 2021. Phylogenetic relationships within *Chrysogorgia* (Alcyonacea: Octocorallia), a morphologically diverse genus of octocoral, revealed using a target enrichment approach. Frontiers in Marine Science, 7: 599984.

Verrill AE. 1883. Report on the Anthozoa, and on some additional species dredged by the "Blake" in 1877-1879, and by the U.S. Fish Commission Steamer "Fish Hawk" in 1880-82. Bulletin of the Museum of Comparative Zoology, 11: 1-72.

Versluys J. 1902. Die Gorgoniden der *Siboga*-Expedition. I. Die Chrysogorgiiden. Siboga Expeditie, 13: 1-120.

Versluys J. 1906. Die Gorgoniden der Siboga-Expedition. II. Die Primnoidae. Siboga-Expeditie, 13a: 1-187.

Wagner D, Opresko DM. 2015. Description of a new species of *Leiopathes* (Antipatharia: Leiopathidae) from the Hawaiian Islands. Zootaxa, 3974(2): 277-289.

Watling L. 2007. A review of the genus *Iridogorgia* (Octocorallia: Chrysogorgiidae) and its relatives, chiefly from the North Atlantic Ocean. Journal of the Marine Biological Association of the UK, 87: 393-402.

Watling L. 2015. A new genus of bamboo coral (Octocorallia: Isididae) from the Bahamas. Zootaxa, 3918(2): 239-249.

Watling L, France SC. 2011. A new genus and species of bamboo coral (Octocorallia: Isididae: Keratoisidinae) from the New England Seamounts. Bulletin of the Peabody Museum of Natural History, 51(2): 209-220.

Watling L, Heestand Saucier E, France SC. 2022. Towards a revision of the bamboo corals (Octocorallia): Part 4, delineating the family Keratoisididae. Zootaxa, 5093(3), 337-375.

Wells JW. 1956. Scleractinia // Moore RC. Treatise on Invertebrate Paleontology: Coelenterata. Lawrence: Geological Society of America and University of Kansas Press: F328-F443.

Whitelegge T. 1897. The Alcyonaria of Funafuti. Part II. The Australian Museum Memoire, 3(5): 307-320, plates 16-17.

Williams GC. 1995. Living genera of sea pens (Coelenterata: Octocorallia: Pennatulacea): illustrated key and synopsis. Zoological Journal of the Linnean Society, 113: 93-140.

Williams GC. 2011. The Global Diversity of Sea Pens (Cnidaria: Octocorallia: Pennatulacea). PLoS ONE, 6(7): e22747.

Wright EP. 1869. On a new genus of Gorgonidae from Portugal. Annals and Magazine of Natural History, 4: 23-26.

Wright EP, Studer T. 1889. Report on the Alcyonaria collected by H.M.S. Challenger during the years 1873-76. Report on the Scientific Results of the Voyage of H.M.S. Challenger during the years 1873-76, Zoology, 31(64): 1-314.

Xiao M, Brugler MR, Broe MB, et al. 2019. Mitogenomics suggests a sister relationship of *Relicanthus daphneae* (Cnidaria: Anthozoa: Hexacorallia: incerti ordinis) with Actiniaria. Scientific Reports, 9(1): 18182.

Xu Y, Li Y, Zhan Z, et al. 2019. Morphology and phylogenetic analysis of two new deep-sea species of *Chrysogorgia* (Cnidaria, Octocorallia, Chrysogorgiidae) from Kocebu Guyot (Magellan Seamounts) in the Pacific Ocean. ZooKeys, 881: 91-107.

Xu Y, Lu B, Watling L, et al. 2024. Studies on western Pacific gorgonians (Anthozoa: Octocorallia). Part 3: Towards a revision of the bamboo corals (Keratoisididae) with descriptions of three new genera and four new species. Zootaxa, 5555(2): 151-181.

Xu Y, Zhan Z, Li Y, et al. 2020. Morphology and phylogenetic analysis of two new species of deep-sea golden gorgonians (Cnidaria: Octocorallia: Chrysogorgiidae) from seamounts in the Western Pacific Ocean. Zootaxa, 4731(2): 249-262.

Xu Y, Zhan Z, Xu K. 2020a. Morphology and molecular phylogeny of three new deep-sea species of *Chrysogorgia* (Cnidaria, Octocorallia) from seamounts in the tropical Western Pacific Ocean. PeerJ, 8: e8832.

Xu Y, Zhan Z, Xu K. 2020b. Morphology and phylogenetic analysis of five deep-sea golden gorgonians (Cnidaria: Octocorallia: Chrysogorgiidae) in the Western Pacific Ocean, with the description of a new species. ZooKeys, 989: 1-37.

Xu Y, Zhan Z, Xu K. 2021a. Morphological and molecular characterization of five species including three new species of golden gorgonians (Cnidaria: Octocorallia) from seamounts in the Western Pacific. Biology, 10: 588.

Xu Y, Zhan Z, Xu K. 2021b. Morphology and phylogeny of *Chrysogorgia pinniformis* sp. nov. and *C. varians* sp. nov., two golden corals from the Caroline Seamounts in the tropical Western Pacific Ocean. Journal of Oceanology and Limnology, 39(5): 1767-1789.

Xu Y, Zhan Z, Xu K. 2023. Studies on western Pacific gorgonians (Anthozoa, Octocorallia, Chrysogorgiidae). Part 1: A review of the genus *Chrysogorgia*, with description of a new genus and three new species. Zootaxa, 5321(1): 1-107.

Yoshikawa A, Izumi T, Moritaki T, et al. 2022. Carcinoecium-Forming sea anemone *Stylobates calcifer* sp. nov. (Cnidaria, Actiniaria, Actiniidae) from the Japanese deep-sea floor: a taxonomical description with its ecological observations. The Biological Bulletin, 242(2): 127-152.

海葵目，群体海葵目，石珊瑚目；紫柳珊瑚科，红珊瑚科，海鳃总科　撰稿人：李　阳

黑珊瑚目　撰稿人：吕　婷

棘柳珊瑚科棘柳珊瑚属　撰稿人：唐荣叶

棘柳珊瑚科除棘柳珊瑚属外的各属，矶柳珊瑚科　撰稿人：孙梦岩　詹子锋

金柳珊瑚科，角柳珊瑚科，丑柳珊瑚科，伪竹柳珊瑚科　撰稿人：徐　雨

第三部分 环节动物门 Annelida Lamarck, 1802

环节动物为虫体两侧对称，有分节和真体腔，无附肢，多具疣足和刚毛的蠕虫状动物。环节动物门下辖两个纲：环带纲 Clitellata（包含寡毛类和蛭类）和多毛纲 Polychaeta。目前，须腕动物、星虫、螠虫均归属此类群（Weigert and Bleidorn, 2016）。多毛纲物种绝大多数生活在海洋，主要栖息于软底质生境中，同时也是深海中最常见的类群之一。

多毛纲 Polychaeta Grube, 1850

多毛纲是环节动物门中最大的一个纲，其虫体前部具分化良好的头部，多具摄食或感觉附肢和眼，具疣足和成束的刚毛，无环带，雌雄异体。

多毛类现有 87 科 12 000 余种，是海洋底栖生境中最常见的类群之一。多毛纲目前被划分为游走亚纲 Errantia 和隐居亚纲 Sedentaria 两个亚纲。游走亚纲主要为自由生活的多毛类，在海底泥沙表面爬行或钻穴生活，不仅头部具发育较好的眼点和附肢，疣足也很发达。隐居亚纲多为管栖生活，常生活在泥质或石灰质栖管中，体前端常形成发达的触手或触手冠，用以滤食。

仙虫目 Amphinomida Fauchald, 1977

鉴别特征 虫体口前叶明显，中央位置具肉瘤，至少具 1 个触手。咽无颚齿，具可外翻的肌肉质腹腺垫。疣足明显，至少在某些体节具分枝状的鳃（Fauchald, 1977）。

仙虫目在多毛类的系统发育树中处在基部位置，包含仙虫科 Amphinomidae 和海刺虫科 Euphrosinidae，以热带海域分布居多。

仙虫科 Amphinomidae Lamarck, 1818

鉴别特征 虫体长或扁椭圆形，横切面为矩形。口前叶背面圆形，腹面有沟，常陷到前面几体节间，具 1 ~ 5 个头触手、1 对触角、2 对眼，第 2 对眼后常具肉瘤（常具一中央背脊和两边有褶的边）。咽无颚齿。成束的鳃位于体两边。疣足双叶型，背腹刚毛成束。刚毛简单型，叉状、锯齿状、锯齿刺状、毛状或钩状，常中空并内含毒液，易脆断。

仙虫科物种通常栖息于热带浅水岩石、珊瑚和水下木桩等硬质底质上，颜色鲜艳。当虫体受干扰时，常卷缩成团，以刚毛刺入干扰动物体内，随后刚毛断碎并留在伤口处。

脆毛虫属 *Pherecardia* Horst, 1886

鉴别特征 虫体长，扁平，具眼，肉瘤明显，中央背脊狭窄，锥状，侧褶由数个平行排列的褶片组成。鳃丛生状，不规则分枝，具同一基部，始于第 1 节。疣足无鳃须。二叉刚毛无，背刚毛包括细毛状刚毛和锯齿状刚毛，腹刚毛末端弯曲。

脆毛虫属现有 5 种，其中在中国海域报道有 4 种（杨德渐和孙瑞平，1988）。

（1）脆毛虫相似种 *Pherecardia* cf. *striata* (Kinberg, 1857)（图 3-1）

形态特征　活体为橙色。固定标本体长约 45 mm，宽约 9 mm，呈长筒状，背面具紫色或褐色纵纹。口前叶前具 1 对前触手，两侧具 1 对触角，中央触手位于其间，达第 2 刚节。肉瘤后伸达第 3 刚节，中央背脊前宽后窄呈锥状，两侧约 6 个褶片。鳃丛生状，始于第 1 刚节。单个背须位于背叶上（背面观时，鳃部被背须遮盖），背腹须为指状。背腹刚毛易脆断；背刚毛 2 种：锯齿状背刚毛和细毛状背刚毛；腹刚毛具弯钩状端，一侧稍有锯齿。

地理分布　印度尼西亚特尔纳特岛、安汶岛，菲律宾群岛，夏威夷群岛，萨摩亚群岛，马里亚纳海山；印度洋。

生态习性　栖息于水深 33 m 海山顶部的珊瑚礁中。

图 3-1　脆毛虫相似种 *Pherecardia* cf. *striata* 背面观

矶沙蚕目 Eunicida Berthold, 1827

鉴别特征　口前叶明显，口前叶附肢有或无。咽肌肉质，可外翻，位于体前端的腹外侧。颚器至少 1 对。疣足明显，疣足背叶退化，腹叶发达（Fauchald，1977）。矶沙蚕目物种颚器结构复杂、形态多样，由背侧的上颚和腹侧的下颚组成。上颚由一排或几排成对或不成对的颚片组成；颚片通过韧带相连，用于抓取和撕咬。下颚具 2 个伸长的柄和与柄相连的切割板，用于牵连肌肉和支撑上颚。

矶沙蚕科 Eunicidae Berthold, 1827

鉴别特征　口前叶多为双叶形，前端具中央沟，中后部具 5 个附肢，最外侧 1 对为触角，其他 3 个均为触手（微蚕属仅 1 个触手，襟松虫属为 3 个触手）；口前叶附肢形状多样，表面光滑或具环轮。眼 1 对或无，位于口前叶后部。围口节 2 节，第 2 围口节背面有 1 对触须或无触须。肉质吻位于腹位，吻内有坚硬复杂的颚器。颚器部分露出，分为上颚和下颚；下颚具 2 个伸长的柄和与柄相连的切割板；上颚包括 1 对颚基和 4～6 对颚片（从后至前分别为 Mx I～Mx VI），右侧第 3 颚片缺失。

矶沙蚕属 *Eunice* Cuvier, 1817

鉴别特征 口前叶常为双叶形，背面具 1 对眼和 5 个口前叶附肢。围口节 2 节，第 2 围口节前缘着生 1 对围口节触须。颚器可外翻，由下颚和上颚组成；下颚是 1 对扁平的齿片，前端扩展为切割板，中后段为伸长的柄；上颚包括 1 对颚基和 4 ～ 6 对颚片。鳃着生于疣足背肢基部的背侧，由 1 个连接在背肢基部的鳃茎和附生在鳃茎同一方向的鳃丝组成。疣足双叶型。背肢由短的基部和背须组成，由内足刺支持。腹肢包括足刺叶、前刚叶、后刚叶、刚毛和腹须。腹须在鳃前刚节多为圆锥状，随后的 30 ～ 50 刚节基部膨大为卵圆形或球形，端部为指状或锥状，之后的膨大的腹须基部逐渐变小。腹肢刚毛包括：足刺上方的翅毛状刚毛、梳状刚毛，足刺下方的复型镰刀状刚毛，亚足刺钩状刚毛，伪复型镰刀状刚毛或复型刺状刚毛较为少见，仅存在于少数种。亚足刺钩状刚毛通常起始于第 15 ～ 第 35 刚节，从足刺基部斜向下伸出，与足刺形成一明显角度（Fauchald，1992）。

（2）夏威夷矶沙蚕 *Eunice havaica* Kinberg, 1865（图 3-2）

形态特征 虫体长约 40 mm，最大体宽 1.9 mm，共 56 刚节。口前叶双叶形，附肢具明显的圆柱形环轮。触角具 13 个环轮，向后延伸至第 2 刚节；侧触手具 28 个环轮，向后可达第 11 刚节；中央触手具 26 个环轮，向后可达第 8 刚节。第 2 围口节长为第 1 围口节 4 倍；围口节触须细长，无明显环轮，向前可伸至口前叶前缘。眼 1 对，大，红褐色，位于触角基节后方、侧触手附近。鳃始于第 6 刚节，梳状，至第 11 刚节达最大鳃丝数 8。亚足刺钩状刚毛黄色，三齿，始于第 20 刚节，每疣足具 1 根。

地理分布 马里亚纳海山，夏威夷群岛。

生态习性 栖息于水深 95 m。

图 3-2 夏威夷矶沙蚕 *Eunice havaica* 体前端和体中段背面观

（3）医矶沙蚕 *Eunice medicina* Moore, 1903（图 3-3）

形态特征 标本不完整，分为 1 个体前段和 3 个体中段；体前段长 11 mm，宽 2.6 mm，共 37 刚节；体中段均短小，约 12 刚节。口前叶小，前端截平，口前叶触手断损，仅剩 1 对触角。眼 1 对，大，褐色，位于触角后方。围口节触须细长，无明显环轮，向前可伸至口前叶前缘。鳃始于第 3 刚节，止于第 24 刚节，梳状，第 15 刚节达最大鳃丝数 4。下颚白色，半透明，切割板伸出；上颚小齿细圆。亚足刺钩状刚毛黄色，三齿，始于第 19 刚节，每疣足具 1 根。

地理分布 中国东海、北部湾，日本相模湾，雅浦海山。

生态习性 栖息于水深 703 m。

图 3-3　医矶沙蚕 *Eunice medicina* 体前段背面观

（4）帕劳矶沙蚕 *Eunice palauensis* Okuda, 1937（图 3-4）

形态特征　体长约 74 mm，最大体宽 10.2 mm，共 65 刚节。口前叶双叶形，触角向后延伸可达第 2 围口节后缘，侧触手向后可达第 11 刚节，中央触手向后可达第 7 刚节；触手和触角末端均具不规则环轮或褶皱。第 2 围口节长为第 1 围口节的 3～4 倍；第 1 围口节褶皱覆盖眼、触手基节和触角基节；围口节触须细长，无明显环轮，向前可伸至口前叶前缘。眼 1 对，大，褐色，位于触角基节附近。前 5 对疣足靠近腹面，之后疣足移至侧面。鳃始于第 7 刚节，梳状，第 12 刚节到最大鳃丝数 7。亚足刺钩状刚毛黑色，双齿，始于第 23 刚节，每疣足具 1 根。

地理分布　帕劳群岛，马里亚纳海山。

生态习性　栖息于水深 495 m，在绢网海绵 *Farrea* sp. 的中轴腔体内。

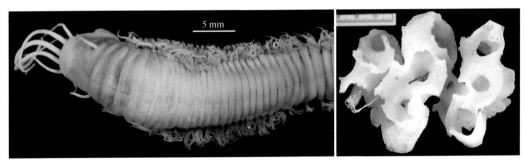

图 3-4　帕劳矶沙蚕 *Eunice palauensis* 侧面观（左图）与栖息于绢网海绵中（右图）

叶须虫目 Phyllodocida Dales, 1962

鉴别特征　触手 1 对以上。如有触角，则位于头部前方或侧前方。颚器最多 2 对，不少类群的颚器常缺失。吻如可外翻，则通常为圆柱形且肌肉发达。疣足明显，多为双叶型，疣足叶被至少 1 根足刺所支持。

叶须虫目是多毛纲中种类最多的目之一，也是游走类中种类最多的目之一（Fauchald, 1977）。

鳞沙蚕科 Aphroditidae Malmgren, 1867

鉴别特征　体卵圆形，背凸腹平，背面多被鳞片和毡毛所覆盖，不超过 60 体节。口前叶具 1 个中触手和 1 对触角，口前叶腹前缘具 1 个很发达的颜瘤。眼常具柄。翻吻无颚或具 1 对大颚。鳞片 15～20 对，位于第 2、第 4、第 5、第 7、第 9、第 11 等节，与背须交替出现。疣足双叶型。背刚毛具形成背毡的细毛状刚毛和粗足刺状刚毛，在具鳞片体节上可能有粗鱼叉状刚毛；腹刚毛简单，有时末端分叉。

镖毛鳞虫属 *Laetmonice* Kinberg, 1856

鉴别特征 体卵圆且扁,具 32 ～ 46 体节。口前叶圆,被 2 条纵向项沟划分成 3 个小叶,具 1 个中央触手和 2 个小球状的眼柄。鳞片 15 ～ 20 对,完全覆盖体背面。背须长,从刚毛簇向远处伸出。疣足背刚毛 3 种:渔叉状刚毛,粗而长,仅分布于有鳞片的体节;简单足刺状刚毛;长毛状刚毛,延伸到背面但不形成致密毡毛。疣足腹刚毛粗,数量少,远端稍弯,一侧有 1 排硬毛状缘,此特征为本属独有。

镖毛鳞虫属现有 28 种,在印度尼西亚和澳大利亚海域具有很高的物种多样性。中国海域仅报道 1 种,为日本镖毛鳞虫 *Laetmonice japonica* McIntosh, 1885。

(5)海洋所镖毛鳞虫 *Laetmonice iocasica* Wu, Hutchings, Murray & Xu, 2021(图 3-5)

形态特征 最大体长 63.5 mm,最大体宽 42.6 mm,共 45 体节。鳞片 18 对,位于第 2、第 4、第 5、第 7、第 9……第 21、第 23、第 25、第 28、第 31、第 34、第 37、第 40 节。虫体背面无毡毛,腹面覆盖有细小乳突。触角粗长,覆有细小乳突,可延伸至第 10 节。眼柄处无眼。项器小,不能延伸至眼柄基部。颜瘤具明显乳突。疣足背叶具鱼叉状刚毛;第 2 ～ 第 4 节具双翅腹刚毛。从第 2 节起,每个疣足具 3 ～ 4 个有基部马刺和端部毛缘的腹刚毛,且马刺和毛缘之间有分隔(Wu et al., 2021)。

地理分布 卡罗琳洋脊 M5 和 M6 海山。

生态习性 栖息于水深 888 ～ 980 m 的岩石或砾石等硬底上。

图 3-5 海洋所镖毛鳞虫 *Laetmonice iocasica* 外部形态(改自 Wu et al., 2021)
A ～ C. 原位活体;D ～ F. 标本背面观(左)和腹面观(右)

沙蚕科 Nereididae Blainville, 1818

鉴别特征 虫体细长,扁圆柱形,体节多。头部由口前叶和围口节组成。口前叶亚卵圆形、梨形或多边形,背面常具 2 对眼。前端具 0 ～ 2 个不分节的触手以及 2 个由端节和基节组成的触角。围口节具 3 对或 4 对触须。翻吻前端具 2 个大颚，吻表面光滑或具软乳突、几丁质颚齿。疣足除前 2 对为单叶型外，通常为双叶型或亚双叶型；大多数种，疣足背叶具 1 ～ 2 个或 3 个（含背刚叶）背舌叶及 0 ～ 1 个背刚叶，疣足腹叶具前、后腹刚叶及 1 个腹舌叶；疣足具 1 个背须和 1 ～ 2 个腹须，个别种体前部的背须可特化为鳃或鳞片；刚毛主要为复型刺状和镰刀状，个别种具简单型刚毛。尾部（肛部或肛节）具纵裂的肛门和 1 对腹位的肛须。

裸沙蚕属 *Nicon* Kinberg, 1865

鉴别特征　口前叶为典型的沙蚕型。口前叶具 2 个触角、2 个触手、2 对眼。围口节具 4 对触须。翻吻口环和颚环均无颚齿和软乳突。疣足背须无球形的须基，背刚叶仅具等齿刺状刚毛和等齿镰刀状刚毛。

Fauchald（1977）统计裸沙蚕属世界范围内共 15 种，然而最近研究表明本属有 10 种。中国海域报道了 3 种，分别为日本裸沙蚕 *Nicon japonicus* Imajima, 1972、斑裸沙蚕 *N. maculata* Kinberg, 1865 和珠角裸沙蚕 *N. moniloceras* (Hartman, 1940)。

（6）裸沙蚕属未定种 *Nicon* sp.（图 3-6）

形态特征　体长 21 mm，宽 1.6 mm，共 63 刚节。眼大，2 对，紫色，每个眼约占口前叶宽 1/3。触角端节较长约为基节 1/2。吻前端大颚具 9 齿，口环、颚环均未见颚齿和乳突。疣足双叶型，疣足背叶无球形须基，背肢仅具等齿刺状刚毛，腹肢中发现镰刀状刚毛：左侧第 7 疣足腹肢具 1 根，左侧第 18 疣足未见，左侧第 30 疣足具 2 ～ 3 根，且较大，端片宽短（孙瑞平和杨德渐，2004）。

地理分布　雅浦海山。
生态习性　栖息于水深 1928 m，自海葵足盘中分离获得。

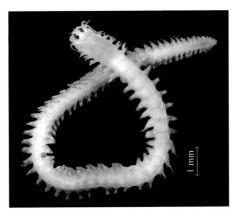

图 3-6　裸沙蚕属未定种 *Nicon* sp. 背面观

多鳞虫科 Polynoidae Kinberg, 1856

鉴别特征　虫体背腹扁平，背面观呈椭圆形或蛆形，体节数固定或不定数（有的可达 100 余节）。口前叶被一纵沟分为两叶。眼 2 对，无柄，位于口前叶两侧。翻吻具 4 个颚齿。触手 0 ～ 3 个，中央触手通常位于口前叶前缘，侧触手位于口前叶前端，或近前端、腹面、近背面。鳞片和背须至少在体前部交替排列。疣足多为双叶型，刚毛全为简单型，但背腹刚毛有差异，背刚毛无叉状和毡毛状。

神女鳞虫亚科 Admetellinae Uschakov, 1977

鉴别特征 虫体较大，背腹扁平，体节较多，多超过 50 节。口前叶具 1 对粗长的触角和 3 个触手，侧触手基部具触手鳞片或触手鞘。无鳃。体背部鳞片光滑，无结节或乳突，位于第 2、第 4、第 5、第 7、第 9、第 11、第 13、第 15、第 17、第 19、第 21、第 23 节，之后鳞片分布至第 26、第 29、第 32、第 35 节等。疣足双叶型，背腹肢均具伸长的足刺叶，末端无缘乳突；背刚毛少或退化；腹刚毛数量多，单齿或多齿。

神女鳞虫属 *Admetella* McIntosh, 1885

鉴别特征 体大呈椭圆形，背腹扁平，体节超过 50 节（52～82 节）。口前叶具 2 个长触角和 3 个触手，中央触手着生于口前叶中后部，侧触手为口前叶前方两侧的延伸，具触手鳞片。围口节无刚毛，具 2 对触须，两触角基部之间有颜瘤；第 2 节无刚毛，腹须较其后粗大，背侧具横向的项褶。鳞片多于 20 对，位于第 2、第 4、第 5、第 7、第 9……第 21、第 23、第 26、第 29、第 32、第 35 等节。疣足长，背腹肢均具伸长的足刺叶；背肢小，刚毛少；腹刚毛多，扁平，半透明状。

神女鳞虫属现有 7 种，其中 4 种是新近自热带西太平洋和南海的海山发现和描述的（Wu et al., 2024）。

（7）多刺神女鳞虫 *Admetella multiseta* Wu, Kou, Sun, Zhen & Xu, 2024（图 3-7）

形态特征 个体大，体节多，背腹扁平。体长达 120 mm，最大体宽 42 mm，共 72 体节。口前叶具 3 个触手；侧触手从口前叶两侧向前伸出，其亚末端具褐斑，背侧具三角形的触手鳞片。翻吻背侧具 18 个乳突，腹侧具 18 个乳突，两侧各有一个褶皱。鳞片光滑，半透明，完全覆盖体表，位于第 2、第 4、第 5、第 7、第 9、第 11、第 13、第 15、第 17、第 19、第 21、第 23 节，之后鳞片分布至第 26、第 29、第 32、第 35、第 38、第 41、第 44、第 47……第 68、第 71 节。无项器。肾乳突小，始于第 6 节，分布至近末端。

地理分布 卡罗琳洋脊 M5 海山。

生态习性 栖息于水深 938 m，在岩石、砾石等硬底上爬行，也可在岩石上方水体中游动。

图 3-7　多刺神女鳞虫 *Admetella multiseta* 背面观（下）（改自 Wu et al., 2024）和侧面观（上）

（8）菜文神女鳞虫 *Admetella levensteini* Wu, Kou, Sun, Zhen & Xu, 2024（图 3-8）

形态特征 个体较大，体节较多，背腹扁平。体长 47 mm，最大体宽 42 mm，共 52 体节。口前叶具 3 个触手；侧触手从口前叶两侧向前伸出，其亚末端具褐斑，背侧具伸长的触手鳞片。鳞片 21 对，光滑，半透明，覆盖体表，位于第2、第4、第5、第7、第9、第11、第13、第15、第17、第19、第21、第23节，之后鳞片分布至第26、第29、第32、第35、第38、第41节。无项器。肾乳突小，始于第6节，分布至近末端。

地理分布 卡罗琳洋脊M8海山。

生态习性 栖息于水深1506 m，在岩石、砾石等硬底上爬行，也可在岩石上方水体中游动。

图3-8 莱文神女鳞虫 *Admetella levensteini* 背面观（左）和腹面观（右）（改自Wu et al.，2024）

（9）南海神女鳞虫 *Admetella nanhaiensis* Wu, Kou, Sun, Zhen & Xu, 2024（图3-9）

形态特征 个体较大，体节较多，背腹扁平。体长27 mm，最大体宽16 mm，共49体节。口前叶具3个触手；侧触手从口前叶两侧向前伸出，背侧具伸长的触手鳞片。鳞片20对，光滑，半透明，覆盖体表，位于第2、第4、第5、第7、第9、第11、第13、第15、第17、第19、第21、第23节，之后鳞片分布至第26、第29、第32、第35、第38、第41、第44、第47节。疣足背肢退化，唯独在第4节与腹肢愈合。无项器。肾乳突小，为卵圆形，始于第3节，分布至近末端。

地理分布 珍贝海山。

生态习性 栖息于水深1499 m，在岩石、砾石等硬底上爬行，也可在岩石上方水体中游动。

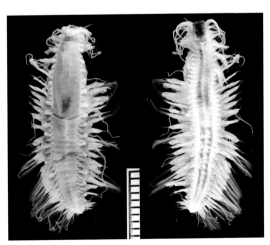

图3-9 南海神女鳞虫 *Admetella nanhaiensis* 背面观（左）和腹面观（右）（改自Wu et al.，2024）

讨论　本种与莱文神女鳞虫 *A. levensteini* 形态最相似，均具细长的触手鳞片，二者主要区别为：本种第 4 节疣足背肢与腹肢发生愈合，而后者则退化为足刺叶。

（10）波动神女鳞虫 *Admetella undulata* Wu, Kou, Sun, Zhen & Xu, 2024（图 3-10）

形态特征　个体较大，体节较多，背腹扁平。体长 95 mm，最大体宽 27 mm，共 67 体节。口前叶具 3 个触手；侧触手从口前叶两侧向前伸出，背侧具伸长的触手鳞片。鳞片 26 对，大而光滑，半透明，覆盖体表，位于第 2、第 4、第 5、第 7、第 9、第 11、第 13、第 15、第 17、第 19、第 21、第 23 节，之后鳞片分布至第 26、第 29、第 32、第 35、第 38、第 41……第 65 节。无项器。疣足背肢退化为足刺叶，然而在第 3 节缺失。肾乳突为短须状，始于第 6 节，分布至近末端。

地理分布　珍贝海山。

生态习性　栖息于水深 1642 m，在岩石、砾石等硬底上爬行，也可在岩石上方水体中游动。

讨论　本种与多刺神女鳞虫 *A. multiseta* 的体型大小相似，均具三角形的触手鳞片，二者的区别为：本种第 3 节的疣足背肢缺失，而后者存在。

图 3-10　波动神女鳞虫 *Admetella undulata* 背面观（左）和腹面观（右）（改自 Wu et al.，2024）

腊鳞虫亚科 Eulagiscinae Pettibone, 1997

鉴别特征　虫体较长，体节多达 41 节。口前叶双叶形，具 1 对大眼或 2 对较小的眼。口前叶具 3 个触手，侧触手位于口前叶前侧或近侧面。颜瘤和项器有或无。第 1 节可能具足刺和刚毛。鳞片多达 16 对，无结节或乳突，位于第 2、第 4、第 5、第 7、第 9、第 11、第 13、第 15、第 17、第 19、第 21、第 23 节，之后鳞片分布至第 26、第 29、第 32、第 35 节；鳞片基和背瘤球根状。疣足双叶型，背腹肢均具伸长的足刺叶，背腹足刺不伸出表皮；背刚毛发达，具成排棘刺，腹刚毛较多（Pettibone，1997）。

深海穆鳞虫属 *Bathymoorea* Pettibone, 1967

鉴别特征　虫体背腹扁平，体节约 33 节。口前叶具 2 个长触角和 3 个触手，无前侧叶；中央触手粗；侧触手明显较细，为口前叶前方两侧的延伸，位于中央触手近腹侧。眼明显。第 1 节具 2 对触须，刚毛有或无。鳞片 14～15 对，位于第 2、第 4、第 5、第 7、第 9……第 21、第 23、第 26、第 29、第 32 节。疣足长，背腹肢均具伸长的足刺叶，刚毛发达。腹面靠近疣足基部具肾乳突（Bonifácio and Menot，2019）。

深海穆鳞虫属现有 2 种，分别为 *Bathymoorea renotubulata* (Moore, 1910) 和 *B. lucasi* Bonifácio & Menot, 2019。

（11）深海穆鳞虫属未定种 *Bathymoorea* sp.（图 3-11）

形态特征　体长 24 mm，体前部宽为 9.7 mm（包括疣足）和 3.9 mm（不包括疣足），共 36 节。口前叶、触手基部及背面均为红褐色，疣足、触角、侧触手端节均为白色。在无鳞片的刚节，背结节和背须具红褐色小斑点，且腹中线、疣足基部的腹面体壁也有少量斑点。眼圆，2 对，黑色，倒梯形排列。无前侧叶。中央触手端节断损，基节很粗；侧触手位于口前叶稍靠腹侧的位置。背面具 15 对鳞片，位于第 2、第 4、第 5、第 7、第 9……第 21、第 23、第 26、第 29、第 32 节。围口节具刚毛。疣足背腹肢具细长足刺叶；背刚毛发达，呈放射状。腹面具腹侧乳突。

地理分布　雅浦海山。

生态习性　栖息于水深 813～1130 m，疣足刚毛发达，可在水体中游动。

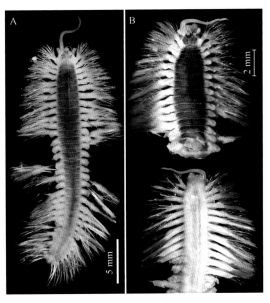

图 3-11　深海穆鳞虫属未定种 *Bathymoorea* sp.
A. 整体；B. 体前部背面观（上）和腹面观（下）

脆鳞虫亚科 Lepidastheniinae Pettibone, 1989

鉴别特征　虫体较长，体节多。口前叶无前侧角，具 3 个触手和 2 对眼；中央触手着生于口前叶前方中央沟内，侧触手直接从口前叶前侧端伸出。触角粗大，末端呈锥形。围口节无刚毛；第 2 节有或无项褶。鳞片较多，位于第 2、第 4、第 5、第 7、第 9……第 21、第 23 节，之后排列依类群而异；鳞片表面光滑，或具分散的细小乳突，边缘通常无边缘乳突（或仅见于体前部鳞片）。无鳃。背须光滑，背瘤无或不明显。疣足背肢小或退化，腹肢形成背腹深裂，前刚叶和后刚叶长度相同，末端圆钝；背刚毛稀少或无；腹刚毛较多，具单齿或双齿末端，形状各异。肛节具 1 对肛须。

拟单鳞虫属 *Alentiana* Hartman, 1942

鉴别特征 口前叶为背鳞虫型，即中央触角着生于口前叶前方中央沟内，侧触手直接从口前叶前侧端伸出。眼 4 对，倒梯形排列。鳞片 14 ~ 18 对或更多，覆盖体背面或仅暴露背面中央。背肢退化为一伸长的足刺叶，无刚毛。腹肢粗大，发育较好，具 2 种类型的刚毛：足刺上方刚毛细小，轻微锯齿状；足刺下方刚毛粗大棘刺状。

拟单鳞虫属与海鳞虫属 *Halosydna* 和单鳞虫属 *Alenlia* 形态相似，主要差别在于本属无背刚毛，但具 2 种腹刚毛。

拟单鳞虫属现有 2 种，分别为橘黄拟单鳞虫 *Alentiana aurantiaca* (Verrill, 1885) 和 *A. palinpoda* Wang, Cheng & Wang, 2021。

（12）橘黄拟单鳞虫 *Alentiana aurantiaca* (Verrill, 1885)（图 3-12）

形态特征 体长 32 mm，最大体宽 13 mm，具 39 体节。中央触角着生于口前叶前方中央沟内，侧触手直接从口前叶前侧端伸出。眼 2 对，大，浅褐色。鳞片 18 对，位于第 2、第 4、第 5、第 7、第 9……第 21、第 23、第 26、第 29、第 32、第 35、第 36、第 37 节；鳞片大，覆盖体背面。背肢退化为短锥形，无背刚毛。腹肢形成背腹深裂，末端圆钝，前刚叶与后刚叶等长，具 2 种刚毛（Hartman，1942；Wang et al.，2021a）。

地理分布 美洲西北海岸，麦哲伦海山链 Kocebu 海山。

生态习性 栖息于水深 1302 m，与大海葵共生，生活于海葵口盘上。

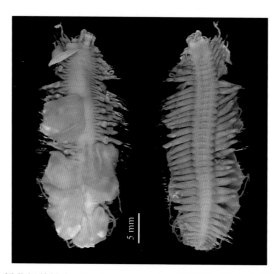

图 3-12 橘黄拟单鳞虫 *Alentiana aurantiaca* 背面观（左）和腹面观（右）

（13）拟单鳞虫属未定种 *Alentiana* sp.（图 3-13）

形态特征 体长约 6 mm，最大体宽约 4 mm（包含疣足刚毛），具 30 体节，最后一节非常细小。口前叶附肢、体腹面和疣足末端具黑色斑。口前叶具 3 个触手和 2 对眼；中央触手着生于口前叶前方中央沟内，侧触手直接从口前叶前侧端伸出，与中央触手处在同一平面。眼 2 对，大而圆，周围一圈为褐色，中间颜色浅。鳞片 14 对，位于第 2、第 4、第 5、第 7、第 9……第 21、第 23、第 26、第 29 节；鳞片大，完全覆盖体背面。背须长须状，背肢退化为小突起；腹肢较长形成深裂，前后刚叶等长，腹刚毛少且粗壮。

　　地理分布　卡罗琳洋脊 M5 海山。

　　生态习性　栖息于水深 1816 ～ 2291 m。

图 3-13　拟单鳞虫属未定种 *Alentiana* sp. 背面观（左）和腹面观（右）

鹤嘴鳞虫亚科 Macellicephalinae Hartmann-Schröder, 1971

　　鉴别特征　虫体较短，纺锤形。体节数依属而异，通常 15 ～ 24 节。口前叶多为双叶形，中央触手着生于口前叶中央沟内，无侧触手。口前叶前侧端延伸为丝状或锥形前侧角。触角粗大，末端呈锥形。无眼。围口节（第 1 节）与口前叶部分愈合，两侧各具 1 对触须。鳞片 7 ～ 12 对，位于第 2、第 4、第 5、第 7、第 9……第 21、第 23 节；鳞片光滑，无结节或乳突。背结节（背瘤）和鳞片基均无纤毛脊。疣足双叶型，背腹肢均具伸长的足刺叶，无缘乳突，均具刚毛。腹面可能具若干腹节乳突。

鹤嘴鳞虫属 *Macellicephala* McIntosh, 1885

　　鉴别特征　虫体卵圆形，具 18 体节。口前叶双叶形，无侧触手，前侧角有或无。鳞片 9 对，位于第 2、第 4、第 5、第 7、第 9、第 11、第 13、第 15、第 17 节。翻吻具 9 对乳突和 2 对大颚，颚齿边缘光滑。第 2 节腹须较其后腹须长，附着于口侧的疣足基部。疣足双叶型，背肢短，腹肢较长；背腹肢均具伸长的足刺叶；第 18 节疣足小或退化。肾乳突始于第 5 节，通常在第 10 ～第 12 节最长（Pettibone，1976）。

（14）阿利亚鹤嘴鳞虫 *Macellicephala alia* Levenstein, 1978（图 3-14）

　　形态特征　虫体卵圆形，体长约 60 mm，最大体宽约 50 mm，共 18 节。口前叶双叶形，无侧触手，具丝状的前侧角。鳞片 9 对，位于第 2、第 4、第 5、第 7、第 9……第 15、第 17 节。疣足双叶型，均具伸长的足刺叶。疣足背肢不发达，具少量背刚毛。疣足腹肢明显较长。背腹刚毛呈浅黄色。背瘤突起为圆锥形。鳞片基偏向侧面。肾乳突 3 对，位于第 10 ～第 12 节（Levenstein，1978）。

　　地理分布　帕劳海沟，卡罗琳洋脊 M7 海山。

　　生态习性　栖息于水深 1080 ～ 1298 m。

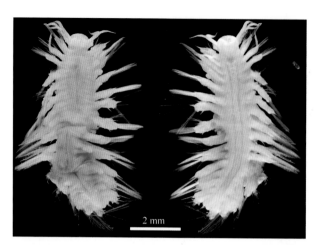

图 3-14　阿利亚鹤嘴鳞虫 *Macellicephala alia* 背面观（左）和腹面观（右）

（15）鹤嘴鳞虫属未定种 *Macellicephala* sp.（图 3-15）

形态特征　虫体短圆，体长约 20 mm，最大体宽约 30 mm，共 18 节。口前叶为双叶形，无侧触手，具前侧角。鳞片 9 对，位于第 2、第 4、第 5、第 7、第 9……第 15、第 17 节。疣足双叶型。疣足背肢不发达，具伸长的足刺叶，仅具少量背刚毛。疣足腹肢明显较长，具伸长的足刺叶和发达的腹刚毛。背腹刚毛均浅黄色。背瘤突起为圆锥形。鳞片基偏向侧面。肾乳突 3 对，位于第 10～第 12 节腹面。

地理分布　卡罗琳洋脊 M5 海山

生态习性　栖息于水深 1816～2291 m。

图 3-15　鹤嘴鳞虫属未定种 *Macellicephala* sp. 背面观（左）和腹面观（右）

多鳞虫亚科 Polynoinae Kinberg, 1856

鉴别特征　体短，一般少于 50 节。口前叶前侧叶有或无，具 3 个触手，中央触手基节大，位于口前叶中央裂缝，侧触手基节着生于口前叶腹侧或近腹侧。触角粗，为圆锥形。眼常 2 对。围口节刚毛有或无，第 2 节项褶有或无。无鳃。鳞片多为 15 对，位于第 2、第 3、第 5、第 7、第 9、第 11、第 13、第 15、第 17、第 19、第 21、第 23 节，之后鳞片分布各异，通常分布至第 26、第 29、第 32 节；鳞片表面常具形态各异的结节或乳突，边缘可能具乳突。背须多具乳突状端节。背结节明显。背肢具足刺叶，腹肢无背腹向深裂，前刚叶和足刺叶常具足刺上叶，后刚叶稍短且末端圆钝。背刚毛数量多，形态各异。腹刚毛数量多，单齿或多齿。肛须 1 对。

匿鳞虫属 *Ceuthonoe* Wang, Zhou & Wang, 2021

鉴别特征　体短，一般具 32 体节。鳞片 14 对，位于第 2、第 3、第 5、第 7、第 9、第 11、第 13、第 15、第 17、第 19、第 21、第 23、第 26、第 29 节；鳞片表面具锥形细小结节，边缘无乳突。口前叶双叶形，前侧角明显，具 1 对粗大的触角和 3 个触手；侧触手位于口前叶腹侧，中央触手下方有 1 个锥形颜瘤。眼 2 对。翻吻具 2 对弯钩状大颚，大颚内侧边缘无齿。围口节触须具 1 根足刺和少量刚毛。疣足双叶型。背腹肢发育较好，均具伸长的足刺叶。背腹肢的足刺叶内均有足刺伸出。背刚毛较腹刚毛粗。肾乳突球根状。

匿鳞虫属为自海山发现的属，目前仅包含 1 种。

（16）哪吒匿鳞虫 *Ceuthonoe nezhai* Wang, Zhou & Wang, 2021（图 3-16）

形态特征　虫体卵圆形，共 32 节。口前叶双叶形，具 3 个触手和明显的前侧角；侧触手位于腹侧，其端节覆盖短的软乳突。触角下方具锥形颜瘤。眼 2 对，排列成倒梯形。围口节触须具 1 根足刺和许多前伸的刚毛。大颚内缘无锯齿。鳞片 14 对，位于第 2、第 4、第 5、第 7、第 9……第 23、第 26、第 29 节，鳞片表面具许多锥形细小结节。背须靠近背瘤，长为疣足的 3 倍。疣足双叶型。背腹肢发育较好，均具伸长的足刺叶。背腹足刺叶内均有足刺伸出。背腹刚毛呈黄绿色。肾乳突短，球状，始于第 5 节。

地理分布　卡罗琳洋脊 M5 和 M7 海山，维嘉海山。

生态习性　栖息于水深 1519 ～ 2291 m，与海绵共生，栖息在偕老同穴海绵的内腔中。

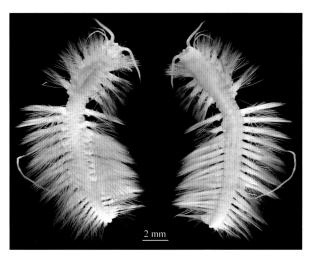

图 3-16　哪吒匿鳞虫 *Ceuthonoe nezhai* 背面观（左）和腹面观（右）

优鳞虫属 *Eunoe* Malmgren, 1865

鉴别特征　虫体具横截面圆形，35 ～ 45 体节。口前叶具明显的前侧角，具 1 对粗大的触角和 3 个触手；触手表面常具乳突，侧触手明显短于中央触手，位于口前叶腹侧。眼 2 对。围口节具刚毛；第 2 节无项褶，腹须明显较其后腹须长。鳞片 15 对，位于第 2、第 4、第 5、第 7、第 9……第 21、第 23、第 26、第 29、第 32 节，完全覆盖体背面；鳞片表面具形态不同的乳突或结节，缘乳突有或无。背瘤小。疣足双叶型。疣足背肢较大，具足刺叶。疣足腹肢的前刚叶较后刚叶长，且在足刺上方具突起。背腹肢均具伸出表皮的刚毛。背刚毛粗大，具成排棘刺。腹刚毛细长，末端单齿，亚末端具成排棘刺。

优鳞虫属现有 46 种。

（17）江户优鳞虫相似种 *Eunoe* cf. *yedoensis* McIntosh, 1885（图 3-17）

形态特征　虫体较长，背腹扁平，长约 12 mm，最大体宽 4 mm，共 37 节。口前叶双叶形，前部颜色较深，前侧角明显，具 1 对粗大的触角和 3 个触手；侧触手位于口前叶腹侧。眼 2 对。围口节有或无刚毛。鳞片 15 对，位于第 2、第 4、第 5、第 7、第 9……第 21、第 23、第 26、第 29、第 32 节；鳞片几乎全部脱落。背瘤突出明显。未见明显的肾乳突。疣足双叶型。疣足背腹肢均无明显伸长的足刺叶。背刚毛放射状。腹刚毛成簇。背腹刚毛均黄绿色，发达，均具明显的棘刺（McIntosh，1885）。

地理分布　日本，卡罗琳洋脊 M5 海山。

生态习性　栖息于水深 1192～1504 m 的围线海绵中。

图 3-17　江户优鳞虫相似种 *Eunoe* cf. *yedoensis* 背面观（左）和腹面观（右）

哈鳞虫属 *Harmothoe* Kinberg, 1856

鉴别特征　背腹扁平，多达 50 体节。口前叶具前侧角，具 1 对粗大的触角和 3 个端节具乳突的触手；侧触手位于口前叶腹侧。眼大，2 对。围口节具刚毛；第 2 节无项褶，腹须较其后者长。鳞片 15 对，位于第 2、第 4、第 5、第 7、第 9……第 21、第 23、第 26、第 29、第 32 节，之后无鳞片覆盖；鳞片表面具微小结节，大结节或乳突有或无，边缘乳突有或无。背须具乳突状端节。背瘤结节状。疣足背肢具足刺叶和伸出的足刺。疣足腹肢的前刚叶较后刚叶长，具有伸出的足刺，且在足刺上方具突起叶。背刚毛较腹刚毛粗大，具明显成排的棘刺，末端单齿钝圆。腹刚毛镰刀状，末端具单齿和双齿，亚末端具较少的成排棘刺。

哈鳞虫属现有 139 种。

（18）哈鳞虫属未定种 *Harmothoe* sp.（图 3-18）

形态特征　虫体卵圆形，背腹扁平，体长约 15 mm，最大体宽 6 mm，具 35 体节。口前叶双叶形，具前侧角，具1对粗大的触角和3个触手；侧触手位于口前叶腹侧。眼2对，前面1对明显大于后面。围口节具刚毛。翻吻伸出。鳞片15对，位于第2、第4、第5、第7、第9……第21、第23、第26、第29、第32节；鳞片几乎全部脱落。疣足双叶型。背腹刚毛均发达且为黄绿色。背刚毛放射状排列。腹刚毛排列成簇，为镰刀状，末端具单齿和双齿。

　　地理分布　卡罗琳洋脊 M6 海山。

　　生态习性　栖息于水深858 m，附着于突起拟柳珊瑚*Paragorgia papillata* Li, Zhan & Xu, 2021的分枝上。

图 3-18　哈鳞虫属未定种 *Harmothoe* sp. 背面观（左）和腹面观（右）

隐鳞虫属 *Hermadion* Kinberg, 1856

　　鉴别特征　背腹扁平，多达65体节。口前叶具前侧角，具1对粗大的触角和3个端节具乳突的触手；侧触手位于口前叶腹侧。眼2对，大，前一对位于口前叶最宽处，后一对靠近后缘。围口节具刚毛；第2节无项褶，腹须较其后者长。鳞片15对，位于第2、第4、第5、第7、第9、第11、第13、第15、第17、第19、第21、第23、第26、第29、第32节，之后无鳞片覆盖；鳞片表面具微小乳突，边缘也具乳突。背须具乳突状端节。背结节为瘤状。疣足背肢发达，具放射状排列的背刚毛；其足刺叶内有足刺伸出。腹肢的前刚叶长于后刚叶；其足刺叶为长指状，无足刺伸出。背腹刚毛末端均为单齿，亚末端均具成排的细小棘刺。

　　隐鳞虫属现有3种，分别是 *Hermadion magalhaensi* Kinberg, 1856、*H. fauveli* Gravier, 1918 和 *H. truncata* (Czerniavsky, 1882)。

（19）隐鳞虫属未定种 *Hermadion* sp.（图 3-19）

　　形态特征　虫体背腹扁平，长4～12 mm，最大体宽2 mm，共36～39节。口前叶双叶形，前侧角末端圆钝，具1对粗大的触角和3个触手；侧触手位于口前叶腹侧。眼2对。围口节具刚毛。鳞片16对，位于第2、第4、第5、第7、第9……第21、第23、第26、第29、第32、第35节；鳞片几乎全部脱落。背瘤突出明显。未见明显的肾乳突。疣足双叶型。背腹肢均具明显足刺叶，均具发达的黄绿色刚毛。背刚毛放射状排列，表面光滑，无棘刺袋。腹刚毛排列成簇，光滑，无明显的棘刺。

　　地理分布　卡罗琳洋脊 M5 海山。

　　生态习性　栖息于水深 947～1132 m 的六放海绵纲盾海绵 *Aspidoscopulia* sp. 中。

图 3-19　隐鳞虫属未定种 *Hermadion* sp. 背面观

麦鳞虫属 *Intoshella* Darboux, 1899

鉴别特征　虫体背腹扁平，多达 50 体节。鳞片达 23 对，位于第 2、第 4、第 5、第 7、第 9……第 21、第 23、第 26、第 29 节，完全覆盖体背面；鳞片表面无明显的乳突或结节。口前叶双叶形，前侧角不明显，具 1 对粗大的触角和 3 个触手；侧触手位于口前叶近腹侧。眼 2 对。无颜瘤和项叶。疣足双叶型；背肢亚圆锥形，具长指状足刺叶；腹肢较大，具短圆的后刚叶和较长的锥形前刚叶。背腹刚毛均具微弱的成排棘刺，背刚毛末端渐细且钝圆，腹刚毛末端镰刀状或具双齿。

麦鳞虫属物种与六放海绵或海参共生，现有 3 种，分别为 *Intoshella caeca* (Moore, 1910)、*I. dictyaulus* Sui, Li & Kou, 2018 和 *I. euplectellae* (McIntosh, 1885)。

（20）偕老麦鳞虫 *Intoshella dictyaulus* Sui, Li & Kou, 2019（图 3-20）

形态特征　虫体卵圆形，背腹扁平，长约 18 mm，最大体宽 7 mm，共 40 节。口前叶双叶形，前侧角不明显，具 1 对粗大的触角和 3 个触手；侧触手位于口前叶近腹侧，表面光滑。眼 2 对。围口节无刚毛。鳞片 18 对，位于第 2、第 4、第 5、第 7、第 9……第 21、第 23、第 26、第 29、第 32、

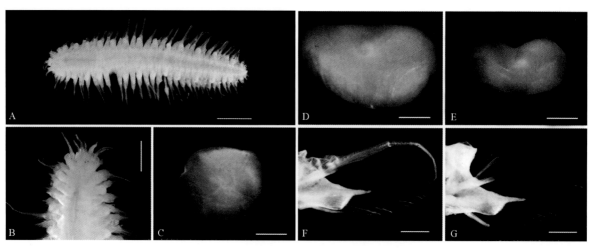

图 3-20　偕老麦鳞虫 *Intoshella dictyaulus* 外部形态

A. 虫体背面；B. 体前部；C～E. 鳞片；F～G. 第 12 节疣足；标尺：3 mm（A）、1 mm（B～E）、500 μm（F，G）

第35、第38节，完全覆盖体背面；鳞片表面光滑或仅具横向皱纹。背瘤明显突出，无伸长的肾乳突。疣足双叶型；背肢亚圆锥形，具伸长的足刺叶；腹肢较大，前刚叶伸长，且在足刺上方具指状突起，后刚叶圆。背腹刚毛多，均具微弱的成排棘刺；背刚毛末端钝；腹刚毛较多，末端具双齿，且第二齿粗壮；位于疣足下方的腹刚毛具单齿（Sui et al.，2019）。

地理分布 马里亚纳海山。

生态习性 栖息于水深 890 m 的科学网管海绵 *Dictyaulus kexueae* Gong & Li, 2020 内腔中。

主要参考文献

孙瑞平, 杨德渐. 2004. 中国动物志 环节动物门 多毛纲 II 沙蚕目. 北京: 科学出版社.

杨德渐, 孙瑞平. 1988. 中国近海多毛环节动物. 北京: 农业出版社.

Bonifácio P, Menot L. 2019. New genera and species from the Equatorial Pacific provide phylogenetic insights into deep-sea Polynoidae (Annelida). Zoological Journal of the Linnean Society, 185(3): 555-635.

Fauchald K. 1972. Benthic polychaetous annelids from deep water off western Mexico and adjacent areas in the Eastern Pacific Ocean. Allan Hancock Monographs in Marine Biology, 7: 1-575.

Fauchald K. 1977. The polychaete worms, definitions and keys to the orders, families and genera. Natural History Museum of Los Angeles County: Los Angeles, CA (USA), Science Series, 28: 1-188.

Fauchald K. 1992. A review of the genus *Eunice* (Polychaeta: Eunicidae) based upon type material. Smithsonian Contribution to Zoology, 523: 1-422.

Hartman O. 1942. A review of the types of polychaetous annelids at the Peabody Museum of Natural History, Yale University. Bulletin of the Bingham Oceanographic Collection, Yale University, 8(1): 1-98.

Levenstein RJ. 1978. Polychaetes of the family Polynoidae (Polychaeta) from the deep-water trenches of the western part of the Pacific. Trudy Instituta Okeanologia, Akademia nauk SSSR, 112: 162-173.

McIntosh WC. 1885. Report on the Annelida Polychaeta collected by H.M.S. Challenger during the years 1873～1876. Report on the Scientific Results of the Voyage of H.M.S. Challenger during the years 1873-1876.

Pettibone MH. 1976. Revision of the genus Macellicephala McIntosh and the subfamily Macellicephalinae Hartmann-Schröder (Polychaeta: Polynoidae). Smithsonian Contributions to Zoology, 229: 1-71.

Pettibone MH. 1997. Revision of the scaleworm genus *Eulagisca* McIntosh (Polychaeta: Polynoidae) with the erection of the subfamily Eulagiscinae and the new genus *Pareulagisca*. Proceedings of the Biological Society of Washington, 110(4): 537-551.

Sui J, Li X, Kou Q. 2019. A new species of the genus Intoshella Darboux, 1899 (Polychaeta: Polynoidae) commensal with a deep-sea sponge from a seamount near the Mariana Trench. Marine Biodiversity, 49: 1479-1488.

Wang Y, Cheng H, Wang C. 2021a. *Alentiana palinpoda*, a new commensal polynoid species from a seamount in the Northwest Pacific Ocean. Acta Oceanologica Sinica, 40: 12-19.

Wang Y, Zhou Y, Wang C. 2021b. *Ceuthonoe nezhai* gen. et sp. n. (Polynoidae: Polynoinae) commensal with sponges from Weijia Guyot, western Pacific. Acta Oceanologica Sinica, 40: 90-103.

Weigert A, Bleidorn C. 2016. Current status of annelid phylogeny. Organisms Diversity & Evolution, 16: 345-362.

Wu X, Hutchings P, Murray A, Xu K. 2021. *Laetmonice iocasica* sp. nov., a new polychaete species (Annelida: Aphroditidae) from seamounts in the tropical Western Pacific, with remarks on *L. producta* Grube, 1877. Journal of Oceanology and Limnology, 39: 1805-1816.

Wu X, Kou Q, Sun Y, Zhen W, Xu K. 2024. Morphology, phylogeny and evolution of the rarely known genus *Admetella* McIntosh, 1885 (Annelida, Polynoidae) with recognition of four new species from western Pacific seamounts. Journal of Zoological Systematics and Evolutionary Research, 2024: 9886076.

撰稿人：吴旭文

第四部分　软体动物门 Mollusca Cuvier, 1795

软体动物门是动物界已知物种第二多的门，仅次于节肢动物门，其已确认的物种数量估计超过十万种，从南北极的寒冷海域到热带海域、从潮间带至上万米的深海均有分布，包括浮游、底栖和游泳等多种生态类型。目前，大多数学者认为软体动物门包括 8 纲，依次为：单板纲 Monoplacophora、尾腔纲 Caudofoveata、沟腹纲 Solenogastres、多板纲 Polyplacophora、腹足纲 Gastropoda、掘足纲 Scaphopoda、双壳纲 Bivalvia、头足纲 Cephalopoda，但也有学者将沟腹纲和尾腔纲合并为无板纲 Aplacophora。

腹足纲 Gastropoda Cuvier, 1795

腹足纲是软体动物种类最多的类群之一。由于该纲动物的足位于身体腹部，故名腹足类。此类动物的身体常具一个不对称的石灰质贝壳，但也有一些特例，如异鳃亚纲不具外壳而形成内壳，少数种类的贝壳甚至退化消失。腹足纲包含 6 个亚纲：原始腹足亚纲 Vetigastropoda、帽形腹足亚纲 Patellogastropoda、蜩螺亚纲 Neritimorpha、新脐亚纲 Neomphaliones、异鳃亚纲 Heterobranchia 和新腹足亚纲 Caenogastropoda。

腹足纲现已报道 65 000 ～ 80 000 种（Bouchet and Rocroi，2005）。

原始腹足亚纲 Vetigastropoda Salvini-Plawen, 1980

原始腹足亚纲贝壳形状多变，从斗笠状、矮胖状、球状到高塔状。目前共包括 4 个目：翁戎螺目 Pleurotomariida、马蹄螺目 Trochida、陀螺目 Seguenziida 和小笠螺目 Lepetellida。该类群的化石种最早出现于古生代，经过漫长的扩散和分化，世界广布，从南北极到热带、从潮间带到水深超过 8000 m 的深渊均有分布。

原始腹足亚纲已报道的现生种类约 3700 种（Aktipis et al.，2008）。

小笠螺目 Lepetellida Moskalev, 1971

本类群分类系统争议较大。Bouchet 等（2017）认为小笠螺目包括 Lepetelloidea、Fissurelloidea、Haliotoidea、Lepetodriloidea 和 Scissurelloidea 5 个总科。但 Ponder 等（2020）认为小笠螺目是一个复系群，仅包括 Lepetelloidea 总科。本书使用 Bouchet 等（2017）的观点。

钥孔蛾科 Fissurellidae J. Fleming, 1822

鉴别特征　贝壳和内脏囊呈笠状或圆锥形。在贝壳和外套膜的顶部或前缘具有孔或裂缝，孔或裂缝的形状和位置随种类而异。

钥孔蝛科物种一般生活于潮间带或潮下带的岩礁间。

凹缘蝛属 *Emarginula* Lamarck, 1801

鉴别特征 贝壳呈笠状，圆锥形。壳顶位于壳后方，并向后下方卷曲。贝壳裂缝长，绷带发达。壳面粗糙，雕刻有生长环肋和放射肋，两者相交成格子状。

（1）花斑凹缘蝛 *Emarginula maculata* A. Adams, 1863（图 4-1）

形态特征 贝壳较小，壳长 6.0 mm，壳宽 4.8 mm，壳高 3.1 mm，壳质结实。壳顶位于壳后方并向后弯曲成喙状。壳表雕刻有发达的放射肋和生长环肋，两者相交成方格状。前壳面高，呈弓形，后壳面短而直。裂缝沟细长，约占前壳面的 1/3。贝壳淡黄色，有光泽。壳内具有强珍珠光泽。壳口椭圆形，内缘光滑。

地理分布 西太平洋广布，主要分布于中国、日本等海域。本研究标本采自马里亚纳海山。

生态习性 栖息于浅海至水深约 600 m 的砂质海底。

图 4-1 花斑凹缘蝛 *Emarginula maculata* 外部形态
A. 腹面观；B. 背面观；C. 侧面观

（2）整齐凹缘蝛 *Emarginula concinna* A. Adams, 1852（图 4-2）

形态特征 贝壳较小，呈长卵圆形，较扁，壳质略薄。壳顶至壳缘约有 30 多条放射肋，与生长环肋交叉形成整齐的格子状雕刻；肋间沟较深，在放射肋上形成突起的棘状节，生长环肋之间有明显的细环肋，使壳面非常粗糙。前壳面呈弓形，后壳面较凹而低。裂缝带窄而深，上有规则的片状横纹沟，边缘高起。裂缝沟宽短，约占前壳面的 1/4。壳口边缘具整齐的缺刻。贝壳为灰白色，壳内为白色。

地理分布 西太平洋广布，主要分布于中国和日本等海域。本研究标本采自卡罗琳洋脊海山。

生态习性 栖息于浅海至水深约 950 m 的泥沙质海底。

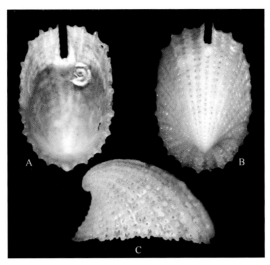

图 4-2　整齐凹缘螺 *Emarginula concinna* 外部形态
A. 腹面观；B. 背面观；C. 侧面观

翁戎螺目 Pleurotomariida Cox & Knight, 1960

鉴别特征　贝壳呈马蹄状。壳表常有颗粒状或布纹状雕刻。壳口外唇中部有一裂缝，营呼吸和排泄，其长度因种类而异。壳内具厚珍珠层，富有光泽。

翁戎螺目现仅包含 1 科。

翁戎螺科 Pleurotomariidae Swainson, 1840

鉴别特征　同目的鉴别特征。

翁戎螺科现已报道 1000 多个化石种和 34 个现生种，是海洋腹足类中最原始的类群之一。翁戎螺的化石最早发现于距今约 570 Ma 的古生代。尽管历经数亿年的漫长演化，翁戎螺的贝壳形态仍然与祖先基本相同，因此被生物学家誉为海洋中的"活化石"。

贝氏翁戎螺属 *Bayerotrochus* Harasewych, 2002

鉴别特征　贝壳低，呈圆锥形，壳宽大于壳高；壳质薄。螺旋部低，呈锥形；体螺层扩大。各螺层具细弱螺肋及生长纹，两者相交成明显的颗粒状突起；各螺层在中部具一明显的裂缝带。壳口呈卵圆形。外唇中部上方具一短的裂缝。脐孔小而深。贝壳底部稍凸，具细密的螺肋和不甚明显的生长纹。

贝氏翁戎螺属现有 14 种，均为深海种，分布于大西洋、印度洋 - 太平洋和东太平洋。

（3）**精致翁戎螺** *Bayerotrochus delicatus* S. P. Zhang, S. Q. Zhang & P. Wei, 2016（图 4-3）

形态特征　贝壳较小，壳高 47.8 mm，壳宽 62.1 mm，呈低圆锥形；壳质薄而脆。贝壳约具 8 个螺层。胚壳表面光滑，约 1 个螺层。成壳螺层平直或稍膨凸，雕刻有细弱的螺肋和纵肋，两者在前 4 个螺层上相交成弱的结节状突起。壳口呈卵圆形，内缘具彩虹色光泽。裂缝短，约占体螺层周长的 1/6。脐孔闭合。贝壳底部稍膨凸，具细密的螺线和生长纹。厣为角质，棕色，近圆形，核在中央。

地理分布　仅发现于雅浦海山。

生态习性 栖息于 255 ～ 289 m 海山山顶的有孔虫砂上。

讨论 本种与 *Bayerotrochus philpoppei* Anseeuw, Poppe & Goto, 2006 在壳形上最为相似，但后者的螺旋部更宽、螺层更为膨圆、裂缝更窄。

图 4-3 精致翁戎螺 *Bayerotrochus delicatus* 外部形态（改自 Zhang et al.，2016）

A. 正模原位活体；B. 侧面观；C. 背面观；D. 腹面观

陀螺目 Seguenziida Haszprunar, 1986

Kano (2008) 根据分子研究结果，将一些形态差异明显的类群归入陀螺目，因此，该类群无统一的形态鉴别特征。

陀螺目现有 9 科。

瓣口螺科 Calliotropidae Hickman & J. H. McLean, 1990

鉴别特征 贝壳小型到大型（壳高 10 ～ 70 mm）；壳形多变，或低矮，或瘦高；壳质薄。壳表通常具螺肋和纵肋，两者常相交成结节状突起。壳口方形或近圆形，不完整；壳口内不具齿状突起，外唇不增厚。壳内具发达的珍珠层。厣为角质，多旋，核在中央。齿舌齿式为 n+3+1+3+n，中央齿较小。

瓣口螺属 *Calliotropis* L. Seguenza, 1903

鉴别特征 贝壳小型或中等大小壳形通常为低圆锥形，壳质较薄。壳表通常有发达的螺肋和纵肋，两者常相交成结节状突起。贝壳外层薄，可见彩虹色光泽。壳口近圆形，内无齿状突起。脐孔大。厣为角质，多旋。

（4）雅浦瓣口螺 *Calliotropis yapensis* S. Q. Zhang & S. P. Zhang, 2018（图 4-4）

形态特征　贝壳薄而坚实,较大,壳高约 25.0 mm,壳宽大于壳高。螺旋部呈低圆锥形,体螺层膨大。胚壳被腐蚀。成壳约具 6 层,膨凸。壳面雕刻有发达的螺肋,螺肋上具明显的结节状突起;在螺肋之间具有细密的斜纵肋。壳内具发达的珍珠层。壳口近圆形,内无齿状突起。脐孔被胼胝遮盖。厣为角质,近圆形,多旋,核在中央。

地理分布　雅浦海山,卡罗琳洋脊海山。

生态习性　栖息于水深 874 ～ 1119 m 的有孔虫砂中。

图 4-4　雅浦瓣口螺 *Calliotropis yapensis* 外部形态（改自 Zhang et al., 2018）
A,B. 侧面观;C. 腹面观;D. 背面观

马蹄螺目 Trochida Rafinesque, 1815

鉴别特征　贝壳小型或大型,呈圆锥状。

马蹄螺目是腹足纲中最古老的类群之一,现有 13 科。

缩口螺科 Colloniidae Cossmann, 1917

鉴别特征　贝壳厚而结实。螺旋部低小,体螺层膨大。壳表常雕刻有发达的螺肋和弱的纵肋。壳口斜,口缘不在同一平面上,外唇薄或增厚。厣石灰质,上有颗粒状突起。

拟缩口螺属 *Collonista* Iredale, 1918

鉴别特征　贝壳小型,呈球形,壳质厚而结实。螺旋部低,体螺层膨大。壳表雕刻有发达的螺肋;纵肋弱,仅出现在早期螺层上。壳面颜色多变,常具纵行的花纹。

（5）克氏拟缩口螺 *Collonista kreipli* Poppe, Tagaro & Stahlschmidt, 2015（图 4-5）

形态特征 贝壳小型，呈球形，壳质坚厚。壳顶缺失。螺旋部低，体螺层膨大。缝合线紧缩，深。壳面雕刻有稀疏而发达的螺肋；纵肋缺，仅在螺肋间具细密的生长纹。贝壳底面凸，上具 4 条明显的细螺肋。壳面呈粉红色，在螺肋上具紫红色斑点。壳口小，近圆形。脐孔闭合。

地理分布 之前仅发现于菲律宾群岛。本研究标本采自马里亚纳海山。

生态习性 栖息于浅海至水深约 300 m 的砂质或珊瑚礁间。

图 4-5 克氏拟缩口螺 *Collonista kreipli* 外部形态

（6）锦绣拟缩口螺 *Collonista picta* (Pease, 1868)（图 4-6）

形态特征 贝壳小型，壳高 3.5 mm，呈球形，壳质坚厚。螺旋部低，壳顶截平，体螺层膨圆。缝合线紧缩。胚壳呈平旋状，具 1 个螺层，光滑无肋。成壳各螺层膨凸，前 3 个螺层具发达的肩角，体螺层的肩角不明显。表面雕刻有粗细不等的螺肋，无纵肋。贝壳基部凸，具 7～9 条细螺肋。壳面呈白色，具不规则的黄褐色纵向花纹。壳口小，近圆形。脐孔窄而深。

地理分布 在中国、日本和菲律宾等西太平洋海域均有分布。本研究标本采自卡罗琳洋脊海山。

生态习性 栖息于浅海至水深约 950 m 的砂质或珊瑚碎屑质海底。

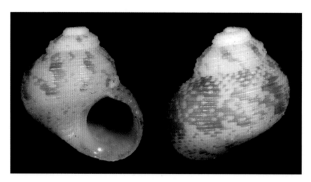

图 4-6 锦绣拟缩口螺 *Collonista picta* 外部形态

马蹄螺科 Trochidae Rafinesque, 1815

马蹄螺科现有 10 亚科近 100 属 1000 多种，大部分种类栖息于潮间带或浅海，尤其在热带西太平洋海域显示出更高的多样性。

肋马蹄螺属 *Carinotrochus* S. Q. Zhang, J. L. Zhang & S. P. Zhang, 2020

鉴别特征　贝壳小型，壳质薄。螺旋部低，呈锥形；体螺层膨大。壳面雕刻有发达的螺肋和细弱的螺线，螺肋呈龙骨状突起。壳口近圆形，外唇薄，内唇增厚，具一明显的圆形齿突。厣圆形，多旋，核在中央。齿舌齿式为 n+5+1+5+n。

肋马蹄螺属现有 2 种。

（7）马里肋马蹄螺 *Carinotrochus marianaensis* S. Q. Zhang, J. L. Zhang & S. P. Zhang, 2020（图 4-7）

形态特征　贝壳中等大小，壳高可达 14.7 mm，壳宽稍大于壳高；壳质薄，通过外层可见内部的珍珠层。螺旋部低，呈锥形。胚壳圆，光滑。成壳体螺层表面具 3 ～ 4 条发达的螺肋，呈龙骨状突起，在相邻两条螺肋之间，有一些细密的螺线。壳口近方形，外唇薄，内唇增厚，其上具一圆形的齿状突起。厣为角质，多旋，近圆形，核在中央。齿舌齿式为 n+5+1+5+n。

地理分布　仅发现于马里亚纳海山。

生态习性　栖息于水深 865 m 的珊瑚碎屑中。

图 4-7　马里肋马蹄螺 *Carinotrochus marianaensis* 外部形态（改自 Zhang et al.，2020）
A，B. 侧面观；C. 背面观；D. 腹面观

（8）威氏肋马蹄螺 *Carinotrochus williamsae* S. Q. Zhang, J. L. Zhang & S. P. Zhang, 2020（图 4-8）

形态特征　贝壳呈低圆锥形，壳宽稍大于壳高，壳质薄而脆。螺旋部低，体螺层膨大。胚壳光滑，约 1 层。成壳体各螺层上具 3 条发达的螺肋，呈龙骨状突起，相邻两条粗壮螺肋间具细密的螺纹（线），纵肋缺，仅具细弱的生长纹。壳口圆形，外层薄，内唇增厚，其中部具一圆形齿状突起。贝壳底部稍膨凸，具细密的生长纹和螺线。无脐孔。厣为角质，多旋，近圆形。齿舌齿式为 n+5+1+5+n。

地理分布　仅发现于卡罗琳洋脊海山。

生态习性　栖息于水深 1332 m 的角柳珊瑚上，以其上的水螅为食。

图 4-8　威氏肋马蹄螺 *Carinotrochus williamsae* 外部形态（改自 Zhang et al.，2020）
A. 正模原位活体；B. 侧面观；C. 背面观；D. 腹面观

新腹足亚纲 Caenogastropoda Cox, 1960

鉴别特征　新腹足亚纲贝壳大小变化极大，小的个体约 1 mm，大的个体达 900 mm 以上。大多数种类具外壳，仅有少数种类具内壳。壳形多变，主要包括滨螺、宝贝、蛾螺、织纹螺、骨螺、笔螺、涡螺等类群。壳表颜色多变，很多种类的壳面具绚丽的色彩和花纹。

新腹足亚纲是腹足纲中种类最丰富的类群之一，现有 157 个现生科（Bouchet et al.，2017），物种数量约占整个腹足纲的 60%，遍布几乎所有海洋生境，部分种类甚至扩散到淡水或陆地。

滨形目 Littorinimorpha Golikov & Starobogatov, 1975

鉴别特征　滨形目的多数类群在旧分类系统被归入中腹足目 Mesogastropoda。近年来的研究发现，滨形目并不是一个单系群（Strong，2003；Ponder et al.，2021）。

蛙螺科 Bursidae Thiele, 1925

鉴别特征　贝壳中等大小，呈卵圆形或纺锤形，壳质厚重。螺旋部低，呈圆锥形；体螺层通常膨大。壳面雕刻有粗细不均的螺肋和纵肿肋，或具结节突起或棘刺状。壳口卵圆形或近圆形，外唇增厚，内缘具齿列。前水管沟宽短，后沟明显。厣角质。

蛙螺属 *Bursa* Röding, 1798

鉴别特征　贝壳呈纺锤形或卵圆形，壳质厚而结实。螺旋部呈锥形，体螺层膨大。壳表粗糙，雕刻有颗粒、结节、棘刺及粗细不均的螺肋。壳口大，呈卵圆形或近圆形。前水管沟短，后水管沟明显。

蛙螺属主要分布于热带或亚热带暖水区，尤以印度洋 - 西太平洋种类最为丰富，栖息于潮间带至水深数百米的岩礁、珊瑚礁及泥沙质海底。

（9）亲缘蛙螺 *Bursa affinis* (Broderip, 1833)（图 4-9）

形态特征　贝壳呈卵圆形，壳质厚重。螺旋部较高，体螺层膨大。缝合线细而浅。各螺层稍膨凸，中部具明显的肩角。壳面雕刻粗细不等的念珠状螺肋，粗螺肋在肩部最为发达，呈瘤状突起，各螺层还具发达的纵肿肋。壳口呈卵圆形，外唇增厚，内部具发达的齿状突起，内唇有多个褶襞状突起。前水管沟短，呈半管状。

地理分布　广泛分布于热带太平洋海域。

生态习性　通常栖息在水深至 40 m 的浅水海域。本研究标本为一死壳，内生寄居蟹，采自卡罗琳洋脊海山水深约 700 m 处。

图 4-9　亲缘蛙螺 *Bursa affinis* 外部形态

法螺科 Charoniidae Powell, 1933

鉴别特征　贝壳中等大小或大型，呈纺锤形。壳面具宽平的螺肋，纵肋较弱，两者相交常呈瘤状突起，外壳面具发达的纵肿肋。壳口卵圆形，前水管沟宽短。厣为角质。

法螺科物种主要分布于热带和亚热带海域，多以棘皮动物为食。

法螺属 *Charonia* Gistel, 1847

鉴别特征　同科的鉴别特征。

法螺属现有 5 种。

（10）法螺 *Charonia tritonis* (Linnaeus, 1758)（图 4-10）

形态特征　贝壳大型，壳高可达 350 mm，呈纺锤形，壳质厚重。螺旋部高，呈尖锥形；体螺层膨大。缝合线浅。各螺层稍膨凸，雕刻有粗细不等的螺肋，螺肋在早期螺层上较细，在次体螺层和体螺层上宽平，纵肋无，仅具纵肿肋。壳面颜色为黄红色，具有紫褐色鳞片状和花纹。壳口宽大，内为橘红色，外唇内缘具齿列，内唇上有褶襞状突起。

地理分布　广泛分布于西太平洋暖水区。本研究标本采自马里亚纳海山。

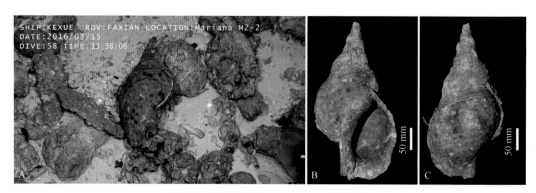

图 4-10 法螺 *Charonia tritonis* 外部形态
A. 原位活体；B，C. 标本

生态习性 生活在水深 10 ～ 300 m 的海底，主要以长棘海星为食。

宝贝科 Cypraeidae Rafinesque, 1815

鉴别特征 贝壳形态多变，多呈卵圆形、长卵圆形、梨形或筒形。幼体时螺旋部明显；成体螺旋部几乎消失，埋入体螺层中。壳面平滑而富有光泽，花纹丰富多彩。壳口狭长，通常位于腹面中部，两唇具明显的齿列。

宝贝科现有 400 余种，主要分布于热带和亚热带海域，从潮间带至较深的岩礁、珊瑚礁或泥沙质海底均有分布。

图纹宝贝属 *Leporicypraea* Iredale, 1930

鉴别特征 贝壳呈卵圆形，背部高起，基部较平；壳质厚而结实。壳面颜色常呈暗褐色，具花纹及斑点。壳口两唇的齿上常有颜色。

（11）图纹宝贝 *Leporicypraea mappa* (Linnaeus, 1758)（图 4-11）

形态特征 贝壳较大，呈卵圆形，背部膨圆，腹面较平，两端稍凸出，两侧缘较厚；壳质厚重。

图 4-11 图纹宝贝 *Leporicypraea mappa* 外部形态

壳面有光泽，浅黄色至黄褐色；背部有纵行排列的褐色点线纹和大小不等边缘清晰的星状斑点；腹面淡粉色或玫瑰红色。壳口狭长。

地理分布　印度洋 - 西太平洋。

生态习性　栖息于浅海岩礁或珊瑚礁间。本研究标本采自卡罗琳洋脊海山水深 725 m 处。

林西那贝属 *Lyncina* Troschel, 1863

鉴别特征　贝壳中等大，呈卵圆形。两侧缘不厚。壳表通常有斑点，但有的种类不具斑点。壳口两唇的齿间颜色有或无。

（12）肉色宝贝 *Lyncina carneola* (Linnaeus, 1758)（图 4-12）

形态特征　贝壳呈长卵圆形，背部膨圆，腹面稍平，壳顶凹陷，后端钝；壳质厚重。壳面光滑，呈淡肉色或淡黄色；背部有通常有 4 条较宽的淡黄色螺带，两侧缘上有细螺纹；腹面呈淡粉色或黄白色。壳口狭长，两唇内缘齿列细短，齿间呈紫色。

地理分布　印度洋 - 西太平洋。

生态习性　栖息在潮间带或浅海岩礁间。本研究标本采自马里亚纳海山水深 95 m 处。

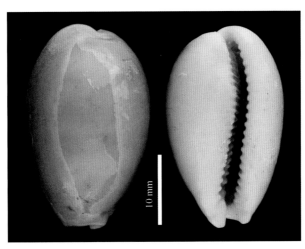

图 4-12　肉色宝贝 *Lyncina carneola* 外部形态

凤螺科 Strombidae Rafinesque, 1815

鉴别特征　贝壳形态变化较大，有纺锤形、子弹形或蜘蛛形；壳质通常厚重。壳面富有光泽。壳口多为狭长形，少数种类壳口为卵圆形，具前后水管沟。外唇通常增厚，前端常有 "U" 形缺刻。厣角质，小，边缘常呈锯齿状。

凤螺科主要生活在热带或亚热带海区，从潮间带至浅海的沙、泥沙或珊瑚礁生境中均有分布。

蜘蛛螺属 *Lambis* Röding, 1798

鉴别特征　贝壳大型，呈卵圆形或长卵圆形，壳质厚重。壳面雕刻有螺肋或发达的瘤状突起。壳口狭长，内面光滑或具细密的螺纹和褶襞状突起。外唇边缘具长短不等的爪状棘突，呈半管状。前水管沟长；具后水管沟。厣角质，小，呈柳叶状。

（13）蜘蛛螺 *Lambis lambis* (Linnaeus, 1758)（图 4-13）

形态特征 贝壳大型，呈拳头状，壳高可近 350 mm；壳质厚重。螺旋部极低，呈锥形；体螺层膨大。缝合线不甚明显。各螺层雕刻有粗细不等的螺肋，粗螺肋极为粗壮，其间还具一些较细的螺肋（线），背部还具粗大的瘤状突起。壳表密布紫褐色的斑点和花纹。壳口狭长形，内面呈黄色、粉色或淡玫瑰红色，边缘有 6 条强大的爪状棘突，呈半管状，顶部尖。厣角质，小，呈柳叶形。

地理分布 热带太平洋，印度洋东北部。

生态习性 栖息于潮间带至浅海的岩礁和珊瑚礁间，多在砂质或有藻类丛生的海底生活。本研究标本采自海山顶部水深 50 m 处。

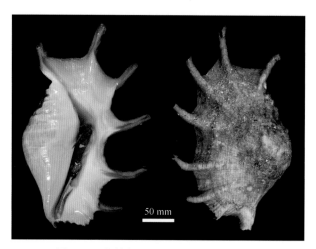

图 4-13 蜘蛛螺 *Lambis lambis* 外部形态

新腹足目 Neogastropoda Wenz, 1938

鉴别特征 新腹足目大多数生活在海洋中，且几乎全为肉食性。该类群个体通常很大，代表类群有骨螺科、蛾螺科、织纹螺科、笔螺科、肋脊笔螺科、核螺科、缘螺科、涡螺科、芋螺科等。

蛾螺科 Buccinidae Rafinesque, 1815

鉴别特征 贝壳从小到大，小的壳高不足 10.0 mm，大的个体壳高可超过 150.0 mm，多呈纺锤形或卵圆形。螺旋部多为锥形，体螺层较为膨大。壳面通常雕刻有纵肋和螺肋，或具有结节状突起，而少数种类壳面较光滑。壳面颜色多变，通常为白色、浅黄色或棕色等，有的种类在各螺层上具棕色或褐色螺带或色斑。

蛾螺科世界广布，从热带到南北极，从潮间带、潮下带至水深千米以上的深海均有分布，主要栖息于泥沙、软泥、岩石或珊瑚礁等不同生境中。

克里螺属 *Clivipollia* Iredale, 1929

鉴别特征 贝壳坚硬，纺锤形，两端尖。壳面具纵肋和螺肋。壳口窄，外唇内缘具发达的齿状突起；内唇仅在前端具齿。

克里螺属主要生活在热带海域的珊瑚礁或岩礁间。

（14）美丽克里螺 *Clivipollia pulchra* (Reeve, 1846)（图 4-14）

形态特征　贝壳小型，呈纺锤形，壳质结实。螺旋部较高，呈尖锥形；体螺层膨大。缝合线浅，不甚明显。胚壳约具 3 层，顶端尖。成壳各螺层上雕刻有发达的螺肋和弱的纵肋；粗螺肋间具较细的次螺肋以及细密的螺纹，粗螺肋和纵肋相交成明显的结节状突起。壳面颜色通常为粉色至浅棕色，有的个体的次螺肋呈深棕色。壳口小，呈长卵圆形，内部颜色为浅粉色，外唇增厚，内具发达的齿状突起，内唇较直，具明显的齿状突起。前水管沟稍长，呈半管状。

地理分布　主要分布于太平洋热带海域，如日本奄美诸岛以南、菲律宾群岛、斐济群岛等，此外在东太平洋的加拉帕戈斯群岛和美洲西海岸的巴拿马、厄瓜多尔等地也有分布。中国福建以南沿海也有分布。

生态习性　多栖息于潮间带或浅海的岩礁或珊瑚礁间。本研究标本采自卡罗琳洋脊海山约 1000 m 水深处。

图 4-14　美丽克里螺 *Clivipollia pulchra* 外部形态

原管螺属 *Eosipho* Thiele, 1929

鉴别特征　贝壳大型，呈卵圆形壳，壳高超过 70 mm。螺旋部通常较高，体螺层膨大。各螺层稍膨凸，具发达的螺肋，纵肋弱，仅出现在早期螺层上。壳表通常具橄榄色的薄壳皮。前水管沟宽而短。

（15）史氏原管螺 *Eosipho smithi* (Schepman, 1911)（图 4-15）

形态特征　贝壳大型，呈卵圆形。螺旋部低，呈锥形。缝合线细而浅。胚壳光滑，约具 2 层。成壳螺层稍膨凸，壳表雕刻有发达的螺肋，螺肋上具细的螺沟；纵肋弱，仅出现在早期螺层上，在次体螺层和体螺层上退化。壳面颜色为淡黄色，被有一层薄壳皮，容易脱落。壳口大，呈卵圆形，内为白色；内唇呈弧形，滑层弱；外唇边缘较薄，内缘光滑。前水管沟较宽短。厣角质，棕色，呈卵圆形，小于壳口，核位于前端。

地理分布　广泛分布于印度洋和西太平洋，西起东非的莫桑比克，东至中国、日本、印度尼西亚、菲律宾、新喀里多尼亚、瓦努阿图、斐济及所罗门群岛等。

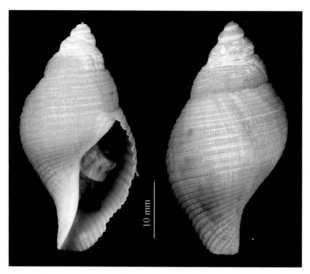

图 4-15 史氏原管螺 *Eosipho smithi* 外部形态

生态习性 栖息于 523 ～ 1160 m 深的海底，常生活在沉木上；暖水性较强的种类。

盖氏螺属 *Gaillea* Kantor, Puillandre, Fraussen, Fedosov & Bouchet, 2013

鉴别特征 贝壳中等大小或大型，壳高可达 70 mm，壳质厚而结实。壳形宽圆或卵圆形。胚壳通常缺失，顶部尖，高大于宽。成壳膨凸或稍膨凸，具肩角。壳表雕刻有纵肋和螺肋，两者相交成格子状。壳面颜色为白色，壳皮薄，浅橄榄色，紧贴壳表。壳口卵圆形或圆形，内部为白色，外唇通常薄，内唇稍弯曲，滑层弱。

（16）花冠盖氏螺 *Gaillea coriolis* (Bouchet & Warén, 1986)（图 4-16）

形态特征 贝壳大，呈纺锤形。壳顶被腐蚀，胚壳和早期螺层的外层脱落。成壳约具 5 个螺层，膨凸，各螺层上部具明显的肩角。螺旋部低，呈锥形；体螺层膨大。缝合线明显。壳表雕刻有发达的规则排

图 4-16 花冠盖氏螺 *Gaillea coriolis* 外部形态

列的螺肋和纵肋，在螺肋间还具有数条细的螺线。壳面颜色为白色，壳皮橄榄色，紧贴壳表，壳皮在螺肋和生长纹相交处具毛发状突起。壳口宽大，约占整个壳高的 1/2。前水管沟中等长。

地理分布　之前仅见于模式产地菲律宾。本研究标本采自雅浦海山。

生态习性　栖息于水深 856 ～ 1119 m 的海底，多生活在沉木上。

细带螺科 Fasciolariidae Gray, 1853

鉴别特征　贝壳中等大小或大型，壳形多呈纺锤形，壳质通常厚而坚实。螺旋部较高，呈尖锥形。壳面常雕刻有螺肋和纵肋，相交处具结节状或颗粒状突起。壳口卵圆形。前水管沟短或延长，通常呈半管状。厣为角质，卵圆形，核在顶端。

细带螺科物种栖息于潮间带岩礁间至深海砂质和泥沙质海底。

阿美螺属 *Amiantofusus* Fraussen, Kantor & Hadorn, 2007

鉴别特征　贝壳小型或中等大小，呈瘦纺锤形。螺旋部高。胚壳多旋，顶端尖。成壳稍膨凸。壳面雕刻有粗细不均的螺肋和发达的纵肋，两者相交处多具结节状或颗粒状突起。壳口呈卵圆形，外唇薄；内唇光滑，后端常具一明显的齿状突起。前水管沟短或稍长。厣为角质，薄，呈淡棕色，核位于顶端。

（17）颗粒阿美螺 *Amiantofusus granulus* S. Q. Zhang, Fraussen & S. P. Zhang, 2022（图 4-17）

形态特征　贝壳呈纺锤形，壳质较薄。胚壳和早期螺层缺失，仅余 4 ～ 5 个螺层。缝合线细。各螺层稍膨凸，在缝合线下方稍紧缩。壳面雕刻有粗细不均的螺肋和细纵肋，主螺肋和纵肋相交处呈结节状突起。壳面颜色为白色或淡黄色，新鲜标本具薄壳皮。壳口大，呈卵圆形，内面为白色，外唇薄，内唇光滑，滑层弱。前水管沟较长，呈半管状。厣为角质，淡棕色，半透明，呈卵圆形，核在顶端。

地理分布　仅发现于卡罗琳洋脊海山和麦哲伦海山链 Kocebu 海山。

生态习性　栖息于水深 893 ～ 2291 m 的富钴结壳区。

图 4-17　颗粒阿美螺 *Amiantofusus granulus* 外部形态（改自 Zhang et al.，2022）
A. 原位活体；B，C. 正模标本，壳高 32.8 mm

（18）张氏阿美螺 *Amiantofusus tchangsii* S. Q. Zhang, Fraussen & S. P. Zhang, 2022（图 4-18）

形态特征　贝壳呈纺锤形，壳质较厚。胚壳和早期螺层缺失，仅余 4 ～ 5 个螺层。缝合线细而浅。成壳各螺层膨凸，在缝合线下方具一不甚明显的收缩部。纵肋细，顶端尖，排列疏松，螺肋粗细不均，螺肋和纵肋相交处具尖的结节状突起。壳面颜色为淡黄色或白色。壳口大，呈卵圆形，内面白色，外唇边缘薄，内唇光滑，滑层弱。前水管沟稍长，呈半管状。厣为角质，淡棕色，半透明，呈卵圆形，核在顶端。

地理分布 仅发现于卡罗琳洋脊海山。

生态习性 栖息于水深 1237 m 的富钴结壳区。

图 4-18 张氏阿美螺 *Amiantofusus tchangsii* 外部形态（改自 Zhang et al.，2022）
A. 原位活体；B，C. 正模标本，壳高 30.6 mm

异鳃亚纲 Heterobranchia Burmeister, 1837

异鳃亚纲是腹足纲中形态最为多变的类群之一。其个体大小悬殊，有的种个体非常小，似蠕虫状，有的种个体非常大，如一些裸鳃类，有的种具贝壳，而有的种仅具退化的内壳或不具贝壳。

异鳃亚纲分布广泛，从潮间带至深海均有分布，有的种生活在淡水和陆地上。

裸鳃目 Nudibranchia Cuvier, 1817

鉴别特征 身体柔软，不具贝壳，两侧对称。体表具不同色彩的斑点、花纹和阴影。头部具乳突和嗅角；背部具触角和次生鳃。雌雄同体。

裸鳃目现有 3000 种以上（Willan and Coleman，1984），广泛分布于世界各大洋，从热带到南北极，从潮间带至数千米的深海均有分布，栖息于石块、砂质或泥沙质海底；食性广泛，主要以多孔动物、刺胞动物、苔藓动物、甲壳动物、海鞘以及其他小型软体动物为食。

三歧海牛科 Tritoniidae Lamarck, 1809

鉴别特征 个体小型或大型，体延长。头幕呈半圆形，其上具分枝状突起，起感知作用。嗅角大，上具褶叶，不可收缩；嗅角鞘高起，边缘分裂。鳃突位于身体背部两侧，呈指状分枝。足宽，前端稍圆，后端稍狭。生殖孔和肛门位于身体右侧的鳃突下方。

三歧海牛科物种生活在潮间带至深海，主要以珊瑚为食。

三歧海牛属 *Tritonia* Cuvier, 1798

鉴别特征 个体中型或大型，体延长。头幕呈半圆形，其上具分枝状突起。嗅角具褶叶，不可收缩；

嗅角鞘高起，边缘分裂。鳃突位于身体背部两侧，呈指状分枝。齿舌中央齿具 3 个齿尖；胃内无胃板。

三歧海牛属现有 28 种，主要分布于大西洋、地中海、印度洋和太平洋，另外在南极也有发现。生活于潮间带至深海，以珊瑚为食。

（19）海洋所三歧海牛 *Tritonia iocasica* S. Q. Zhang & S. P. Zhang, 2021（图 4-19）

形态特征　个体大型，呈蛞蝓状，体长 120 mm。身体通体呈粉色，前端颜色较深，后端逐步变浅。头幕呈半圆形，其上约具 18 个长的指状突起。嗅角呈棍棒状，位于头幕两侧，中部有细密的羽毛状褶叶，呈苞状，包围着嗅角乳突；嗅角鞘宽，其边缘 10 分歧。足部光滑，前端较圆，后端变狭。背部两侧具 17 ～ 19 对树枝状鳃突。生殖孔和肛门位于身体右侧，其中生殖孔位于第 3 个鳃突下方，肛门位于第 5 个和第 6 个鳃突之间。

地理分布　仅发现于卡罗琳洋脊海山。

生态习性　栖息于水深 970 ～ 1262 m 的海底，以扇珊瑚科种类为食。

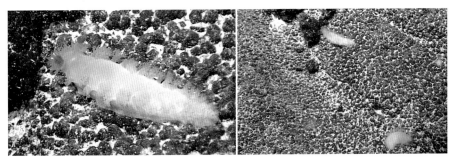

图 4-19　海洋所三歧海牛 *Tritonia iocasica* 的原位形态（改自 Zhang and Zhang，2021）

双壳纲 Bivalvia Linnaeus, 1758

鉴别特征　双壳纲因有两片贝壳而得名，是无脊椎动物中生活领域最广的门类之一，同时也是软体动物中仅次于腹足类的第二大纲，约有 2 万种，大部分生活在海水生境，也有少数生活在淡水中，还有极少数营寄生生活。

翼形亚纲 Pteriomorphia Beurlen, 1944

鉴别特征　翼形亚纲壳形多变，不等壳或等壳，常具耳，壳质为文石或方解石，或两者兼有。

作为双壳纲中的第二大亚纲，翼形亚纲在世界有 2000 多种（Huber，2010）。我国有 21 个科（徐凤山和张素萍，2008）。翼形亚纲也是双壳纲中最具经济价值的亚纲之一，包括许多重要的经济贝类。

扇贝目 Pectinida Gray, 1854

扇贝目包含扇贝超科 Pectinoidea、不等蛤超科 Anomioidea、襞蛤超科 Plicatuloidea 等 5 个超科，其中扇贝超科包含扇贝科 Pectinidae、拟日月贝科 Propeamussiidae、海菊蛤科 Spondylidae 等科（Bieler et al.，2014）。目前，在西太平洋海山采到的 2 种双壳类均属于拟日月贝科。

拟日月贝科 Propeamussiidae Abbott, 1954

鉴别特征 贝壳多呈圆形或卵圆形，两壳扁平；壳质薄，易碎，半透明或不透明；两壳不等或近等，通常左壳具放射肋和线纹，右壳具生长纹；绞合部无齿，有三角形韧带槽。

拟日月贝科现有 5 属 200 余种，多栖息于泥质或砂质海底，少数附着在硬的基质上。分布于世界各地较深的海域，几乎一半的物种生活在印度洋 - 太平洋海域。

拟日月贝属 *Propeamussium* de Gregorio, 1884

鉴别特征 两壳近等，壳扁平；壳质脆弱，大多半透明。左壳通常光滑或雕刻有细小的放射肋或同心刻纹，右壳有同心线。前后耳几乎相等。足丝孔窄；无栉齿。内肋在个体发育早期开始，并从壳顶延伸到壳中部或者靠近边缘区域。两壳闭合时，两侧有开孔。

（20）拟日月贝属未定种 *Propeamussium* sp.（图 4-20）

形态特征 贝壳中等大小，近卵圆形且较扁平；壳质轻薄且易碎，呈半透明状。两壳近等；壳顶较尖，微凸出于背缘，且位于背缘中央稍靠近前端；背缘较直，具有细小锯齿，前背缘微长于后背缘，腹缘圆。壳面有光泽，呈乳白色。左壳壳表由壳顶至腹缘处具细密且规则排列的同心刻纹及放射刻纹，两者相交形成密集的小网格，壳表还具间隔宽窄不一的生长环带；前后方具耳，且均有明显的生长刻纹及放射刻纹，两者相交形成网格。右壳壳表具细密生长刻纹，壳中部无放射刻纹，仅在靠近前后缘处有微弱放射刻纹。前后耳大小不等，前耳具生长刻纹，但无放射刻纹，后耳具密集的生长刻纹及微弱的放射刻纹。壳内与壳表颜色相同，珍珠光泽；由壳顶直至靠近壳缘处，具 12 条白色的细长内肋。绞合部细窄，内韧带棕黄色，位于三角韧带槽中。闭壳肌略呈卵圆形，闭壳肌痕及外套痕不明显。

地理分布 仅发现于麦哲伦海山链 Kocebu 海山。

生态习性 栖息于水深 1316 m 的硬底或砂质深海。

讨论 本种呈半透明或乳白色，而属内其他种贝壳通常呈黄色或橙色，或在壳表有黄色斑点。此外，本种与属内其他种的主要区别为：左壳表有规则且精细的网状雕刻，壳高远大于壳长，内肋较多（12 条肋）。

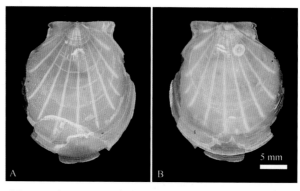

图 4-20 拟日月贝属未定种 *Propeamussium* sp. 外部形态

A. 左壳；B. 右壳

小拟日月贝属 *Parvamussium* Sacco, 1897

鉴别特征　大多数种较小，两壳不等，近圆形，壳扁平，没有侧孔。大多数物种的左壳具放射肋或同心刻纹，右壳具同心刻纹。耳廓不等。丝足孔发育良好；无栉齿。内肋在个体发育后期开始，不从壳顶开始，延伸到靠近边缘的区域。两壳闭合时，两侧有开孔。

（21）小拟日月贝属未定种 *Parvamussium* sp.（图 4-21）

形态特征　贝壳小型，壳呈椭圆形且较扁平；壳质轻薄且易碎，呈半透明状。两壳近等，前后不等，前端圆，后端较尖；壳顶尖细，微凸出于背缘，且位于背缘靠近前端位置，背缘略呈直线形，具细小锯齿。壳面无光泽，石灰质白色。左壳壳表具细密生长刻纹，微弱的放射刻纹；右壳壳表由壳顶至腹缘处具细密且规则排列的同心刻纹，无放射刻纹。前后耳大小不等，前耳大于后耳，前后耳均具生长刻纹。壳内光滑，具珍珠光泽，颜色与壳表近同，自壳中直至靠近壳缘处具 10 条白色的较粗的内肋。铰合部细窄，内韧带三角形，棕黄色，位于韧带槽中。闭壳肌略呈卵圆形，且闭壳肌痕及外套痕不明显。

地理分布　仅发现于卡罗琳洋脊海山。

生态习性　栖息于水深 832 m 的硬底或砂质深海。

讨论　与大多数小拟日月贝具有强烈的放射肋及雕刻不同，本未定种只有较强的同心肋，并且其他雕刻非常微弱。*Parvamussium pacificum* Kamenev, 2017 在壳形上与本未定种相似，但不同之处在于其左壳具发育良好的放射肋和片状的同心刻纹，内肋 13～14 条，多于本未定种的 10 条（Kamenev, 2018）。*Parvamussium multiliratum* Dijkstra, 1995 也与本未定种相似，但其壳长大于壳高，而本未定种壳长与壳高近相等，并且其内肋数也较本未定种更多。

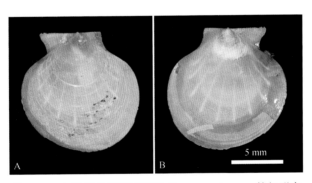

图 4-21　小拟日月贝属未定种 *Parvamussium* sp. 外部形态
A. 左壳；B. 右壳

头足纲 Cephalopoda Cuvier, 1795

头足纲身体两侧对称。主要分为三部分：胴体部、头部和腕部。头部发达，两侧有一对眼，周围特化为腕，口位于中央。胴体部外套膜包裹内脏结构，外套膜开口用于吸入水和空气，漏斗结构用于排出。除鹦鹉螺具有外壳外，纲内其他种为内壳，或贝壳退化、缺失。神经系统较为集中，脑神经节、足神经节和脏侧神经节合成发达的脑，外围有软骨包围。心脏发达。雌雄异体。

头足纲包含 2 个亚纲：鹦鹉螺亚纲 Nautiloidea 和鞘亚纲 Coleoidea。前者仅有鹦鹉螺目 Nautilida，后者包括幽灵蛸目 Vampyromorpha、八腕目 Octopoda、乌贼目 Sepioidea、开眼鱿目 Oegopsida、闭眼鱿目 Myopsida 和旋壳乌贼目 Spirulida。头足纲现有 7 目 47 科 139 属约 800 种（Lu and Chung, 2017）。

八腕目 Octopoda Leach, 1818

鉴别特征 身体柔软无骨骼，或退化为骨针结构，两侧对称。头与外套膜在颈部愈合，腕 8 只。腕吸盘柄为宽的肌肉柱，无角质环。

八腕目有 300 余种（Sauer et al.，2019），包括无须亚目 Incirrata 和有须亚目 Cirrata，约 15 科 58 属。

有须亚目 Cirrata Grimpe, 1916

鉴别特征 身体通常为胶质状。胴体两端有鳍，有软骨支撑。外套膜开口小。腕吸盘 1 排，吸盘间有腕须，2 排。腕间膜发达，雄性无茎化腕，有的种类具有性别二态性。齿舌退化或完全消失。内壳呈"U"形、"V"形或马鞍形。

有须亚目现有 5 科 11 属约 50 种。

烟灰蛸科 Opisthoteuthidae Verrill, 1896

鉴别特征 身体相对扁平，呈胶质状。鳍小或中等大小。眼位于胴体两侧。吸盘单排，短须两排，延伸至腕尖端。个别属成熟雄性中存在扩大吸盘。内壳呈"U"形、"V"形。无明显扩大的侧翼。无次级腕间膜。

烟灰蛸科现有 3 属约 20 种。

烟灰蛸属 *Grimpoteuthis* Robson, 1932

鉴别特征 身体钟形，呈胶质状。初级腕间膜厚，无次级腕间膜。鳍位于侧面，中等或较大。眼位于胴体两侧。鳃半橘状。视叶球形，视神经以单一纤维束的形式穿过身体。壳呈"U"形。齿舌齿形相同，或缺失。后唾液腺小，或缺失。消化腺完整。部分物种吸盘为性别二态性，具有单一的扩大吸盘。

烟灰蛸属现有 17 种，均为深海种，主要分布于北大西洋、北太平洋和南太平洋，分别为：*G. umbellata* (Fischer, 1884)（北大西洋，水深 2235 m）、*G. wuelkeri* (Grimpe, 1920)（东北大西洋，水深 1550 ~ 2056 m）、*G. abyssicola* O'Shea, 1999（塔斯曼海，水深 3154 ~ 3180 m）、*G. bathynectes* Voss & Pearcy, 1990（东北太平洋，水深 2816 ~ 3932 m）、*G. boylei* Collins, 2003（东北大西洋，水深 4190 ~ 4848 m）、*G. challengeri* Collins, 2003（东北大西洋，水深 4800 ~ 4850 m）、*G. discoveryi* Collins, 2003（东北大西洋，水深 2600 ~ 4870 m）、*G. hippocrepium* (Hoyle, 1904)（哥伦比亚海域，水深 3332 m）、*G. innominata* (O'Shea, 1999)（新西兰附近海域，水深 1705 ~ 2002 m）、*G. meangensis* (Hoyle, 1885)（菲律宾群岛和苏门答腊海域，水深 280 ~ 1050 m）、*G. megaptera* (Verrill, 1885)（西北大西洋，水深 4592 m）、*G. pacifica* (Hoyle, 1885)（巴布亚新几内亚海域，水深 4463 m）、*G. plena* (Verrill, 1885)（西北大西洋，水深 1963 m）、*G. tuftsi* Voss & Pearcy, 1990（东北太平洋，水深 3585 ~ 3900 m）、*Grimpoteuthis imperator* Ziegler & Sagorny, 2021（北太平洋，水深 3913 ~ 4417 m）、*Grimpoteuthis greeni* Verhoeff & O'Shea, 2022（澳大利亚大澳大利亚湾，水深 480 ~ 1993 m）和 *Grimpoteuthis angularis* Verhoeff & O'Shea, 2022（新西兰附近海域，水深 628 m）。

（22）烟灰蛸属未定种 *Grimpoteuthis* sp.（图 4-22）

形态特征　身体钟形，体表光滑，呈胶质状。胴体约占体长的 1/3，头部略宽于胴体部。眼较大。鳍较大，分列于胴体部两侧中央，鳍基部胶质少于端部，中间略宽，端部钝圆。腕间膜开口极小，漏斗几乎完全暴露于腕间膜外。腕呈半胶质状，长度近乎相等，第一对腕略长。腕吸盘单排，很小，无扩大吸盘。吸盘开口光滑，无齿形结构，吸盘间生有腕须，较短，双排。初级腕间膜厚，无次级腕间膜。壳呈"U"形。

地理分布　卡罗琳洋脊海山。

生态习性　栖息于水深 1240 m 的深海。靠两鳍扇动进行游泳，犹如小飞象扇动耳朵在水中摇曳，因其外貌酷似迪士尼动画片中的小飞象（Dumbo），被称为"深海小飞象"或"小飞象章鱼"（Dumbo Octopus）。

讨论　根据壳的形状、鳍的位置、腕长度、腕间膜形式等特征，本未定种很容易划归到烟灰蛸属 *Grimpoteuthis*。在同属的 17 个已知种中，大多数分布于太平洋。本未定种内壳鞍部表面轻微凹陷、侧翼部平行，这使其有别于 *G. imperator*、*G. abyssicola*、*G. abyssicola*、*G. innominate*、*G. bathynectes*、*G. hippocrepium*、*G. meangensis* 和 *G. angularis*；每个鳃具有 4 个鳃瓣，这有别于 *G. greeni* 和 *G. tuftsi*；此外，该未定种相较于 *G. pacifica* 的吸盘数量更多、须更短。

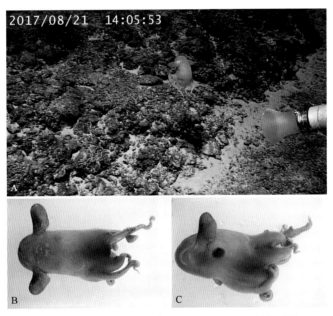

图 4-22　烟灰蛸属未定种 *Grimpoteuthis* sp. 外部形态
A. 原位活体；B，C. 采集后的标本

主要参考文献

徐凤山, 张素萍. 2008. 中国海产双壳类图志. 北京: 科学出版社.

Aktipis SW, Giribet G, Lindberg DR, et al. 2008. Gastropoda: An overview and analysis // Ponder WF, Lindberg DR. Phylogeny and Evolution of the Mollusca. California: University of California Press: 201-238.

Bieler R, Mikkelsen PM, Collins TM, et al. 2014. Investigating the Bivalve Tree of Life: An exemplar-based approach combining molecular and novel morphological characters. Invertebrate Systematics, 28(1): 32-115.

Bouchet P, Rocroi JP, Hausdorf B, et al. 2017. Revised classification, nomenclator and typification of gastropod and monoplacophoran families. Malacologia, 61: 1-526.

Bouchet P, Rocroi JP. 2005. Classification and nomenclator of gastropod families. Malacologia, 47: 1-397.

Huber M. 2010. Compendium of Bivalves. Hackenheim: ConchBooks: 106-237.

Kamenev GM. 2018. Four new species of the family Propeamussiidae (Mollusca: Bivalvia) from the abyssal zone of the northwestern Pacific, with notes on *Catillopecten squamiformis* (Bernard, 1978). Marine Biodiversity, 48: 647-676.

Kano Y. 2008. Vetigastropod phylogeny and a new concept of Seguenzioidea: Independent evolution of copulatory organs in the deep-sea habitats. Zoologica Scripta, 37: 1-21.

Lu CC, Chung WS. 2017. Guide to the cephalopods of Taiwan. Taiwan: Taiwan Museum of Natural Science: 28.

Ponder WF, Lindberg DR, Ponder JM. 2021. Biology and Evolution of the Mollusca, Volume 2. New York: CRC Press: 1-892.

Sauer W, Gleadall IG, Downey-Breedt N, et al. 2019. World Octopus Fisheries. Reviews in Fisheries Science and Aquaculture: 1-151.

Strong EE. 2003. Refining molluscan characters: Morphology, character coding and a phylogeny of the Caenogastropoda. Zoological Journal of the Linnean Society, 137(4): 447-554.

Willan RC, Coleman N. 1984. Nudibranchs of Australasia. Sydney: Australasian Marine Photographic Index: 1-56.

Zhang SP, Zhang SQ, Wei P. 2016. *Bayerotrochus delicatus*, a new species of pleurotomariid from Yap Seamount, near Palau, Western Pacific (Gastropoda: Pleurotomariidae). Zootaxa, 4161(2): 252-260.

Zhang SQ, Fraussen K, Zhang SP. 2022. Two new species of the genus *Amiantofusus* (Gastropoda: Fasciolariidae) from seamounts in the tropical western Pacific, with remarks on the taxonomy of *A. candoris* and *A. sebalis*. Frontiers in Marine Science, 9: 1009707.

Zhang SQ, Zhang JL, Zhang SP. 2020. Integrative taxonomy reveals new taxa of Trochidae (Gastropoda: Vetigastropoda) from seamounts in the tropical western Pacific. Deep Sea Research Part I: Oceanographic Research Papers, 159: 103234.

Zhang SQ, Zhang SP. 2018. Two deep-sea *Calliotropis* species (Gastropoda: Calliotropidae) from the western Pacific, with the description of a new species. The Nautilus, 132(1): 13-18.

Zhang SQ, Zhang SP. 2021. *Tritonia iocasica* sp. nov., a new tritoniid species from a seamount in the tropical western Pacific (Heterobranchia: Nudibranchia). Journal of Oceanology and Limnology, 39(5): 1817-1829.

腹足纲　撰稿人：张树乾
双壳纲　撰稿人：张均龙
头足纲　撰稿人：唐　艳

第五部分　节肢动物门 Arthropoda Gravenhorst, 1843

　　节肢动物门是动物界最大的门之一。节肢动物身体两侧对称，异律分节，身体及足分节；可分为头、胸、腹三部分，或头部与胸部愈合为头胸部，或胸部与腹部愈合为躯干部，每一体节上有一对附肢；体外覆盖几丁质外骨骼，又称表皮或角质层；附肢的关节可活动；生长过程中要定期蜕皮；循环系统为开管式；水生种类的呼吸器官为鳃或书鳃，陆生种类为气管或书肺或兼有；神经系统为链状神经系统，有各种感觉器官。多雌雄异体，生殖方式多样，一般卵生。

　　生境多样。世界已知有 120 万余种。

甲壳动物亚门 Crustacea Brünnich, 1772

　　身体常具由几丁质及钙质所形成的坚硬外骨骼，外骨骼由两部分构成：背面一片为背甲，腹面一片为腹甲，背甲两侧常向外（下）延伸，为侧甲或侧壁。身体分节，分为头部、胸部和腹部；大多数类群头部与胸部愈合成为头胸部。头胸部通常有 13 对附肢，腹部常分为 6 节及一个尾节。腹部附肢有或无。附肢形态变化很大，由于所在的体节不同，其构造、功能、节数亦不同。附肢具有感觉、咀嚼、捕食、游泳、步行、呼吸、交配、育幼等各种功能。大多数甲壳动物水栖，用鳃呼吸。体型差异大，最小的体长不足 1 mm，如桡足类和枝角类；最大的是巨螯蟹，两螯伸展时宽度可达 4 m。

　　甲壳动物现有 3 万余种，是目前已知海洋中生物多样性最高的动物类群之一，广泛分布于海洋、湖泊、江河和池沼，在海山等海洋底栖生态系统中占有重要地位。

鞘甲纲 Thecostraca Gruvel, 1905

　　鞘甲纲包括带甲亚纲 Facetotecta、囊胸亚纲 Ascothoracida 和蔓足亚纲 Cirripedia 的茗荷和藤壶。其中，许多物种的幼体为浮游生活，但成体通常固着生活或寄生生活。

铠茗荷目 Scalpellomorpha Buckeridge & Newman, 2006

　　鉴别特征　头部由 5 片以上钙化或部分钙化的壳板覆盖，躯体处于头部内。柄部有成排的钙或角质鳞。蔓足和口器发育很好。有或缺乏尾附肢，无鞭状突，矮雄较退化，多处于板内面。

　　广泛分布于世界各大洋，栖息于潮间带到深海。

铠茗荷科 Scalpellidae Pilsbry, 1907

　　鉴别特征　头部有 5 片以上钙化或不完全钙化的壳板。柄部有成排的钙质或角质鳞。

友铠茗荷属 *Amigdoscalpellum* Zevina, 1978

鉴别特征 下中侧板三角形或棍棒形，小，壳顶在顶端，不延伸到上侧板。峰侧板壳顶位于峰缘中央或亚中央，不突出于峰板背缘外。尾附肢通常 1 节，极少数标本尾附肢无或最多可具 7 节。

友铠茗荷属共 18 种，海山调查发现 1 种。除北极海域外为广泛分布，水深为 15 ～ 6096 m。

（1）玻璃友铠茗荷 *Amigdoscalpelum vitreum* (Hoek, 1883)（图 5-1）

形态特征 头部被 14 片壳板完全覆盖，板上有自壳顶放射的纵肋。楯板四边形，长为宽的 2 倍；背板三角形，壳顶在顶端；峰板背脊有中央沟或不明显，上侧板梯形，峰侧板侧面五边形，壳顶在峰缘亚中间，下中侧板三角形，高大于宽，顶端不达上侧板，吻侧板方形；吻板小，窄而长，壳顶在顶端。上唇脊缘有齿，大颚 3 大齿，小颚切缘直，有缺刻，3 ～ 6 对蔓足中部节前缘有 3 ～ 5 对刚毛；尾附肢小。矮雄囊状卵圆，上极端具圆形板。

地理分布 世界广布，从 51°N ～ 64°S 的海洋中都有分布，广泛分布于新西兰、马来群岛、西北太平洋、印度洋、大西洋。

生态习性 主要栖息于热带和温带海域水深 366 ～ 4531 m，本研究标本采自水深 813 ～ 1130 m，附着于泥块上。

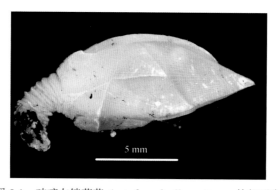

图 5-1 玻璃友铠茗荷 *Amigdoscalpellum vitreum* 外部形态

软甲纲 Malacostraca Latreille, 1802

软甲纲是甲壳动物亚门中物种最多、结构最复杂的类群之一。其多样性体现在多个方面，如头胸部体节愈合程度、头胸甲有无、眼柄存在与否以及胸肢分化情况等。各类群共同特征为：身体由 20 ～ 21 个体节构成，头部 5 节、胸部 8 节、腹部 7 节（叶虾目 7 节及 1 尾节），且除叶虾目外均无尾叉。雌性生殖孔恒在第 6 胸节，雄性生殖孔恒在第 8 胸节。幼体发育多经变态。

端足目 Amphipoda Latreille, 1816

鉴别特征 体多侧扁，体长 2 ～ 340 mm。头部与第 1 胸节愈合，无头胸甲。复眼无柄，部分种类，如双眼钩虾科 Ampeliscidae，角膜简单为小透镜状，2 对。胸部 6 节或 7 节。腹部通常 6 节（第 5 和

6 腹节或第 4～第 6 腹节有时愈合）。尾节完整，有时具缺刻或深裂。第 1 触角单肢或双肢，有或无副鞭，主鞭长；第 2 触角单肢，柄常具 5 节。大颚切齿和臼齿多变，甚至退化；下唇瓣状突起；小颚常有 2 板，外板具触须。胸肢 8 对，为单枝型，第 1 对特化为颚足。

端足目现有约 223 科 1600 属 10 000 余种（Lowry and Myers，2017）。

矛钩虾亚目 Amphilochidea Boeck, 1871

鉴别特征　体躯侧扁或背部扁平。大颚切齿锯齿状（Sicafodiidae 科除外）。第 1～第 4 底节板依次覆盖（Miramarassidae 科除外）。第 4 步足与第 3 步足等大，或长于后者；第 6 步足与第 7 步足等长，或短于后者，或极长（Dikwidae 科除外）。第 4～第 6 腹节不愈合（Paracalliopiidae 科和 Sebidae 科除外）。第 3 尾肢外肢 1 节。

突钩虾科 Epimeriidae Boeck, 1871

鉴别特征　体躯侧扁，具背突起。额角发达。第 1 触角具或不具副鞭。上唇完整，或具缺刻。大颚臼齿研磨型，切齿具齿，触须 3 节；下唇不具内叶；小颚触须 2 节。第 1～第 4 底节板尖；第 4 底节板具大后叶；第 5 底节板短于第 4 底节板。腮足弱，腕节与掌节长；第 2 腮足稍长于第 1 腮足。第 5～第 7 步足基节具后缘齿。第 1～第 3 尾肢双枝型；第 3 尾肢双肢长于柄。尾节完整或具小缺刻。

突钩虾科现有 2 属 100 多种。

突钩虾属 *Epimeria* Costa in Hope, 1851

鉴别特征　体躯强壮，具强背突起。具额角，侧叶弱。眼常大而突出。第 1 和第 2 触角几乎等长，副鞭小或无副鞭。大颚臼齿发达，成脊；下唇无内叶。颚足内外板发达；触须 4 节。第 1～第 3 底节板窄而尖；第 4 和 5 底节板大而强壮，后叶常呈角状尖突；第 6 和第 7 底节板较小。腮足较弱，亚螯型。步足常较弱。尾节后缘凹陷或缺刻。

突钩虾属现有近 100 种，多为深海种，全球广布。

（2）刘氏突钩虾 *Epimeria liui* Wang, Zhu, Sha & Ren, 2020（图 5-2）

形态特征　体躯钙化。第 1～第 7 胸节不具侧突；第 1～第 5 胸节不具背中齿；第 6 胸节背中后突出钝；第 7 胸节具尖三角状背中后齿；第 3 胸节背中脊蜿蜒。第 1 和第 2 腹节三角状背中后齿依次增大；第 1～第 3 腹侧板后腹角尖齿状；第 4 腹节背中后三角状齿钝；第 5 腹节最短；第 6 腹节背部稍蜿蜒。额角约与头等长，未伸至第 1 触角柄第 1 节末端；眼鼓起，着色，梨形。第 1 触角柄第 1 节与第 2 节等长，第 3 节短，鞭 26 节，副鞭鳞片状，未伸至鞭第 1 节中部；第 2 触角与第 1 触角等长，柄第 4 节稍长于第 5 节，鞭 29 节。

大颚切齿与动颚片具强齿；臼齿研磨型；触须第 3 节边缘具浓厚刚毛，顶端具 2 根长刚毛。小颚内板近三角形，内缘具 10 根长羽状刚毛；外板顶部具 11 个刺；触须超过外板，第 2 节顶端具 3 个刺和 5 根长刚毛，内缘具 1 排浓厚刚毛。颚足外板末端宽圆，具小刚毛；指节腹缘锯齿状。

第 1 腮足底节板细长，后缘具 1 排小刺；基节线形，两缘具长刚毛；长节与座节等长，前缘短，末缘倾斜，后末角尖具长刚毛；腕节线形，长于掌节，后缘具浓厚刚毛，前缘末端具刚毛簇；掌节末端稍膨大，后缘与掌具小刺；指节稍弯曲，背缘具小齿。第 2 腮足与第 1 腮足相似，底节板宽于第 1

底节板，后缘具小刺。第3底节板宽于第2底节板，后缘具小刺；基节线形，两缘均具浓厚刚毛；长节长于腕节，两缘具短刚毛；腕节短于掌节；掌节后缘具小刺；指节粗壮。第4步足与第3步足相似，底节板长于第3底节板，前缘近直线形，腹齿稍卷曲，顶端稍钝，向后弯曲，侧脊不具齿，不突出。第5步足底节板近四边形，后腹角稍突出，背面观近翼状；基节稍膨大，后末角圆；长节与腕节约等长；腕节短于掌节，前缘具小刺；掌节前缘具小刺。第6步足与第5步足近似，底节板具脊，侧齿背面观近翼状。第7步足与第5和6步足近似，底节板近四边形；基节比后两者膨大。第1尾肢柄与肢等长，具小刺；内外肢等长，边缘具小刺。第2尾肢柄与外肢等长，背外缘具小刺；外肢短于内肢，双肢两缘均具小刺。第3尾肢柄短于肢；双肢约等长，两缘具小刺。尾节长约等于宽，后缘中部具缺刻。

地理分布　仅发现于卡罗琳洋脊海山。

生态习性　栖息于水深813～1242 m。

讨论　突钩虾属除本种外，另有8种发现于北太平洋，包括：*E. abyssalis* Shimomura & Tomikawa, 2016、*E. cora* J. L. Barnard, 1971、*E. morronei* Winfield, Ortiz & Hendrickx, 2012、*E. ortizi* Varela & García-Gómez, 2015、*E. pacifica* Gurjanova, 1955、*E. pelagica* Birstein & Vinogradov, 1958、*E. subcarinata* Nagata, 1963 和 *E. yaquinae* McCain, 1971。基于形态特征，本种与以上8种的差异为：额角未伸至第1触角柄第1节末端；具梨形眼；第5底节板突出未伸至第1腹侧板（Wang et al., 2020）。

图 5-2　刘氏突钩虾 *Epimeria liui* 外部形态

疣背糠虾目 Lophogastrida Boas, 1883

鉴别特征　身体虾形，由头胸部、腹部（包括尾节）构成。胸节背面分界都完全清楚。头胸甲覆盖胸部的大部，不与末4节愈合。复眼有柄，有的种类无眼。第1触角双枝；第2触角具发达的鳞片。胸肢第1对发育成粗壮的颚足，外肢发育不完全或缺，内肢很大；第2～第7胸肢具发达的分枝鳃；第8胸肢雏形或缺失。尾肢片状，与尾节形成尾扇。雌性具7对育卵板；腹肢发达，双枝；雄性没有变形刚毛；两性皆具游泳功能。幼体无变态，脱离育卵囊时已具全部附肢，形状与母体相同。

颚糠虾科 Gnathophausiidae Udrescu, 1984

鉴别特征　头胸甲背部正中纵脊锯齿状或光滑，后缘有较深裂缝或无裂，背甲后侧角成棘刺或圆滑。第2触角鳞片倒卵形或披针形，外缘末端光滑或具小齿。

颚糠虾属 *Gnathophausia* Willemoes-Suhm, 1873

鉴别特征　体一般较大而粗壮。头胸甲覆盖躯干的大部。额板细长。第 1 触角柄粗短，内鞭细短，外鞭粗长，呈带状；第 2 触角鳞片变化较大。第 3 ～第 8 胸肢内肢比较纤细，外肢较小。腹肢为双肢，原肢显著粗壮，内肢和外肢皆由许多小节构成。尾节大而长，近基部附近收缩，侧缘具稠密的刺，末端具 2 个粗大的弯刺。尾肢内肢较窄，两缘具毛，末端椭圆形；尾肢外肢宽于内肢，基节外缘光滑，末缘具 1 显著齿突，末节小，周围具毛。雌性具 7 对育卵板，呈叶片形，边缘具稠密的羽状刚毛。

（3）溞状颚糠虾 *Gnathophausia zoea* Willemoes-Suhm, 1875（图 5-3）

形态特征　体较纤细，表面光滑，头胸甲和腹部无明显的龙骨和雕刻，仅在头胸甲背面中央具 1 条明显的纵脊。额角呈三棱形，上缘具齿，而左右两侧缘光滑。头胸甲后缘中央刺与额角相似，不同的是上缘齿突不明显，两侧缘齿却十分显著。背甲后侧角圆形。眼较粗短，角膜略宽于眼柄，呈淡褐色；眼柄的基部窄，向末端趋宽，背面近前缘具 1 圆锥形疣突。

第 1 触角柄显著粗壮，第 1 节基部宽，末端窄，呈倒梯形；第 2 节短于基节；第 3 节明显长于第 1 节或第 2 节。内外两鞭显著不同，内鞭细短，长约与头胸甲略等；外鞭显著长而粗壮，明显大于体长，基部膨胀，上具白色绒毛，内外两鞭间背面具 1 刺突。第 2 触角鳞片基部宽，向末端趋窄，长约为宽的 2.5 倍，外缘末端具 1 粗壮强齿，内缘具毛，鳞片末端圆，第 2 触角柄短而纤细，约与第 1 触角柄第 2 节相齐，第 1 节很短，基部圆；第 2 节稍长于第 1 节；第 3 节显著长，约与 2 个基节之和略等，内缘具 1 列刚毛，约 20 根。原肢的外缘呈叶片形。上唇前缘窄，钝尖，后缘宽圆，略呈梨形。大颚比较发达，触须第 1 节特别短小，第 2、第 3 两节细长，其内缘分别各具一排长短差别较大的长刚毛和短刚毛，末节末端约伸至第 1 触角柄第 2 节的末端。

第 1 胸肢内肢小；第 2 ～第 5 胸肢内肢比较粗壮；第 6 ～第 8 胸肢内肢细长，其内缘具簇状稠密的刚毛。掌节简单不分节。指节较细长，内缘具细刺，末端具细长的刺，呈爪状。外肢原肢呈长方形，外缘末角圆形。鞭部近基部 1/3 显著粗壮，末端 2/3 明显纤细，由许多小节构成。腹部第 1 ～第 5 腹节背甲后缘呈齿形，但由前向后逐渐趋小。第 1 腹节侧甲具 2 齿，第 2 ～第 5 腹节侧甲具 3 齿，前齿较钝，后齿较尖。第 6 腹节侧甲的前、后两齿都较钝，该体节明显比前面腹节纤细，其背面中央具一显著的横沟，前侧缘具一齿，后面具 3 齿，形状和大小各不相同。尾节细长，约为基部宽的 4 倍，侧缘基半 2/5 光滑，末端 3/5 具 8 ～ 9 个大刺，两大刺之间各具 2 ～ 11 个数目和长短不规则的小刺，末端呈鱼尾形，两侧各形成三角形齿，其间具 1 列粗短的小刺。尾肢内肢显著窄，长约与外肢略等；外肢很宽，由基末两节构成，基节较长，外缘光滑，末端具 1 显著的齿，末节短，周围具毛。

地理分布　印度南部，斐济，新西兰，中国东海、南海。

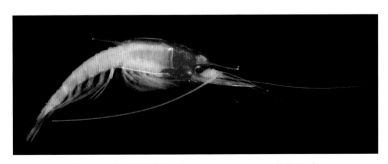

图 5-3　溞状颚糠虾 *Gnathophausia zoea* 外部形态

生态习性 栖息于水深 1950 m 的软底上。

十足目 Decapoda Latreille, 1802

鉴别特征 身体由头胸部与腹部构成，头胸部由头部与所有胸节互相愈合而成，由 13 个体节构成，各节之间分界不明显；外具 1 发达的头胸甲，通常与头胸部完全愈合，并从背部向两侧延伸全胸足基部，包住鳃，形成鳃室。第 2 小颚具发达外肢形成颚舟叶，用以把水抽入和排出室。头胸甲的外部形态变化较大，为重要的分类依据。

头胸部共具 13 对附肢：头部 5 对、胸部 8 对。头部附肢包括第 1 触角、第 2 触角、大颚、第 1 小颚及第 2 小颚。胸部前 3 对附肢形成颚足：第 1、第 2 及第 3 颚足为摄食辅助器官；后 5 对为步足为捕食及爬行之器官。步足通常由 7 节构成，自近体端至远体端分别为：底节、基节、座节、长节、腕节、掌节和指节；外肢自第 2 节长出，但大多数种类外肢已消失。某些步足的末 2 节可相对呈螯状。在足中，掌节分为两部，即掌部和不动指，而指节则成为可动指。

腹部共由 7 节构成，末节称尾节。腹部附肢双枝型，共 6 对。在虾类中，腹部附肢为主要游泳器官，其中，第 1、第 2 对形态有所不同：第 1 对腹肢的外肢，两性均发达，但雌性内肢极小，而雄性内肢变形为交接器；第 2 对腹肢，内外肢均很发达，雄性内肢内侧基部具 1 小附属肢，称作雄性附肢；第 3 至第 5 对腹肢，内外肢均很发达，形状相同；第 6 对尾肢，内外肢均很宽大，与尾节共同构成尾扇，在游泳中用以控制方向及升降。在蟹类中，腹部扁平，肌肉退化卷折在头胸甲腹面，其附肢已不具游泳功能；雄性腹部的附肢只有第 1、第 2 节存在，并变形成雄性交接器，是蟹类分类的重要依据；雌性腹部第 2 ～第 5 节上的腹肢均存在，内外肢均发达，用以携带卵粒。

鳃是十足目的呼吸器官，其结构、数量也是十足目重要的分类性状，按结构可分为 3 种基本类型：枝鳃、丝鳃与叶鳃，按着生部位可分为 4 类：侧鳃、关节鳃、足鳃及肢鳃。侧鳃着生于附肢基部上方身体侧壁上，关节鳃着生于附肢底节与体壁间的关节膜上，足鳃和肢鳃着生于附肢底节外面。

十足目现有 15 000 余种，是甲壳动物门最大的目之一，可分为枝鳃亚目和腹胚亚目，包括虾类、螯虾类、蟹类等大量形态各异的海洋、淡水和半陆生生物类群。

腹胚亚目 Pleocyemata Burkenroad, 1963

鉴别特征 腹胚亚目是十足目的主要类群之一。鳃通常为叶状或丝状，不具次级分枝。卵产出后，附着于雌性腹肢上。第 1 期幼体为溞状幼体。

多螯虾下目 Polychelida Scholtz & Richter, 1995

鉴别特征 较为原始的大型甲壳动物，4 对或者全部 5 对步足末端具有明显的螯，眼高度退化。

多螯虾下目在中生代有最高的多样性，现仅存多螯虾科 1 科，分布于 50°N ～ 55°S，栖息于深海，水深可达 5000 m。

鞘虾总科 Eryonoidea De Haan, 1841

鉴别特征 眼不突出，固定，无色素。所有步足或至少第 1 ～第 4 步足螯状，第 1 步足细长。尾节完全钙化，呈长三角形，末端尖。

鞘虾总科包含4科，仅多螯虾科有现生种，为深海种，其他科均为化石。

多螯虾科 Polychelidae Wood-Mason, 1874

鉴别特征　头胸甲卵圆形或长方形，背腹扁；前侧角突出，刺状；侧缘明显区分，具刺。额角刺1～2个。眼窝不存在或退化；眼柄存在，无角膜。腹部窄或宽，侧扁或背腹扁；腹部第1体节背甲窄，侧甲愈合，缩短，插入头胸甲后侧缘；腹部背甲光滑或具刻纹，具背中脊或双疣突；腹部侧甲向后逐渐缩小，光滑或具刻纹；腹甲具或不具中突。尾节披针形，具2亚中央脊。第1～第4步足有螯；第5步足两性都简单或螯状，或雌性螯状，雄性简单或亚螯状。

多螯虾科现有9属40种。

荷马鞘虾属 *Homeryon* Galil, 2000

鉴别特征　头胸甲近长方形，背腹扁，背近卵圆形；前侧角突出，刺状；侧缘清楚，具刺；颈缺刻和颈后缺刻将其三分。额角刺2。腹部侧扁；腹部第1节背甲窄，侧甲愈合，缩短；腹部第2～第5节背甲具刻纹，中脊，第6节背甲具内侧结节；腹部第2～第5节侧甲圆形，向后逐渐减小，第6节近四方形；腹部腹甲具中央突起。第1触角基节中央边缘具向前伸出，向上弯曲，超第1触角柄，第1触角基节粗短。第3颚足外肢为其座节长度1/2。第5步足雄性亚螯状，雌性螯状。

荷马鞘虾属现有2种，均发现于太平洋。其中，模式种壮甲荷马鞘虾 *Homeryon armarium* Galil, 2000发现于九州-帕劳海脊海山，水深520～700m；*H. asper* (Rathbun, 1906)发现于夏威夷群岛，水深1323～1557m。

（4）壮甲荷马鞘虾 *Homeryon armarium* Galil, 2000（图5-4）

形态特征　头胸甲背面覆盖有刚毛和前倾刺。眼窝内角三角形,密布前倾小刺;眼窝外角边缘梳状。头胸甲前缘至颈沟侧缘具11～14刺，颈沟后侧角具前倾刺，颈间脊具一排刺，末端呈刺状突起，颈沟后缘具小刺；头胸甲后缘光滑。鳃脊蜿蜒，具成团前倾刺；鳃沟后缘具小刺。第1～第5背甲具中脊，第2～第5背甲具侧倾斜横沟，第2～第5背脊前后均具突出，第6背甲中部和侧部具颗粒状突起。第2腹节肾形，中间具短沟。尾节侧缘具尖突出。第1步足长节上缘近末端刺,腕节长为长节3/4倍，上缘具刺，螯上缘和下缘均具刺；第2步足长节下缘具成排刺，上缘近末端具刺。

地理分布　卡罗琳洋脊海山，九州-帕劳海脊海山。

生态习性　栖息于水深520～1223m。

讨论　本种的鉴别特征为：体躯表面颗粒状，第1触角基节粗短，以及第3和第4步足指节弯曲。

图5-4　壮甲荷马鞘虾 *Homeryon armarium* 外部形态

真虾下目 Caridea Dana, 1852

鉴别特征 体左右侧扁。第 1 腹节侧甲被第 2 节侧甲部分覆盖。第 1 和第 2 步足通常具螯,第 3 步足无螯。鳃为叶状。雌性有抱卵习性,即卵产出后黏附在腹肢上,直到孵出溞状幼体。

真虾下目现有 37 科 3400 余种(De Grave and Fransen,2011)。

托虾科 Thoridae Kingsley, 1878

鉴别特征 目前,本科没有明确的形态鉴别特征(De Grave et al.,2014)。

托虾科现有 8 属 195 种。

副莱伯虾属 *Paralebbeus* Bruce & Chace, 1986

鉴别特征 头胸甲光滑。额角刺较少,具眼上刺、触角刺和颊刺。腹部光滑,第 6 腹节不具可动板;尾节具 4 ～ 6 对背刺和 6 对后缘刺。第 1 触角柄刺大,触角柄末端不具可动板。第 1 和第 2 颚足具外肢,第 3 颚足不具外肢。第 1 和第 2 步足螯状;第 1 步足螯较大,对称;第 2 步足螯小,腕节具 7 小节;第 3 ～第 5 步足指节双爪,长节不具刺。

副莱伯虾属已报道 5 种,均为深海种,分布于印度洋 - 西太平洋,包括:*P. zotheculatus* Bruce & Chace, 1986(水深 452 ～ 504 m)、蛟龙副莱伯虾 *P. jiaolongi* Xu, Liu, Ding & Wang, 2016(水深 1600 ～ 1800 m)、*P. mollis* Komai, 2013(水深 952 m)、*P. pegasus* Ahyong, 2019(水深 1040 ～ 1300 m)和 *P. zygius* Chace, 1997(水深 1928 ～ 1980 m)。

(5)蛟龙副莱伯虾 *Paralebbeus jiaolongi* Xu, Liu, Ding & Wang, 2016(图 5-5)

形态特征 额角约为头胸甲长的 1/3,背缘无刺,腹缘具 1 刺。头胸甲眼上刺大,颊刺小,具触角刺和触角侧刺。第 1 触角柄伸到第 2 触角鳞片末端,柄刺未伸到第 1 触角柄末缘;第 2 触角柄腕超过第 1 触角柄末端。大颚触鞭 2 节,具白齿部和门齿部。第 3 颚足长。第 1 步足螯为腕节长的 2.4 倍,可动指顶端两裂,稍短于掌节长的 1/2,不动指末端为角质爪;第 2 步足腕节具 7 小节且第 3 小节最长;第 3 ～第 5 步足逐渐增长,形态相似,第 3 步足指节双爪,腹缘具 3 小刺,掌节腹缘具 18 小刺。尾肢长于尾节。

地理分布 采薇海山、珍贝海山。

图 5-5 蛟龙副莱伯虾 *Paralebbeus jiaolongi* 外部形态

生态习性　栖息于水深 1600～1800 m，与六放海绵共生。

讨论　本种与属内其他种的主要区别为：额角仅具一个腹缘刺，尾节具 3 对背刺。

长臂虾科 Palaemonidae Rafinesque, 1815

鉴别特征　头胸甲无完全的纵缝。尾节后缘具 2 对或 3 对末端刺。第 1 触角 2 鞭完全分开，上鞭具副鞭。大颚常具切齿突。第 1 小颚底节内叶不特别大，基节内叶不退化；第 2 小颚具 0、1 或 2 内小叶。第 1 颚足外肢具鞭条，第 2 颚足末节边缘刚毛不特别粗大或密集，第 3 颚足末第 3 节与其基部一节不相关节或更宽。第 2 步足指节外缘常不明显地呈锯齿状。雄性第 2 腹肢具雄附肢。

长臂虾科现有 150 余属 900 余种。

尾瘦虾属 *Urocaridella* Borradaile, 1915

鉴别特征　额角很长，基部稍隆起，具 2 强齿。头胸甲背缘中部具 1 强齿。鳃甲齿位于头胸甲前缘之后，无肝刺或鳃甲沟。大颚触须有或无。后 3 对步足指节单爪，短于掌节。雄性第 1 腹肢边缘附肢。

尾瘦虾属现有 8 种，除刘氏尾瘦虾外，其余均为浅海种。

（6）刘氏尾瘦虾 *Urocaridella liui* Wang, Chan & Sha, 2015（图 5-6）

形态特征　额角细长，长约为头胸甲的 1.4 倍，向上弯曲，背缘和腹缘分别具 6 和 8 刺。头胸甲鳃甲刺小于触角刺，具颊刺。第 3 腹节后缘中部呈帽状，并盖在第 4 腹节上。尾肢稍短于尾节。尾节细长，后缘中部突出，两侧各具 1 对刺，背部具 2 对背刺。第 1 触角柄基节最长；柄刺短。第 2 触角鳞片宽；柄腕伸直第 1 触角柄基节末缘。大颚不具触须。第 1 步足细长，指节约为掌节长的 2/3，末端具密集刚毛，腕节圆柱状；长节与腕节等长，不具刺。第 2 步足左右对称，螯约为第 1 步足螯长的 2 倍，可动指约为掌节长的 1/3，末端钩状。后 3 对步足相似，指节弯曲，约为掌节长的 1/8；掌节和腕节腹缘均不具刺。长节稍长于掌节。

地理分布　雅浦海山。

生态习性　栖息于水深 255 m。

讨论　本种与属内其他种的主要区别为：体色较淡，额角背刺的排列方式，以及步足腕节与掌节的长度比等（Wang et al.，2015）。

图 5-6　刘氏尾瘦虾 *Urocaridella liui* 外部形态

阿蛄虾下目 Axiidea de Saint Laurent, 1979

鉴别特征 头胸甲呈圆柱形，长大于宽。口上板短，不与触角基部融合。第 8 胸节腹板与前 7 胸节分离。腹部发达，长于头胸部；第 2 腹节侧甲覆盖第 1、第 3 腹节侧甲。第 1 触角各节线性排列，主鞭长，感觉毛均匀分布。第 1、第 2 胸足螯状，第 1 对为大螯；第 5 胸足短于前两对胸足，简单或亚螯状。尾肢双枝型（Poore and Ayong，2023）。

阿蛄虾下目现有 11 科。

阿蛄虾科 Axiidae Huxley, 1879

鉴别特征 额角通常三角形，有或无侧齿；中央脊延伸至胃区上方，具刺或不具刺；头胸甲后缘侧叶覆盖第 1 腹节侧甲。眼柄通常圆柱形，眼角膜近似半球形。第 2 小颚颚舟叶下叶具 1 根或数根长刚毛，延伸至鳃腔。第 3 胸足掌节外侧具末端刺；第 5 胸足简单。雌性第 2 腹肢与后 3 对相似（Poore and Ayong，2023）。

阿蛄虾科现有 54 属约 220 种，约 2/3 的物种分布于深海。

卡罗琳阿蛄虾属 *Carolinaxius* Kou, Poore & Li, 2021

鉴别特征 额角窄长三角形，具侧齿，与侧脊相连。颈沟明显。尾节近长方形，背面具齿，外侧缘具齿，末端具中刺。眼柄末端具齿，角膜具少量色素。雄性第 1 腹肢 2 节，第 2 腹肢具雄性附肢及内附肢。第 3 ～第 5 腹肢具内附肢。尾肢外肢具横缝。

卡罗琳阿蛄虾属现仅有 1 种，分布于西太平洋卡罗琳洋脊海山，可能与六放海绵共生，与同样报道于印度洋海山的山阿蛄虾属 *Montanaxius* Dworschak, 2016 在形态上最为相近，而后者也与六放海绵共生。分子系统学的证据也支持二者之间具有较近的亲缘关系（Kou et al.，2021）。

（7）科学号卡罗琳阿蛄虾 *Carolinaxius kexuae* Kou, Poore & Li, 2021（图 5-7 ～图 5-9）

形态特征 头胸甲光滑。颈沟明显。额角不明显低于头胸甲，约为头胸甲 1/4 长，窄三角形，具数枚侧齿，向后延伸与侧脊相连。侧脊短，具 1 眼上刺；中央脊延伸至颈沟，具 1 齿；近中脊向后方汇聚，具 5 或 6 齿；无颈沟后脊。第 2 ～第 5 腹节光滑，侧甲圆。眼柄延伸至额角的 1/3 处，末端形成 1 尖锐的齿；角膜具少量色素。第 2 触角第 2 节端刺前伸；触角鳞片简单且外侧缘直，与第 4 节近等长。第 2 ～第 4 胸足具侧鳃；第 3 颚足及第 1 ～第 4 胸足具 2 个关节鳃；第 1 ～第 3 颚足，第 1 ～第 4 胸足具上肢；第 3 颚足，第 1 ～第 3 胸足具足鳃。第 2 胸足指节上缘具少数刚毛。第 3、第 4 胸足指节细，末端尖，外侧缘具刺状刚毛。第 5 胸足指节细长。雄性第 1 腹肢第 2 节三角形，末端尖，钩状，近末端具刚毛；内附肢钝，末端具三角形突起，内侧具许多细小钩状结构。雄性第 2 腹肢内肢具内附肢和指状雄性附肢。雄性第 3 ～第 5 腹肢内肢具内附肢。尾肢内肢外侧缘直，具齿，背面具 1 纵列齿，后缘光滑，圆形；外肢卵圆形，具横缝，横缝上有小齿，外侧缘具齿。尾节两侧平行，后缘近似半圆，背面具 2 对齿，外侧缘具齿，后侧角具刺状刚毛。

地理分布 仅发现于卡罗琳洋脊 M8 海山。

生态习性 栖息于 796 ～ 1510 m，可能与六放海绵共生。

图 5-7　科学号卡罗琳阿蛄虾 *Carolinaxius kexuae* 外部形态（引自 Kou et al.，2021）

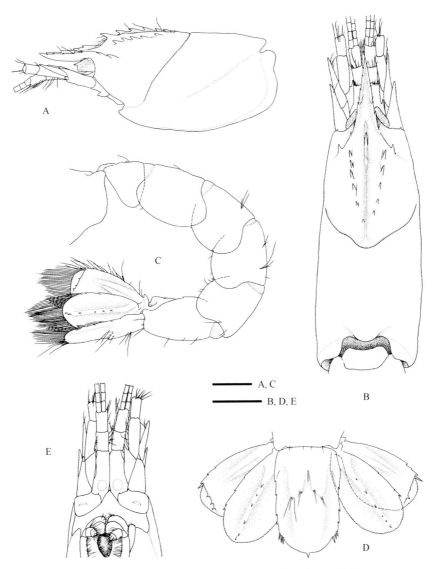

图 5-8　科学号卡罗琳阿蛄虾 *Carolinaxius kexuae* 重要部位形态 1（引自 Kou et al.，2021）
A. 头胸甲、第 1 触角、第 2 触角的侧面观；B. 头胸甲、第 1 触角、第 2 触角的背面观；C. 腹节、尾节及尾扇的侧面观；
D. 尾节及尾扇的背面观；E. 头胸甲前部、第 1 触角、第 2 触角的腹面观；标尺：1 mm

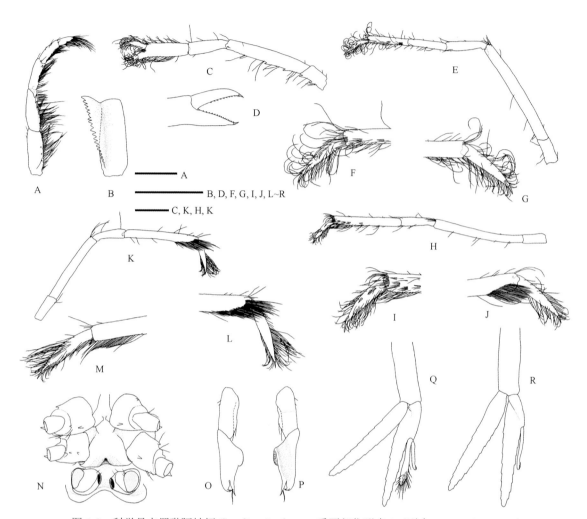

图 5-9　科学号卡罗琳阿蛄虾 *Carolinaxius kexuae* 重要部位形态 2（引自 Kou et al.，2021）

A. 第 3 颚足；B. 第 3 颚足座节；C. 第 2 胸足；D. 第 2 胸足螯；E. 第 3 胸足；F, G. 第 3 胸足指节的外侧观及内侧观；H. 第 4 胸足；I, J. 第 4 胸足指节的外侧观及内侧观；K. 第 5 胸足；L, M. 第 5 胸足指节的外侧观及内侧观；N. 第 6～第 8 胸板；O, P. 雄性第 1 腹肢的外侧观及内侧观；Q. 雄性第 2 腹肢；R. 雄性第 3 腹肢；标尺：1 mm

钝头阿蛄虾属 *Eiconaxius* Bate, 1888

鉴别特征　额角宽三角形，末端钝尖，边缘有或无齿，延伸至胃区。胃区隆起，颈沟不显著。尾节长方形，侧缘多齿，末端具小刺。眼柄较短，角膜无或具少量色素。第 1 步足不对称。雄性第 1 腹肢无，第 2 腹肢具雄性附肢及内附肢。雌性第 1 腹肢单枝型，2 节，第 2～第 5 腹肢具内附肢。尾肢外肢无横缝。

钝头阿蛄虾属现有 37 种，均为深海种，与六放海绵共生，分布于除北冰洋外的各大洋。

（8）锯齿钝头阿蛄虾 *Eiconaxius serratus* Kou, Xu, Poore, Li & Wang, 2020（图 5-10～图 5-12）

形态特征　额角末端尖，长为宽的 1.3 倍。近中脊从中央脊后方分开，呈"U"形。大螯长节下缘具 2 末端齿；掌节远端最宽，上缘具数齿；固定指基部切缘具 1 三角形宽齿和深凹；可动指切缘基部具 1 臼齿和深凹，远侧平直。小螯掌节上缘具数枚齿，可动指与掌节上缘等长或略长，固定齿切缘具齿。

地理分布　麦哲伦海山链 Kocebu 海山，卡罗琳洋脊海山。

生态习性　栖息于水深 1514 ～ 2091 m，与六放海绵共生。

讨论　本种宿主的选择性较为有限，已报道的宿主包括：六放海绵纲 Hexactinellida 松骨海绵目 Lyssacinosida 偕老同穴科 Euplectellidae 的种类（如 *Amphidiscella* sp.），以及节杖海绵目 Sceptrulophora 绢网海绵科 Farreidae 的种类（如 *Farrea* sp.）（Kou et al.，2020）。

图 5-10　锯齿钝头阿蛄虾 *Eiconaxius serratus* 外部形态（引自 Kou et al.，2020）

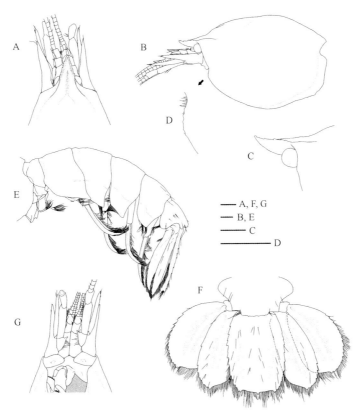

图 5-11　锯齿钝头阿蛄虾 *Eiconaxius serratus* 重要部位形态 1（引自 Kou et al.，2020）
A. 头胸甲前部、第 1 触角、第 2 触角背面观；B. 头胸甲、第 1 触角、第 2 触角侧面观；C. 额角及眼角膜侧面观；D. 头胸甲前侧角；
E. 腹节、腹肢、尾节及尾扇侧面观；F. 尾节及尾扇背面观；G. 头胸甲前部、第 1 触角、第 2 触角腹面观；标尺：1 mm

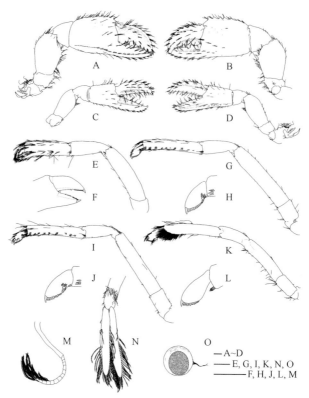

图 5-12 锯齿钝头阿蛄虾 *Eiconaxius serratus* 重要部位形态 2（引自 Kou et al.，2020）

A，B. 第 1 胸足大螯外侧观及内侧观；C，D. 第 1 胸足小螯内侧观及外侧观；E. 第 2 胸足；F. 第 2 胸足螯；G. 第 3 胸足；H. 第 3 胸足指节；I. 第 4 胸足；J. 第 4 胸足指节；K. 第 5 胸足；L. 第 5 胸足指节；M. 雌性第 1 腹肢；N. 雌性第 2 腹肢；O. 卵；标尺：1 mm

猥虾下目 Stenopodidea Spence Bate, 1888

鉴别特征 身体侧扁。腹节第 2 侧甲不覆盖在第一侧甲之上。胸足对称，前 3 对具螯，第 3 对最大。第 1 腹肢单肢型，其余双肢型；所有腹肢无内附肢，无生殖肢。鳃丝状（李新正等，2007；姜启吴，2014）。

猥虾下目现有 3 科：大颚虾科 Macromaxillocarididae Alvarez, Iliffe & Villalobos, 2006、俪虾科 Spongicolidae Schram, 1986 和猥虾科 Stenopodidae Claus, 1872。

俪虾科 Spongicolidae Schram, 1986

鉴别特征 身体腹背纵扁。尾宽矛状或梯形，末缘具 3～5 等大的刺。尾肢外肢背面通常有一道纵脊。第 2 颚足掌节腹缘光滑无刺；第 3 颚足外肢明显，或不发育，或消失，等于或短于第 1 胸足（姜启吴，2014）。

俪虾科现有 7 属，除微肢猥虾属 *Microprosthema* Stimpson, 1860 外，其余属均分布于深海。

拟俪虾属 *Spongicoloides* Hansen, 1908

鉴别特征 额角短，具齿。头胸甲狭长且少刺，颈沟明显；腹节少刺；尾节长方形。眼发达，角膜球状。第 2 触角鳞片发达，外缘具明显的齿列。第 2、第 3 颚足无外肢。前 3 对胸足狭长，具螯；第 3 胸足最大，螯细长，掌节上下缘无脊状齿列；第 4、第 5 胸足细长，指节分二叉，掌节腹缘具可动刺，掌节和腕节不分亚节。腹肢无附肢，除第 1 腹肢，其余双肢型。尾肢外肢外缘具齿列，内肢背缘具一中央脊。

拟俪虾属现有 13 种，均与深海六放海绵共生，分布于太平洋、大西洋和印度洋 60°N～45°S 的海域，水深 640～2380 m（Kou et al.，2018；Schnabel et al.，2021）。

（9）舟体海绵拟俪虾 *Spongicoloides corbitellus* Kou, Gong & Li, 2018（图 5-13～图 5-15）

形态特征　额角水平，不超过第 1 触角柄第 1 节；背缘具 5～7 小齿，腹缘和腹侧脊各具 1 小齿。头胸甲背部水平或略凹；颈沟明显，肝沟和鳃沟浅；胃上区、胃区和前侧区有散布的小刺；眼后区有一列 5～7 小刺；颈沟后侧具 7～10 小刺。第 5 腹节侧甲具 1～3 后腹缘齿；第 6 腹节侧甲背面中线处有 2 或 3 小刺。尾节近似长方形，具 2 道明显的背侧脊，每道脊具 5～10 刺；近体部侧缘具 2 齿；末端具 6～11 刺。第 1 触角柄第 1 节内侧缘具数枚小刺；第 2 触角鳞片侧缘略凹，具 4～6 刺。第 1 胸足掌部和腕节刚毛器稀疏；第 3 胸足固定指腹缘末端无齿，可动指和固定指切缘末端形成一窄的平面，掌部内侧和腹缘散布有小颗粒突起或小齿，座节内缘具数枚小齿（雄性长节和座节内

图 5-13　舟体海绵拟俪虾 *Spongicoloides corbitellus* 外部形态

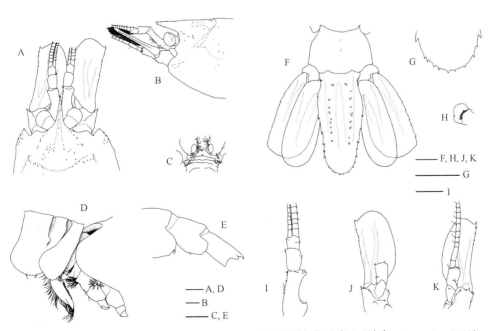

图 5-14　舟体海绵拟俪虾 *Spongicoloides corbitellus* 重要部位形态 1（改自 Kou et al.，2018）

A，B. 头胸甲前部、第 1 触角、第 2 触角背面观及侧面观；C. 第 6、第 7 胸节腹板；D. 头胸甲后部、第 1 和第 2 腹节侧面观；E. 第 4～第 6 腹节侧面观；F. 第 6 腹节、尾节及尾扇背面观；G. 尾节末端背面观；H. 眼柄及眼角膜；I. 第 1 触角背面观；J. 右侧第 2 触角及鳞片腹面观；K. 左侧第 2 触角及鳞片腹面观；标尺：1 mm

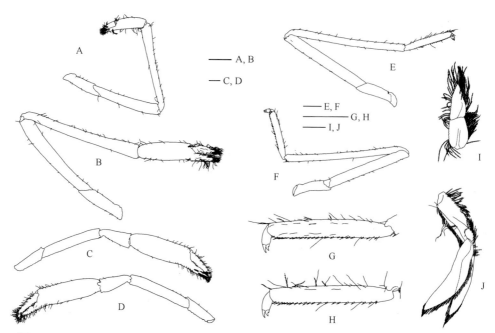

图 5-15　舟体海绵拟俪虾 *Spongicoloides corbitellus* 重要部位形态 2（改自 Kou et al.，2018）
A. 第 1 胸足；B. 第 2 胸足；C，D. 第 3 胸足外侧观及内侧观；E. 第 4 胸足；F. 第 5 胸足；G. 第 4 胸足掌节、指节；
H. 第 5 胸足掌节、指节；I. 雌性第 1 腹肢；J. 雌性第 2 腹肢；标尺：1 mm

外缘都具小齿）；第 4、第 5 胸足指节双爪状，腹侧爪具小的附加齿，底节内侧具钝的末端齿。尾肢外肢宽于内肢，侧缘具 9～12 齿。

地理分布　马里亚纳海山。

生态习性　栖息于水深 808 m，与偕老同穴科的多棘舟体海绵 *Corbitella polyacantha* Kou, Gong & Li, 2018 共生。

讨论　已报道的拟俪虾属物种多与偕老同穴属 *Euplectella* 的物种共生。值得一提的是，这也是拟俪虾属与舟体海绵属 *Corbitella* 物种共生的首次报道。另外，宿主多棘舟体海绵 *Corbitella polyacantha* 也是首次报道的新种（Kou et al.，2018）。

异尾下目 Anomura MacLeay, 1838

鉴别特征　头胸甲通常上下扁平。腹部发生一定的退化，或者扁平折叠在头胸甲下，或者（大部分）呈螺旋形隐藏在螺壳、海绵或其他缝隙中。第 1 胸足（P1）螯状；第 2～第 4 胸足（P2～P4）为步足；第 5 胸足（P5）通常退化，螯状或亚螯状，与其他胸足形态迥异，隐藏在头胸甲侧旁或鳃室中。

异尾下目现有 6 个总科，是海山甲壳类生物中物种多样性最高的目之一。

柱螯虾总科 Chirostyloidea Ortmann, 1892

鉴别特征　身体对称。头胸甲表面有或无横纹。额角形态多样，通常发达。胸板由第 3～第 7 胸板构成；第 8 胸节无胸板。腹节钙化，可依关节自由活动。尾扇相对上一腹节发生折叠；尾节和尾肢薄片状，尾节有前后两部分构成，无节板。第 2 触角柄由 5 节构成；触角鳞片有或无。大颚切缘锯齿状。第 1 胸足螯形。第 3 颚足和各胸足无上肢。鳃为叶鳃（在该总科内，P1 第 1 胸足为螯足，P2～P5 为第 2 至第 5 胸足或第 1 至第 4 步足）。

柱螯虾总科现有 4 科，除了仅在东太平洋和西南印度洋热液及冷泉环境中生活的基瓦虾科以外，其余 3 科在西太平洋海山调查中都有样品采获。

真刺虾科 Eumunididae A. Milne-Edwards & Bouvier, 1900

鉴别特征　头胸甲心形或长卵形，表面具有明显的横纹，颈沟明显，后侧缘不明显凹陷。额角针刺状，两侧具有 1 对或 2 对上眼刺。第 2 腹节前侧缘具有锐刺。第三胸板前缘不规则的横向，不显著向前突出。眼柄正常发育。第 1 触角基节无刺；第 2 触角柄具 5 节，鳞片发达。大颚切缘钙化，具三齿。第 1 颚足具有上肢，外肢末端呈环状；第 3 颚足和第 1～第 4 胸足各具有 2 个关节鳃，第 5 胸足具 1 个关节鳃，第 2～第 4 胸足具有侧鳃。雄性无第 1 腹肢，其第 2 腹肢缺失或退化。

真刺虾科现有 2 属约 35 种，常见于大陆架、大陆坡和海山区域。

真刺铠虾属 *Eumunida* Smith, 1883

鉴别特征　头胸甲表面肝区和胃区交界处有一列斜行的刺，表面具横纹。额角针刺状，两侧具 2 对上眼刺。第 3 胸板前缘有近中央的刺或突起。第 2 腹节前侧缘具有锐刺。第 2 触角柄第 2 到第 5 节具有末端刺，触角鳞片刺状。螯足腕节具 2～3 末端刺，掌节腹面末端常有绒毛状刚毛区块。第 2～第 4 胸足长节和腕节背缘具成列的刺。雄性无第 1 腹肢，第 2 腹肢缺失或退化。

真刺铠虾属已报道 34 种，世界广布，常见于深海大陆坡、海山及大陆架。

（10）特氏真刺铠虾 *Eumunida treguieri* de Saint Laurent & Poupin, 1996（图 5-16）

鉴别特征　头胸甲（除额角）长约等于宽，均匀地突起；表面后部具 4 条不间断的横线，胃区无前胃刺。额角两侧有 2 对上眼刺。肝区和胃区边界有 3 刺。头胸甲前侧缘（后颈沟前）有 3 刺，后侧缘有 4 或 5 刺。第 3 胸板前缘钝三角形，第 4 胸板前缘有 1 对刺。第 2、第 3 和第 4 腹节在第 2 主横纹之后还具有细的横纹。第 1 胸足腕节具有 3 列刺，第 1 胸足掌节腹面具有绒毛状刚毛区块。步足腕节和长节背缘具有成列的刺。

地理分布　新喀里多尼亚，波利尼西亚，马里亚纳海山。

生态习性　栖息于水深 365～710 m，多在海山及陆架、陆坡等底栖环境。

图 5-16　特氏真刺铠虾 *Eumunida treguieri* 外部形态

伪刺铠虾属 *Pseudomunida* Haig, 1979

伪刺铠虾属现仅一种。

（11）脆弱伪刺铠虾 *Pseudomunida fragilis* Haig, 1979（图 5-17）

鉴别特征 头胸甲长稍大于宽，颈沟明显；表面无刺，具有微弱而短小的横纹；侧缘具有 5 刺。额角针刺状，具有 1 对上眼刺。第 3 胸节前缘中部具 1 对短刺或突起。第 2 腹节前侧部具有壮刺。第 1 触角基节无刺；第 2 触角柄具 5 节，触角鳞片刺状，向前延伸超过末节基部。第 1 颚足具有上肢；第 3 颚足长节侧缘具有 1 或 2 小刺。第 1 胸足细长，圆柱状；长节表面具成列的刺；腕节稍短，表面具尖锐的突起，末端具 2 刺；掌节长，内缘具 1～3 小刺。第 2～第 4 胸足的长节和腕节前缘具成列的刺；前节前缘无刺，后缘有成列的可动角质棘；指节末端爪状，后缘具成列的可动棘。

地理分布 新喀里多尼亚，夏威夷群岛中西部，小笠原群岛，卡罗琳洋脊海山。

生态习性 栖息于水深 969～1280 m，与海百合共生，砂质海底。

图 5-17　脆弱伪刺铠虾 *Pseudomunida fragilis* 外部形态

柱螯虾科 Chirostylidae Ortmann, 1892

鉴别特征 头胸甲背腹扁平，额角突出，有时会有眼上刺。胸板有第 3～第 7 节，无第 8 节。腹部扁平，腹节折叠在头胸甲下方；尾扇折叠在腹节中间，分为前后两部分。第 2 触角柄分为 5 节，触角鳞片通常发育良好。眼柄发达，可动。螯足一般较长，第 5 胸足退化。

柱螯虾科现有 6 属约 327 种，是十足目甲壳动物深海最常见的科之一。

似折尾虾属 *Uroptychodes* Baba, 2004

鉴别特征 头胸甲通常较宽，侧缘向后侧方逐渐分离，具有成列的壮刺并有纤细的刚毛；表面光滑或有小刺。额角基部宽，通常长于剩余的头胸甲长度；侧缘常具小刺；腹面中线具隆脊。第 2 触角鞭短小，不超过额角末端。第 1 胸足细长，表面有小刺或尖锐的突起。第 2 胸足与第 3～第 4 胸足相比非常细，腕节相对较长，指节后缘无明显的刺；第 3～第 4 胸足腕节短，约为前节的一半，指节后缘具有成列的角质棘，倒数第二棘最粗壮。

（12）缘棘似折尾虾 *Uroptychodes spinimarginatus* (Henderson, 1885)（图 5-18）

鉴别特征　头胸甲表面无刺；鳃侧缘具有 6 刺，肝区侧缘有 1 ～ 2 小刺。额角侧缘末端具有数量不等的小刺。第 3 胸板前缘中央具有宽的"V"形缺刻，缺刻两侧无明显的刺。第 2 触角柄第 4 节腹面具有末端刺，第 5 节无刺，触角鳞片略超过第 5 节的中部。第 1 胸足长节和腕节末端无刺，或长节末端有不明显的刺突。第 2 ～ 第 4 胸足长节和腕节前缘具有列刺或仅长节近端有刺，前节后缘具 1 对末端可动棘。

地理分布　新西兰克马德克群岛，印度尼西亚，菲律宾，新喀里多尼亚，马里亚纳海山。

生态习性　栖息于水深 458 ～ 1034 m，或与柳珊瑚和海绵共生。

图 5-18　缘棘似折尾虾 *Uroptychodes spinimarginatus* 外部形态

（13）雅浦似折尾虾 *Uroptychodes yapensis* Dong, Gan & Li, 2021（图 5-19）

鉴别特征（Dong et al., 2021）：头胸甲宽大于长，表面光滑；鳃侧缘具有 6 壮刺及数枚小刺。额角侧缘末端具有小刺。第 3 胸板前缘凹，中部具有明显的"V"形缺刻，缺刻两侧具一对小刺。第 2 触角第 2 节外末端具有小刺，第 4 节内腹缘具有末端刺，第 5 节无刺，触角鳞片前伸达第 5 节中部。第 1 胸足长节具有 4 末端刺，腕节末端具有 5 刺。步足长节和腕节前缘具有成列的刺；前节后缘有 3 可动棘，包括末端 1 对棘。

地理分布　雅浦海山。

生态习性　栖息于水深 870 ～ 1129 m。

图 5-19　雅浦似折尾虾 *Uroptychodes yapensis* 外部形态

折尾虾属 *Uroptychus* Henderson, 1888

鉴别特征　头胸甲表面光滑或有小刺。额角扁平，窄细或宽三角形；无上眼刺。第 3 胸板前缘凹，中部无缺刻或有"U"形、"V"形缺刻，缺刻两侧有或无对刺。第 1 触角柄 5 节，触角鳞片发达，触角鞭不超过第 1 胸足。第 1 胸足光滑或有刺突。第 2～第 4 胸足长度和形态结构相似，前节和指节后缘的棘刺排列多样。

（14）双刺折尾虾 *Uroptychus bispinatus* Baba, 1988（图 5-20）

鉴别特征　头胸长宽近等，表面光滑，前胃刺退化或无；鳃侧无刺，前侧刺细小。额角短，三角形，侧缘无刺。第 3 胸板前缘凹成半圆形，中部缺刻不显著且两侧有小刺。眼柄前伸接近或超过额角末端。第 2 触角柄各节无刺，触角鳞片超过第 4 节末端到达第 5 节中部。第 1 胸足长节、腕节和掌节无刺。第 2～第 4 胸足长节和腕节无刺，前节后缘中部加宽，其上有 2～3 可动棘，其他地方无棘刺；指节镰刀状弯曲，末端有 2 角质棘，后缘具有细小的紧贴指节的小棘。

地理分布　中国台湾，印度尼西亚，斐济，麦哲伦海山链 Kocebu 海山。

生态习性　栖息于水深 1173～2013 m 的深海软泥、砂质底，或与柳珊瑚和海绵共生。

图 5-20　双刺折尾虾 *Uroptychus bispinatus* 外部形态

（15）恩里克折尾虾 *Uroptychus enriquei* Baba, 2018（图 5-21）

鉴别特征　头胸甲宽稍大于长，表面无刺，有长羽状刚毛；侧缘无刺，前侧刺细小。额角三角形。第 3 胸板前缘中央具缺刻，缺刻两侧有退化的刺。第 2 触角柄第 4 节腹面具有小的末端刺，第 5 节无刺；触角鳞片向前伸到第 5 节的中部。第 1 胸足长节和腕节无刺。第 2～第 4 胸足长节和腕节前缘无刺；前节后缘具有 1 对末端刺；指节后缘平，具有 6～7 略倾斜的角质棘，末端 2 棘相接，倒数第 2 棘比倒数第 1 棘更粗壮，并且与倒数第 3 棘宽度近等。

图 5-21　恩里克折尾虾 *Uroptychus enriquei* 外部形态

地理分布　菲律宾群岛，所罗门群岛，新喀里多尼亚诺福克海脊，卡罗琳洋脊海山。
生态习性　栖息于水深 398 ～ 950 m，与海百合共生。

（16）发现折尾虾 *Uroptychus faxianae* Dong, Gan & Li, 2021（图 5-22）

鉴别特征　头胸甲长稍大于宽，表面光滑无刺；侧缘无刺，前侧刺粗壮。额角三角形。第 3 胸板前缘中央具小而窄的缺刻，缺刻两侧有明显的刺。第 2 触角第 2 节有小的侧末端刺，第 4 节和第 5 节无刺；触角鳞片向前伸到第 5 节的中部。第 1 胸足长节、腕节和掌节无刺。第 2 ～ 第 4 胸足长节和腕节前缘无刺；前节后缘末半部具有一列角质可动棘，末 2 棘成对；指节镰刀状弯曲，后缘具有 8 角质棘，末 2 棘较长，倒数第 3 棘较短，其余棘小而呈珠状。

地理分布　卡罗琳洋脊海山。
生态习性　栖息于水深 520 ～ 860 m，与金柳珊瑚共生。

图 5-22　发现折尾虾 *Uroptychus faxianae* 外部形态

（17）异刺折尾虾 *Uroptychus inaequalis* Baba, 2018（图 5-23）

鉴别特征　头胸甲宽稍大于长，表面无刺，有细刚毛；鳃缘稍凸，有细小的齿；侧缘前侧角无刺。额角三角形，末端圆钝，侧缘无刺。第 3 胸板前缘中央具有深的"V"形缺刻，缺刻两侧有小刺。第 2 触角第 2 节有强壮的侧末端刺，第 4 节和第 5 节腹面有明显的末端刺；触角鳞片前伸到

图 5-23　异刺折尾虾 *Uroptychus inaequalis* 外部形态

第 5 节的中部。第 1 胸足细长，有较浓密的软毛，长节表面有小刺突；腕节和掌节无刺。第 2 ~ 第 4 胸足有长软毛，长节前缘近半部有小齿；腕节无刺；前节后缘有 1 对末端棘；指节弯曲，有 1 对末端角质棘，倒数第 2 棘显著粗大。

地理分布 澳大利亚新南威尔士，新喀里多尼亚，所罗门群岛，雅浦海山。

生态习性 栖息于水深 728 ~ 1057 m。

（18）刘氏折尾虾 *Uroptychus liui* Dong, Gan & Li, 2021（图 5-24）

鉴别特征 头胸长大于宽，表面无刺，侧缘有较密的软毛；鳃缘凸，有细小的齿，颈沟后有 1 齿较明显；前侧刺粗壮。额角长，呈三角形，侧缘末端具小刺。第 3 胸板前缘中央具有"U"形的深缺刻，缺刻两侧无刺。第 2 触角第 2 节有侧末端小刺，第 4 节和第 5 节腹面有明显的末端刺；触角鳞片前伸接近第 5 节的末端。第 1 胸足有较浓密的软毛，长节末端具 6 大小不等的刺，腹面中线和腹内缘各有 1 列刺；腕节末端有 6 大小不等的刺。第 2 ~ 第 4 胸足长节前缘有成列的小刺或齿；前节后缘末端加宽，其上有 7 ~ 9 角质可动棘，末 2 棘成对；指节末端为角质爪，后缘具 7 均匀排列的角质棘。

地理分布 中国南海北部海山，麦哲伦海山链 Kocebu 海山。

生态习性 栖息于水深 1200 ~ 1790 m，与柳珊瑚共生。

（19）隆格瓦折尾虾 *Uroptychus longvae* Ahyong & Poore, 2004（图 5-25）

鉴别特征 头胸甲宽大于长，表面无刺；侧缘外凸，无刺；前侧刺粗壮，超过外眼窝角；外眼窝角无刺。额角三角形，侧缘无刺。第 3 胸板前缘后凹呈"V"形，无缺刻或缺刻不明显。第 2 触角柄

图 5-24　刘氏折尾虾 *Uroptychus liui* 外部形态

图 5-25　隆格瓦折尾虾 *Uroptychus longvae* 外部形态

各节无刺，触角鳞片前伸接近第 5 节的中部。第 1 胸足细长，各节圆柱形，无刺。第 2 ～第 4 胸足长节和腕节前缘无刺；前节后缘平直，无棘刺；指节长，在近 1/4 处弯曲，后缘覆有浓密的刚毛，有17 ～ 20 紧密排列的角质棘。

地理分布　澳大利亚大澳大利亚湾，新喀里多尼亚，诺福克海岭，麦哲伦海山链 Kocebu 海山。

生态习性　栖息于水深 630 ～ 1305 m，或与柳珊瑚共生。

（20）马里亚纳折尾虾 *Uroptychus marianica* Dong, Gan & Li, 2021（图 5-26）

鉴别特征　头胸甲长宽近等，表面分区明显，无刺，有细小的横纹；侧缘外凸，肝区侧缘有 1 刺或突起，鳃区侧缘有 4 刺；前侧刺粗壮。额角三角形，侧缘末端有小刺。第 3 胸板前缘中部有宽的"V"形缺刻，缺刻两侧有 1 对小刺；第 4 胸板前侧缘有粗壮的刺。第 2 触角柄第 2 节有侧末端刺，第4 节和第 5 节腹面有末端刺；触角鳞片前伸达第 5 节的末端。第 1 胸足细长，各节表面具鳞状褶皱；长节末端具数量不等的刺，内缘和腹面中线具有 3 列刺；腕节末端具 4 刺。第 2 ～第 4 胸足长节和腕节前缘具有成列的刺；前节后缘平直，无棘刺；指节长，在近 1/4 处弯曲，后缘覆有浓密的刚毛，有17 ～ 20 紧密排列的角质棘。

地理分布　马里亚纳海山。

生态习性　栖息于水深 808 m，与柳珊瑚共生。

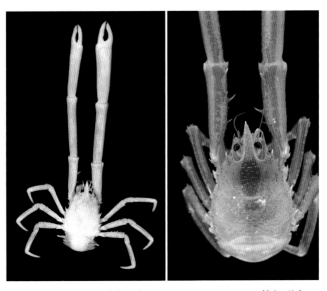

图 5-26　马里亚纳折尾虾 *Uroptychus marianica* 外部形态

（21）毛指折尾虾 *Uroptychus setosidigitalis* Baba, 1977（图 5-27）

鉴别特征　头胸甲宽大于长，表面无刺，密生软刚毛；侧缘外凸，无刺；前侧刺短小，不超过外眼窝角；外眼窝角具小刺。额角三角形，侧缘无刺。第 3 胸板前缘后凹呈"V"形，无缺刻。第 2 触角柄第 4 和第 5 节无刺，第 2 节有小的外末刺；触角鳞片前伸短于第 5 节末端。第 1 胸足覆有软刚毛，各节圆柱形，无刺。第 2 ～第 4 胸足覆有软刚毛，长节和腕节前缘无刺；前节后缘平直，无棘刺；指节长，在近 1/3 处弯曲，后缘覆有浓密的刚毛，约有 20 紧密排列的角质棘。

地理分布　中途岛，马里亚纳海山。

生态习性　栖息于水深 601 ～ 800 m，与海鳃共生。

图 5-27　毛指折尾虾 *Uroptychus setosidigitalis* 外部形态

（22）热液折尾虾 *Uroptychus thermalis* Baba & de Saint Laurent, 1992（图 5-28）

鉴别特征　头胸甲长大于宽，表面光滑无刺，覆有短的隆脊；侧缘无刺，有隆脊；前侧刺细长，超过外眼窝角。额角窄三角形，侧缘无刺。第 3 胸板前缘中央缺刻浅，两侧有 1 对明显的刺。第 2 触角柄第 4 和第 5 节无刺，第 2 节有小的外末刺；触角鳞片前伸超过第 4 节末端。第 1 胸足细长，长节末端有 2 背面刺；腕节末端有 2 刺。第 2 ～第 4 胸足长节和腕节圆柱形，无刺；前节中部加宽，后缘有 5 ～ 6 可动棘，4 ～ 5 棘在中部加宽处，1 棘位于末端，无棘刺；指节弯曲，末端有 2 相互分开的角质棘，后缘相隔较远的中部约有 6 细小的角质棘。

地理分布　澳大利亚昆士兰，新喀里多尼亚，北斐济海盆，麦哲伦海山链 Kocebu 海山。

生态习性　栖息于水深 1497 ～ 2110 m 的热液或海山，与金柳珊瑚共生。

图 5-28　热液折尾虾 *Uroptychus thermalis* 外部形态

（23）透明折尾虾 *Uroptychus transparens* Dong, Gan & Li, 2021（图 5-29）

鉴别特征　头胸甲长显著大于宽，表面光滑，前胃区有 1 对隆脊，其上有小刺，前胃脊前方中央处另有 1 刺；侧缘具有 6 ～ 7 大小不等的刺，后鳃区侧缘的刺最显著；前侧刺粗壮。额角宽三角形，侧缘无刺。第 3 胸板前缘中央无明显缺刻浅，具 1 对粗壮的刺，前侧角另有多枚刺。第 2 触角柄第 4 和第 5 节腹面各具末端刺，第 2 节无刺；触角鳞片前伸超过第 5 节末端。第 1 胸足长节和腕节无刺，表面具突起；掌节较宽，表面两侧具成列的尖锐的突起。第 2 ～第 4 胸足长节和腕节无刺或在第 2 胸足有退化的小刺；前节后缘平直，中末端具有成列的可动棘，包括最末 1 对；指节稍弯曲，末端为尖锐的爪，后缘具紧密排列的至少 10 角质棘。

地理分布　马里亚纳海山。

生态习性　栖息于水深 255 ～ 311m 的海山硬底，或与金柳珊瑚共生。

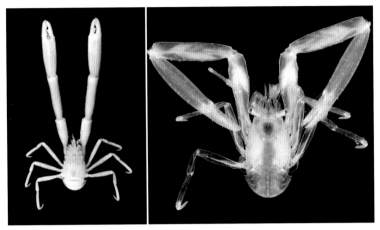

图 5-29　透明折尾虾 *Uroptychus transparens* 外部形态

异胸虾科 Sternostylidae Baba, Ahyong & Schnabel, 2018

异胸虾科仅有异胸虾属 1 属。

异胸虾属 *Sternostylus* Baba, Ahyong & Schnabel, 2018

鉴别特征　头胸甲多呈梨形，表面和侧缘布满长而锐的刺。额角针刺状，无上眼刺。第 3 胸板前缘没有平直而陡的边界，而是向前斜坡状地凹进，其后有 1 对刺；第 4 和第 5 胸板间明显收窄。第 2 腹节前侧角无刺。第 2 触角 5 节，鳞片小或退化不见。第 1 颚足无上肢；第 3 颚足相互靠近。第 1 胸足细长多刺。第 2 ～第 3 胸足细长多刺，指节末端为粗壮的爪，爪与指节其他部分分界不清。雄性具有第 1 和第 2 腹肢。

（24）**海洋所异胸虾** *Sternostylus iocasicus* Dong, Gan & Li, 2021（图 5-30）

鉴别特征　头胸甲长大于宽，表面少刚毛，分区明显，颈沟在中央位置；胃区有 6 刺排成六边形，另有 1 刺在六边形中央；前鳃区各有 2 刺；后鳃区、心区表面有 4 纵列刺，其中夹杂其他小刺；鳃区侧缘排列有多枚刺，前侧刺粗壮。额角针刺状。第 3 胸板前缘后有 1 对刺；第 4 胸板前侧缘有 2 对壮刺；

图 5-30　海洋所异胸虾 *Sternostylus iocasicus* 附着生境及外部形态

胸板腹面有 2 对小刺。腹部各节背面两侧有 1 对隆起；第 2 节背面有横脊，其上附生 4 刺，两侧隆起上有壮刺；第 3 和第 4 腹节背面无刺；第 5 节背面和侧甲上有小刺。第 2 触角鳞片退化。第 1 胸足细长多刺。第 2～第 4 胸足细长多刺，指节后缘具 8～9 角质刺。

地理分布 卡罗琳洋脊海山，麦哲伦海山链 Kocebu 海山。

生态习性 栖息于水深 1246～1366 m，与柳珊瑚共生。

铠甲虾总科 Galatheoidea Samouelle, 1819

鉴别特征 额角发育良好或退化。胸部和腹部左右对称。所有腹节明显，甲壳硬化，可靠关节活动。尾节和尾肢片状，形成尾扇；尾节细分成多个节板。第 8 胸节有发育完好的胸板。第 2 触角柄 4 节，无触角鳞片。大颚切缘完整。第 3 颚足有或无上肢。第 1 胸足螯状。鳃为叶鳃。

铠甲虾总科有 4 科，其中刺铠虾科和拟刺铠虾科是海山中常见的营自由生活的铠甲虾类。铠甲虾总科的物种与柱螯虾总科物种的主要区别为：前者第 2 触角柄节为 4 节（后者 5 节），尾节分为多个节板（后者仅分为前后两部分）。

刺铠虾科 Munididae Ahyong, Baba, Macpherson & Poore, 2010

鉴别特征 额角细长，多呈针刺状；有 1 对上眼刺。头胸甲除去额角长大于宽或长宽相等；表面通常具有横褶线。尾扇发育良好，自身并不折叠；尾节由多个明显或不明显的节板组成。眼角膜显著。第 2 触角柄指向前或前侧方。第 1 颚足外肢有鞭；第 3 颚足具上肢，座节和长节狭长而不加宽。第 1 胸足横截面圆形或卵圆形。

柯铠虾属 *Crosnierita* Macpherson, 1998

鉴别特征 头胸甲表面有明显的横纹，具 1 对前胃刺和 1 对后颈沟刺；眼眶后缘显著向后凹；鳃缘具 4 刺。额角超过 1 对上眼刺。腹节第 2 至第 4 节各具 2 条横隆脊，前脊上有 4～6 刺，第 4 节后脊上另有 1 刺。第 2 触角柄第 1 节内末刺不超过第 2 节末端；第 2 节内末刺超过触角柄末端。第 3 颚足长节显著短于座节。第 1 胸足细长。第 2～第 4 胸足指节有可动棘。雄性无第 1 腹肢。

（25）仁娣柯铠虾 *Crosnierita yante* (Macpherson, 1994)（图 5-31）

鉴别特征 头胸甲心区和中胃区无刺；后缘无刺。胸板上有细褶纹。第 2 触角柄第 3 和第 4 节非常窄，

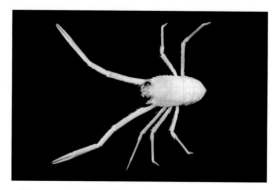

图 5-31 仁娣柯铠虾 *Crosnierita yante* 外部形态

第 3 节宽是第 2 节的 1/2。第 1 胸足细长，长节、腕节和掌节表面具有成列的刺。第 2 ～第 4 胸足指节长是前节长度的 3/2，后缘均匀排列可动角质棘。

地理分布　中国台湾，新喀里多尼亚，汤加，马克萨斯群岛，马里亚纳海山。

生态习性　栖息于水深 95 ～ 487 m 的岩石底质上。

角铠虾属 *Gonionida* Macpherson & Baba *in* Machordom et al., 2022

鉴别特征　头胸甲表面具横纹并有短刚毛，刚毛通常无虹彩色；鳃区侧缘有 5 刺；后缘无刺；前胃区有 1 对前胃刺及附属小刺。口上板的隆脊侧延伸至第 2 触角腺处。第 3 胸板宽是长的 3 ～ 4 倍；第 4 胸板前缘狭窄，仅与第 3 胸板后缘中部的 1/3 接触；后面的胸板无侧方的隆脊。第 2 触角基节不与口前板愈合，具有末端刺，通常前伸到或超过第 2 节末端。第 3 颚足长节内缘具有 1 枚以上的刺。第 1 胸足指节短于掌节。第 2 ～第 4 胸足长节多刺，第 4 胸足长节长约为第 2 胸足长节的 1/2。雄性具有第 1 和第 2 腹肢。

（26）军武角铠虾 *Gonionida militaris* (Henderson, 1885)（图 5-32）

鉴别特征　头胸甲鳃侧缘有 5 刺。额角针刺状，上眼刺通常前伸到眼角膜末端。第 2 腹节有成列的刺。胸板表面光滑；第 4 胸板前部窄于第 3 胸板。眼角膜宽度显著宽于额角和上眼刺间距。第 1 触角基节内末刺短于外末刺。第 2 触角第 1 节内末刺最长到达第 2 节末端；第 2 节内末刺稍超过第 3 节末端。第 3 颚足长节外缘无刺。第 1 胸足不动指通常具有基部刺和近末端刺。第 2 ～第 4 胸足指节长于前节的 1/2，整个后缘都有可动棘。

地理分布　中国台湾，印度尼西亚，澳大利亚昆士兰，新喀里多尼亚，瓦努阿图，斐济，汤加，巴布亚新几内亚，瓦利斯和富图纳群岛，雅浦海山，马里亚纳海山。

生态习性　栖息于水深 190 ～ 1183 m 的沉积质海底或岩石底质上。

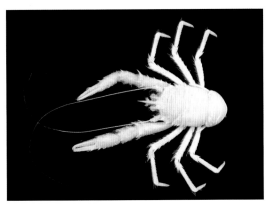

图 5-32　军武角铠虾 *Gonionida militaris* 外部形态

（27）软毛角铠虾 *Gonionida pubescens* (Dong, Gan & Li, 2021)（图 5-33）

鉴别特征　头胸甲表面主横纹间具短小的次级横纹；具肝旁刺、后颈沟刺和前鳃刺各 1 对。前侧刺粗壮，鳃侧缘有 5 刺。第 4 胸板表面和第 6 胸板侧部具有鳞片状短纹。第 2 腹节前横脊上有一列刺。第 1 触角基节内末刺短于外末刺；第 2 触角柄第 1 节内末刺达第 2 节中部，第 2 节内末刺达第 3 节末端。第 3 颚足长节内缘有 3 刺，外缘无刺。第 1 胸足覆有浓密的软毛；掌节背面有成列的刺；不动指外缘具有一列刺，末端有 2 刺。第 2 ～第 4 胸足指节整个后缘具可动棘。

地理分布 雅浦海山。

生态习性 栖息于水深 255 ～ 311 m 的岩石底质上。

图 5-33 软毛角铠虾 *Gonionida pubescens* 外部形态

（28）蔷薇角铠虾 *Gonionida rosea* (Dong, Gan & Li, 2021)（图 5-34）

鉴别特征 头胸甲表面无次级横纹；具肝旁刺、后颈沟刺和前鳃刺各 1 对。前侧刺粗壮，鳃侧缘有 5 刺。第 4 胸板表面具浅的短纹。第 2 腹节前横脊上有一列刺。第 1 触角基节内末刺短于外末刺；第 2 触角柄第 1 节内末刺达第 2 节中部，第 2 节内缘中部有 1 刺，内末刺近达第 4 节末端。第 3 颚足长节内缘有 2 刺，外缘无刺。第 1 胸足不动指外缘基部和末端具刺。第 2 ～第 4 胸足前节前缘具多枚刺，指节整个后缘具有可动棘。

地理分布 马里亚纳海山。

生态习性 栖息于水深 865 m 的岩石底质上。

图 5-34 蔷薇角铠虾 *Gonionida rosea* 外部形态

梯铠虾属 *Trapezionida* Macpherson & Baba *in* Machordom et al., 2022

鉴别特征 头胸甲表面具横纹并有短刚毛，刚毛无虹彩色；鳃区侧缘有 3 ～ 5 刺；后缘无刺；前胃区有 1 对前胃刺，两侧有附属小刺。口上板的隆脊侧向延伸至第 2 触角腺处。第 3 胸板宽是长的 3 ～ 4 倍；第 4 胸板前部约呈梯形，前缘与第 3 胸板后缘平行，或至少与其 3/4 部分接触；后面的胸板有或无侧方的隆脊。第 2 触角基节不与口前板愈合，其末端刺前伸到或超过第 2 节末端。第 3 颚足座节狭长。

第 1 胸足指节短于掌节。第 2 ～第 4 胸足长节多刺，第 4 胸足长节长约为第 2 胸足长节的 2/3。雄性具有第 1 和第 2 腹肢。

（29）勒阿戈瑞梯铠虾相似种 *Trapezionida* cf. *leagora* (Macpherson, 1994)（图 5-35）

鉴别特征　头胸甲表面具主横纹和次横纹；鳃缘有 5 刺。第 4 胸板腹面上有许多细纹。腹部各节无刺；第 3 到第 5 节上各有 3 ～ 5 条横纹。眼角膜宽，约占前额缘的 1/2。第 1 触角基节末端两刺约等长；第 2 触角柄第 1 节内末刺达第 2 节末端，第 2 节内末刺超过第 4 节末端。第 3 颚足长节外缘末端无刺。第 1 胸足不动指侧缘有一列刺；可动指内缘基半部具 3 刺，末端具 1 刺。第 2 ～第 4 胸足指节约为前节的一半。

地理分布　新喀里多尼亚，瓦努阿图，斐济，汤加，Bayonnaise 沙州，雅浦海山，马里亚纳海山。
生态习性　栖息于水深 95 ～ 487 m 的岩石底质上。

图 5-35　勒阿戈瑞梯铠虾相似种 *Trapezionida* cf. *leagora* 外部形态

（30）斑点梯铠虾 *Trapezionida ommata* (Macpherson, 2004)（图 5-36）

鉴别特征　头胸甲表面横纹多不连续，主横纹间具有次级横纹；具肝旁刺、后颈沟刺和前鳃刺各 1 对。前侧刺粗壮，鳃侧缘有 4 刺。第 6 和第 7 胸板侧部有短隆脊。第 2 腹节前横脊上有一列刺。第 1 触角基节内末刺短于外末刺；第 2 触角柄第 1 节内末刺达第 2 节末端，第 2 节内末刺和外末刺达第 4

图 5-36　斑点梯铠虾 *Trapezionida ommata* 外部形态

节末端。第 3 颚足长节内缘有 2 刺，外缘无刺。第 1 胸足不动指基部和末端有刺。第 2 ～第 4 胸足指节整个后缘具有可动棘。

地理分布 新喀里多尼亚，印度尼西亚，斐济，汤加，巴布亚新几内亚，伊豆群岛。

生态习性 栖息于水深 152 ～ 932 m 的岩石底质上。

（31）红须梯铠虾 *Trapezionida rufiantennulata* (Baba, 1969)（图 5-37）

鉴别特征 头胸甲表面有少量次级横纹；具肝旁刺、后颈沟刺和前鳃刺各 1 对。额后缘显著倾斜。鳃侧缘具有 3 ～ 4 刺。第 6 和第 7 胸板侧面具隆脊。第 2 腹节前横脊上有一列刺。第 1 触角基节内末刺显著短于外末刺；第 2 触角柄第 1 节内末刺达第 2 节末端，第 2 节内末刺接近达第 4 节末端。第 3 颚足长节外缘无刺。第 1 胸足不动指外缘具 2 末端刺，可动指具 1 基部刺和 1 末端刺。第 2 ～第 4 胸足指节整个后缘具有可动棘。

地理分布 中国台湾，日本，菲律宾，新喀里多尼亚，瓦努阿图，斐济，汤加，波利尼西亚，巴布亚新几内亚，毛里求斯。

生态习性 栖息于水深 270 ～ 486 m 的沉积底质、粗砂底质、海山岩石上，与柳珊瑚等栖居。

图 5-37 红须梯铠虾 *Trapezionida rufiantennulata* 外部形态

拟刺铠虾科 Munidopsidae Ortmann, 1898

鉴别特征 头胸甲长大于宽。额角发育正常，三角形或针刺状，无上眼刺。尾扇发达，不自身折叠；尾节通常由明显的节板构成。眼角膜正常或退化。第 2 触角柄指向前方或前侧方。第 1 颚足外肢鞭缺失或退化；第 3 颚足具上肢，座节和长节不加宽。第 1 胸足横截面圆柱形或卵圆形。

拟刺铠虾属 *Munidopsis* Whiteaves, 1874

鉴别特征 头胸甲表面光滑或有短纹，中线无纵列的刺。额角发育正常，三角形或针刺状，无上眼刺。尾节通常由明显的节板构成。眼角膜正常或退化。第 1 颚足外肢鞭缺失；第 3 颚足具上肢，座节和长节不加宽。第 1 胸足横截面圆柱形或卵圆形。

（32）欧阳拟刺铠虾 *Munidopsis ahyongi* Dong & Li, 2021（图 5-38）

鉴别特征 头胸甲长大于宽；胃区稍隆起，具一对前胃刺；侧缘具有 2 刺。额角长，呈三叉戟状，中线具有隆脊。腹节无刺。尾节分为 8 个节板。眼柄较长，可动，角膜半圆形，无眼刺。第 1 触角基节末端具有 2 刺。第 2 触角柄第 2 节具有外末刺。第 3 颚足长节外缘末端有小刺，内缘具 2 壮刺。第 1 胸足长节背面和内面具有成列的刺，掌节无刺。第 2～第 4 胸足长节背缘具有成列的刺，指节后缘平，具一列角质棘。

地理分布　卡罗琳洋脊海山。

生态习性　栖息于水深 817～1017 m 的岩石底质或砂质海底上。

图 5-38　欧阳拟刺铠虾 *Munidopsis ahyongi* 外部形态

（33）卡罗琳拟刺铠虾 *Munidopsis carolinensis* Dong & Li, 2021（图 5-39）

鉴别特征　头胸甲长稍大于宽，表面长有细小弯曲的刚毛；胃区稍隆起，无刺；侧缘多隆脊，在前颈沟末端有小齿。额角宽，末端呈三齿状，中线具有隆脊。腹节无刺。尾节分为 8 个节板。眼柄短可动，角膜半圆形且部分被额角覆盖，无眼刺；眼柄侧方有口前刺。第 1 触角基节末端具有 2 刺。第 2 触角柄第 2 节具有外末刺。第 3 颚足长节外缘末端有小刺，内缘锯齿状，具 2 小刺。第 1 胸足各节表面具褶痕和细刚毛，长节末端有 2 刺，腕节和掌节无刺。第 2～第 4 胸足长节背缘和腹缘各具有末端刺，指节后缘稍弯曲，具一列角质棘。

地理分布　卡罗琳洋脊海山。

生态习性　栖息于水深 1022 m 的岩石底质或砂质海底上。

图 5-39　卡罗琳拟刺铠虾 *Munidopsis carolinensis* 外部形态

（34）异形拟刺铠虾 *Munidopsis dispar* Dong, Gan & Li, 2021（图 5-40）

鉴别特征 头胸甲表面和侧缘布满大量的尖锐的齿突，前胃区的突起更加粗壮和尖锐。额角近三角形，中线具有隆脊。第 4 胸板表面具有短褶纹。腹节无刺。尾节分为 7 个或 8 个节板。眼柄不可动，角膜半圆形，无眼刺。第 1 触角基节末端具有 3 刺。第 3 颚足长节外缘末端有小刺，内缘具 4 刺。第 1 胸足表面布满尖锐的齿突，长节背面具有成列的刺。第 2 ～第 4 胸足表面也布满齿突，指节后缘平，具成列的较粗壮的角质棘。

地理分布 马里亚纳海山，卡罗琳洋脊海山。

生态习性 栖息于水深 1246 ～ 1458 m 的岩石底质上，或与柳珊瑚共生。

图 5-40 异形拟刺铠虾 *Munidopsis dispar* 外部形态

（35）郭川拟刺铠虾 *Munidopsis guochuani* Dong, Gan & Li, 2021（图 5-41）

鉴别特征 头胸甲长显著大于宽，表面有很多瘤突，另有 6 对壮刺分布于胃区、心区和肠区；侧缘有 3 ～ 6 刺，后缘具成列的刺。额角窄而扁平，匕首状。第 4 胸板分为前后两部分，前部向前方显著倾斜。腹节无刺。尾节分为 7 个节板。眼柄可动，无眼刺。第 1 触角基节末端具有 2 刺（稀 3 刺）。第 3 颚足长节外缘末端无刺，内缘具 2 刺或齿。第 1 胸足细长，表面布满瘤突；长节表面有 3 列刺，末端有 4 壮刺；腕节末端具 3 壮刺。第 2 ～第 4 胸足表面也布满瘤突；长节前缘无刺；指节后缘稍凹，具成列的较粗壮的角质棘。

图 5-41 郭川拟刺铠虾 *Munidopsis guochuani* 外部形态

地理分布　麦哲伦海山链 Kocebu 海山，卡罗琳洋脊海山。

生态习性　栖息于水深 1332 ～ 1458 m 的岩石底质上，或与水螅共生。

（36）科学拟刺铠虾 *Munidopsis kexueae* Dong, Gan & Li, 2021（图 5-42）

鉴别特征　头胸甲长大于宽，分区明显，表面具有 1 对前胃刺；侧缘有 3 刺。额角短三角形。第 4 胸板前部具斜隆脊。腹节无刺。尾节分为 12 个节板。眼柄不可动，眼柄侧方有口前刺。第 1 触角基节末端具有 2 刺。第 3 颚足长节外缘末端无刺，内缘具 2 刺。第 1 胸足长节表面有 3 列刺，末端有 4 壮刺；腕节表面具 2 列刺。第 2 ～第 4 胸足细长，长节和腕节前缘具成列的刺；指节后缘平，末端 3/4 具成列的较粗壮的角质棘。

地理分布　雅浦海山。

生态习性　栖息于水深 1472 ～ 1757 m 的岩石底质上。

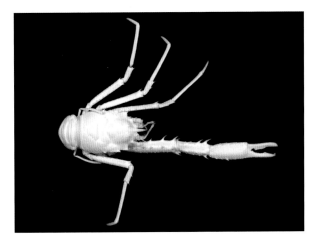

图 5-42　科学拟刺铠虾 *Munidopsis kexueae* 外部形态

拟寄居蟹科 Parapaguridae Smith, 1882

鉴别特征　头胸甲后部膜质或有时钙化，具 11 对 4 列或双列叶鳃，有时最末一对胸节具退化的侧鳃。楯部后部宽圆，背面中部常弱钙化。头胸甲后部膜质或有时钙化。口上刺直或弯曲或无刺。第 1 颚足外肢缺鞭；第 3 颚足座节具嵴齿，无附齿。两螯肢不等，右螯大，常呈盖状。第 2 和第 3 对步足十分细长。腹部背甲完全膜质，除第 1 和第 2 节钙化，有时全部背甲都钙化。尾节有或无侧缺刻。雄性第 1 对和第 2 对腹肢变为生殖肢，偶尔缺第 1 对。雌性具不成对的左侧生殖肢，具成对的第 2 生殖肢，具成对或不成对的 3 ～ 5 腹肢。

合寄居蟹属 Sympagurus Smith, 1883

鉴别特征　鳃 12 对：11 对丝鳃和 1 对位于末对胸节的侧鳃痕迹。楯部长宽约相等或宽稍大于长；背面常具不规则的弱钙化区。角膜微或正常膨胀。第 2 触角柄第 4 节无刺或具小的背末刺。口上刺直或缺。右螯具圆的背内缘和背侧缘，或有时为盖状并具背内缘和背侧缘界限；左螯常钙化良好。步足指节弯曲；第 4 步足掌锉具 1 排或多排角质鳞片或刺。第 2 腹节左侧板腹面具小的近三角形叶。雄性具正常到发育良好的第 1、第 2 对腹肢。

（37）三刺合寄居蟹 *Sympagurus trispinosus* (Balss, 1911)（图 5-43）

形态特征 楯部长宽相等或略宽，背面仅中部钙化弱；额角宽三角形，具短脊。鳃2列或末端4列。眼柄为楯部长度之半或略长，角膜微膨胀；眼鳞末端具双刺或多刺。第1和第2触角柄均超出眼角膜前缘，第1触角柄更长；第2触角鳞片长，内缘具9～13刺，其中部为长刚毛所遮蔽。口上刺短而直。双螯钳部、腕节和长节末端具密毛；右螯掌部背内缘和背侧缘无刺或具不规则排的小刺，腕节背面基部具许多小刺或结节；左螯钳部无刺，腕节背面具或不具边缘刺。步足指节长于掌节，具1排角质微刺，中面具几簇短的斜排的末端丛毛。第4步足掌锉具3排或4排圆锥形或矛尖状的鳞片。尾节后叶间的中央间隔宽而浅，后缘具成排角质刺。

地理分布 中国台湾、南海，南非，坦桑尼亚桑哈巴尔，马达加斯加，留尼汪岛，澳大利亚，印度尼西亚，新喀里多尼亚，菲律宾，瓦努阿图，波利尼西亚。

生态习性 栖息于水深209～1500 m，与一种海葵——*Stylobates cancrisocia* 共生。

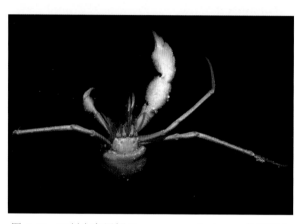

图 5-43 三刺合寄居蟹 *Sympagurus trispinosus* 外部形态

短尾下目 Brachyura Latreille, 1802

鉴别特征 短尾下目包括所有真正的蟹类，是甲壳动物系统发育中最晚出现的类群。短尾下目物种由适于游泳活动的虾形体型演化为腹部缩短适于爬行活动的蟹形体型，身体由21体节构成：头部6节、胸部8节、腹部7节。

头部与胸部各节已经愈合，形成非常发达的头胸部，从体节上已无法分辨，仅能从所具附肢区分。头部第1节具一对有柄的复眼，位于额的两侧。额腹面有一对粗壮的第1触角，位于第1触角窝内。两眼内侧有第2触角，通常无外肢。第4至第6节转变为位于口腔内的口器：从内至外分别为大颚、第1小颚、第2小颚。

胸部8对附肢在胸部腹甲上仍清晰可辨。前3对附肢转化为颚足；颚足鞭通常退化或缺失；第3颚足座节、长节平扁，遮盖住口腔。后5对附肢为胸足，其中第1对为螯足，后4对为步足，第5对或第4、第5对可呈亚螯状、桨状。胸足由7节构成。

腹部短，十分平扁，通常卷折，贴附在头胸甲的腹面，一般分7节，有时中部数节愈合，尾肢退化或缺失。腹部十分退化，卷折，贴附在头胸部的腹面。雌雄性的尾肢缺失，或在个别类群具退化的尾肢。雄性腹部只有前2对腹肢形成交接器。雌性第2至第5节上的腹肢均存在，内外肢均具刚毛，可携带卵粒。

贝绵蟹科 Dynomenidae Ortmann, 1892

鉴别特征　头胸甲扁平，宽大于长或长大于宽。额呈宽三角形。第2触角鞭短于头胸甲长度。第3颚足完全覆盖口腔，末对步足短小，位于背面。螯足及前2对步足有肢鳃。第6腹节两侧有退化尾肢。鳃为叶状鳃。

后贝绵蟹属 *Metadynomene* McLay, 1999

鉴别特征　甲壳近圆形，略宽于长，适度隆起，表面光滑，密被短软毛，外观凹凸不平；额缘宽圆，连续，裸露；侧缘由浅缺刻清晰地分隔，或者具明显的齿。螯足指节不明显弯曲；指缘在其长度一半处闭合。第2～第4步足指节具2～4刺。

（38）德氏后贝绵蟹 *Metadynomene devaneyi* (Takeda, 1977)（图5-44）

形态特征　头胸甲、螯足及步足表面密被天鹅绒样短绒毛，仅两指末端裸露；步足指节近末端具稀疏的丝状长毛，其他部位的绒毛较短而密集。头胸甲长宽近相等，纵向呈方形。背部平坦，仅在前方和前外侧略倾斜，具明显的沟槽和凹陷，使背部呈现褶皱的外观。额近三角形，中间由一背侧浅沟分隔。眼窝深，背侧倾斜。甲壳的侧缘轻微拱起，由缺刻分为3叶，从缺刻处引入2条沟；第1叶向眶下区弯曲，第2叶接近纵向，与第1叶等长；最后一叶倾斜，后2/3凹陷容纳末对步足。螯足对称，强壮；小标本螯足长节上缘或多或少具细颗粒；腕骨外表面被沟槽分为三部分；内表面凹凸不平，具稍长的绒毛；掌节膨大，在其上缘靠近腕节处具2～3个颗粒，两指在整个长度上闭合。步足明显粗壮，前3对步足近等；长节、腕节和前节的上缘具小颗粒，长节表面近末端具横向沟，腕节具纵向沟，没有到达末端边界；末对步足退化，未到达第3步足长节近末端沟，指节小，具小爪，完全被绒毛覆盖。雄性腹部远端增宽，雌性腹部侧缘近平行；末节大，长度略大于倒数第2节的2倍。雄性第1腹肢末端匙状，第2腹肢具残余外肢。

地理分布　波利尼西亚，夏威夷群岛。

生态习性　栖息于水深283～448 m的海底。

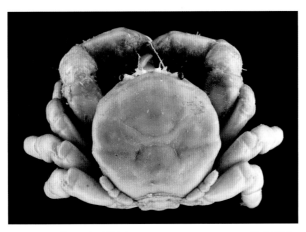

图5-44　德氏后贝绵蟹 *Metadynomene devaneyi* 外部形态

人面蟹科 Homolidae De Haan, 1839

鉴别特征 头胸甲呈长方形、长卵形或瓮形。眼柄基节长或短于末节。第2触角鞭显著长于头胸甲。第3颚足足形或亚盖形，每边鳃14个。螯足及前两步足有上肢（肢鳃）。

人面蟹属 *Homola* Leach, 1815

鉴别特征 头胸甲长大于宽。额窄，末端分叉。眼窝不完全，眼柄及眼在眼窝外，眼柄基节长于末节，眼上刺不长于额刺。第2触角鞭显著长于头胸甲，其第2外角突出成一刺。螯足和步足细长，有刺，螯足及前两步足具上肢（肢鳃）。两性腹部均为7节，每边鳃有14个。

（39）东方人面蟹 *Homola orientalis* Henderson, 1888（图 5-45）

形态特征 头胸甲长方形，全身有刚毛。背面前半部稍隆起，约有15个对称排列的疣状突起（包括颈沟与鳃沟之间侧缘一齿及背内眼窝齿在内），其中近侧缘具一斜列3个突起较为尖锐；后半部较平坦，后侧缘有一纵列微小突起，在此列突起的内侧面有一条人面线，下眼窝缘、下肝区及颊区具一群刺状小突起。额扁平，伸向腹面，末端向上弯，分叉。背内眼窝刺短于额齿，外眼窝刺小，眼柄细长，分为两节，基节长于末节，眼大，呈肾状。第2触角第1节粗短，内侧具一突起，第2节内、外末角各具一刺，触鞭甚长，远超出头胸甲的长度。

第3颚足呈足状，座节窄，与长节等长。长节基半部宽于末半部。腕节短小，指、掌节瘦长。

雄性螯足十分不对称，长节呈三棱形，前、后缘及背缘各具一列7～8小刺，内侧面仅在基部有几个刺状细颗粒，外侧面具稀疏刺状细颗粒，末外角突出。腕节扁平，长为宽的2倍，末端宽于基部，表面及内缘有刺状突起，较大螯足掌节粗大，长为宽的1.5倍，内侧面及背面有刺状颗粒和短刚毛，外侧面显得光滑，中部具两纵列不明显细颗粒脊，下缘颗粒较明显，指短于掌。两指各具一条纵行颗粒脊，由基部至末端，表面具成撮短刚毛，可动指基部具一微小突出，不动指内缘无齿。较小螯足掌节长为宽的2倍，可动指与掌等长，内缘近基部稍突出，两指内缘无齿。年轻雄性及雌性螯足对称。

步足以第1对为最长，末对最短，位于背面。前3对步足瘦长，长节较宽扁，前、后缘各具一列刺，刺的大小自末端基部依次渐渐小。腕节瘦长，末端宽于基部。掌节瘦长，长为宽的4～5倍，后缘具一列6～7细刺，其末端为双刺。指的后缘具一列梳状刺。各节表面均具有长短不一的刚毛。末对步足长节前缘具一末端刺，后缘具一列4细刺，腕节瘦长，短于长节，掌节微弯，后缘基部具6～7

图 5-45　东方人面蟹 *Homola orientalis* 外部形态

细刺，与爪状指相对。

雄性腹部呈长卵形，分为 7 节：第 2 节中部具有刺状突起，第 3 节中部具一突起，尾节近梨形。雌性腹部也分为 7 节，第 2 节中部也有一突起。

地理分布　中国东海、南海，日本，菲律宾，印度尼西亚，澳大利亚，新喀里多尼亚，印度，马达加斯加，非洲东岸。

生态习性　栖息于水深 30 ～ 300 m 的泥沙质底。

似人面蟹属 *Homologenus* A. Milne-Edwards in Henderson, 1888

鉴别特征　头胸甲长大于宽，前窄后宽，前侧缘短，具 1 刺，背面隆起，背侧缘无痕迹，中额刺很长而尖，两侧各具 1 侧刺。第 2 触角外侧边缘刺发育好，前侧刺退化，后胃区具 1 壮刺。口前板窄，几乎不与额接合。

（40）马来似人面蟹 *Homologenus malayensis* Ihle, 1912（图 5-46）

形态特征　头胸甲前外侧刺长，指向前侧方，后外侧边缘无刺；胃区有强壮的直立刺；触角刺尖锐。第 2 ～第 4 对步足长节前缘具锐刺，后缘无刺；第 4 步足长节边缘光滑。螯足基本对称，腕节具 2 长刺；掌节外侧缘具锥状小刺，上缘前末端具 1 刺，后末端具 2 刺，下缘具 5 ～ 7 刺。

地理分布　中国台湾，日本，菲律宾，印度尼西亚。

生态习性　栖息于水深 769 ～ 1302 m 的软泥底质。

图 5-46　马来似人面蟹 *Homologenus malayensis* 外部形态

厚人面蟹属 *Lamoha* Ng, 1998

鉴别特征　头胸甲厚，圆长方形或长方形；胃区显著，人面线明显或不明显。额简单或末端分叉。螯足对称。前 3 对步足瘦长，长节宽扁；第 4 对步足长而瘦长，指节短，呈爪状，弯向掌节的后缘。两性腹部 7 节。

（41）长额厚人面蟹 *Lamoha longirostris* (Chen, 1986)（图 5-47）

形态特征　全身具分散的硬毛，刚毛长短不一。头胸甲厚，呈纵矩形，分区明显，背面具稀疏颗粒（中胃区和后胃区除外），胃颈沟及鳃心沟深，人面线明显，呈波纹状。额齿长，稍向下弯，其背面具一纵沟，刺的末端呈圆形，不具假额刺。第 1 触角柄亚球形，无刺（或无颗粒）；第 2 触角刺特大，向前指，其基部无刺。口前板小，具近截形薄齿。下肝区具 1 大刺及小刺或颗粒。眼柄基节小，短于稍膨肿的末节，表面具细颗粒；上眼窝缘无刺，但具低亚齿状中央叶。前侧缘具1短弯刺，后侧缘稍凸，具细颗粒，后缘也稍凹，颊区具细颗粒。

第3颚足长节几乎光滑，底节近矩形，外肢细长，抵达长节外缘长度的1/3。螯足近等，较细长，基座节呈三棱形，仅内面有明显颗粒，内末缘具1刺，外末缘有2刺，背缘有2齿。长节呈三棱形，内面有颗粒，其余光滑，前缘具11～13大小不等的刺，后缘有9～11刺，表面也有小刺。腕节也呈刺状，内末角有2大刺。背面及外缘也有小刺。掌长约为宽的2倍，末端宽于基部，边缘有锯齿，内侧面中部具纵列小刺，背面及外侧面的刺小而钝，末端近不动指基部的内外侧面各具1个咖啡色的光滑斑，内侧面的斑大于外侧面。指长末端稍向内弯，内缘具一明显齿。

所有步足的底节无刺。前2对步足瘦长，尤以第2对为最长，长节宽扁，边缘有锐刺，前3对的长节的背缘有14～15刺，腹缘基部有2排刺，末对步足无刺，掌节末端略呈螯状，指呈钩状。

腹部全盖着胸部腹甲，各节表面均光滑，尾节近三角形，侧缘呈波纹状，末端及基部稍凸。雄性第1腹肢呈扁筒状，较直，末端呈钝圆形突出，具长毛。雄性第2腹肢粗壮，短，末端呈杯形。

地理分布　中国东海、南海，瓦利斯和富图纳群岛。

生态习性　栖息于水深900～1265 m的软泥底质。

图 5-47　长额厚人面蟹 *Lamoha longirostris* 外部形态

拟人面蟹属 *Paromola* Wood-Mason in Wood-Mason & Alcock, 1891

鉴别特征　头胸甲厚，背面凸，具背侧缘，人面线显著。额刺斜向下指。眼上刺粗壮，简单或有附加小刺。步足各节不扁平。

（42）日本拟人面蟹 *Paromola japonica* Parisi, 1915（图 5-48）

形态特征　头胸甲呈长卵圆形，凹凸明显，前1/2及两侧表面密具许多小刺，以前胃区一横排4刺及侧缘附近的刺较大，胃区中央1刺，颈胃沟及鳃心沟宽、浅而明显，心肠区两侧凹陷。额刺细长且短，稍向下低洼，假额刺较粗大，内外侧各具1小刺，以外刺为大，上眼窝刺较粗大，肝区刺次之，下肝区刺较小，眼柄基节瘦长，呈圆柱形，末节膨肿。第1触角第2节膨肿，第2触角基节具一粗而短的突起，第2节外末角具1小刺，内末角刺较大。颊区表面密具小刺，第3颚足很长，几乎盖住口腔，外肢细长，基部宽于末端，有颗粒，座节短，末端宽于基部，长节长于座节，外缘近中部有几枚小刺，腕节短，指稍长于掌，密具棕色刚毛。螯足瘦长，底节近背面有1锐刺，座节、长节和腕节表面有刺状突起，长节长为宽的4～5倍，背缘及后缘具一排小刺，腕节长为宽的2.5倍，表面几乎光滑，近基部有不明显的颗粒，指短于掌，呈褐色。前3对步足形状相似，第2对最长，长节前缘具弯刺，后缘具小刺，掌节很细长，指节短，后缘具一排小刺。末对步足短，长节前缘基半部有3刺，后缘有4

刺，腕节末端宽于基部，内末角具 1 壮齿，掌节基部外侧突出约有 7 刺，指也具小刺与掌相对。雌性腹部分为 7 节。雄性腹部第 3～第 5 节不能活动，前 3 节中央各具 1 刺，第 6 节呈梯形，尾节呈三角形。雄性第 1 腹肢粗壮，分为 3 节：第 1 节短，第 2 节长而宽扁，末节最长，边缘波纹状具较长软毛；第 2 腹肢形状犹如手枪。

地理分布 中国台湾，日本，夏威夷群岛。

生态习性 栖息于水深 45～80 m 的海底。

图 5-48 日本拟人面蟹 *Paromola japonica* 外部形态

仿人面蟹属 *Paromolopsis* Wood-Mason in Wood-Mason & Alcock, 1891

鉴别特征 头胸甲呈扁瓮形，人面线明显。肝区长而突出，肝刺与前侧刺同一水平，形成一个假眼窝。口腔末端不宽于基部。步足细长。长节边缘有刺。

（43）仿人面蟹 *Paromolopsis boasi* Wood-Mason in Wood-Mason & Alcock, 1891（图 5-49）

形态特征 体密覆短绒毛。头胸甲扁瓮形，雌性长宽相等（不包括额刺），最大宽度位于鳃区之间。分区明显，颈沟、鳃沟、心、肠区之间有细沟，中部各区微隆起，肝区长而突出，肝刺与前侧刺在同一水平上。额中刺呈三角形突出，侧齿小，背内眼窝齿较大，腹内眼窝齿由背面可见。眼柄第 1 节细长，末节膨大，眼窝缩入肝区凹陷处的"假眼窝"里，第 1 触角第 2 节粗大，触鞭短；第 2 触角第 2 节不突出，触鞭稍长于头胸甲。前侧缘短于后侧缘，稍向内凹，后侧缘呈弧形，边缘具细锯齿，后缘中部向内凹。颊区其凸。第 3 颚足之间的空隙略呈菱形，外肢很细长，座节窄长，呈长条形，长节末端宽于基部外

图 5-49 仿人面蟹 *Paromolopsis boasi* 外部形态

夫角薄而突出，指节长于掌节。雌性螯足对称，除指节外，表面有细颗粒，长节呈三棱形，内、外缘及背缘呈薄脊状。掌节长大于宽，指节长于掌节，两指合拢时内缘有空隙，无齿。步足以第 2 对为最长，第 3 对次之，前 3 对步足长节前缘有锐刺。末对最短，位于近背面，长节细长，前缘中部向外凹，末端具一刺，后缘具锐齿。腕节甚长，末端宽于基部。雌性腹部呈长卵圆形，分为 7 节，第 5 节为最宽，尾节呈三角形。

地理分布 中国南海，日本，印度尼西亚，印度，斯里兰卡，孟加拉湾，马达加斯加，拉克代夫群岛海域。

生态习性 栖息于水深 465 ～ 1092 m 的砂质海底。

怪蟹科 Geryonidae Colosi, 1924

鉴别特征 头胸甲近六边形，背面平滑或具颗粒，额有 4 齿；前侧缘明显凸出，两侧各有 3 ～ 5 齿，有时不明显。步足指节在交叉部分呈"T"形。雄性腹部 3 ～ 5 节愈合，不可自由活动，但各节仍可见。

查氏蟹属 *Chaceon* Manning & Holthuis, 1989

鉴别特征 头胸甲长为宽的 2/3，近方形。背面鳃区略扁平，前侧缘具 5 齿，额窄，分明显 4 齿，口框浅，呈圆形。螯足近等大。雄性腹部三角形，各节分隔明显，第 1 腹肢粗壮，第 2 腹肢细长且末端延伸。

（44）颗粒查氏蟹 *Chaceon granulatus* (Sakai, 1978)（图 5-50）

形态特征 头胸甲近方形，背面横向和纵向略凸；胃区膨大具皱襞，鳃区及后侧缘隆起，表面密布颗粒；下眼窝区和肝下区光滑，胃区至心区具颗粒。额较窄，具 4 齿，中间 2 齿锐三角形，略高于两边侧齿，侧齿三角形。前侧缘隆起，具 5 齿（含外眼窝齿），第 1、第 3、第 5 前侧齿较大；后侧缘内收，表面具颗粒；后缘中央向内凹陷。眼角膜发育良好，色素沉着。第 3 颚足长节近方形，外末角圆钝；座节近长方形，中部有斜行深沟。螯足略不对称，外表面粗糙具隆起颗粒脊；腕节内缘末端有 1 锐齿；指节长于掌部。步足相对较短，末对步足最短；指节细长，背腹略扁，外缘弯曲。雄性腹部三角形，第 3 ～第 5 节不可自由活动但节缝可辨，尾节宽三角形。雄性第 1 腹肢粗壮，呈"C"形，外缘中部近末端有成片长刚毛；第 2 腹肢与第 1 腹肢几乎等长，末端细长。

地理分布 中国南海冷泉外围海域、台湾东北部，日本西南部太平洋沿岸，帕劳海域。

图 5-50 颗粒查氏蟹 *Chaceon granulatus* 外部形态

生态习性　通常栖息于水深不超过 1500 m 的深海软质海底，在深海热液、冷泉区外围也有分布，但不进入繁茂区，且分布数量较少。

尖头蟹科 Inachidae MacLeay, 1838

鉴别特征　头胸甲呈三角形或梨形。额一般较短，成两叉。眼无眼窝，眼柄较长，或者不能缩进，或者紧靠在头胸甲的两侧，或者紧靠眼窝后刺而成为不隐蔽的。第 2 触角的基节通常细而长。雄性腹部第 7 节近三角形。

刺蛛蟹属 *Cyrtomaia* Miers in Tizard, Moseley, Buchanan & Murray, 1885

鉴别特征　头胸甲宽卵形或近圆形。具后眼窝刺。雄性腹部很窄。第 2 触角基节末端与额愈合。步足掌、指节圆柱形。

（45）中型刺蛛蟹 *Cyrtomaia intermedia* Sakai, 1938（图 5-51）

形态特征　甲壳表面具颗粒，侧胃棘近直立，几乎平行，明显长于鳃棘，眶后棘长于除侧胃棘外的任何棘，心棘短；眶上缘裸露；额角端棘明显长于触角间棘；颊区相当平坦，有少数小颗粒增大在侧向形成边缘脊。眼柄明显具颗粒。第 2 触角柄圆柱形，基部具 3 个细长的腹侧刺。
地理分布　日本，关岛海域。
生态习性　栖息于水深 270 ～ 1440 m 的海底。

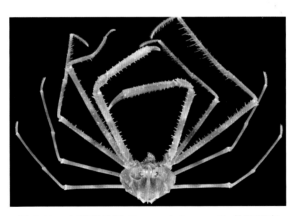

图 5-51　中型刺蛛蟹 *Cyrtomaia intermedia* 外部形态

玉蟹科 Leucosiidae Samouelle, 1819

鉴别特征　头胸甲圆形、卵圆形或五角形。眼窝及眼皆很小。额窄，第 1 触角斜折，第 2 触角小，有的退化。第 3 颚足完全封闭口腔，入鳃水孔位于第 3 颚足基部。螯足对称。腹部一般第 3 ～ 第 6 节愈合，有的第 6 节分开。雄性生殖孔位于腹甲上，雄性第 2 腹肢短。

伸长蟹属 *Tanaoa* Galil, 2003

鉴别特征　头胸甲近球形，后侧缘窄，具双齿。额狭窄，向上倾斜，双叶。眼小，可收回。鳃、肠区隆起。第 3 颚足不完全封闭出鳃孔道。第 3 颚足外肢略短于内肢；内肢长节近三角形，短于近矩形的坐节。螯足细长对称，掌节和长节近圆柱形；两指与掌节上缘近等长，内缘具小齿。步足纤细，短；除最后一对步足外，指节均短于掌节；指节上表面具刚毛，末端角质。雄性腹沟深，接近颊腔，前缘隆起，明显具颗粒。雄性腹部三角形，腹部第3～第6节段融合。尾节细长，约为融合节的1/3。雌性腹部第4～第6节融合，肿胀，盾状。

（46）泡粒伸长蟹 *Tanaoa pustulosus* (Wood-Mason in Wood-Mason & Alcock, 1891)（图 5-52）

形态特征 头胸甲近圆形，后半部及前半部近侧面具不等大的泡状小突起，前半部近中央无突起，突起之间有细颗粒，后部有明显的"H"形沟。额由一"V"形缺刻分成2宽齿。前侧缘的前1/2膨大，具一小缺刻，后1/2具3钝圆形突起，依次渐大。后侧缘长于前侧缘，有2刺状突起。后缘窄，每边各具一刺，肠区膨大，向后突出一长刺，位于后缘中央，刺的末端向上弯曲。第3颚足表面具细颗粒，外肢基半部宽于末半部，末端钝圆形，内肢长节呈三角形，短于座节，长节后部及座节近中线有纵行隆脊。成年雄性螯足长为头胸甲的2倍多，长节长为宽的5倍多，腕节小，掌长为宽的3倍，可动指稍长于掌，两指内缘均有不明显小齿。步足以第1对为最长，末对最短，长节和掌节呈近圆柱形，指节边缘具短毛。雄性腹部呈锐三角形，分为4节（1+2+R+T）：前2节宽而短，愈合节两侧自基部向末端趋窄，基部两侧隆起，中线凹陷，末端中央具一小齿，尾节锐长。雄性第1腹肢瘦长而直，由基部向末端渐细，末端有3不明显的小突起。第2腹肢短小。

地理分布 中国台湾，日本，菲律宾，印度，非洲东部海域。

生态习性 栖息于水深85～821m的砂质或碎壳海底。

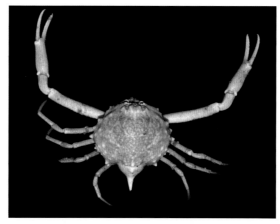

图 5-52　泡粒伸长蟹 *Tanaoa pustulosus* 外部形态

梯形蟹科 Trapeziidae Miers, 1886

鉴别特征 头胸甲扁平，光滑，分区不明显，呈梯形、六角形、八角形或横向卵形；前外侧边缘平滑或在每边都有1齿或结节；后半部分圆形或矩形；额平直或近似平直，通常具4裂片或宽齿。胸部腹甲1～2节融合，缝合线可见或缺失。触角横向折叠，基节纤细。眼睛相对较大，仅部分受眼眶保护。第3颚足长节短于座节，近似方形；座节矩形，内缘具小齿，下内缘弯曲近90°；第2颚足内肢由明显的指节、掌节、腕节、长节组成。螯足相对于甲壳而言极大，左右螯足大小相等或稍不相等，形状相似；指节尖端锐利；掌节光滑；长节长或非常长，折叠时从背面显露出1/3或更多；沿长节前缘排列有明显的齿或结节。步足长或中等长，纤细；具有指节锁；指节尖端锐利，具水平排列的刚毛。

雄性腹部节第 3 ～第 5 节融合，但可见模糊的缝合线。第 1 腹肢纤细，稍弯曲或直，末端较尖；第 2
腹肢粗壮，略微弯曲或近直，细长，末端汤匙状，长度不到第 1 腹肢 1/2。雌性腹节适度扩张，在背
部甲壳后缘下方可见最初几个体节。雄性生殖孔位于第 4 步足底节，雌性生殖孔位于第 6 胸节腹甲。

四齿蟹属 *Quadrella* Dana, 1851

鉴别特征　头胸甲近方形，光滑微凸；前额宽阔、水平、有规则的棘刺。第 2 触角的第一个关节很短。
螯足极长，远超出头胸甲。步足长而纤细，指节具刺。

（47）花冠四齿蟹 *Quadrella coronata* Dana, 1852（图 5-53）

形态特征　头胸甲光滑微凸，侧缘微拱，中间位置具有 1 棘突；额齿 6，中央齿略长于外侧齿；眼
眶下齿尖锐拉长。螯足极长，为体长的 3 倍；掌节几乎不膨大；腕节内侧 2 棘；长节前缘具 7 大棘。步
足纤细，近圆柱形，腕节、掌节、指节有稀疏的细柔毛；指节后缘具小刺。
地理分布　印度洋 - 西太平洋。
生态习性　栖息于水深 20 ～ 200 m，与黑珊瑚科物种共生。

图 5-53　花冠四齿蟹 *Quadrella coronata* 外部形态

矮扇蟹科 Nanocassiopidae Števčić, 2013

鉴别特征　头胸甲近六角形，宽大于长，分区通常可辨。额窄，中部内凹。第 1 触角横向折叠；
第 2 触角基节短而宽。头胸甲前侧缘突出，具齿；后侧缘向后聚拢。胸部腹甲第 2 ～第 3 节缝不明显，
第 4 节大。雄性腹部第 3 ～第 5 节愈合。雄性第 1 腹肢弯曲，第 2 腹肢小。螯足不对称，指尖锐利，
步足纤细。

矮扇蟹属 *Nanocassiope* Guinot, 1967

鉴别特征　头胸甲宽，背部较平坦，前胃区、中胃区、侧胃区和肝区由沟明显隔出。前侧缘具颗粒，
除外眼窝角外通常 4 齿；第 1 齿小，由颗粒聚集而成，具外眼窝角远；第 2 齿较大；第 3 齿最大，侧向
突出；第 4 齿有时弱小。额宽，平直，额缘具明显颗粒脊。口框前缘凹陷，口内脊不完整，第 1 颚足
内颚叶在横向上很短，远离中线。螯足极不对称，大螯粗壮，指短；小螯两指锋锐细长，末端锐利交叉。
步足细长。胸部腹甲具突出的外侧缘。雄性腹部短而宽，第 1 腹肢粗壮扭曲，末半部具刺，顶端具粗

壮弯曲的刚毛。

（48）三齿矮扇蟹 *Nanocassiope tridentata* Davie, 1995（图 5-54）

形态特征 头胸甲宽为长的 1.45 倍，前半部具明显颗粒，没有明显刚毛，前部隆起，两侧平坦。分区较明显，由细沟分开。前侧缘分为 3 齿；第 1 齿最大，宽，三角形，与眶外角远远分离；第 2 齿略小且较窄；第 3 齿很小，第 3 齿处为头胸甲最宽处。后侧缘明显收敛，直或稍凸，长于前侧缘，具脊。第 1 触角基节侧面具颗粒，稍微斜向折叠；第 2 触角基节具颗粒，与额几乎不接触；触角鞭毛约与眼窝宽度一样长。第 3 颚足长节约为坐节的 0.6 倍，宽大于长，外末角略突出，圆形，表面具颗粒；坐节长约为宽的 1.3 倍。螯足不对称；腕长节被颗粒，腕节内侧具三角形壮齿；掌节高约为长的 0.5 倍，外表面具粗颗粒；大螯指节基部具白齿，小螯纤细，不具白齿，两指缘锋利。

地理分布 中国南海，印度尼西亚，日本，圣诞岛，科科斯群岛。

生态习性 栖息于水深 8 ～ 290 m 的粗糙砂石海底。

图 5-54 三齿矮扇蟹 *Nanocassiope tridentata* 外部形态

主要参考文献

姜启吴. 2014. 中国海域猬虾下目(Stenopodidea)的系统分类学和动物地理学研究. 北京: 中国科学院大学硕士学位论文.

李新正, 刘瑞玉, 梁象秋. 2007. 中国动物志 无脊椎动物 第四十四卷 甲壳动物亚门十足目 长臂虾总科. 北京: 科学出版社.

De Grave S, Fransen CHJM. 2011. *Carideorum catalogus*: The recent species of the dendrobranchiate, stenopodidean, procarididean and caridean shrimps (Crustacea: Decapoda). Zoologische Mededelingen, Leiden, 85(9): 195-589.

De Grave S, Li C, Tsang L, et al. 2014. Unweaving hippolytoid systematics (Crustacea, Decapoda, Hippolytidae): Resurrection of several families. Zoologica Scripta, 43: 496-507.

Dong D, Gan Z, Li X. 2021. Descriptions of eleven new species of squat lobsters (Crustacea: Anomura) from seamounts around the Yap and Mariana Trenches with notes on DNA barcodes and phylogeny. Zoological Journal of the Linnean Society, 192: 306-355.

Dong D, Li X. 2021. Two new species of the genus *Munidopsis* Whiteaves, 1874 (Crustacea: Anomura: Munidopsidae) from the Caroline Ridge, South of the Mariana Trench. Journal of Oceanology and Limnology, 39(5): 1841-1853.

Kou Q, Gong L, Li X. 2018. A new species of the deep-sea spongicolid genus *Spongicoloides* (Crustacea, Decapoda, Stenopodidea) and a new species of the glass sponge genus *Corbitella* (Hexactinellida, Lyssacinosida, Euplectellidae) from a seamount near the Mariana Trench, with a novel commensal relationship between the two genera. Deep-Sea Research Part I: Oceanographic

Research Papers, 135: 88-107.

Kou Q, Xu P, Poore CB, et al. 2020. A new species of the deep-sea sponge-associated genus *Eiconaxius* (Crustacea: Decapoda: Axiidae), with new insights into the distribution, speciation and mitogenomic phylogeny of axiidean shrimps. Frontiers in Marine Science, 7: 469.

Kou Q, Xu P, Poore CB, et al. 2021. A new genus and species of shrimp (Crustacea: Axiidea: Axiidae) from the Caroline Ridge, Northwest Pacific. Journal of Oceanology and Limnology, 39: 1830-1840.

Lowry J, Myers A. 2017. A Phylogeny and classification of the Amphipoda with the establishment of the new order Ingolfiellida (Crustacea: Peracarida). Zootaxa, 4265(1): 1-89.

Poore GCB, Ahyong ST. 2023. Marine Decapod Crustacea. A Guide to Families and Genera of the World. Melbourne: CSIRO Publishing: Melbourne Boca Raton: CRC Press.

Schnabel EK, Kou Q, Xu P. 2021. Integrative taxonomy of New Zealand stenopodidean shrimps (Crustacea: Decapoda: Stenopodidea) with two new records for the region and five new species. Diversity, 13: 343.

Wang Y, Chan TY, Sha Z. 2015. A new deep-sea species of the genus *Urocaridella* (Crustacea: Decapoda: Caridea: Palaemonidea) from Yap Seamount in the Western Pacific. Zootaxa. 4012(1): 191-197.

Wang Y, Zhu C, Sha Z, et al. 2020. *Epimeria liui* sp. nov., a new calcified amphipod (Amphipoda, Amphilochidea, Epimeriidae) from a seamount of the Caroline Plate, NW Pacific. ZooKeys, 922: 1-11.

铠茗荷科，颚糠虾科，拟寄居蟹科；短尾下目　撰稿人：蒋　维
突钩虾科，多螯虾科，托虾科，长臂虾科　撰稿人：王艳荣
阿蛄虾科，俪虾科　撰稿人：寇　琦
柱螯虾总科，铠甲虾总科　撰稿人：董　栋

第六部分　棘皮动物门 Echinodermata Klein, 1778

　　棘皮动物体形多样，有星形、球形、圆柱形或树状分枝形等，是动物界中唯一的一类幼虫是两侧对称，成体却为辐射对称（五辐对称为主）的动物；体壁由表皮层和真皮层构成，外面是一层薄的角质层；体表具棘、疣、叉棘和皮鳃，具发达的次生体腔和水管系统；石灰质的骨骼由中胚层形成，称为内骨骼，由许多钙质的骨片组成，可形成棘、叉棘、刺等结构，突出于体表之外。

　　棘皮动物全部生活在海洋中，大多营底栖生活，少数海参行游泳生活，从浅海到数千米的深海都有分布。棘皮动物现存种约 7000 种，分为 5 个纲：海百合纲 Crinoidea、海星纲 Asteroidea、蛇尾纲 Ophiuroidea、海胆纲 Echinoidea 和海参纲 Holothuroidea。

海百合纲 Crinoidea Miller, 1821

　　海百合是棘皮动物门最古老的一个类群，其存在可追溯到 4.8 亿年前的奥陶纪早期，分为 4 个亚纲：游离海百合亚纲 Inadunata、可曲海百合亚纲 Flexibilia、圆顶海百合亚纲 Camerata 和关节海百合亚纲 Articulata。现存的只有关节海百合亚纲，包括短花海百合目 Hyocrinida、弓海百合目 Cyrtocrinida、等节海百合目 Isocrinida 和栉羽枝目 Comatulida，有 700 余种。

　　现存的海百合纲物种可分为有柄海百合和海羊齿两类：有柄海百合外观像植物，由根、茎、冠组成，终身有柄，营固着生活；海羊齿类经过幼体阶段后，茎退化，形成中背板，营自由生活。

关节海百合亚纲 Articulata Zittel, 1879

　　成体海百合的萼杯由基板和辐板组成，没有肛板。下基板存在于很多的化石类群中，但是在现存种中，下基板退化或者消失。口暴露在表面。腕板一般由肌肉连接，但几乎所有物种都有非肌肉连接。现存海百合的腕上都有羽枝。

等节海百合目 Isocrinida Sieverts-Doreck, 1952

　　鉴别特征　萼杯呈低圆锥体或碗状，宽大于长。基板通常比辐板低。辐板关节面向外，肌肉窝很大。腕板之间的轴管单一。茎板之间的横截面由五边形逐渐变为圆形，个别的茎板经过有规律的间隔后成为茎板节，茎板节上有卷枝，卷枝通常 5 个。

　　等节海百合目是海百合纲中有柄海百合的一个类群，现存有 4 科 7 属 23 种。

近等节海百合科 Proisocrinidae Rasmussen, 1978

　　近等节海百合科现有 1 属 1 种。

近等节海百合属 *Proisocrinus* A. H. Clark, 1910

　　近等节海百合属现仅 1 种。

（1）艳红近等节海百合 *Proisocrinus ruberrimus* A. H. Clark, 1910（图 6-1）

鉴别特征　颜色为明亮的红色。腕通常 13 ～ 20 个，长 15 ～ 17 cm，腕在冠的基部分枝；腕的短小末端没有羽枝，近端羽枝没有上盖。圆柱状基板相互连接组成明显的萼杯，辐板向外扩展成倒圆锥形的环，萼盖在辐板间膨胀。茎长通常大于 60 cm，茎的近端保留未发育完全的卷枝，近端茎横截面为五边形，中远端茎的横截面则为圆柱形。

地理分布　菲律宾，印度尼西亚，新喀里多尼亚，夏威夷群岛，麦哲伦海山链 Kocebu 海山，马里亚纳海山，卡罗琳洋脊海山。

生态习性　栖息于水深 800 ～ 2000 m 的海底环境，包括岩石悬崖、硬质沉积物、坍塌块状物等。利用茎底部的接触盘附着在硬底上。

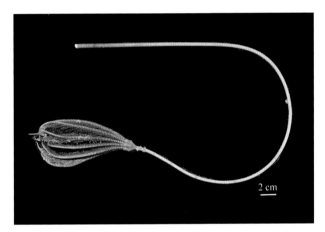

图 6-1　艳红近等节海百合 *Proisocrinus ruberrimus* 外部形态

栉羽枝目 Comatulida A. H. Clark, 1908

鉴别特征　幼体后期茎板之间通过合关节连接。在鲍根海百合亚目 Bourgueticrinina 和 Guillecrinina 中，茎在成体中持续存在，且没有真正的卷枝，通过根或端盘附着；在栉羽枝亚目 Comatulidina 中，幼体期后茎发生退化，仅保留最上端的茎板形成中背板，通过中背板上的卷枝附着。

穹羽枝科 Zenometridae A. H. Clark, 1909

鉴别特征　中背板呈圆柱状或者圆锥状，内部完全中空，没有内部辐板或者辐板间产生的凹坑。环绕中央腔的卷枝窝呈碗状。卷枝第 1 节的近端面有明显的突起，近端羽枝的第 1 节长于宽，远端羽枝节十分细长。基板围绕中央腔形成薄而完整的圆环，从外部看，每一个基板是中背板辐板间脊的五边形延伸。

穹羽枝科现有 3 属，广泛分布于印度洋、太平洋和北大西洋。

萨拉羽枝属 *Sarametra* A. H. Clark, 1917

萨拉羽枝属现仅 1 种。

（2）三列萨拉羽枝 *Sarametra triserialis* (A. H. Clark, 1908)（图 6-2）

鉴别特征 中背板圆锥形，上有一个背极，背极圆形至圆锥形；基部有短小的辐板间脊。近端卷枝窝有马蹄状边缘。基板宽大，呈舌状。第 1 羽枝的第 1 节段长宽比为 1.1～1.7。

地理分布 主要分布于热带印度洋 - 西太平洋，从科摩罗群岛到新喀里多尼亚岛、瓦利斯和富图纳群岛至夏威夷群岛，以及卡罗琳洋脊海山。

生态习性 栖息于水深 460～1395 m，利用卷枝附着在黑珊瑚上。

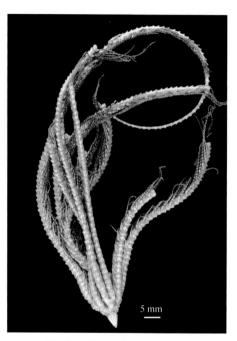

图 6-2 三列萨拉羽枝 *Sarametra triserialis* 外部形态

根海百合科 Rhizocrinidae Jaekel, 1894

鉴别特征 中远端柄的柱状节由合关节（synarthry）连接，此连接结构中韧带窝占关节面的 2/3，轴管将支点脊分割成两部分。基板、辐板相互融合，骨板之间的缝隙浅或者没有，辐板之间缝隙有时在中央凹陷处可见。腕不分枝，腕 4～7 个。非肌肉连接在第一次腕的第 1、第 2 腕板之间。

根海百合科现有 4 属。

寻常海百合属 *Democrinus* Perrier, 1883

鉴别特征 萼杯呈圆锥体、圆柱体或纺锤体。萼杯由 5 个高而细长的基板和 5 个短辐板围绕中央管道堆叠而成，基板与辐板之间的缝合线明显、不规律或者几不可见。基板与圆形平滑的柄顶端连接。腕 5 个，不分枝。近端的茎板少而短（通常＜6 个），由骨性连接。第 1 羽枝通常在第 6 到第 8 腕板上。

（3）寻常海百合属未定种 *Democrinus* sp.（图 6-3）

形态特征 腕 5 个，不分枝，长 13 cm。羽枝细长，呈细条状，羽枝节连接处十分明显。基板和辐板形成圆柱形萼杯。柄长 35 cm，柄近端和萼呈红褐色，柄中远端呈浅黄色。近端圆柱状茎板非常短且密集排列，呈整齐的条纹状。

地理分布　卡罗琳洋脊海山。

生态习性　栖息于水深 429 m 的硬底，利用茎底部的接触盘附着在岩石上。

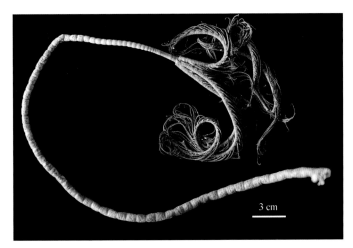

图 6-3　寻常海百合属未定种 *Democrinus* sp. 外部形态

海星纲 Asteroidea de Blainville, 1830

海星纲是棘皮动物门中的第二大类群，广泛分布于世界各大洋。由于海星无特殊的体外覆盖层，并具有独特的水管系统，其体液能够维持与海水渗透压相同，这使得它们在垂直分布上的适应范围更广，从潮间带到 6000 m 的深海都能生活。

海星纲现有 36 科 370 属约 1900 种，其中 15 个科仅分布于 200 m 以下的深海生境（Mah and Blake，2012）。我国深海海星分类学相关的研究较少，这里仅记述了 6 种西太平洋深海常见海星。

有棘目 Spinulosida Perrier, 1884

有棘目现仅有 1 科。

棘海星科 Echinasteridae Verrill, 1867

鉴别特征　体盘通常很小，腕大多呈指状（切面呈圆形），末端逐渐变细。腕一般 5 个，断裂生殖的种类腕一般超过 5 个。反口面（背面）骨板长方形或多角形，呈不明显的覆瓦状排列或不规则的网状排列，上面覆盖有薄或厚的表皮；骨板上有成组的小棘或少数粗短的棘，每个骨板上有 1 至多个。皮鳃成群出现在骨板之间（旋圆海星属 *Metrodira* 例外）。下缘板和口面（腹面）的皮鳃较少或缺乏。缘板不明显，至少上缘板很难和反口面的其他骨板区分；间缘板区域通常存在，甚至能延伸至腕长的一半。口面骨板相对较少，常呈数纵列。侧步带板通常很小，有小型的扁且弯曲的沟棘（很少超过 3 个），垂直排列。无叉棘。管足两列，末端有吸盘。

棘海星科现有 8 属 133 种，其中以鸡爪海星属 *Henricia* 和棘海星属 *Echinaster* 最常见。

鸡爪海星属 *Henricia* Gray, 1840

鉴别特征 盘小。腕 5 个，明显成圆筒状，末端逐渐变细。反口面骨板结合成网目状；通常骨板上的棘细小且聚集成组。上下缘板和腹侧板排列成 3 纵列。口面有皮鳃。管足 2 行具吸盘。无叉棘。

鸡爪海星属现有 90 余种，是棘海星科物种最丰富，也是最难鉴定的类群之一，主要分布于北太平洋和北大西洋，从潮间带到数千米的深海都有。

（4）鸡爪海星属未定种 *Henricia* sp.（图 6-4）

形态特征 腕 5 个，中等长，基部肿胀，逐渐变细，末端钝。反口面骨板结合成宽的网目状；小棘没有聚集成明显的小柱体，或多或少地在骨板的脊起上排成 1 列或 2 列。皮鳃区大而下陷。上下缘板不明显；间缘板区和腹侧板区相当宽；腹侧板没有伸到腕的末端，第 2 列腹侧板（次级板）通常存在。侧步带板上的棘很少，呈之字形排列或排成 1 横行。

地理分布 雅浦海山。

生态习性 栖息于水深 286～1376 m 的石砾或砂质海底。

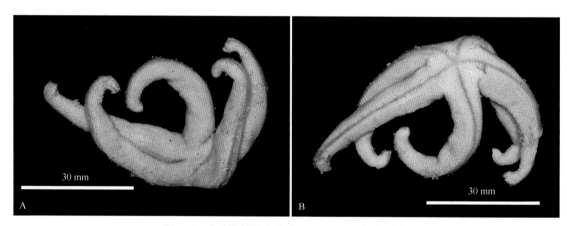

图 6-4 鸡爪海星属未定种 *Henricia* sp. 标本形态
A. 反口面观；B. 口面观

钳棘目 Forcipulatida Perrier, 1884

鉴别特征 盘通常较小。腕呈指状。反口面骨板不呈小柱体状，一般呈网状排列，但有时排列紧密。腕中线的龙骨板呈纵向排列。缘板大多不明显。步带板数目很多，非常短。管足通常 4 列，具吸盘。直形叉棘或交叉叉棘存在，或均存在。

正海星科 Zoroasteridae Sladen, 1889

鉴别特征 盘小。腕 5 个，长而纤细。骨板规则排列成纵行；板上覆盖小棘或皮肤。侧步带板通常一个突出和一个不突出交互排列。直形叉棘通常存在，交叉叉棘缺乏。管足在基部，至少 4 列。上步带板可能存在。

正海星科现有 7 属 34 种，主要分布于深海，水深 200～6000 m。

正海星属 *Zoroaster* Wyville Thomson, 1873

鉴别特征　盘小。腕细长。盘和腕上的骨板呈覆瓦状排列；反口面和口面的骨板具小棘。龙骨板脊状隆起，龙骨板上的大棘存在或缺乏。缘板排列规则。皮鳃分散在骨板的间隙中。上步带板退化。侧步带板一个突出和一个不突出交互排列。直形叉棘通常存在。

正海星属现有 20 种。

（5）似蛇正海星 *Zoroaster ophiactis* Fisher, 1916（图 6-5）

形态特征　盘很小。腕细长而尖锐，呈圆柱形。反口面骨板呈覆瓦状排列，较规则。盘中央的几个初级板常较大而清楚。腕背面的骨板排列成纵列：辐中线有一列隆起的六角形龙骨板，两侧各有一行较小的辐侧板，再靠外为 2 列较大的上缘板和下缘板；从下缘板到侧步带板间，还有 4 列或 5 列逐渐减小的腹侧板（第 5 列腹侧板很窄，延伸至腕的 1/3 处）。

所有骨板上都密生着小柱体样的小棘。皮鳃通常单个，分散在骨板的间隙中，多数皮鳃孔的旁边有 1 ～ 2 个小的直形叉棘。除此之外，每块龙骨板上有 1 个扩大的中央棘（短钝，末端不光滑）。辐侧板缺中央棘。上缘板和下缘板上各有一个细长呈针状的中央棘（近身体中央的几块上缘板缺中央棘）。腹侧板上每块板上有一个细长的中央棘（比缘板的中央棘长）。

侧步带板由一个突出和一个不突出的板交互排列。突出的板上具一横行 5 ～ 6 个棘，最深处的棘上有成簇的小的直形叉棘（5 ～ 10 个），其上 1 ～ 2 个棘上各有一个大的鸭嘴形叉棘，其余 3 个棘缺叉棘。不突出者具小棘 3 ～ 4 个，其中沟缘的棘也常带叉棘。管足 4 列。

地理分布　日本，菲律宾，印度尼西亚，雅浦海山，马里亚纳海山。

生态习性　栖息于水深 1020 ～ 1630 m 的砾石或有孔虫砂质海底。

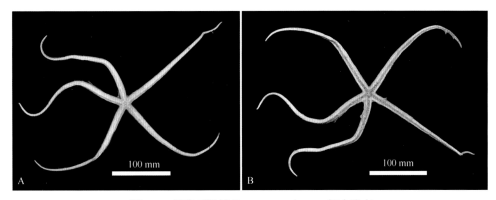

图 6-5　似蛇正海星 *Zoroaster ophiactis* 标本形态
A. 反口面观；B. 口面观

瓣棘海星目 Valvatida Perrier, 1884

鉴别特征　体大多为星形或五角形。腕一般 5 个。骨板排列紧密，皮鳃区发达，大多分布于反口面，偶尔会分布到口面；骨板有扁五角形，具结节、突起或小柱体状。缘板明显，排列规则，但腕呈指状的种类缘板多不明显。叉棘通常存在，大多呈双瓣形。管足 2 列，末端具吸盘。上步带板缺乏。

角海星科 Goniasteridae Forbes, 1841

鉴别特征 体星形或五角形。体盘大，干标本背部大多平坦，活体略突出。腕 5 个，通常短钝，两腕之间的夹角呈弧形。反口面骨板平滑或呈小柱体状，有时裸露，有时覆盖有颗粒甚至上面有短而强壮的棘，大多呈规则的纵列或斜横列；龙骨板通常不明显膨大。皮鳃一般在反口面的辐区，单个存在。上下缘板发达呈块状，之间无其他骨板夹杂，上面通常有颗粒覆盖。管足 2 列，末端有吸盘。口板缺大型棘。叉棘通常存在，很明显，大多呈瓣状。

角海星科现有 73 属 300 余种，大多分布于热带或亚热带的水域。

覆瓦海星属 *Ceramaster* Verrill, 1899

鉴别特征 体扁平，五角形。盘大。腕通常短。反口面骨板上覆盖有颗粒，皮鳃区的骨板小柱体状，没有小的次级连接骨板（如果存在，仅限于盘）。缘板明显，形成盘和腕的边缘，上面也覆盖有颗粒，大部分腕的左右两边的上缘板是分隔的。反口面和缘板上没有任何种类的棘。口面间辐区相当大，骨板上也只覆盖有颗粒。侧步带棘：沟棘 2 ～ 9 个，钝；第 2 行亚步带棘颗粒状，与间辐区的颗粒类似；侧步带板的沟缘平直。叉棘瓣状，有时存在于反口面、口面和缘板上，特别情况下几乎完全没有叉棘。

覆瓦海星属现有 16 种，大多为深水种。

（6）**斯氏覆瓦海星** *Ceramaster smithi* Fisher, 1913（图 6-6）

形态特征 体五角形。腕 5 个，短；腕上有其他骨板，上缘板仅末端 2 ～ 3 对相接。反口面骨板布满颗粒，外圈和中央的颗粒区别不大，外圈颗粒稍扁平，中央颗粒呈圆形；反口面骨板在腕中央小柱体状，其余部分平；次级骨板仅存在盘中央。上缘板 14 块，逐渐减小，末端没有明显膨大；上缘板大部分区域裸出，其余布满颗粒。下缘板同上缘板，中央大部分区域裸出，其余布满小颗粒。口面间辐区布满小颗粒。侧步带板沟缘平直，沟棘 5 个，亚步带棘 3 行，沟棘和亚步带棘之间有间隔；第 1 行亚步带棘 3 个，在腕末端第 1 行最外侧的亚步带棘扩大；第 2、第 3 行颗粒状。口面间辐区、反口面和上下缘板的边缘有叉棘，个别侧步带板上有叉棘（位置在第 1 行亚步带棘的内侧 / 近端）。

地理分布 菲律宾，马里亚纳海山。

生态习性 栖息于水深 680 ～ 1470 m 的硬质底质上。

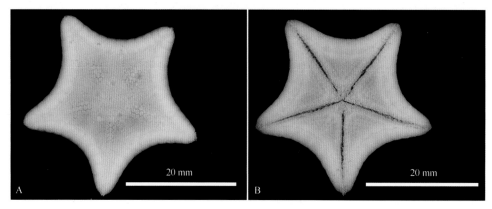

图 6-6 斯氏覆瓦海星 *Ceramaster smithi* 标本形态
A. 反口面观；B. 口面观

楯角海星属 *Peltaster* Verrill, 1899

鉴别特征　体五角形。反口面骨板基部星形，顶端平，上面覆盖有颗粒；次级骨板存在；缘板上盖满颗粒或者有小或大的裸出区。口面区域大，骨板菱形或多角形，规则排列，骨板上也覆盖有颗粒。沟棘短，钝；亚步带棘颗粒状。

楯角海星属现有 3 种。

（7）楯角海星属未定种 *Peltaster* sp.（图 6-7）

形态特征　体五角形。腕 5 个，短；腕上有其他骨板，上缘板仅末端 2～3 对相接。反口面骨板六边形，平，在腕上规则排列，小的次级骨板仅存在盘中央；反口面骨板上布满小圆颗粒。上缘板 15～16 个，逐渐减小，末端没有突然膨大，每块上缘板的中央都有裸出区，其余布满颗粒。下缘板布满颗粒，末端或有裸出区。口面间辐部大，布满小圆颗粒，有叉棘存在，数目不多。步带沟缘平直，沟棘 5～6 个，末端钝圆；亚步带棘 4 行：第 1 行 3 个，第 2 行 4 个，后 2 行逐渐过渡成颗粒状。上下缘板、反口面和口面间辐部均无棘或疣。

地理分布　雅浦海山，马里亚纳海山。

生态习性　栖息于 255～464 m 的硬质底质上。

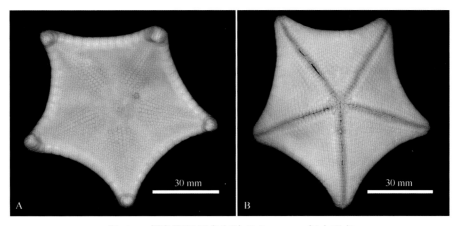

图 6-7　楯角海星属未定种 *Peltaster* sp. 标本形态
A. 反口面观；B. 口面观

项链海星目 Brisingida Fisher, 1928

鉴别特征　体盘小。腕 5 个以上，细长，覆盖有薄的骨板或皮肤，腕基部常肿胀。上缘板不明显，缘板和侧步带板上具长而纤细的棘。交叉叉棘数目众多，直形叉棘缺乏。皮鳃退化或缺乏。管足 2 列，具吸盘。

项链海星目现有 2 科 17 属 108 种，全球各大洋深海均有分布。

项链海星科 Brisingidae G. O. Sars, 1875

鉴别特征　腕 7-17 个。第 1 对下缘板位于第 1 对侧步带板之上或插入第 1 对侧步带板之间，与齿舌板相接。第 1 侧步带板与第 2 侧步带板之间关节面特化，形成部分骨愈。无皮鳃或仅体盘边缘具退化皮鳃。每腕性腺 1 对或多个连续分布；性腺区反口面骨板排列多样，具骨弓或密集背板；下缘板每隔 1 个侧步带板或对应每侧步带板分布；性腺区外，无成排的背侧棘。口板梯状，近口端短于远口端（张睿妍，2023）。

项链海星科现有 13 属 60 余种。

项链海星属 *Brisinga* Asbjørnsen, 1856

鉴别特征 体盘厚，高于腕所在平面；间辐部弧度尖锐；无裸露间辐部；无皮鳃。腕易断，基部变窄。反口面性腺区背板形成众多骨弓，骨弓之间具裸露的皮膜。相邻腕基部的侧步带板间形成骨愈。性腺众多，成列分布。

项链海星属现有 19 种，均为深海种，主要分布于印度洋 - 太平洋。

（8）艾伯项链海星 *Brisinga alberti* Fisher, 1906（图 6-8）

形态特征 体橙色，体盘较小。盘反口面覆盖柱状短棘。腕 12 个，细长，性腺区略膨大；骨弓间距较大，骨弓之间有 2～3 列背板，骨弓与背板上均覆盖小棘与叉棘。相邻腕的第 1 对侧步带板形成骨愈，上有一对缘板；侧步带棘众多，近口沟棘 1～2 个，远口沟棘与亚步带棘在多数板上共 3 个；亚口棘一列 4 个；近口端亚步带棘与亚口棘末端截断状。

地理分布 夏威夷群岛，麦哲伦海山链 Kocebu 海山，拉蒙特海山。

生态习性 栖息于水深 583～1773 m 的岩石底质上。

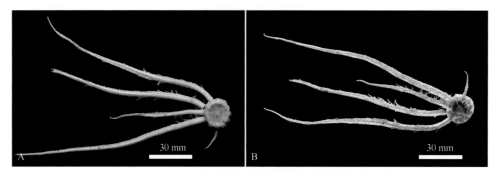

图 6-8 艾伯项链海星 *Brisinga alberti* 标本形态
A. 反口面观；B. 口面观

帆海星目 Velatida Perrier, 1893

鉴别特征 体一般为星形或五角形。体盘通常较厚且区域很大。腕 5 个或以上，腕的切面略呈圆形。背板一般为小柱体状。缘板和背板形状相似，不易区分。腹板小，口板很宽。管足通常 2 列，具吸盘。皮鳃在反口面存在或缺乏。

翅海星科 Pterasteridae Perrier, 1875

鉴别特征 体通常肥厚，为五角形到短腕的星形。腕一般 5 个，偶尔多于 5 个，末端钝。反口面骨板呈十字形或网状排列，骨板上有小刺，有皮肤覆盖在棘刺上。缘板不清楚。背面皮膜向下延伸到步带棘上。口板宽大，第二口棘膨大，棘的末端呈透明状。无叉棘。

翅海星科现有 8 属，几乎全为深水种。

翅海星属 *Pteraster* Müller & Troschel, 1842

鉴别特征　体盘厚，五角形到星形。侧步带棘形成横向的栉状，侧步带棘由膜相连。背上膜有肌纤维带，具小的气门。侧棘形成一个边缘。管足 2 列。

翅海星属现有 48 种，主要栖息于 500 m 以深的海域。

（9）强壮翅海星相似种 *Pteraster* cf. *obesus* H. L. Clark, 1908（图 6-9）

形态特征　生活时为淡紫色。体盘膨胀，背面高高鼓起。腕宽短，末端钝且向上翘起。小柱体由 15 ～ 20 个小棘组成，小柱体上面盖有一层厚的背上膜。侧步带棘 5 个，有膜连接成翅状，各棘从内向外逐渐加长，第 1 ～第 3 棘在板缘与步带沟平行，第 4 ～第 5 棘几乎排成一横行。口板狭长，边缘棘 5 个，棘间没有膜相连；口面棘 2 个。气门存在。

地理分布　日本，马里亚纳海山；印度洋。

生态习性　栖息于水深 65 ～ 672 m 的硬底上。

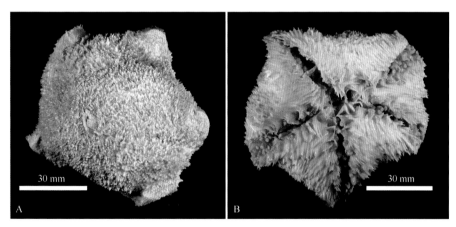

图 6-9　强壮翅海星相似种 *Pteraster* cf. *obesus* 标本形态
A. 反口面观；B. 口面观

蛇尾纲 Ophiuroidea Gray, 1840

蛇尾纲是一类栖息在海底的奇特的棘皮动物，其身体由一个圆形或五角形的扁平体盘和数条自由运动的细腕组成，是深海底栖动物群落的主要成员之一。

蛇尾纲已报道 2000 多种，是棘皮动物中种类最多的纲之一，全球各大洋均有分布，其中印度洋 - 西太平洋分布最多。

蔓蛇尾目 Euryalida Lamarck, 1816

鉴别特征　体盘和腕盖有厚皮，皮下裸出或埋有颗粒或小棘。辐盾通常较大，呈肋骨状。腕远端细，能向下弯曲，时常重复分枝。侧腕板腹侧位，具有细小的腕棘；腕远端的腕棘常变成钩状。椎骨具马鞍形关节。

蔓蛇尾目现有 3 科 48 属 197 种。

蔓蛇尾科 Euryalidae Gray, 1840

鉴别特征 体盘和腕都盖有厚皮。生殖腺延伸至腕内使其基部肿胀。颚顶有一行齿，齿两侧仅少数颗粒延伸至颚内侧。腕简单或分枝，腕棘通常 2 个，位于腕腹侧，远端腕棘为钩状。

蔓蛇尾科现有 11 属 85 种，分布于温带和热带水域。

星蛇尾属 *Asteroschema* Örsted & Lütken in Lütken, 1856

鉴别特征 辐盾全被颗粒或厚皮覆盖。腹面间辐部不狭小，不呈裂孔状。颚顶有一行垂直的齿，呈锥形。腕不分枝，基部明显肿胀；腕棘较发达，不特别小。

星蛇尾属已报道 35 种，广泛分布于大西洋、太平洋和印度洋，水深通常大于 200 m。

（10）密刺星蛇尾 *Asteroschema horridum* Lyman, 1879（图 6-10）

形态特征 体盘直径为 11 mm；腕长 140 mm，缠绕弯曲。体盘被颗粒所覆盖，反口面颗粒呈锥形，口面颗粒呈扁平状。辐盾呈肋骨状，突出于体盘表面，不延伸至体盘中心。齿上下重叠，排列为一单行。生殖裂口几乎垂直于体盘。腕 5 个，基部肿胀，生殖腺延伸至腕内。腕被颗粒覆盖，第一个腕节无腕棘，第 2 到第 5 腕节各有一个腕棘，之后腕节各有 2 个腕棘；内侧腕棘明显大于外侧腕棘；腕基部腕棘和中部腕棘为圆柱形，腕远端腕棘呈钩状。

地理分布 新西兰，中国南海，卡罗琳洋脊海山，马里亚纳海山及西太平洋其他多座海山（陈婉莹，2021）。

生态习性 栖息于水深 300 ~ 2345 m，常缠绕于珊瑚上附生生活。

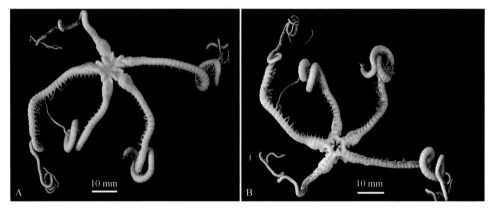

图 6-10 密刺星蛇尾 *Asteroschema horridum* 标本形态
A. 反口面观；B. 口面观

皱蛇尾属 *Ophiocreas* Lyman, 1879

鉴别特征 体盘被裸露的厚皮所覆盖，光滑。颚顶有一行垂直的齿，通常呈锥形，两边有一些低的颗粒。腕不分枝，其基部明显肿胀，腕棘 2 个，远端腕棘呈钩状。

皱蛇尾属现有 14 种，其中俄式皱蛇尾广泛分布于太平洋和大西洋。

（11）俄氏皱蛇尾 *Ophiocreas oedipus* Lyman, 1879（图 6-11）

形态特征　体盘直径约 10 mm；腕长约 190 mm，缠绕弯曲。体盘被厚而平滑的皮肤所覆盖，无内附颗粒。辐盾狭长，呈肋骨状凸出于盘，不延伸至盘中心。齿上下重叠，排列为一单行。生殖裂口几乎垂直于体盘。腕 5 个，基部肿胀，生殖腺延伸至腕内。第 1、第 2 腕节无腕棘，第 3 到第 18 腕节各有一个腕棘，之后腕节各有 2 个腕棘。腕基部腕棘较短较厚，尖端带刺；腕中部腕棘为圆柱状，一个腕节长，尖端带刺；远端腕棘呈钩状。

地理分布　新喀里多尼亚，印度尼西亚，日本，新西兰，夏威夷群岛，澳大利亚东南部海域，加勒比海，卡罗琳洋脊海山，维嘉海山，九州 - 帕劳海脊海山（陈婉莹，2021）。

生态习性　栖息于水深 350 ～ 2228 m，常缠绕于珊瑚上附生生活。

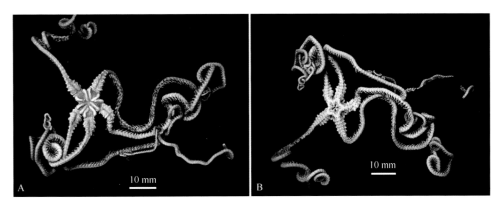

图 6-11　俄氏皱蛇尾 *Ophiocreas oedipus* 标本形态
A. 反口面观；B. 口面观

筐蛇尾科 Gorgonocephalidae Ljungman, 1867

鉴别特征　体盘较大。腕分枝或不分枝，并能作垂直的弯曲。背侧平滑或具有低疣。颚顶具有许多针状棘，但难以区分是口棘或齿棘，有时远口端也具有低疣或棘。生殖腺仅限于盘。腕背面各节有钩刺环，通常有 2 ～ 3 个腕棘，远端腕棘呈钩状。

筐蛇尾科现有 33 属 123 种，从热带到寒带均有分布。

海盘属 *Astrodendrum* Döderlein, 1911

鉴别特征　个体大，体盘直径可达 100 mm。腕 5 个，从腕基部分枝，两分枝等长。筛板 1 个。腕棘从第 2 个触手孔开始。

（12）海盘 *Astrodendrum sagaminum* (Döderlein, 1902)（图 6-12）

形态特征　体盘直径 85 mm。体盘背面盖有厚皮。辐盾狭长，凸出于盘，几乎延伸至盘中心。生殖裂口大。齿棘和口棘为针状。腕多次分枝，腕背面覆盖颗粒；第 1 腕节无腕棘，第 2 至第 4 腕节各有一个腕棘，之后每侧有 2 个或 3 个腕棘，腕近端腕棘和中部腕棘大小相近；腕远端腕棘远端为钩状。

地理分布　中国黄海、东海和南海，日本，卡罗琳洋脊海山。

生态习性　栖息于水深 90 ～ 1300 m 的软泥、沙或沙泥底。

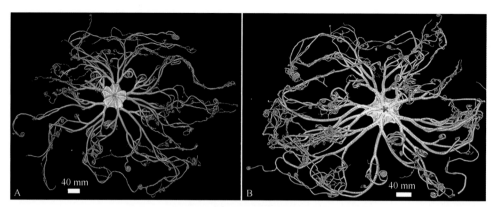

图 6-12 海盘 *Astrodendrum sagaminum* 标本形态
A. 反口面观；B. 口面观

棘蛇尾目 Ophiacanthida O'Hara, Hugall, Thuy, Stöhr & Martynov, 2017

鉴别特征 辐盾远端常裸露（或者仅近端顶部被掩盖）。腕棘关节的背侧叶和腹侧叶在它们的近端弯曲融合，远端常形成"S"形。

棘蛇尾目现有 2 亚目：棘蛇尾亚目和皮蛇尾亚目。

棘蛇尾亚目 Ophiacanthina O'Hara, Hugall, Thuy, Stöhr & Martynov, 2017

鉴别特征 远辐侧生殖板无明显的嵴或穿孔。腕棘光滑或两侧具锯齿。通常在侧腕板内侧垂直的浅沟中有一排小孔（可能与腕棘神经的分布有关）。

棘蛇尾亚目现有 7 科，包括棘蛇尾科 Ophiacanthidae Ljungman, 1867、Clarkcomidae O'Hara, Stöhr, Hugall, Thuy & Martynov, 2018、Ophiopteridae O'Hara, Stöhr, Hugall, Thuy & Martynov, 2018、切蛇尾科 Ophiotomidae Paterson, 1985、柱蛇尾科 Ophiocamacidae O'Hara, Stöhr, Hugall, Thuy & Martynov, 2018、隐板蛇尾科 Ophiobyrsidae Matsumoto, 1915 和 Ophiojuridae O'Hara, Thuy & Hugall, 2021。

棘蛇尾科 Ophiacanthidae Ljungman, 1867

鉴别特征 体盘形态变化大。反口面盖有皮肤或鳞片或坚实的大板，上面通常有带刺的小棘或颗粒。颚顶通常有一个较大的齿棘，齿棘两侧有 3 ～ 4 个尖细的侧口棘；齿板完整。腕长，腕棘长且直立并粗糙带刺。

棘蛇尾科现有 14 属 240 种，多见于较深的水域。

砖蛇尾属 *Ophioplinthaca* Verrill, 1899

鉴别特征 体盘五叶状，边缘间辐部有深凹。盘反口面有盘棘，有特别发达的边缘鳞片。腕不呈念珠状，两边腕棘在背面不并列。背腕板大，至少在腕基部彼此相接。

砖蛇尾属现有 33 种，在印度洋 - 西太平洋种类丰富，在海山中常见。

（13）护盾砖蛇尾 *Ophioplinthaca defensor* Koehler, 1930（图 6-13）

形态特征 体盘直径 12.1 mm，腕长约是体盘直径的 7 倍。体盘明显高于腕，间辐部凹陷使体盘呈五叶状。辐盾几乎是连续的，长约为宽的 2 倍；体盘中部盖有鳞片，其上有球形或柱状盘棘，顶部光滑或有小刺。颚宽稍大于长，顶端有 1 ～ 2 个锯齿状的齿棘，两侧各有 3 ～ 4 个侧口棘。侧口棘呈叶状，边缘带锯齿，大部分顶端尖，少数圆钝。生殖裂口长。

背侧腕棘细长，有明显的小刺，顶端尖，其中背侧第 2 腕棘最长，长约等于 3 个腕节。腕基部第 1 腕节触手鳞为 2 个，第 2 腕节至腕末端为 1 个触手鳞，触手鳞圆形。

地理分布　澳大利亚，新喀里多尼亚，新西兰，印度尼西亚，马里亚纳海山，采薇海山，维嘉海山，Batiza 海山，九州 - 帕劳海脊海山等。

生态习性　栖息于水深 385 ～ 2000 m，通常附着在硬底，或缠绕在海绵、珊瑚上。

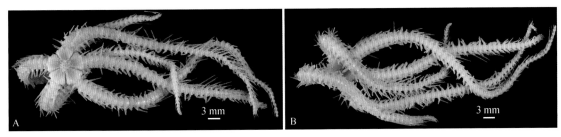

图 6-13　护盾砖蛇尾 *Ophioplinthaca defensor* 标本形态
A. 反口面观；B. 口面观

（14）赛梅拉砖蛇尾 *Ophioplinthaca semele* (A. H. Clark, 1949)（图 6-14）

形态特征　体盘直径 11.5 mm，腕长约体盘直径的 8 倍。体盘明显高于腕，间辐部凹陷使体盘呈五叶状。辐盾远端 1/3 连续，长为宽的 3 倍；体盘中部凹陷，盖有覆瓦状鳞片。盘棘呈粗壮的圆柱状，顶部有一些短刺。两辐盾连接处和远端边缘有相似的盘棘，但盘棘较细，刺少。腹面间辐部生有和背面相同的鳞片，无盘棘。颚长等于宽，顶端有 3 个细长的齿棘，两侧各有 4 ～ 5 个侧口棘。侧口棘呈锥形。生殖裂口长且宽。

侧腕板宽，基部最多有 8 个腕棘，在第 4 腕节处两侧腕棘在背中线上几乎相连，远端逐渐减少为 5 个。其中，背侧第 3 腕棘最长，长约等于 3 个腕节，腹面第 1 腕棘最短，长约 1 个腕节。所有腕棘均粗糙，带有明显的小刺。第 1 触手孔有 2 个触手鳞，叶状，顶端尖且有小刺，之后减少为 1 个。

地理分布　夏威夷群岛，卡罗琳洋脊海山，采薇海山，维嘉海山，Batiza 海山，九州 - 帕劳海脊海山等。

生态习性　栖息于水深 537 ～ 1987 m，常附着在珊瑚或海绵上。

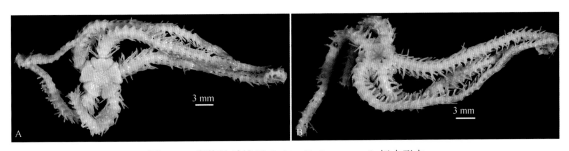

图 6-14　赛梅拉砖蛇尾 *Ophioplinthaca semele* 标本形态
A. 反口面观；B. 口面观

汁蛇尾属 *Ophiurothamnus* Matsumoto, 1917

鉴别特征　体盘盖具较大的鳞片；辐盾大，完全相接；有些种体盘上具颗粒或棘。腹面间辐部小，有一对大板在间辐部中线相连；体盘明显高于腕。生殖裂口发达，有 3 ~ 4 个口棘，外侧一个较大，呈片状。腕短，念珠状，背腕板很小，腹腕板短宽，通常弯曲在体盘下方，以便抓住珊瑚或海绵。

汁蛇尾属现有 6 种。

（15）勺形汁蛇尾 *Ophiurothamnus excavatus* Koehler, 1922（图 6-15）

形态特征　体盘直径 3.8 ~ 4.0 mm，腕长为体盘直径的 5 ~ 6 倍。体盘平且厚，呈圆形。反口面由不规则背板和辐板组成。辐盾完全连续，上面有许多分散的单个盘棘，呈圆柱状，顶端带有小刺。颚小，三角形，宽大于长，两侧各有 2 ~ 3 个侧口棘。顶端有一个齿棘，圆锥形，粗壮，顶端尖。生殖裂口短，狭窄。

腕基部 6 个腕棘，背侧腕棘尖细，长约 2 个腕节，随后逐渐变短加粗，腹侧第 1 腕棘长约 1 个腕节，呈钩状。触手鳞 1 个，呈圆形。

地理分布　菲律宾，卡罗琳洋脊海山。

生态习性　栖息于水深 813 ~ 2021 m，附生生活。

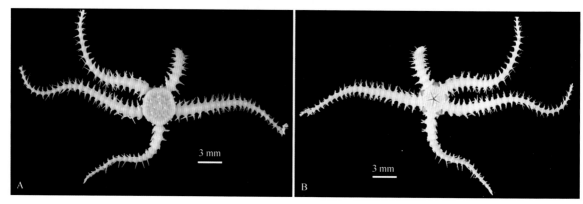

图 6-15　勺形汁蛇尾 *Ophiurothamnus excavatus* 标本形态
A. 反口面观；B. 口面观

海胆纲 Echinoidea Schumacher, 1817

海胆是海洋中常见的无脊椎动物，多呈球形、半球形、心形或盾形（廖玉麟，1982）。海胆纲包含头帕目 Cidaroida、冠海胆目 Diadematoida、小肛海胆目 Micropygoida、盾冠海胆目 Aspidodiadematoida、柔海胆目 Echinothurioida、平海胆目 Pedinoida、皇冠海胆目 Arbacioida、拱齿目 Camarodonta、沙棱海胆目 Salenioida、口鳃海胆目 Stomopneustoida、全星海胆目 Holasteroida、猥团海胆目 Spatangoida、斜海胆目 Echinoneoida、楯形目 Clypeasteroida 和棘灯海胆目 Echinolampadacea。

海胆纲现有 15 目 62 科 249 属近 800 种。

柔海胆目 Echinothurioida Claus, 1880

鉴别特征　壳柔软，单环顶系。步带板为复合板，由 1 个大的初级板和 2 个小的半板构成，步带板延伸到围口部形成规则的系列。大疣具穿孔，棘中空，壳板呈复瓦状（Mortensen，1935）。

柔海胆目现有 3 科 11 属 60 种，主要分布于印度洋 - 西太平洋。

柔海胆科 Echinothuriidae Thomson, 1872

鉴别特征　围口部由一列大小一致的步带板构成。口面大棘末端常呈马蹄状。大疣具穿孔，但不具锯齿。鳃通常很小。叉棘发达，有三叶叉棘、三叉叉棘、蛇首叉棘和指状叉棘，其中蛇首叉棘和指状叉棘在一些属中缺失（Thomson，1872）。

柔海胆科现有约 7 属 52 种。

软海胆属 *Araeosoma* Mortensen, 1903

鉴别特征　壳大。壳板之间的膜间隙明显，特别是反口面。口面与反口面步带的次级板小，口面间步带中线或多或少有明显的大疣。口面和反口面的管足孔对均为明显的 3 列。口面大棘的末端呈小或大的马蹄形。具指状叉棘（Fell，1966）。

软海胆属现有 19 种，分布于大西洋、太平洋和印度洋，水深 145 ～ 1180 m。

（16）方格软海胆 *Araeosoma tessellatum* (A. Agassiz, 1879)（图 6-16）

形态特征　壳圆形，直径可达 140 mm，乙醇浸泡的标本呈白色或棕色，大疣的颜色比壳板深。反口面间步带有阶梯状的图案。口面间步带侧辐区每块板上一个大疣，反口面间步带侧辐区每一块或两块板上一个大疣，且在距顶系 1/2 的地方大疣系列结束。生殖孔大，在膜间隙中开口。生殖板向下延伸到间步带中央，三角形。筛板通常分裂，隆起。口面大棘的马蹄状末端白色透明，大，喇叭形。管足孔对排列成 3 列。三叉叉棘有 3 种类型；指状叉棘有 3 个瓣。

地理分布　菲律宾，中国，雅浦海山，马里亚纳海山。

生态习性　栖息于水深 200 ～ 385 m 的岩石底质上。

讨论：本种的反口面间步带有阶梯状的图案是其重要鉴别特征，此特征在新鲜标本中尤为明显。

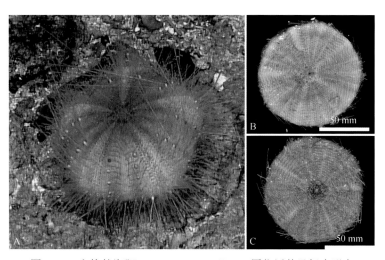

图 6-16　方格软海胆 *Araeosoma tessellatum* 原位活体及标本形态
A. 原位活体；B. 反口面观；C. 口面观

（17）放射软海胆 *Araeosoma leppienae* Anderson, 2013（图 6-17）

形态特征　壳和棘褐色，孔区颜色较深，其他区域颜色较浅，形成深浅条纹交替的放射状。口面间步带侧辐区每块板上有一个大疣。生殖孔小，位于膜间隙中；筛板明显，轻微隆起，近三角形。口面大棘的马蹄状末端白色，喇叭形。具 2 种类型的三叉叉棘：大的三叉叉棘瓣宽，具有粗锯齿；小的三叉叉棘瓣窄，不具有锯齿；指状叉棘有 6 个瓣。

地理分布　新西兰，马里亚纳海山。

生态习性　栖息于水深 415 ～ 973 m 的硬底。

讨论：壳板的放射状条纹图案是本种的重要鉴别特征。本种与小蹄软海胆 *Araeosoma parviungulatum* 的三叉叉棘的类型最为相似，但是后者较大的三叉叉棘更尖。

图 6-17　放射软海胆 *Araeosoma leppienae* 原位活体及标本形态
A. 原位活体；B. 反口面观；C. 口面观

兜海胆属 *Sperosoma* Koehler, 1897

鉴别特征　冠状板之间膜间隙狭窄。口面步带的初级板被次级板分割为两部分：内板无孔对，外板孔对被分成明显的 3 列。反口面的孔对排成 2 列，通常靠近步带板的中间。口面大疣明显大于反口面大疣。叉棘有三叉叉棘、三叶叉棘和蛇首叉棘。鳃通常发育良好（Koehler，1897）。

兜海胆属现有 11 种，分布于大西洋、太平洋和印度洋，栖息于水深 235 ～ 2300 m。

（18）隐兜海胆 *Sperosoma obscurum* A. Agassiz & H. L. Clark, 1907（图 6-18）

形态特征　壳板深紫色到浅紫色、棕褐色。赤道部步带宽于间步带。口面步带区的初级板被次级

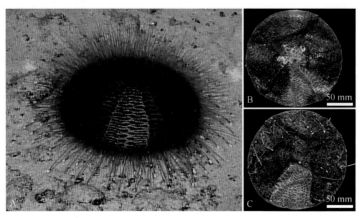

图 6-18　隐兜海胆 *Sperosoma obscurum* 原位活体及标本形态
A. 原位活体；B. 反口面观；C. 口面观

板分割为一个外板和一个无孔内板。反口面步带初级板横跨步带区的大部分或全部。口面间步带大疣排列规则，靠近围口部逐渐变小，内侧的大疣只在赤道附近出现。口面大疣明显多于反口面。生殖孔大，在膜间隙中开口；筛板分裂，不隆起。口面大棘的马蹄状末端短，宽，远端扩张。三叉叉棘瓣狭长，无蛇首叉棘。

地理分布　新西兰，澳大利亚南部海域，夏威夷群岛，马里亚纳海山，卡罗琳洋脊海山。

生态习性　栖息于水深 300 ～ 1724 m 略带有孔虫砂的岩石底质上。

袋海胆科 Phormosomatidae Mortensen, 1934

鉴别特征　口面的大棘结构简单或顶端覆盖着一个厚的皮囊，末端不呈马蹄状。大疣具穿孔，无锯齿。叉棘柄简单（Anderson，2016）。

袋海胆科现有 3 属 6 种。

袋海胆属 *Phormosoma* Thomson, 1872

鉴别特征　壳脆，低，半球形。步带管足孔对在口面排列成规则的单行，位于步带侧辐区；反口面管足孔每 3 对排列成弧状，靠近侧辐区。口面大疣的疣轮大且深，口面整体呈蜂窝状。口面大棘棒状，外有皮囊。叉棘为三叶叉棘和三叉叉棘（Thomson，1872）。

袋海胆属现有 4 种，分布于大西洋、太平洋和印度洋，水深 50 ～ 3700 m。

（19）织袋海胆 *Phormosoma bursarium* A. Agassiz, 1881（图 6-19）

形态特征　壳体半球形，浅黄色。赤道部间步带为步带宽的 2 倍。口面步带大疣的疣轮大且深。赤道部附近的板块有些具中疣。口面管足孔对排列为一列。反口面大疣分布于壳板外半部，不规则排列，疣轮较口面小且浅。生殖板向下延伸，但是延伸程度有变化。口面大棘末端包有皮囊；反口面大棘有一部分包裹厚皮膜，膨大成袋状。具有一种类型的三叉叉棘，三叶叉棘指甲状。

地理分布　马里亚纳海山；印度洋 - 西太平洋和中太平洋。

生态习性　栖息于水深 170 ～ 2340 m 的软底沉积上。

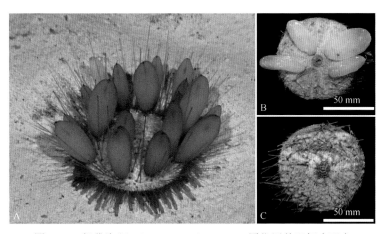

图 6-19　织袋海胆 *Phormosoma bursarium* 原位活体及标本形态
A. 原位活体；B. 反口面观；C. 口面观

平海胆目 Pedinoida Mortensen, 1939

鉴别特征 顶系双环，壳坚硬，板镶嵌排列。大疣具穿孔无锯齿。围颚环由辐部的耳状骨构成。齿横截面呈"U"形。棘光滑，无皮层和刺，大棘实心，中棘可有空腔（Mortensen, 1940）。

海胆目现有 1 科 1 属 13 种，大多分布于印度洋 - 太平洋。

平海胆科 Pedinidae Pomel, 1883

鉴别特征 壳体从亚锥形到半球形，高；壳板脆，坚硬，板镶嵌排列。步带板简单或为三孔复合板；大疣具穿孔无锯齿；球形叉棘有 2 ～ 3 个端齿；蛇首叉棘为 2 种类型；提灯为冠海胆型。

平海胆科现仅有 1 属。

新平海胆属 *Caenopedina* A. Agassiz, 1869

鉴别特征 壳小，低，平。步带板为冠海胆型。管足孔每 3 对排成一弧形。间步带大疣占据了板宽的大部分。大棘坚实，具细荆棘，不呈轮状；中棘中空。鳃裂不深。叉棘 4 种类型，球形叉棘的瓣为细杆状（Agassiz, 1869）。

新平海胆属现有 13 种，大多为深水种，分布于印度洋 - 西太平洋和大西洋，水深 250 ～ 1200 m。

（20）美丽平海胆 *Caenopedina pulchella* (A. Agassiz & H. L. Clark, 1907)（图 6-20）

形态特征 壳白色到玫瑰色，顶系深褐玫瑰色。步带大棘和少数中棘纯白色。间步带大棘基部为明亮的黄绿色，中间为粉红色，顶端为白色或纯白色。整个壳板上最大的大棘是壳直径的 1.5 倍或更小，非常粗壮。顶系覆盖有 20 ～ 30 个的圆形板。生殖板上只分布有少数的小疣，生殖孔开口于顶系中心的附近。

地理分布 澳大利亚，新西兰，日本，夏威夷群，雅浦海山岛。

生态习性 栖息于水深 255 ～ 509 m 的岩石底质上。

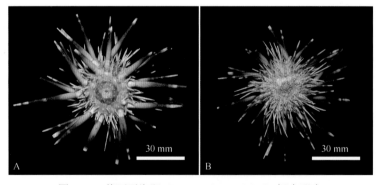

图 6-20　美丽平海胆 *Caenopedina pulchella* 标本形态
A. 反口面观；B. 口面观

（21）夏威夷平海胆 *Caenopedina hawaiiensis* H. L. Clark, 1912（图 6-21）

形态特征 壳平，大棘红棕色，末端呈黄绿色，无条带；直径最大可达 37 mm。顶系只有少数几个分散的疣，大多数集中在围肛板的边缘；雌性的生殖孔明显，位于生殖板的中心；雄性的生殖孔位于生殖板的最末端；围肛部被许多圆形板覆盖。管足孔对几乎垂直排列。步带大疣被少数颗粒隔开。间步带大疣特别大，疣轮彼此很宽的相汇。

地理分布　澳大利亚，夏威夷群岛，马里亚纳海山。

生态习性　栖息于水深 460 ～ 1945 m 的砂质底。

讨论：本种的疣很少且分散在生殖板上，大棘不具条带（Schultz，2011）。

图 6-21　夏威夷平海胆 *Caenopedina hawaiiensis* 原位活体及标本形态
A. 原位活体；B. 反口面观；C. 口面观

头帕海胆目 Cidaroida Claus, 1880

鉴别特征　壳球形，具发达的齿器。每个间步带板各有一个大棘，具皮层，在其基部包围一圈中棘。大疣具穿孔，但少数例外，常具锯齿，并有一个大的疣轮。步带简单，管足孔对单行排列，少数成交互的双行。围肛板不发达。围口部的步带板和间步带板呈复瓦状排列。内突起位于间步带。无鳃和鳃裂。球棘无；叉棘只有三叉叉棘和球形叉棘；球形叉棘有大小两种类型，瓣内有毒腺（Claus，1880）。

头帕海胆目现有约 4 科 30 属 123 种。

头帕海胆科 Cidaridae Gray, 1825

鉴别特征　每个间步带板各有一个大棘，大疣具穿孔，锯齿常缺。间步带大疣被分化的凹环疣包围。步带简单。棘的形状为圆柱状到纺锤形，不呈棍棒状；球形叉棘存在（Gray，1825）。

头帕海胆科现有约 24 属 83 种。

硬头帕属 *Stereocidaris* Pomel, 1883

鉴别特征　壳中等到大。步带明显弯曲，管足孔对不相连，形成一个低的圆形脊。上方间步带板的 1 ～ 3 个大疣和发育不全的疣轮；疣轮深，彼此隔开，两个疣轮之间有很小的细疣。间步带的水平缝合线呈沟状或下陷。大棘顶端扩大；领部短，颈部明显。大疣基部包围着沟环棘，形成密集的铠甲状。

大的球形叉棘不具端齿，柄无檐叉（Pomel，1883）。

（22）笏硬头帕海胆 *Stereocidaris sceptriferoides* (Döderlein, 1887)（图 6-22）

形态特征　壳一般为褐黄色，大棘为暗红褐色或灰褐色；中等大，不高；上面和下面均平。间步带大疣不具锯齿；疣轮深。步带大疣形成规则垂直的一行。有孔带下陷，孔大。顶系小，多角形。眼板和围肛部不相接。板面中央具较大的疣；围口部略小于顶系。大棘粗长，末端有时稍呈喇叭形。步带的边缘棘平而宽，很细。小棘稍呈棒状，不呈鳞片状，不紧贴板面。大球形叉棘瓣细，柄也细；小球形叉棘瓣细，有一明显的小端齿。三叉叉棘通常缺失。

地理分布　新西兰，日本，中国东海，雅浦海山。

生态习性　栖息于水深 255～1040 m 的砂质底。

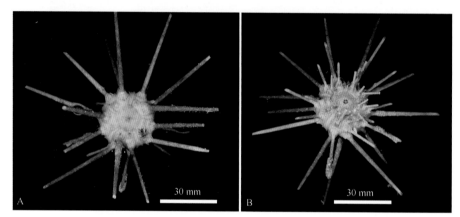

图 6-22　笏硬头帕海胆 *Stereocidaris sceptriferoides* 标本形态
A. 反口面观；B. 口面观

盾冠海胆目 Aspidodiadematoida Kroh & Smith, 2010

盾冠海胆目现有 1 科 2 属 18 种。

盾冠海胆科 Aspidodiadematidae Duncan, 1889

鉴别特征　壳小到中等大小，亚球形。单环顶系，眼板和生殖板大小相似嵌于膜内。每一块间步带板都只有一个大疣，大疣穿孔，具锯齿。围口部大，鳃裂浅且圆。棘中空。大棘非常长，是壳直径的 3～4 倍，向下弯曲，末端呈马蹄形（Duncan，1889）。

盾冠海胆科现有 2 属 18 种，广泛分布于印度洋 - 太平洋和大西洋。

盾冠海胆属 *Aspidodiadema* A. Agassiz, 1879

鉴别特征　步带板为复合板，由 3 个板构成；大疣占据最大的板并覆盖邻近的上下两板的一部分。

盾冠海胆属现有 11 种，主要分布于印度洋 - 太平洋，水深 180～925 m。

（23）盾冠海胆相似种 *Aspidodiadema* cf. *tonsum* A. Agassiz, 1879（图 6-23）

形态特征　壳近球形，上部稍扁平；直径最大可达 21 mm。顶系上所有的板都有疣，每个眼板的内侧有一个大疣；围肛板或多或少位于膜的中央。管足孔对排列成一列相对直的线。步带区的大疣小于间步带。间步带大疣的疣轮明显且融合在一起，板的中间被小的中疣覆盖。大棘长，弯曲。壳和棘为紫色，疣为白色。

地理分布　雅浦海山。

生态习性　栖息于水深 180 ～ 1135 m 的岩石底质上。

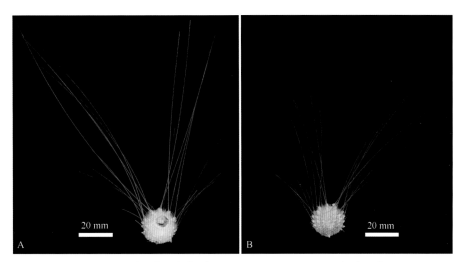

图 6-23　盾冠海胆相似种 *Aspidodiadema* cf. *tonsum* 标本形态
A. 反口面观；B. 侧面观

海参纲 Holothuroidea de Blainville, 1834

海参纲口面、反口面延长呈圆筒状。口位于体前端，肛门位于体后端。内骨骼不发达，形成微小的骨片，埋没于体壁内。生殖腺不呈辐射对称，开口于身体前端的一个间步带。含两个亚纲：辐管足亚纲 Actinopoda 和侧辐管足亚纲 Paractinopoda。前者包括枝手目 Dendrochirotida、平足目 Elasipodida、海参目 Holothuriida、芋参目 Molpadida、桃参目 Persiculida 和辛那参目 Synallactida；后者包括无足目 Apodida。

海参纲现有 7 目 30 科 243 属 1700 余种（Sun et al.，2021）。

平足目 Elasipodida Théel, 1882

鉴别特征　体常明显两侧对称，有的具大锥形疣足，有的身体周围有边缘，有的具尾部。触手楯形或叶状，10 ～ 20 个。有管足，但数目不多。无收缩肌和呼吸树。后肠的肠系膜附着在右背间步带，常靠近右背纵肌附近。

平足目现有 4 科 24 属 159 种（Sun et al.，2021）。

蝶参科 Psychropotidae Théel, 1882

鉴别特征　体延长呈圆筒状，有的很扁平；背部常具一个大而明显的附属物；体壁厚，呈凝胶状。管足边缘融合环绕整个身体；腹中部具管足；不收缩的侧疣足缺。触手大，具宽盘，10 ～ 18 个。体壁骨片类型多为十字形体或杆状体。石灰环由分散的网状组织构成。

蝶参属 *Psychropotes* Théel, 1882

鉴别特征 背部有不成对附属物。口和肛门均腹位。无环口疣。触手盘形状固定，轮廓圆形。骨片为十字形体，腹面骨片常比背面的小。

（24）扁平蝶参 *Psychropotes depressa* (Théel, 1882)（图 6-24，图 6-25）

形态特征 体长圆柱形；体壁薄且柔软，呈胶状，可透过体壁看到内脏器官；背部隆起，腹部扁平。标本生活时和固定后体色均为紫罗兰色。背部有 5 对短小的疣足，第 1 对疣足偏小，中间 2 对疣足大小近乎相同，后 2 对略微偏大；皆位于体前端，近似对称排列为 2 行，从第 1 对至第 5 对疣足，各对疣足之间的距离逐渐增加。不成对背部附属物位于身体末端 1/3 处，不分叉，长度不超过体长的 1/6。腹部有成对管足，位于腹中线，均匀分布为 2 列，由管足融合形成的体边缘宽，为锯齿状，环绕整个身体，体前缘宽度明显大于体后缘。口位于腹面，无环口疣，肛门位于腹面末端。

背部骨片为 4 臂十字形体，具有 4 种类型：①十字形体具有不分叉的中央突起，突起表面光滑无棘，体臂整体环绕着小棘，末端稍向上弯曲，长 130～420 μm，近突起部位有 4 个大且壮的棘或近似于末端大小的 4 个小棘；②十字形体近中央突起部位的 4 个大棘上有分叉现象，各体臂呈不规则弯曲，部分体臂末端分叉；③十字形体体臂长 205～240 μm，有二分叉的中央突起，从突起 1/2 处开始分叉，突起和分叉表面光滑无棘，近中央突起部位有 4 个棘，略大于体臂末端环绕的小棘，部分棘存在二分叉现象；④十字形体的中央突起退化，体臂长 310 μm，整体环绕着小棘。腹部骨片为杆状体，两端密生小棘，中央光滑不分叉，整体略微弯曲。

地理分布 日本，智利，巴拿马湾，几内亚湾，卡罗琳洋脊海山。

生态习性 常栖息于水深 956～4200 m 的有孔虫砂质底。

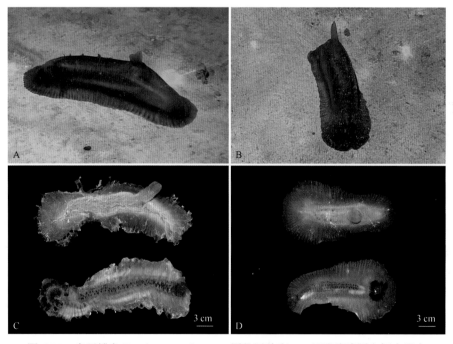

图 6-24 扁平蝶参 *Psychropotes depressa* 原位活体和 4% 甲醛溶液固定标本形态
A，C. 同一个体；B，D. 另一个体

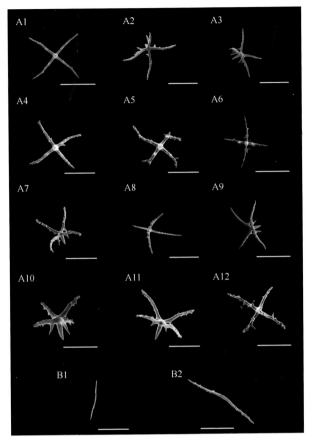

图 6-25　扁平蝶参 *Psychropotes depressa* 的骨片

A1～A12. 背部体壁；B1，B2. 腹部体壁。标尺：500 μm（A3，B1）、400 μm（A2，A6，A9）、
300 μm（A1，A7，A8，B2）、200 μm（A4，A5，A10～A12）

讨论　本种分布广泛，形态高度变异，曾出现多个同物异名，而这些同物异名物种之间的区别主要体现在：体形、后部疣足大小、不成对附属物大小和体色等方面。Hansen（1975）认为这些差异都不是有效的鉴别特征，部分特征（如触手数、背面的后部疣足大小）存在着年龄差异，而且地理分布的变化也会造成一些特征的改变。Heding（1942）及 Perrier（1902）曾对采集自不同地点的多个标本重新进行了鉴定，发现本种的触手为 10～18 个，触手数很可能随着海参个体增大而增加。

（25）疣尾蝶参 *Psychropotes verrucicaudatus* Xiao, Gong, Kou & Li, 2019（图 6-26～图 6-28）

形态特征　体长 89 mm，体前端最宽 33 mm，体中部宽 29 mm。生活时体色为紫罗兰色；95% 乙醇固定后，背部为淡紫色，腹部为暗紫色，背部附属物为淡紫色。未发现背部疣足。在固定状态下，不成对背部附属物位于体后端 30 mm 处，长 8 mm，基部宽 15 mm，向远端逐渐变窄，表面有颗粒状疣，在固定状态下更为明显。腹中部管足 30 对，均匀分布。背部体壁布满显著的疣，腹部体壁光滑。触手 16 个，楯形触手。边缘和管足完全融合。

背部体壁每个疣突内有一个巨型十字形体，体臂长 600～750 μm，极力向下弯曲。中央突起高 200～300 μm（几乎均有破损）。背部正常大小的十字形体，有 3 条或 4 条体臂，长可达 148 μm，略弯曲，具有不分叉的棘，中央突起退化或分叉。腹部骨片两种：一种偏小，具 3 条体臂，末端环绕小棘；另一种相对较大，与背部正常大小的十字形体相似。触手骨片为杆状体，长 210～600 μm，具数量众多且排列不规则的小棘。

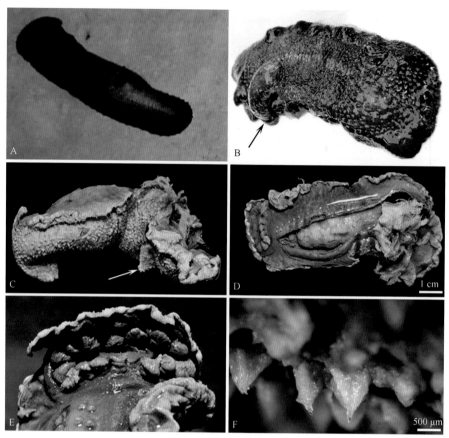

图 6-26　疣尾蝶参 *Psychropotes verrucicaudatus* 原位活体和标本形态（引自 Xiao et al.，2019）

A. 原位活体；B. 标本固定前背面观（箭头示背部附属物）；C. 标本固定后侧面观（箭头指向背部附属物）；
D. 腹面观；E. 触手；F. 背部疣的细节

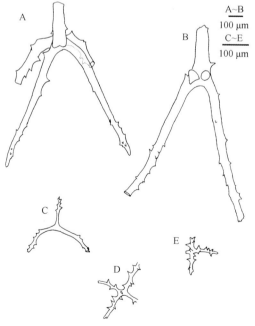

图 6-27　疣尾蝶参 *Psychropotes verrucicaudatus* 的背部骨片（引自 Xiao et al.，2019）

A，B. 背部疣的巨型十字形体；C ～ E. 正常大小的十字形体

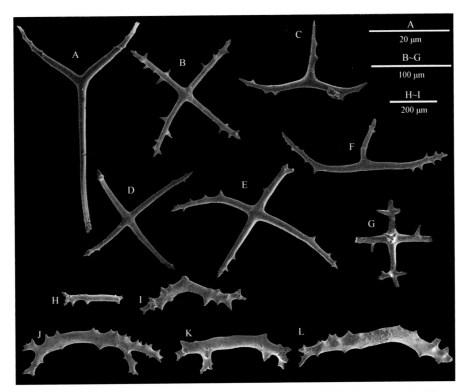

图 6-28　疣尾蝶参 *Psychropotes verrucicaudatus* 的骨片（引自 Xiao et al.，2019）

A ～ C. 腹部体壁；D ～ G. 背部体壁；H ～ L. 触手

地理分布　中国南海蛟龙海山，菲律宾海盆，九州 - 帕劳海脊海山。

讨论：本种背部存在疣突，以此可区别于属内除 *P. verrucosa* 和 *P. mirabilis* 以外的多数物种。本种与 *P. verrucosa* 在形态上十分相近，Ludwig（1894）基于采集自东太平洋的标本研究显示，*P. verrucosa* 的背部附属物表面是光滑无疣的，长度为体长的 1/9 ～ 1/6，而本种背部具有疣突，且背部附属物约为体长的 1/12。对一个采集自孟加拉湾的标本研究显示，*P. mirabilis* 具有一个极长且表面光滑的不成对的背部附属物（超过体长），位于距离体后端约 1/5 体长的位置；而本种的背部附属物非常短，位于距离体后端约 2/5 体长的位置。此外，本种与上述两种在骨片特征上也有一些差异：本种正常大小十字形体的体臂通常长 80 ～ 150 μm，具有不分叉的棘；*P. verrucosa* 正常大小十字形体的体臂通常长 70 ～ 80 μm，具有分叉或不分叉的棘；*P. mirabilis* 巨型十字形体的中央突起光滑无棘；而 *P. verrucosa* 和本种巨型十字形体的中央突起有棘。

底游参属 *Benthodytes* Théel, 1882

鉴别特征　体延长呈圆筒状，有的种类很扁平。体壁厚，呈凝胶状。无不成对的背部附属物。口腹位，有环口疣，肛门背位。腹中部有管足，管足在腹面周围相连，形成边缘。触手柔软可伸缩。骨片为十字形体或杆状体。石灰环由分散的网状组织构成。

底游参属现有 15 种，分布于西太平洋、东太平洋、南大西洋、北大西洋、东大西洋、南印度洋。

（26）西伯加底游参 *Benthodytes sibogae* Sluiter, 1901（图 6-29，图 6-30）

形态特征　原位标本体长 33 cm，宽 7 cm；用 70% 乙醇固定数天后的标本明显收缩，体长 18 cm，宽 6.5 cm。体呈圆柱形，整体宽度几乎相同，前端和后端稍窄，背部隆起，腹部扁平。生活时和固定后的标本背面和腹面的体色均为暗紫色。身体的边缘窄，可收缩。背部有 5 对大而明显的疣足，表面有许多颗粒状的突起，圆锥形，向上逐渐变细，末端不分叉；沿背部步带区几乎对称排列为 2 行，第 2 对疣足与第 1 对的间距较小，后 3 对的间距逐渐增大；第 1 对和最后 1 对疣足的长稍短，其他 3 对疣足的长度近似相等，约 5 cm。口位于腹面，有环口疣，腹中部有管足，均匀分布为 2 列，肛门在身体背面的末端。乙醇固定后，标本收缩大，难以确定触手和腹中部管足的数量。

背部体壁骨片为典型的 4 臂十字形体，具有二分叉的中央突起，从 1/2 处开始分叉；体臂长 400 ～ 700 μm，稍向下弯曲，向末端逐渐变细，近末端超过一半的部位上有小棘，各个体臂接近中央突起的部位较为光滑；中央突起高 300 ～ 450 μm，两个叉上都环绕着小棘，未分叉的部位较为光滑。背部疣足的骨片为 4 臂十字形体，具有非常壮且高的中央突起，在末端二分叉；体臂长 100 ～ 150 μm，稍向下弯曲，几乎整个体臂上环绕着圆锥形的棘，比背部十字形体体臂上的棘更大更密集，各个体臂接近中央突起的部位较为光滑；中央突起高 260 ～ 300 μm，至少为体臂长的 2 倍，靠近基部约 1/4 的部位光滑无棘，其余部位和两个叉上都环绕着和体臂上相似的圆锥形棘。腹部体壁骨片的十字形体除二分叉外，还有三分叉和不分叉的中央突起，一些十字形体的中央突起已经退化；体臂长 180 ～ 550 μm，部分十字形体的体臂上有侧枝，一些中央突起退化的十字形体仅在末端有少量的棘。

地理分布　印度尼西亚，中国南海珍贝海山。

生态习性　栖息于水深 694 ～ 2798 m 的海底。

讨论：Sluiter（1901a）描述了西伯加底游参 *Benthodytes sibogae* 和具刺底游参 *Benthodytes hystrix*，随后他通过对具刺底游参小个体标本背部疣足的检查，推测背部疣足末端分叉状况可能受采集和保存过程中人为因素的影响（Sluiter，1901b）。Hansen（1975）重新检查了 Sluiter（1901a）描述的西伯加底游参和具刺底游参的标本，发现它们在背部大疣数量和排列方式上相似，提出背部疣足末端分叉不能作为区分物种的有效形态特征，由此将具刺底游参视为西伯加底游参的同物异名。

本研究采自南海珍贝海山的标本与西伯加底游参在背部大疣数量、排列方式以及背部体壁的骨片特征上均相似，不同点在于南海标本背部疣足末端不分叉，而西伯加底游参的疣足末端则存在二分叉

图 6-29　西伯加底游参 *Benthodytes sibogae* 原位活体和标本形态（引自肖云路等，2020）

A. 原位活体；B. 70% 乙醇固定后的标本；C. 手绘图背面观

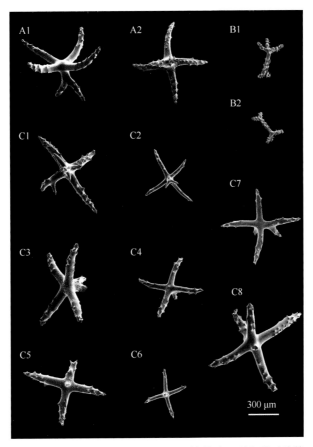

图 6-30　西伯加底游参 *Benthodytes sibogae* 的骨片（引自肖云路等，2020）
A1，A2. 背部体壁；B1，B2. 背部疣足；C1 ～ C8. 腹部体壁

或三分叉。但经观察，南海标本经乙醇固定后，背部疣足收缩成了与固定前完全不同的肉状突起，这说明背部疣足的形态是不稳定的，其末端是否分叉不能作为区分种的依据。因此，本研究将南海的标本鉴定为西伯加底游参。

辛那参目 Synallactida Miller, Kerr, Paulay, Reich, Wilson, Carvajal & Rouse, 2017

鉴别特征　骨片多为桌形体、十字形体、穿孔板或花纹样体，可能有"C"形体，很少有或缺乏扣状体。辛那参目现有 3 科 22 属 129 种（Sun et al.，2021）。

辛那参科 Synallactidae Ludwig, 1894

鉴别特征　体呈圆柱形或亚圆柱形，腹部平坦。触手无坛囊。无居维氏器。石管通常开口于体壁之外，与体壁相连。骨片为桌形体或十字形体；3 ～ 4 臂、体臂末端有穿孔，顶端单个立柱，存在分叉或穿孔现象；可能有"C"形体，很少有扣状体。部分种类体壁完全，缺乏骨片。

平泥参属 *Paelopatides* Théel, 1886

鉴别特征　体扁平，体侧面及周围均有相当大的边缘。楯状触手 15 ～ 20 个。口腹位，肛门背位或背下位。管足除前端缺失外，在腹部沿步带区排成 2 行。疣足在边缘周围简单地排成 1 列，沿背部 2 行步带也有分布。间步带裸露。无石灰环。骨片为光滑的或带刺的三辐射或四辐射形杆状体（rod）；顶端稍分叉；常缺乏骨片。

平泥参属现有 21 个有效种，分布于太平洋、印度洋和北大西洋。

（27）平泥参属未定种 *Paelopatides* sp.（图 6-31）

形态特征 原位活体的体宽大于体长，体色为暗紫色。新鲜采集的标本体壁呈凝胶状，体表光滑，无疣足。经 95% 乙醇固定后，标本皱缩严重，体长 16 cm，体宽 5.5 cm；体壁厚，肉质紧实；腹部无管足；骨片极少，仅从背面体壁骨片观察到一个弯曲的杆状体，存在分叉现象，整体环绕小棘，长约 330 μm。

地理分布 中国南海蛟龙海山。

生态习性 栖息于水深 3680 m 的海底。

讨论： 根据此标本体色为暗紫色，体壁为凝胶状，身体周围环绕着明显大且宽的边缘，以及骨片所呈现的弯曲杆状体类型，将标本鉴定为平泥参属 *Paelopatides*。本属鉴定困难有以下两点原因：①在收集和保存过程中，凝胶状的体壁容易受损。很难保存标本的形态特征；②缺乏骨片，也没有石灰环。因收集材料有限，骨片信息不足，缺乏外部形态测量数据等，因此标本未能鉴定到种。

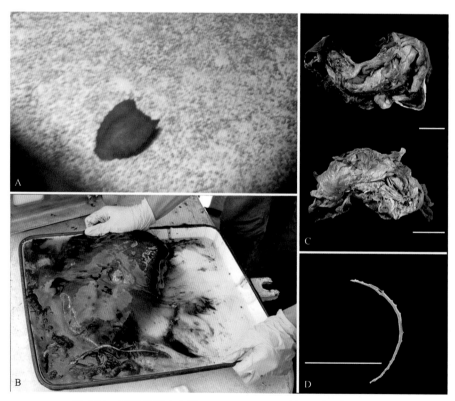

图 6-31　平泥参属未定种 *Paelopatides* sp. 原位活体和标本形态

A. 原位活体；B. 固定前的标本；C. 95% 乙醇固定后的标本；D. 背部体壁骨片电镜照；标尺：3 cm（C）、300 μm（D）

辛那参属 *Synallactes* Ludwig, 1894

鉴别特征 体呈圆柱状或亚圆柱状。背部具大疣足。触手 18 ～ 20 个。腹面扁平但无边缘。管足沿步带区有规律地排成 3 纵列,有特殊的蘑菇状管足。生殖腺 2 束,位于肠系膜的两侧。骨片为桌形体,底盘具 3 臂或 4 臂,臂常相互连接,塔部常愈合。

辛那参属现有 26 个有效种,分布于北太平洋、东南太平洋、印度洋和大西洋。

（28）细臂辛那参 *Synallactes tenuibrachius* Xiao & Xiao, 2025（图 6-32）

形态特征　根据标本固定前拍摄的图片,可以观察到标本体色为红色,背部具有较多的较大疣足。经 95% 乙醇固定后的标本体长为 9 cm,宽为 4 cm,身体扁平,体色呈白色,不透明。体壁薄而柔软,腹部平滑,背部略凸。疣足多,分散排列在整个背部。腹侧具有较小的疣足和白色斑点状突起,均排成行。口腹位;肛门位于末端,被疣足包围。腹中部不完全裸露,近前后两端有少量管足。

地理分布　中国南海蛟龙海山。

生态习性　栖息于水深 3610 m 的海底。

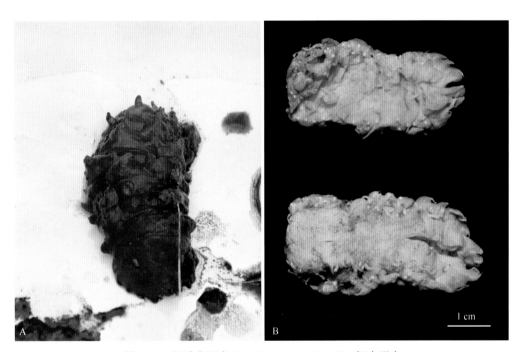

图 6-32　细臂辛那参 *Synallactes tenuibrachius* 标本形态
A. 固定前的标本;B. 95% 乙醇固定后的标本

（29）辛那参属未定种 *Synallactes* sp.（图 6-33）

形态特征　根据原位生境影像,测量标本体长 12 cm,体宽 4.5 cm。4% 甲醛溶液固定后的标本体长 7 cm,体宽 2 cm,身体延长呈圆筒形,体色为红棕色,体壁薄且柔软,呈凝胶状。背部、腹外侧均有可伸缩的疣足;背部疣足有规律地排成 6 行,间距近似相同,背部步带半径区 4 行,中间 2 行疣足与外围 2 行疣足相比较小。腹部具管足。体表有大量白色蘑菇状突起。口腹位;肛门端位,周围均环绕着管足和疣足。触手 20 个,无坛囊。

地理分布　麦哲伦海山链 Kocebu 海山。

生态习性　栖息于海山等硬底上。

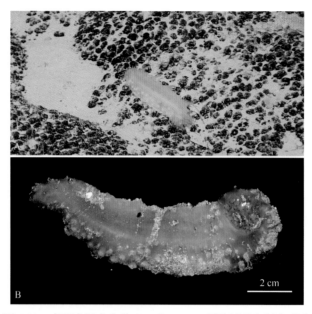

图 6-33　辛那参属未定种 *Synallactes* sp. 原位活体和标本形态
A. 原位活体；B. 4% 甲醛溶液固定后的标本

渊游参属 *Bathyplotes* Östergren, 1896

鉴别特征　腹面平，呈足底状，腹侧步带边缘不是很发达，介于腹面和背面交界处。体壁颇厚。口腹位。触手 15 ～ 20 个，腹面管足发达，但腹中部常缺管足；背面具疣足。骨片为十字形体，但有塔部；有 "C" 形体。

渊游参属现有 25 个有效种，世界广布。

（30）廖氏渊游参 *Bathyplotes liaoi* Xiao & Xiao, 2025（图 6-34）

形态特征　体细长呈筒状，两端稍尖，背部隆起，腹部扁平。95% 乙醇固定前的活体状态下，体色淡黄，近透明，背部疣足、管足和触手颜色较深，体长 15 cm，体宽 5 cm。口腹位，肛门背位，周围环绕小的疣。触手 18 个。背部密布近似等长的圆锥形疣足，排成 6 列，每列 14 ～ 18 个疣足。体两侧的锯齿状边缘由众多排成单列的小疣足构成。管足不规则纵向排列，散步在整个腹部，每一列约 86 个。背部体壁有两种类型的桌形体。

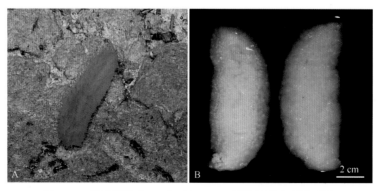

图 6-34　廖氏渊游参 *Bathyplotes liaoi* 原位活体和标本形态
A. 原位活体；B. 95% 乙醇固定后的标本

地理分布　雅浦海山。

生态习性　栖息于水深 307 ～ 381 m 的岩石底质上。

（31）异柱渊游参 *Bathyplotes varicolumna* Xiao & Xiao, 2025（图 6-35）

形态特征　体细长，腹部扁平，体壁薄且柔软。原位生境中，体色为淡粉色。95% 乙醇固定前的活体状态下，体色为橙黄色，体长 24 cm，体宽 6.5 cm。口腹位，肛门背位。触手 16 个，有环口疣。二道体区分散排列有大疣足，侧面有一排小疣足。沿两侧背部间步带区排列有蘑菇状白色突起。三道体区分散排列有小管足。腹面管足分为 3 个区域，中间区域分布数列管足，约占腹部的 1/3，另外两个区域分别在体两侧，每侧分布 2 ～ 3 列管足。边缘狭窄，呈锯齿状，可收缩，由腹外侧疣足构成。

地理分布　卡罗琳洋脊海山。

生态习性　栖息于水深 1195 m 的软底。

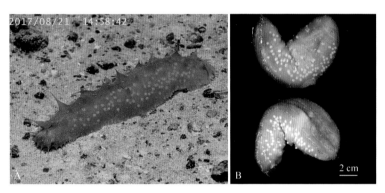

图 6-35　异柱渊游参 *Bathyplotes varicolumna* 原位活体和标本形态
A. 原位活体；B. 95% 乙醇固定后的标本

主要参考文献

陈婉莹. 2021. 西北太平洋及南海海山棘蛇尾亚目与蔓蛇尾科分类研究. 杭州: 自然资源部第二海洋研究所硕士学位论文.

廖玉麟. 1982. 海胆生物学概况. 水产科学, (3): 1-8.

肖云路, 肖宁, 曾晓起. 2020. 南海蝶参科(棘皮动物: 海参纲: 平足目)一新记录属和一新记录种. 海洋与湖沼, 51(3): 644-648.

张睿妍. 2023. 深海项链海星目系统发育与分类学研究. 上海: 上海交通大学博士学位论文.

Agassiz A. 1869. Preliminary report on the echini and star-fishes dredged in deep water between Cuba and the Florida Reef, by L. F. de Pourtalès, Assist. U.S. Coast Survey. Bulletin of the Museum of Comparative Zoölogy at Harvard College, 1(9): 253-308.

Anderson OF. 2016. A review of new zealand and southeast australian echinothurioids (echinodermata: echinothurioida)–excluding the subfamily echinothuriinae–with a description of a new species of tromikosoma. Zootaxa, 4092(4): 451.

Claus CFW. 1880. Grundzuge der Zoologie. 4th Edition. Marburg & Leipzig: N. G. Elwertsche Universitat Sbuchhandlung: 821, 522.

Duncan PM. 1889. A revison of the genera and great groups of the Echinoidea. Journal of the Linnean Society. Zoology, 23: 1-311.

Fell HB. 1966. Diadematacea // Moore RC. Treatise on Invertebrate Paleontology. Part U, Echinodermata 3, Volume 1. Lawrence: Geological Society of America & University of Kansas Press: U340-U366.

Gray JE. 1825. An attempt to divide the Echinida, or sea eggs, into natural families. Annales of Philosophy, 10: 423-431.

Hansen B. 1975. Systematics and Biology of the Deep-Sea Holothurians. Part l. Elasipoda // Wolff T. Galathea Report, Volume 13: Scientific Results of the Danish Deep-Sea Expedition round the World 1950-1952. Copenhagen: Danish Sci. Press: 1-262.

Heding SG. 1942. Holothuroidea II, Aspidochirotida, Elasipoda, Dendrochirotida. The Danish Ingolf Expedition, 4: 1-39.

Koehler R. 1897. Nouveau genre d'Echinothurides. Zoologischer Anzeiger, 20: 302-307.

Ludwig H. 1894. The Holothurioidea. Reports on an exploration off the west coast of Mexico, Central and South America, and off Galapagos Islands, in Charge of Alexander Agassiz. by the U.S. Fish Commission Steamer "Albatross" during 1891. Memoirs of the Museum of Comparative Zoology at Harvard College, 17: 1-183.

Mah CL, Blake DB. 2012. Global Diversity and Phylogeny of the Asteroidea (Echinodermata). PLoS ONE, 7(4): e35644.

Mortensen T. 1935. A Monograph of the Echinoidea II. Bothriocidaroida, Melonechinoida, Lepidocentroida and Stirodonta. Copenhagen: C. A. Reitzel: 647.

Mortensen T. 1940. Report on the Echinoidea collected by the United States Fisheries Steamer Albatross during the Philippine Expedition, 1907-1910. United States National Museum Bulletin 100, 14(1): 1-52.

Perrier R. 1902. Holothuries Expéditions scientifiques du "Travailleu" et du "Talisman" pendant les années 1880, 1881, 1882, 1883. Paris: 299-554.

Pomel A. 1883. Classification méthodique et Genera des Échinides vivantes et fossiles // Alger A J. Thèses présentées à la Faculté des Sciences de Paris pour obtenir le Grade de Docteur ès Sciences Naturelles, 503: 131.

Schultz H. 2011. Sea Urchins III: Worldwide Regular Deep Water Species. Hemdingen: Heinke & Peter Schultz Partner: 860-1338.

Sluiter CP. 1901a. Neue holothurien aus der Tiefsee des Indischen Archipels Gesammelt durch die Siboga-Expedition. Tijdschrift der Nederlandsche Dierkundige Vereeniging, 7: 1-28.

Sluiter CP. 1901b. Die Holothurien der Siboga-Expedition. Biodiversity Heritage Library OAI Repository: 205-247.

Sun S, Sha Z, Xiao N. 2021. The first two complete mitogenomes of the order Apodida from deep-sea chemoautotrophic environments: New insights into the gene rearrangement, origin and evolution of the deep-sea sea cucumbers. Comparative Biochemistry and Physiology, Part D: Genomics and Proteomics, 39: 100839.

Thomson W. 1872. On the Echinidea of the "Porcupine" Deep-Sea Dredging-Expeditions. Proceedings of the Royal Society of London, 20: 491-497.

Xiao N, Gong L, Kou Q, et al. 2019. *Psychropotes verrucicaudatus*, a new species of deep-sea holothurian (Echinodermata: Holothuroidea: Elasipodida: Psychropotidae) from a seamount in the South China Sea. Bulletin of Marine Science, 95(3): 421-430.

Xiao Y, Xiao N. 2025. Description of four new synallactid species (Holothuroidea, Synallactida, Synallactidae) from the tropical Western Pacific Ocean. ZooKeys, 1231: 347-370.

海百合纲　撰稿人：梅子杰　孙邵娥
海星纲　撰稿人：肖　宁　郑婉瑞
蛇尾纲　撰稿人：许蓉蓉　肖　宁
海胆纲　撰稿人：郑婉瑞　肖　宁
海参纲　撰稿人：肖云路　肖　宁

中文名索引

拉丁名索引